◆ 高 等 学 校 教 材

数字电路逻辑设计

第三版

王毓银 主 编

王毓银 赵亦松 编

U0260095

高等教育出版社·北京

内容简介

本书第二版是普通高等教育"十五"国家级规划教材和高等教育出版社百门精品课程教材立项项目。本书的前身《脉冲与数字电路》（第二版）曾获第三届国家教委优秀教材一等奖，第三届教育部科学技术进步三等奖；《数字电路逻辑设计》（脉冲与数字电路第三版）曾获2002年普通高等学校优秀教材二等奖。

本书适应电子信息与通信工程学科、电子科学与技术学科迅猛发展的形势，正确处理了基础理论与实际应用的关系，既覆盖了教育部高等学校电工电子基础课程教学指导委员会颁布的本课程教学基本要求，也符合当前我国高等学校工科本课程教学内容与课程体系改革的实际，定位准确，取材恰当，基本概念清楚，同时保持了前几版的优点，深入浅出，语言流畅，可读性强。

全书共十章，主要包括绪论、逻辑函数及其简化、集成逻辑门、组合逻辑电路、集成触发器、时序逻辑电路、半导体存储器、可编程逻辑器件、脉冲单元电路、模数转换器和数模转换器等内容，各章后配有适量习题。除此之外，每章后还配有自我检测题，扫描其对应的二维码即可查看。

与书配套出版的还有学习指导书，含有本书各章的习题解答。

本书可作为高等学校电子信息类、电气信息类各专业的教科书，也可供本学科及其他相近学科工程技术人员参考。

图书在版编目（CIP）数据

数字电路逻辑设计／王毓银主编；王毓银，赵亦松编. --3版. --北京：高等教育出版社，2018.2（2023.11重印）
ISBN 978 - 7 - 04 - 049401 - 3

Ⅰ.①数…　Ⅱ.①王…　②赵…　Ⅲ.①数字电路-逻辑设计-高等学校-教材　Ⅳ.①TN79

中国版本图书馆 CIP 数据核字（2018）第 023518 号

策划编辑	吴陈滨	责任编辑	平庆庆	封面设计	于文燕	版式设计	马敬茹
插图绘制	杜晓丹	责任校对	吕红颖	责任印制	耿 轩		

出版发行	高等教育出版社	网　　址	http：//www.hep.edu.cn
社　　址	北京市西城区德外大街4号		http：//www.hep.com.cn
邮政编码	100120	网上订购	http：//www.hepmall.com.cn
印　　刷	山东临沂新华印刷物流集团有限责任公司		http：//www.hepmall.com
开　　本	787mm×960mm　1/16		http：//www.hepmall.cn
印　　张	27.5	版　　次	1999年9月第1版
字　　数	490千字		2018年2月第3版
购书热线	010-58581118	印　　次	2023年11月第6次印刷
咨询电话	400-810-0598	定　　价	51.00元

前　　言

本教材自 1985 年出版以来,已历经 32 个春秋,本着既要符合课程教学要求,又要能适应本课程教学内容与课程体系改革的需要的原则,多次修订再版。

本书在前几次修订中曾增加了可编程逻辑器件、逻辑电路的测试和可测性设计、VHDL 和数字系统设计基础等内容,在教学实践中由于学时限制,大部分院校都未能在课程中讲述,许多院校为此开设了技术讲座或单独开设了 EDA 或数字系统设计等课程。这些内容的引入为数字电子技术课程体系起到了引导作用。然而,"数字电路逻辑设计"是数字电子技术的入门课程,是重要的专业技术基础课,它的核心内容应该是逻辑函数、组合逻辑电路、时序逻辑电路、集成逻辑门以及半导体存储器、脉冲单元电路、模数和数模转换器等。

为了使教材更适应教学需要,本次修订:

(1) 加强和突出了基础部分,着重基本概念、基础理论和基本分析、设计方法的论述,力求做到基本概念清楚,叙述简洁,重点突出,语言通顺,可读性强。删去了第 2 章的逻辑函数的系统化简法和第 3 章的发射极耦合逻辑(ECL)门与集成注入逻辑(I^2L)电路。

(2) 对原第 8 章可编程逻辑器件进行了大幅度压缩,删去了具体器件的介绍。

(3) 删去了 VHDL 的内容及数字系统设计基础一章。这部分内容大部分院校已单独设课或在课程设计中讲述。

本次修订加强了基础,突出了基本概念和理论,由王毓银和赵亦松共同完成。

由于编者水平所限,书中难免存在错误和不妥之处,殷切期望读者予以批评和指正。

编者

2017 年 10 月

《数字电路逻辑设计》第二版前言

　　本书从 1985 年《脉冲与数字电路》出版以来已历时十余年,随着电子科学与技术的发展,已修订了 3 次并更名为《数字电路逻辑设计》。由于该课程是数字技术的入门课程,是专业技术基础课程,每次修订时都遵循了一个基本原则,这就是着重基本概念的论述,适当引入新技术。本着既要符合本课程教学基本要求,又要能适应本课程教学内容与课程体系改革的需要,因此,在修订时,力求定位准确,要做到基本概念清楚,深入浅出。

　　这次修订主要体现在如下几点:

　　1. 引入了数字逻辑电路的 VHDL 描述。由于本书不是专门讲述硬件描述语言,所以,将 VHDL 分别在相应的章节中作为数字逻辑电路描述方法之一进行介绍。而有关 VHDL 的基础知识作为附录放在光盘中,供学生学习参考。

　　2. 删去了"逻辑电路的测试和可测性设计"。大部分学校由于学时所限都没有讲授,同时本章内容已超出教学基本要求。根据大多数学校的意见,决定删去。

　　3. 增加了"数字系统设计基础"一章,其目的是增加系统概念,建立起自顶向下的系统设计思想,为后续课程或课程设计打基础。

　　4. 改写了"可编程逻辑器件及其应用"一章,使其内容更加易教易学,同时加强了实用性,有关可编程逻辑器件的开发和下载等问题,作为附录也被放在光盘中。

　　5. 随书附有教学光盘,该光盘主要为学生学习用,帮助学生总结归纳、加深理解所学内容,光盘中主要包含:各章的教学基本要求,重点、难点、主要内容的归纳小结;每章都给出思考题和自我检测题,思考题帮助学生深入理解概念,自我检测题比书中习题加大了广度和深度,以提高学生解决问题的能力,光盘中附有自我检测题的答案。另外,光盘中还附有可编程逻辑器件的开发和下载,VHDL 基础等内容,供学生进行数字系统设计时参考。

　　6. 与本书同时出版一本学习指导书,供教学参考用,包括:各章内容提要、教学基本要求、重点与难点、重要概念和方法以及各章习题解答。这些习题答案大多数经过了实验或计算机仿真,以保证其正确性。

　　本书由王毓银、陈鸽编写第 1、2、3、4、5、6、11 章以及光盘中思考题、自我检测题及答案,杨静编写第 8、9 章以及光盘中可编程器件的开发和下载、VHDL 基础,并完成光盘的制作,赵亦松编写了第 7、10 章,全书由王毓银修改完稿。

空军工程大学工程学院吴军老师和重庆邮电学院林定忠老师对原书中错误和修订提出了十分宝贵的意见。北京联合大学信息学院李金平教授不辞辛苦地认真审阅了全部书稿。在此谨向他们表示衷心感谢。

新版教材一定还存在不少缺点和不足之处,殷切期望读者批评指正。

编者

2005 年 6 月

《数字电路逻辑设计》第一版前言

《数字电路逻辑设计》(脉冲与数字电路第三版)是《脉冲与数字电路》(第二版)教材的修订版。

《数字电路逻辑设计》是为了适应"两个转变",面向 21 世纪深化教学内容和课程体系的改革,提高教学质量的要求,而修订编写的。在修订时,从我国绝大多数普通高等院校本科教学改革具体情况出发,力求充分保持原教材的基本特色,基本内容要符合原国家教育委员会颁发的课程教学基本要求,同时要处理好教材内容更新和基础内容相对稳定的关系;处理好先进性和适用性的关系,立足于打好基础,同时又要培养具有不断吸取新技术的能力。

数字技术是当前发展最快的学科之一,数字逻辑器件已从 20 世纪 60 年代的小规模集成电路(SSI)发展到目前的中、大规模集成电路(MSI、LSI)及超大规模集成电路(VLSI)。相应地,数字逻辑电路的设计方法在不断地演变和发展,由原来单一的硬件逻辑设计发展成三个分支,即硬件逻辑设计(中、小规模集成器件)、软件逻辑设计(软件组装的 LSI 和 VSI,如微处理器、单片机等)及兼有二者优点的专用集成电路(ASIC)设计。

由于"数字电路逻辑设计"是一门技术基础课程,为此,在修订本书时,有如下考虑:

1. 重点应该放在基本概念和基本方法上。逻辑代数基本定律、组合逻辑和时序逻辑的概念仍是分析和设计数字系统的基础,也是设计大规模集成芯片的基础,尽管中、大规模集成电路已成为数字系统的主体,但小规模集成电路仍是各种类型数字系统中不可缺少的部分,因此,作为数字技术的入门课程,本书仍以中、小规模集成电路为主的数字逻辑电路的基础理论、基本电路和基本分析、设计方法为重点。这部分内容是基本内容,修订时保留了第二版中第一、二、四、五、六、七各章的基本内容,仅作了精简。

2. 由于专用集成电路(ASIC)是近期迅速发展起来的新型逻辑器件,尤其是可编程逻辑器件(PLD)已广泛应用于数字系统设计中,这些器件的灵活性和通用性使它们已成为研制和设计数字系统的最理想器件。因此,在修订时删去了第二版中第九章大规模集成电路,改为半导体存储器和可编程逻辑器件(PLD)两章,即第 7、8 两章。这两章内容主要介绍了大规模集成电路的存储器

（PROM、EPROM、EEPROM、RAM 等）及 PLD（PAL、GAL、EPLD、FPGA 等）的工作原理和典型电路结构，并简单介绍了应用这些器件的开发过程，为应用这些器件研制设计数字系统打下基础。

必须说明，应用这些器件设计数字系统时需借助于编程软件和编程硬件工具，目前编程工具已通用化，而且已形成了一整套 PLD 计算机辅助设计系统，但这些问题已超越了本课程范围，可以在后续课程（如：数字系统设计等课程）或课程设计中给予介绍。

3. 在一个数字电路设计完成，制造出一个电路芯片或印刷电路板后，是否合格，要进行测试。为此增加了第 9 章逻辑电路的测试和可测性设计，主要介绍故障诊断的概念和测试码生成的方法。这部分内容不作为基本要求，可以选用。

4. 考虑到课程教学改革的趋势，有关晶体管开关特性以及涉及电路一级的内容，将由电子线路课程介绍。为此，删去了第二版中第二章晶体管开关特性，将开关特性最基本内容压缩为一节，合并到集成门电路中，为集成门电路原理打基础。

同时，对"脉冲单元电路"和"A/D 与 D/A 转换"这两章进行了精简，这两部分内容可在本课程中讲述，也可根据各院校教学改革的安排，由其他课程介绍。

5. 由于"脉冲单元电路"内容已压缩到最低程度，在本书中只占很少的比例，而且也可由其他课程完成教学。因此，将原《脉冲与数字电路》更名为《数字电路逻辑设计》，这样更能突出本课程的基本内容和重点。

本书由王毓银编写了第 1、2、3、4、5、6、9 章，赵亦松编写了第 7、11 章，杨静编写了第 8、10 章。全书由王毓银修改完稿。

清华大学刘宝琴教授、南京航空航天大学沈嗣昌教授不辞辛苦地认真仔细地审阅了全部书稿，并提出了许多宝贵意见，编者谨向他们表示衷心感谢。

新版教材中一定还存在不少缺点和不足之处，殷切期望读者予以批评和指正。

编者

1999 年 5 月

《脉冲与数字电路》第二版修订说明

自《脉冲与数字电路》(第一版)出版至今,已有六年了。在这六年中,电子技术及其应用有了较大发展,突出的是新的器件层出不穷,中、大规模集成器件得到较广泛的应用。

本书第二版是在第一版的基础上,根据国家教育委员会批准的《脉冲与数字电路课程教学基本要求》,考虑到电子技术的发展而进行修订的。

修订版和第一版比较,有以下的变动:

1. 在课程体系上,基本上保持了第一版的体系,作了局部调整。将第一版中第三章逻辑函数及其简化调至第二章,主要考虑逻辑代数这部分内容学生容易接受,同时,可以使"脉冲与数字电路"课程与"电子线路(Ⅰ)"课程同时并行开设。在部分章节中对内容讲授次序也作了些调整,主要是第五章组合逻辑电路和第七章时序逻辑电路中,结合讲授分析方法,介绍各种中规模集成器件。在讲授设计方法时,把采用 LSI 和 MSI 进行设计并列讲授。第八章脉冲单元电路中,将分立元件脉冲电路、逻辑门构成的脉冲电路、集成脉冲电路并行讲授,这样有利于比较,同时避免重复讲述原理。

2. 在课程内容上,增强了 CMOS 电路和中、大规模集成电路的比例。在第四章逻辑门电路中,将 CMOS 门电路单独列为一节,增强了 CMOS 基本原理及外部特性的介绍,增加了 CMOS 传输门;在第五章组合逻辑电路和第七章时序逻辑电路中,增加了 CMOS 中规模集成器件的介绍;第六章集成触发器中,增加了 CMOS 传输门组成的边沿触发器。另外,在第五章和第七章中均增加了利用 MSI 进行组合逻辑和时序逻辑设计的内容。在第九章大规模集成电路中增加了一节可编程逻辑器件 PAL 和 GAL 的内容。PAL 和 GAL 在数字系统设计中越来越得到广泛应用,由于篇幅所限,本书仅介绍了 PAL 和 GAL 的基础知识。此外,在内容上削减了 TTL 器件及利用小规模集成器件进行逻辑设计的内容,减少了分立元件脉冲电路部分的内容。

3. 在叙述上,基本上保持第一版的可读性。

4. 本书仍以数字逻辑的基础理论、基本电路和基本分析、设计方法为重点,由于篇幅和课程学时所限,没有介绍数字系统的设计,有关数字系统的设计,可以在后续课程中进行讲授。

　　承蒙清华大学刘宝琴副教授认真仔细审阅了修订版原稿,提出了许多宝贵意见,编者在此致以诚挚的谢意。

　　由于编者水平所限,书中难免存在错误和不妥之处,殷切希望读者批评指正。

编者

1991 年 9 月

《脉冲与数字电路》第一版编者的话

本教材是根据 1980 年 6 月高等学校工科电工教材编审委员会扩大会议审订的《脉冲与数字电路教学大纲(草案)》编写的,是无线电类专业的技术基础课教材。

本教材以数字集成电路贯穿全篇,突出和加强了数字电路内容,压缩和精简了脉冲电路部分内容。数字电路部分的研究包括两部分内容:一是讨论基本数字集成电路的工作原理和电气特性;二是分析和设计由基本集成单元电路构成逻辑功能较复杂的逻辑电路。在逻辑设计部分仍以小规模集成器件作为基本器件讨论设计方法,但注意到中、大规模器件已逐渐成为数字系统的"积木式"部件,因此本教材中加强了中规模集成电路的介绍和应用,并适当介绍了大规模集成存储器的基本原理和典型应用。脉冲电路部分介绍了脉冲波形产生、变换、整形常用电路的基本原理和主要参数的计算。将分立元件脉冲单元电路和用集成逻辑门构成脉冲单元电路合在一章进行讨论,以期减少基本概念的重复。

在编写时,力求突出重点,使基本概念明确清晰,努力贯彻教材要少而精和理论联系实际的精神。在每章末都附有一定数量的习题,帮助学生加深对课程内容的理解,部分习题有一定深度,以使学生在深入掌握课程内容的基础上扩展知识。

本课程内容讲授学时约 85 学时,其中有些章节(打 * 号者)可以根据情况作为自学或选学内容处理。

1979 年编者与汪雍、刘元干、黄敦慎等同志合编一本"脉冲与数字电路"讲义,1982 年编者对 1979 年讲义进行了修订。本教材是在 1982 年讲义基础上,根据高等学校工科电工教材编审委员会电子线路编审小组评审会议的意见修改而成的。在编写过程中,北京邮电学院二系数字技术教研室丁韵玲、章文芝、曲凤英等同志,北京邮电学院分院王启智同志,重庆邮电学院谭孝华同志给予了很大帮助,北方交通大学孙肇燔教授进行了认真细致的复审,在此一并致以诚挚的谢意。

由于编者水平有限,书中难免仍存在错误和不妥之处,殷切希望读者批评指正。

编者

1984 年 9 月

目　　录

第1章 绪　　论

　　脉冲与数字电子技术已经广泛地应用于电视、雷达、通信、电子计算机、自动控制、电子测量仪表、核物理、航天等各个领域。例如,在通信系统中,应用数字电子技术的数字通信系统,不仅比模拟通信系统抗干扰能力强、保密性好,而且还能应用电子计算机进行信息处理和控制,形成以计算机为中心的自动交换通信网;在测量仪表中,数字测量仪表不仅比模拟测量仪表精度高、测试功能强,而且还易实现测试的自动化和智能化。随着集成电路技术的发展,尤其是大规模和超大规模集成器件的发展,使得各种电子系统可靠性大大提高,设备的体积大大缩小,各种功能尤其是自动化和智能化程度大大提高。全世界正在经历一场数字化信息革命——即用 0 和 1 数字编码来表述和传输信息的一场革命。21 世纪是信息数字化的时代,数字化是人类进入信息时代的必要条件。"数字电路逻辑设计"是数字技术的基础,是电子信息类各专业的主要技术基础课程之一。

1.1　数　字　信　号

　　在自然界中,存在着许许多多的物理量。例如,时间、温度、压力、速度等,它们在时间和数值上都具有连续变化的特点,这种连续变化的物理量,习惯上称为模拟量。把表示模拟量的信号叫做模拟信号。例如,正弦变化的交流信号,它在某一瞬间的值可以是一个数值区间内的任何值。

　　还有一种物理量,它们在时间上和数量上是不连续的,它们的变化总是发生在一系列离散的瞬间,它们的数量大小和每次的增减变化都是某一个最小单位的整数倍,而小于这个最小量单位的数值是没有物理意义的。例如,工厂中的生产只能在一些离散的瞬间完成产品,而且产品的个数也只能一个单位一个单位地增减。这一类物理量叫作数字量。把表示数字量的信号叫作数字信号。工作在数字信号下的电路叫作数字电路。

　　在数字电路中采用只有 0、1 两种数值组成的数字信号。一个 0 或一个 1 通常称为 1 比特,有时也将一个 0 或一个 1 的持续时间称为一拍。对于 0 和 1 可以用电位的低和高来表示,也可以用脉冲信号的无和有来表示。图 1-1-1 中,图(a)所示为数字信号 **1101110010**;图(b)所示是以高电平表示 **1**、低电平表示 **0** 的数字信号波形,称为电位型数字信号或称为不归 0 型数字信号;图(c)所示是以有脉冲表示 **1**、无脉冲表示 **0** 的数字信号波形,称为脉冲型数字信号或称为归 0 型数字信号,即在相邻 1 信号间,先回到 0 再变为 1。

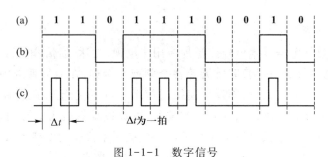

图 1-1-1   数字信号

1.2   数制及其转换

1. 十进制数

数制是计数进位制的简称。日常生活中最常用的是十进制。在十进制数中,采用了 0、1、2、⋯、9 十个不同的数码;在计数时,"逢十进一"及"借一当十"。各个数码处于十进制数的不同数位时,所代表的数值是不同的。例如,555 的数值是 5×100+5×10+5×1,其中最高位数码"5"代表数值 500,中间数码"5"代表数值 50,最低位数码"5"代表数值 5。把 100、10、1 称为十进制数数位的位权值。十进制数的各个数位的位权值是 10 的幂。"10"称为十进制数的基数。因此,对于任意一个十进制数的数值,都可以按位权展开为

$$(N)_{10}=a_{n-1}a_{n-2}\cdots a_1a_0a_{-1}a_{-2}\cdots a_{-m}=$$

$$a_{n-1}\times 10^{n-1}+a_{n-2}\times 10^{n-2}+\cdots+a_1\times 10^1+a_0\times 10^0+$$

$$a_{-1}\times 10^{-1}+a_{-2}\times 10^{-2}+\cdots+a_{-m}\times 10^{-m}=\sum_{i=-m}^{n-1}a_i\times 10^i \tag{1-2-1}$$

式中,a_i 为十进制数的任意一个数码;n、m 为正整数,n 表示整数部分数位,m 表示小数部分数位。

上述十进制数按位权展开的表示方法,可以推广到任意进制的计数制。对于一个基数为 $R(R\geqslant 2)$ 的 R 进制计数制,共有 0、1、⋯、$(R-1)$ 等 R 个不同的数码,则一个 R 进制的数按位权可展开为

$$(N)_R = a_{n-1}a_{n-2}\cdots a_1 a_0 a_{-1}a_{-2}\cdots a_{-m} =$$

$$a_{n-1}\times R^{n-1}+a_{n-2}\times R^{n-2}+\cdots+a_1\times R^1+a_0\times R^0+a_{-1}\times R^{-1}+ \quad (1\text{-}2\text{-}2)$$

$$a_{-2}\times R^{-2}+\cdots+a_{-m}\times R^{-m} = \sum_{i=-m}^{n-1} a_i\times R^i$$

这种计数法叫作 R 进制计数法，R 称为计数制的基数或称为计数的模（mod）。在数 N 的表示中，用下角标或（mod = R）来标明模。

日常用的计数制，除十进制外，还有十二进制、六十进制等。在数字电路及电子计算机中通常使用二进制及与二进制有密切联系的八进制和十六进制。

2. 二进制数

二进制数只有 **0** 和 **1** 两个数码，在计数时"逢二进一"及"借一当二"。二进制的基数是 2，每个数位和位权值为 2 的幂。因此，二进制数可以按位权展开为

$$(N)_2 = a_{n-1}a_{n-2}\cdots a_1 a_0 a_{-1}a_{-2}\cdots a_{-m} =$$

$$a_{n-1}\times 2^{n-1}+a_{n-2}\times 2^{n-2}+\cdots+a_1\times 2^1+a_0\times 2^0+ \quad (1\text{-}2\text{-}3)$$

$$a_{-1}\times 2^{-1}+a_{-2}\times 2^{-2}+\cdots+a_{-m}\times 2^{-m} = \sum_{i=-m}^{n-1} a_i\times 2^i$$

式中，a_i 为 **0** 或 **1** 数码；n 和 m 为正整数；2^i 为 i 位的位权值。例如，二进制数（**1101.01**）$_2$ 可展开为

$$(1101.01)_2 = 1\times 2^3+1\times 2^2+0\times 2^1+1\times 2^0+0\times 2^{-1}+1\times 2^{-2}$$

3. 八进制和十六进制

同上所述，八进制数有 0、1、2、3、4、5、6、7 八个数码，基数为 8，因此八进制数可表示为

$$(N)_8 = \sum_{i=-m}^{n-1} a_i\times 8^i \quad (1\text{-}2\text{-}4)$$

十六进制数有 0、1、2、3、4、5、6、7、8、9、A、B、C、D、E、F 十六个数码符号，其中 A、B、C、D、E、F 六个符号依次表示 10~15。

表 1-2-1 列出了几个不同的选定数在二进制、八进制、十进制及十六进制不同数制中的对照关系。

表 1-2-1　二、八、十、十六进制的对照关系

十进制	二进制	八进制	十六进制	十进制	二进制	八进制	十六进制
0	**0**	0	0	7	**111**	7	7
1	**1**	1	1	8	**1000**	10	8
2	**10**	2	2	9	**1001**	11	9
3	**11**	3	3	10	**1010**	12	A
4	**100**	4	4	11	**1011**	13	B
5	**101**	5	5	12	**1100**	14	C
6	**110**	6	6	13	**1101**	15	D

续表

十进制	二进制	八进制	十六进制	十进制	二进制	八进制	十六进制
14	**1110**	16	E	19	**10011**	23	13
15	**1111**	17	F	20	**10100**	24	14
16	**10000**	20	10	32	**100000**	40	20
17	**10001**	21	11	100	**1100100**	144	64
18	**10010**	22	12	1000	**1111101000**	1750	3E8

4. 不同进制数的转换

（1）将 R 进制数转换成十进制数

人们习惯于十进制数。若将 R 进制数转换为等值的十进制数，只要将 R 进制数按位权展开，再按十进制运算规则运算，即可得到十进制数。

例 1-1 将二进制数（**11010.011**）$_2$ 转换成十进制数。

解

$$（\textbf{11010.011}）_2 = \textbf{1}\times 2^4 + \textbf{1}\times 2^3 + \textbf{0}\times 2^2 + \textbf{1}\times 2^1 + \textbf{0}\times 2^0 + \textbf{0}\times 2^{-1} + \textbf{1}\times 2^{-2} + \textbf{1}\times 2^{-3} =$$
$$16 + 8 + 0 + 2 + 0 + 0 + 0.25 + 0.125 = （26.375）_{10}$$

例 1-2 将八进制数（137.504）$_8$ 转换成十进制数。

解

$$（137.504）_8 = 1\times 8^2 + 3\times 8^1 + 7\times 8^0 + 5\times 8^{-1} + 0\times 8^{-2} + 4\times 8^{-3} =$$
$$64 + 24 + 7 + 0.625 + 0 + 0.007\,812\,5 =$$
$$（95.632\,812\,5）_{10}$$

例 1-3 将十六进制数（12AF.B4）$_{16}$ 转换成十进制数。

解

$$（12AF.B4）_{16} = 1\times 16^3 + 2\times 16^2 + 10\times 16^1 + 15\times 16^0 + 11\times 16^{-1} + 4\times 16^{-2} =$$
$$4\,096 + 512 + 160 + 15 + 0.687\,5 + 0.015\,625 =$$
$$（4\,783.703\,125）_{10}$$

（2）将十进制数转换成 R 进制数

将十进制数转换为 R 进制数，需将十进制数的整数部分和小数部分分别进行转换，然后将它们合并起来。

十进制数整数转换成 R 进制数，采用逐次除以基数 R 取余数的方法，其步骤如下：

① 将给定的十进制整数除以 R，余数作为 R 进制数的最低位（Least Significant Bit，LSB）。

② 把前一步的商再除以 R，余数作为次低位。

③ 重复②步骤，记下余数，直至最后商为 0，最后的余数即为 R 进制的最高

位(Most Significant Bit，MSB)。

例 1-4 十进制数$(53)_{10}$转换成二进制数。

解

由于二进制数基数为 2，所以逐次除以 2 取其余数(**0** 或 **1**)：

$$
\begin{array}{r}
2 \underline{\hspace{2em} 53 \hspace{1em}} \quad 商 \qquad 余数 \\
2 \underline{\hspace{2em} 26 \hspace{1em}} \lrcorner \cdots\cdots\cdots \quad \mathbf{1} \qquad \cdots\cdots\text{LSB} \\
2 \underline{\hspace{2em} 13 \hspace{1em}} \cdots\cdots\cdots \quad \mathbf{0} \\
2 \underline{\hspace{2em} 6 \hspace{1em}} \cdots\cdots\cdots \quad \mathbf{1} \\
2 \underline{\hspace{2em} 3 \hspace{1em}} \cdots\cdots\cdots \quad \mathbf{0} \\
2 \underline{\hspace{2em} 1 \hspace{1em}} \cdots\cdots\cdots \quad \mathbf{1} \\
0 \qquad \cdots\cdots\cdots \quad \mathbf{1} \qquad \cdots\cdots\text{MSB}
\end{array}
$$

所以 $$(53)_{10} = (\mathbf{110101})_2$$

例 1-5 将十进制数$(53)_{10}$转换成八进制数。

解

由于基数为 8，逐次除以 8 取余数：

$$
\begin{array}{r}
8 \underline{\hspace{2em} 53 \hspace{1em}} \quad 商 \qquad 余数 \\
8 \underline{\hspace{2em} 6 \hspace{1em}} \lrcorner \cdots\cdots \quad 5 \\
0 \qquad \cdots\cdots \quad 6
\end{array}
$$

所以 $$(53)_{10} = (65)_8$$

十进制纯小数转换成 R 进制数，采用将小数部分逐次乘以 R，取乘积的整数部分作为 R 进制的各有关数位，乘积的小数部分继续乘以 R，直至最后乘积为 0 或达到一定的精度为止。

例 1-6 将十进制小数$(0.375)_{10}$转换成二进制数。

解

$$
\begin{array}{r}
0.375 \\
\times \qquad 2 \\
\hline
[0.] \quad 750 \qquad b_{-1} = \mathbf{0} \\
\times \qquad 2 \\
\hline
[1.] \quad 500 \qquad b_{-2} = \mathbf{1} \\
\times \qquad 2 \\
\hline
[1.] \quad 000 \qquad b_{-3} = \mathbf{1}
\end{array}
$$

所以 $$(0.375)_{10} = (\mathbf{0.011})_2$$

例 1-7 将十进制小数$(0.39)_{10}$转换成二进制数，要求精度达到 0.1%。

解

由于要求精度达到 0.1%,所以需要精确到二进制小数 10 位,即 $1/2^{10} = 1/1\,024$。

$0.39 \times 2 = 0.78$ $b_{-1} = \mathbf{0}$ $0.12 \times 2 = 0.24$ $b_{-4} = \mathbf{0}$ $0.96 \times 2 = 1.92$ $b_{-7} = \mathbf{1}$

$0.78 \times 2 = 1.56$ $b_{-2} = \mathbf{1}$ $0.24 \times 2 = 0.48$ $b_{-5} = \mathbf{0}$ $0.92 \times 2 = 1.84$ $b_{-8} = \mathbf{1}$

$0.56 \times 2 = 1.12$ $b_{-3} = \mathbf{1}$ $0.48 \times 2 = 0.96$ $b_{-6} = \mathbf{0}$ $0.84 \times 2 = 1.68$ $b_{-9} = \mathbf{1}$

$0.68 \times 2 = 1.36$ $b_{-10} = \mathbf{1}$

所以 $(0.39)_{10} = (\mathbf{0.0110001111})_2$

例 1-8   将十进制小数 $(0.39)_{10}$ 转换成八进制数,要求精确到 0.1%。

解

由于 $8^3 = 512$,所以需精确到八进制小数的 4 位,则

$0.39 \times 8 = 3.12$ $a_{-1} = 3$ $0.96 \times 8 = 7.68$ $a_{-3} = 7$

$0.12 \times 8 = 0.96$ $a_{-2} = 0$ $0.68 \times 8 = 5.44$ $a_{-4} = 5$

所以 $(0.39)_{10} = (0.307\,5)_8$

把一个带有整数和小数的十进制数转换成 R 进制数时,是将整数部分和小数部分分别进行转换,然后将结果合并起来。例如,将十进制数 $(53.375)_{10}$ 转换成二进制数,可按例 1-4 和例 1-6 分别转换,并将结果合并,得到

$$(53.375)_{10} = (110101.011)_2$$

(3) 基数 R 为 2^k 各进制之间的互相转换

由于 3 位二进制数构成 1 位八进制数,4 位二进制数构成 1 位十六进制数。例如,二进制数 $(110101.011000111)_2$ 与八进制数和十六进制数有如下关系:

二进制数	**110**	**101**.	**011**	**000**	**111**
八进制数	6	5.	3	0	7

所以 $(\mathbf{110101.011000111})_2 = (65.307)_8$

二进制数	**11**	**0101**.	**0110**	**0011**	**1000**
十六进制数	3	5.	6	3	8

所以 $(\mathbf{110101.011000111})_2 = (35.638)_{16}$

利用八进制数和十六进制数与二进制数之间的这种关系,不难求出八进制数与十六进制数之间的相互转换。

例 1-9   将 $(BE.29D)_{16}$ 转换成八进制数。

解

$$(BE.29D)_{16} = (\underbrace{\mathbf{10}\ \mathbf{111}}_{B}\ \underbrace{\mathbf{110}}_{E}.\underbrace{\mathbf{001}}_{2}\ \underbrace{\mathbf{010}}_{9}\ \underbrace{\mathbf{011}\ \mathbf{101}}_{D})_2$$

$$(2\quad 7\quad 6.\quad 1\quad 2\quad 3\quad 5)_8$$

所以 $(BE.29D)_{16} = (276.123\ 5)_8$

反之,如果要将$(276.123\ 5)_8$转换成十六进制数,则

$$(276.123\ 5)_8 = (0\ \underline{1011}\ \underline{1110}.\underline{0010}\ \underline{1001}\ \underline{1101})_2$$

$$(\quad B \quad E.\quad 2 \quad 9 \quad D\quad)_{16}$$

即 $(276.123\ 5)_8 = (BE.29D)_{16}$

1.3 二-十进制代码(BCD 代码)

人们在交换信息时,可以通过一定的信号或符号来进行。这些信号或符号的含义是人们事先约定而赋予的。同一信号或符号,由于人们的约定不同,可以在不同场合有不同的含义。利用数码来作为某一特定信息的代号称为代码,例如,"127"次列车、"101"中学、学号"4035"、门牌号"4035"等。在数字电路系统中,常用与二进制数码对应的 **0**、**1** 作为代码的符号,叫作二进制码。这里必须指出的是,二进制码不一定表示二进制数,它的含义由人们预先约定而赋予。

这里介绍采用二进制码表示一个十进制数的代码,称为二-十进制代码,即 BCD(Binary Coded Decimal)代码。

由于十进制数共有 0、1、2、…、9 十个数码,因此,至少需要 4 位二进制码来表示 1 位十进制数。4 位二进制码共有 $2^4 = 16$ 种码组,如表 1-3-1 所示。在

表 1-3-1 4 位二进制代码

0	0	0	0
0	0	0	1
0	0	1	0
0	0	1	1
0	1	0	0
0	1	0	1
0	1	1	0
0	1	1	1
1	0	0	0
1	0	0	1
1	0	1	0
1	0	1	1
1	1	0	0
1	1	0	1
1	1	1	0
1	1	1	1

这 16 种代码中,可以任选 10 种来表示 10 个十进制数码,共有

$$N = \frac{16!}{(16-10)!} \approx 2.9 \times 10^{10}$$

种方案。常用的 BCD 代码列于表 1-3-2 中。

表 1-3-2   常用 BCD 代码

十进制数码	8421 码	余 3 码	2421 码	5121 码	631-1 码	单位间距码	余 3 循环码	移存码
0	0000	0011	0000	0000	0011	0000	0010	0001
1	0001	0100	0001	0001	0010	0001	0110	0010
2	0010	0101	0010	0010	0101	0011	0111	0100
3	0011	0110	0011	0011	0111	0010	0101	1001
4	0100	0111	0100	0111	0110	0110	0100	0011
5	0101	1000	1011	1000	1001	0111	1100	0111
6	0110	1001	1100	1100	1000	0101	1101	1111
7	0111	1010	1101	1101	1010	0100	1111	1110
8	1000	1011	1110	1110	1101	1100	1110	1100
9	1001	1100	1111	1111	1100	1110	1010	1000

BCD 码分有权码和无权码两大类。

1. 有权 BCD 码

有权 BCD 代码是指在表示 0~9 十个十进制数码的 4 位二进制代码中,每位二进制数码都有确定的位权值。例如,表 1-3-2 中的 8421 码、2421 码、5121 码、631-1 码等。对于有权 BCD 代码,可以根据位权展开求得所代表的十进制数。例如:

$$(0111)_{8421\ BCD} = 0 \times 8 + 1 \times 4 + 1 \times 2 + 1 \times 1 = (7)_{10}$$
$$(1101)_{2421\ BCD} = 1 \times 2 + 1 \times 4 + 0 \times 2 + 1 \times 1 = (7)_{10}$$
$$(1101)_{631-1\ BCD} = 1 \times 6 + 1 \times 3 + 0 \times 1 + 1 \times (-1) = (8)_{10}$$

最常用的有权码是 8421 BCD 码,由于其位权值是按基数 2 的幂增加的,这和二进制数的位权值一致,所以有时也称 8421 BCD 码为自然权码。

表 1-3-2 中 2421 码、5121 码、631-1 码的十个数字代码中,0 和 9、1 和 8、2 和 7、3 和 6、4 和 5 恰好互为反码,这种特性称为具有自补性,在数字系统中是很有用的。

2. 无权 BCD 码

这些代码没有确定的位权值,因此,不能按位权展开来求它们所代表的十进制数。但是,这些代码都有其特点,在不同场合,可以根据需要选用。例如余 3 BCD 码,是在每个 8421 BCD 代码上加上 $(3)_{10} = (0011)_2$ 而得到的,用余 3 码

进行加减运算比 8421 BCD 码方便。再如单位间距码、余 3 循环码，它们的两个相邻的数码之间仅有一个不同，利用这个特性将可避免计数过程中出现的瞬态模糊状态，因此在高分辨率设备中常被采用。

3. 用 BCD 代码表示十进制数

在 BCD 代码中，4 位二进制代码仅表示 1 位十进制数，对一个多位的十进制数进行编码，需要有与十进制位数相同的几组 BCD 代码来表示，每组代码之间按十进制进位。

例如，用 8421 BCD 码来表示十进制数 863，则
$$(863)_{10} = (\mathbf{1000\ 0110\ 0011})_{8421\ BCD}$$
如果用 2421 BCD 码来表示十进制数 863，则
$$(863)_{10} = (\mathbf{1110\ 1100\ 0011})_{2421\ BCD}$$

1.4 算术运算与逻辑运算

当两个二进制数码表示数量大小时，它们可以进行数值运算，称这种运算为算术运算。二进制数的算术运算法则和十进制数的运算法则基本相同，唯一区别在于相邻两位之间的关系是"逢二进一"及"借一当二"，而不是"逢十进一"及"借一当十"。例如：

加法运算	减法运算	乘法运算	除法运算
1001	**1001**	**1001**	**1.11001⋯**
+ 0101	**− 0101**	**× 0101**	**0101 ⟌ 1001**
1110	**0100**	**1001**	**0101**
		0000	**1000**
		1001	**0101**
		0000	**0110**
		101101	**0101**
			1000
			0101
			011

1 位二进制数码 **0** 和 **1**，不仅可以表示数量大小，进行二进制数的数值运算，它还可表示两种不同的状态。例如：用 **0** 和 **1** 分别表示电位的低和高、脉冲信号的无和有、开关的断开和闭合等。在数字电路中，两种不同的状态通常称为逻辑状态，这样，**0** 和 **1** 已不再是通常的二进制数，而是代表两种逻辑状态的符号，它

们的意义完全由事先"约定"。

例如:以 **1** 表示高电平,以 **0** 表示低电平;也可以以 **1** 表示低电平,以 **0** 表示高电平。当二进制数码 **0**、**1** 表示逻辑状态时,它们之间按照某种逻辑关系进行逻辑运算。逻辑运算和算术运算有着本质的区别。

在下一章里,将重点介绍逻辑运算的各种规律。

1.5　数　字　电　路

对数字信号进行算术运算和逻辑运算的电路通常称为数字电路。无论算术运算还是逻辑运算其代码符号仅有 **0** 和 **1** 两种,因此数字电路中只要有两个不同的状态分别表示 **0** 和 **1** 就可以,所以数字电路的基本单元十分简单,而且对元件要求也不严格。

随着半导体技术的飞速发展,数字电路几乎都是数字集成电路,所谓集成电路,就是在一块半导体基片上,把众多的数字电路基本单元制作在一起。按照集成度大小,集成电路分为:小规模集成电路(Small Scale Integrated Circuit,SSIC),每块集成电路大约包含 10 ~ 100 个基本元件;中规模集成电路(Medium Scale Integrated Circuit,MSIC),每块集成电路大约包含 100 ~ 1 000 个基本元件;大规模集成电路(Large Scale Integrated Circuit,LSIC),每块集成电路大约包含 1 000 ~ 10 000 个以上的基本元件。随着工艺的发展有的已达到在一个单片上包含数万个基本元件。超大规模集成电路(Very Large Scale Integrated Circuit ,VLSIC),每个集成块大约包含 10 000 个以上基本元件。

数字逻辑器件通常可分为三大类:一是由基本逻辑和触发器构成的中、小规模集成逻辑器件;二是由软件组成的大规模和超大规模集成逻辑器件;三是专用集成电路 ASIC,又分为标准单元、门阵列和可编程逻辑器件 PLD,是近些年迅速发展的新型逻辑器件。相应的数字逻辑电路的设计方法也在不断地演变和发展,分有三个分支,即硬件逻辑设计、软件逻辑设计和兼有二者优点的专用集成电路 ASIC 和可编程逻辑器件设计。

1.6　本课程的任务与性质

本课程是电子信息技术专业的技术基础课,主要介绍基本数字集成电路的工作原理和主要电气特性、逻辑代数基础、组合逻辑和时序逻辑电路的分析和设计方法。介绍半导体存储器及可编程逻辑器件 PLD(包括 PAL、GAL、EPLD、FPGA)的基本原理和电路结构。此外还介绍脉冲波形的产生、变换和整形电路以及将模拟信号转换成数字信号的模数(A/D)转换电路和将数字信号转换成模拟信号的数模(D/A)转换电路。

必须说明的是数字技术是一门发展很快的学科,数字电路及数字系统的设备随着新技术发展也在不断变化,类型层出不穷。本课程仅仅介绍数字电路逻辑设计的基础。有了一定的基础,对于一些新器件、新类型电路也能很快地接受和理解。

习　　题

1-1　把下列二进制数转换成十进制数:

(1) **11000101**;(2) **101101**;(3) **0.01101**;(4) **1010101.0011**;(5) **101001.10010**。

1-2　把下列十进制数转换成二进制数:

(1) 51;(2) 136;(3) 12.34;(4) 0.904;(5) 105.375。

1-3　把下列各数转换成十进制数(小数取 3 位):

(1) $(78.8)_{16}$;(2) $(3FCA)_{16}$;(3) $(101.1)_8$;(4) $(74.32)_8$。

1-4　完成数制转换:

(1) $(3AB6)_{16} = (?)_2 = (?)_8$;　　(2) $(432.B7)_{16} = (?)_2 = (?)_8$;

(3) $(163.27)_{10} = (?)_2 = (?)_{16}$;　　(4) $(754.31)_{10} = (?)_2 = (?)_8$。

1-5　列出下列各有权 BCD 代码的码表:

(1) 6421 码;(2) 631-1 码;(3) 4321 码;(4) 5421 码;(5) 7421 码;(6) 8421 码。

1-6　完成下列各数的转换:

(1) $(73.26)_{10} = (?)_{8421\ BCD}$;

(2) $(31.67)_{10} = (?)_{余3\ BCD}$;

(3) $(465)_{10} = (?)_{2421\ BCD}$;

(4) $(\mathbf{1101\ 1010\ 0011})_{631-1\ BCD} = (?)_{10}$;

(5) $(\mathbf{1000\ 0101\ 1001\ 0111})_{8421\ BCD} = (?)_{10}$。

第 1 章自我检测题

第 1 章自我检测题参考答案

第 2 章　逻辑函数及其简化

　　1849 年英国数学家乔治·布尔（George Boole）首先提出了描述客观事物逻辑关系的数学方法——布尔代数。1938 年克劳德·香农（Claude E.Shannon）将布尔代数应用到继电器开关电路的设计，因此又称为开关代数。随着数字技术的发展，布尔代数成为数字逻辑电路分析和设计的基础，又称为逻辑代数。它在二值逻辑电路中得到广泛应用。

　　本章简单介绍逻辑代数的基本公式、重要定理及常用公式，介绍逻辑函数及其表示方法，重点讲述应用逻辑代数简化逻辑函数的方法——代数法和卡诺图法。

2.1　逻　辑　代　数

2.1.1　基本逻辑

　　在二值逻辑中，最基本的逻辑有与逻辑、或逻辑、非逻辑三种。

　　首先从日常熟悉的例子谈起。图 2-1-1 中有两个开关 S_1、S_2。只有当开关 S_1、S_2 全合上时，灯才亮。其工作状态如表 2-1-1 所示。对于此例，可以得出这样一种因果关系：只有当决定某一事件（如灯亮）的条件（如开关合上）全部具备时，这一事件（如灯亮）才会发生。这种因果关系称为与逻辑关系。

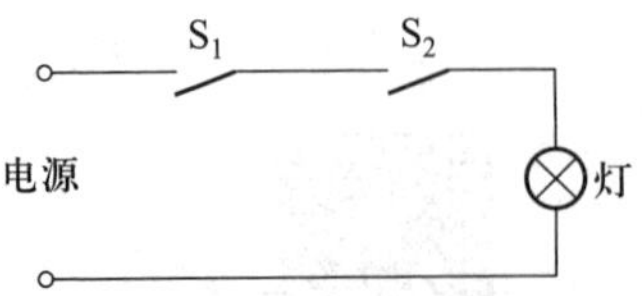

图 2-1-1　与逻辑举例

表 2-1-1　与逻辑举例状态表

开关 S_1	开关 S_2	灯
断	断	灭
断	合	灭
合	断	灭
合	合	亮

　　把该例的 S_1、S_2 开关改接为图 2-1-2 所示的形式，其工作状态如表 2-1-2 所示。在图 2-1-2 电路中，只要开关 S_1 或 S_2 有一个合上，或者两个都合上，灯

就会亮。这样可以得出另一个因果关系:只要在决定某一事件(如灯亮)的各种条件(如开关合上)中,有一个或几个条件具备时,这一事件(如灯亮)就会发生。这种因果关系称为**或**逻辑关系。

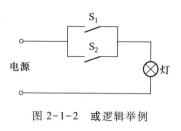

图 2-1-2　**或逻辑举例**

表 2-1-2　或逻辑举例状态表

开关 S_1	开关 S_2	灯
断	断	灭
断	合	亮
合	断	亮
合	合	亮

再看图 2-1-3 所示电路,其工作状态如表 2-1-3 所示。当开关 S 合上时,灯灭,反之,当开关 S 断开时,灯亮。开关合上是灯亮的条件。在该电路中,事件(如灯亮)发生的条件(如开关合上)具备时,事件(如灯亮)不会发生,反之,事件发生的条件不具备时,事件发生。这种因果关系称为非逻辑。

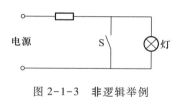

图 2-1-3　**非逻辑举例**

表 2-1-3　非逻辑举例状态表

开关 S	灯
断	亮
合	灭

上述的三种基本逻辑可以用逻辑代数来描述。在逻辑代数中用字母 A、B、C、…来表示逻辑变量,这些逻辑变量在二值逻辑中只有 **0** 和 **1** 两种取值,以代表逻辑变量的两种不同的逻辑状态。例如上述举例中,用 A、B 作为开关 S_1、S_2 的状态变量,以取值 **1** 表示开关合上,以取值 **0** 表示开关断开;用 P 作为灯的状态变量,以取值 **1** 表示灯亮,以取值 **0** 表示灯灭。用状态变量和取值可以列出表示**与、或、非**三种基本逻辑关系的图表,如表 2-1-4、表 2-1-5、表 2-1-6 所示。这种图表称为逻辑真值表,或简称真值表。

表 2-1-4　与逻辑真值表

A	B	P
0	**0**	**0**
0	**1**	**0**
1	**0**	**0**
1	**1**	**1**

表 2-1-5　或逻辑真值表

A	B	P
0	**0**	**0**
0	**1**	**1**
1	**0**	**1**
1	**1**	**1**

表 2 1 6　非逻辑真值表

A	P
0	**1**
1	**0**

这三种基本逻辑关系,用数学表达式来描述,可以写为

与逻辑 $$P = A \cdot B \tag{2-1-1}$$

在逻辑代数中,将**与**逻辑称为**与**运算或逻辑乘。"·"符号为逻辑乘的运算符号,在不致混淆的情况下,也可将"·"符号省略,写成 $P = AB$。在有些文献中,也有的采用 $\wedge$、$\cap$ 及 & 等符号来表示逻辑乘。

或逻辑 $$P = A + B \tag{2-1-2}$$

在逻辑代数中,将**或**逻辑称为**或**运算或逻辑加。"+"符号为逻辑加的运算符号。在有些文献中,也有的采用 $\vee$、$\cup$ 等符号来表示逻辑加。

非逻辑 $$P = \overline{A} \tag{2-1-3}$$

读作"A 非"或"非 A"。

在数字逻辑电路中,采用了一些逻辑符号图形来表示上述三种基本逻辑关系,如图 2-1-4 所示。图中(1)为国家标准《电气简图用图形符号》中"二进制逻辑单元"的图形符号 *,(2)为过去沿用的图形符号,(3)为部分国外资料中常用的图形符号。

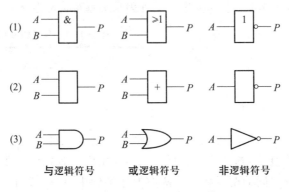

与逻辑符号　　　或逻辑符号　　　非逻辑符号

图 2-1-4　基本逻辑的逻辑符号

在数字逻辑电路中,把能实现基本逻辑关系的基本单元电路称为逻辑门电路。把能实现**与**逻辑的基本单元电路称为**与**门,把能实现**或**逻辑的基本单元电路称为**或**门,把能实现**非**逻辑的基本单元电路称为**非**门(或称反相器)。图 2-1-4 所示的逻辑符号也用于表示相应的逻辑门。

2.1.2　基本逻辑运算

最基本的逻辑运算有三种:逻辑加、逻辑乘和逻辑非。逻辑变量在二值逻辑

　＊ 本书全部图采用国家标准电器用图形符号。

中只有 **0** 或 **1** 两种取值。

1. 逻辑加(或运算)

$$P = A + B$$

逻辑加的意义是 A 或者 B 只要有一个为 **1**,则函数值 P 就为 **1**。它表示**或**逻辑关系。在电路上可用**或**门实现逻辑加运算,因而,逻辑加又称为**或**运算。

逻辑加的运算规则为

$$0+0=0$$
$$0+1=1$$
$$1+0=1$$
$$1+1=1$$

必须指出,逻辑加的运算和二进制加法的规则是不同的。

由此可以推出一般形式

$$A+0=A \tag{2-1-4}$$
$$A+1=1 \tag{2-1-5}$$
$$A+A=A \tag{2-1-6}$$

2. 逻辑乘(与运算)

$$P = A \cdot B$$

逻辑乘的意义为只有 A 和 B 都为 **1** 时,函数值 P 才为 **1**。它表示**与**逻辑关系。在电路上可用**与**门实现逻辑乘运算,因而,逻辑乘又称为**与**运算。

逻辑乘的运算规则为

$$0 \cdot 0 = 0$$
$$0 \cdot 1 = 0$$
$$1 \cdot 0 = 0$$
$$1 \cdot 1 = 1$$

由此可以推出一般形式

$$A \cdot 1 = A \tag{2-1-4'}$$
$$A \cdot 0 = 0 \tag{2-1-5'}$$
$$A \cdot A = A \tag{2-1-6'}$$

3. 逻辑非(非运算)

$$P = \overline{A}$$

逻辑非的意义为函数值是输入变量的反。在电路上可以用**非**门来实现逻辑非运算,因而,逻辑非又称为**非**运算。

逻辑非的运算规则为

$$\overline{0} = 1$$

$$\overline{1} = 0$$

由此可以推出

$$\overline{\overline{A}} = A \qquad\qquad (2-1-7)$$

$$A + \overline{A} = 1 \qquad\qquad (2-1-8)$$

$$A \cdot \overline{A} = 0 \qquad\qquad (2-1-8')$$

4. 复合逻辑运算

在逻辑代数中,除去最基本的**与**、**或**、**非**三种运算外,还常采用一些复合逻辑运算。

（1）**与非逻辑**

与非逻辑是**与**逻辑运算和**非**逻辑运算的复合,它是将输入变量先进行**与**运算,然后再进行非运算。其表达式为

$$P = \overline{A \cdot B} \qquad\qquad (2-1-9)$$

与非逻辑真值表如表 2-1-7 所示。由真值表可见,对于**与非逻辑**,只要输入变量中有一个为 **0**,输出就为 **1**。或者说,只有输入变量全部为 **1** 时,输出才为 **0**。其逻辑符号如图 2-1-5(a)所示。

表 2-1-7　两输入变量与非逻辑真值表

A	B	P
0	**0**	**1**
0	**1**	**1**
1	**0**	**1**
1	**1**	**0**

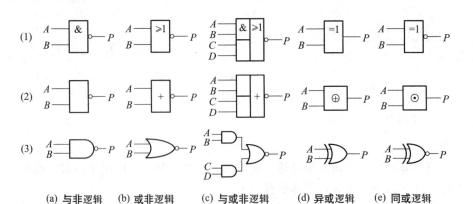

(a) 与非逻辑　　(b) 或非逻辑　　(c) 与或非逻辑　　(d) 异或逻辑　　(e) 同或逻辑

图 2-1-5　复合逻辑符号

（2）或非逻辑

或非逻辑是**或**逻辑运算和**非**逻辑运算的复合，它是将输入变量先进行**或**运算，然后再进行**非**运算。其表达式为

$$P = \overline{A+B} \qquad\qquad (2-1-10)$$

或非运算的真值表如表 2-1-8 所示。由真值表可见，对于**或非逻辑**，只要输入变量中有一个为 **1**，输出就为 **0**。或者说，只有输入变量全部为 **0**，输出才为 **1**。其逻辑符号如图 2-1-5（b）所示。

表 2-1-8　两输入变量**或非逻辑**真值表

A	B	P
0	0	1
0	1	0
1	0	0
1	1	0

（3）**与或非逻辑**

与或非逻辑是**与**逻辑运算和**或非**逻辑运算的复合。它是先将输入变量 A、B 及 C、D 进行**与**运算，然后再进行**或非**运算。其表达式为

$$P = \overline{A \cdot B + C \cdot D} \qquad\qquad (2-1-11)$$

与或非运算的真值表如表 2-1-9 所示。其逻辑符号如图 2-1-5（c）所示。

表 2-1-9　2-2 输入变量**与或非逻辑**真值表

A	B	C	D	P
0	0	0	0	1
0	0	0	1	1
0	0	1	0	1
0	0	1	1	0
0	1	0	0	1
0	1	0	1	1
0	1	1	0	1
0	1	1	1	0
1	0	0	0	1
1	0	0	1	1
1	0	1	0	1
1	0	1	1	0
1	1	0	0	0
1	1	0	1	0
1	1	1	0	0
1	1	1	1	0

（4）**同或**逻辑和**异或**逻辑

同或逻辑和**异或**逻辑是只有两个输入变量的函数。

只有当两个输入变量 A 和 B 的值相同时，输出 P 才为 **1**，否则 P 为 **0**，这种逻辑关系称为**同或**。记为

$$P = A \odot B = \bar{A} \cdot \bar{B} + A \cdot B \qquad (2-1-12)$$

"$\odot$"符号是**同或**运算符号。其真值表如表 2-1-10 所示。其逻辑符号如图 2-1-5(e)所示。

表 2-1-10   同或逻辑真值表

A	B	P
0	0	1
0	1	0
1	0	0
1	1	1

同或逻辑的运算规则为

$$\begin{aligned} \mathbf{0} \odot \mathbf{0} &= \mathbf{1} \\ \mathbf{0} \odot \mathbf{1} &= \mathbf{0} \\ \mathbf{1} \odot \mathbf{0} &= \mathbf{0} \\ \mathbf{1} \odot \mathbf{1} &= \mathbf{1} \end{aligned} \qquad (2-1-13)$$

由此可以推出一般形式

$$A \odot 0 = \bar{A} \qquad (2-1-14)$$

$$A \odot 1 = A \qquad (2-1-15)$$

$$A \odot \bar{A} = 0 \qquad (2-1-16)$$

$$A \odot A = 1 \qquad (2-1-17)$$

只有当两个输入变量 A 和 B 的取值相异时，输出 P 才为 **1**，否则 P 为 **0**，这种逻辑关系称为**异或**。记为

$$P = A \oplus B = A \cdot \bar{B} + \bar{A} \cdot B \qquad (2-1-18)$$

"$\oplus$"是**异或**运算符号。其真值表如表 2-1-11 所示。其逻辑符号如图 2-1-5(d)所示。

表 2-1-11   异或逻辑真值表

A	B	P
0	0	0
0	1	1
1	0	1
1	1	0

异或逻辑的运算规则为

$$0 \oplus 0 = 0$$
$$0 \oplus 1 = 1$$
$$1 \oplus 0 = 1$$
$$1 \oplus 1 = 0$$

由此可以推出一般形式

$$A \oplus 1 = \overline{A} \qquad (2-1-14')$$
$$A \oplus 0 = A \qquad (2-1-15')$$
$$A \oplus \overline{A} = 1 \qquad (2-1-16')$$
$$A \oplus A = 0 \qquad (2-1-17')$$

由上分析可见,**同或**与**异或**逻辑正好相反,因此

$$A \odot B = \overline{A \oplus B} \qquad (2-1-19)$$
$$A \oplus B = \overline{A \odot B} \qquad (2-1-20)$$

有时又将**同或**逻辑称为**异或非**逻辑。

对于两变量来说,若两变量的原变量相同,则取非后两变量的反变量也相同;若两变量的原变量相异,则取非后两变量的反变量也必相异。因此,由**同或**逻辑和**异或**逻辑的定义可以得到

$$A \odot B = \overline{A} \odot \overline{B} \qquad (2-1-21)$$
$$A \oplus B = \overline{A} \oplus \overline{B} \qquad (2-1-22)$$

另外,若变量 A 和变量 B 相同,则 $\overline{A}$ 必与 B 相异或 A 与 $\overline{B}$ 相异;若变量 A 和变量 B 相异,则 $\overline{A}$ 必与 B 相同或 $\overline{B}$ 与 A 相同。因此又有

$$A \odot B = \overline{A} \oplus B = A \oplus \overline{B} \qquad (2-1-23)$$
$$A \oplus B = \overline{A} \odot B = A \odot \overline{B} \qquad (2-1-24)$$

2.1.3　真值表与逻辑函数

在实际问题中,上述的基本逻辑运算很少单独出现,经常是以这些基本逻辑运算构成一些复杂程度不同的逻辑函数。

先看一个实际例子。图 2-1-6 为楼道里"单刀双掷"开关控制楼道灯的示意图。A 表示楼上开关,B 表示楼下开关,两个开关的上接点分别为 a 和 b;下接点分别为 c 和 d。在楼下时,可以按动开关 B 开灯,照亮楼梯;到楼上后,可以按

动开关 A 关掉灯。其开通和关断情况与灯亮灭的关系如表 2-1-12(a)所示。

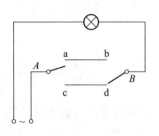

图 2-1-6　楼道灯开关示意图

对上述电路,用数学方法来描述。设逻辑变量 P 表示灯的亮和灭,取 $P=1$ 表示灯亮,$P=0$ 表示灯灭;开关 A 和 B 接到上接点 a 和 b 时为 **1**,接到下接点 c 和 d 时为 **0**。这样开关 A 和 B 可能有四种组合情况,即 A、B 为 **00**、**01**、**10**、**11**,列于表 2-1-12(b) 的左边,根据开关电路的作用,不难写出 P 的值,如表 2-1-12(b)所示,表 2-1-12(b)称为逻辑函数 P 的真值表。

表 2-1-12　楼道灯开关状态表和真值表

(a)			(b)		
开关 A	开关 B	灯	A	B	P
c	d	亮	**0**	**0**	**1**
c	b	灭	**0**	**1**	**0**
a	d	灭	**1**	**0**	**0**
a	b	亮	**1**	**1**	**1**

在真值表的左边部分列出所有输入信号的全部组合。如果有 n 个输入变量,由于每个输入变量只有两种可能的取值,因此一共有 2^n 个组合。右边部分列出每种输入组合下的相应输出。

由真值表可以很方便地写出输出变量的函数表达式。通常有两种方法。

1. 与-或表达式

把每个输出变量 $P=1$ 的相对应一组输入变量($A,B,C,\ldots$)的组合状态以逻辑乘形式表示(用原变量表示变量取值 **1**,用反变量形式表示变量取值 **0**),再将所有 $P=1$ 的逻辑乘进行逻辑加,即得出 P 的逻辑函数表达式,这种表达式称为与-或表达式,或称为"积之和"式。

例如,表 2-1-12(b)中,对应于 $P=1$ 的输入变量组合有 $A=0$、$B=0$,用逻辑乘 $\overline{A}\,\overline{B}$ 来表示;有 $A=1$、$B=1$,用逻辑乘 AB 来表示。将所有 $P=1$ 的逻辑乘进行逻辑加,得到逻辑函数表达式为 $P=\overline{A}\,\overline{B}+AB$。这个表达式描述了楼梯开关的逻辑功能。

2. 或-与表达式

把真值表中 $P=0$ 的一组输入变量($A,B,C,\ldots$)的组合状态以逻辑加形式表示(用原变量表示变量取值 **0**,用反变量表示变量取值 **1**),再将所有 $P=0$ 的逻辑加进行逻辑乘,也可得出 P 的逻辑函数表达式,这种表达式称为或-与表达式,又称为"和之积"式。

例如,表 2-1-12(b)中,对应 $P=0$ 的输入变量组合有 $A=0$、$B=1$,用逻辑加 $(A+\bar{B})$ 来表示;有 $A=1$、$B=0$,用逻辑加 $(\bar{A}+B)$ 来表示。将所有逻辑加进行逻辑乘,得出函数表达式为 $P=(A+\bar{B})(\bar{A}+B)$。这个**或-与**表示式也同样描述了图 2-1-6 所示楼梯开关的逻辑功能。

例 2-1 列出下述问题的真值表,并写出描述该问题的逻辑函数表达式。

有 A、B、C 三个输入信号,当三个输入信号中有两个或两个以上为高电平时,输出高电平,其余情况下,均输出低电平。

解

A、B、C 三个输入信号一共有 8 种可能的取值组合,即 **000、001、010、011、100、101、110、111**。将这 8 种组合列于表的左边部分。同时以取值 **1** 表示高电平,取值 **0** 表示低电平,则根据问题的要求,可得到如表 2-1-13 所示的真值表。

表 2-1-13 例 2-1 真值表

A	B	C	P
0	**0**	**0**	**0**
0	**0**	**1**	**0**
0	**1**	**0**	**0**
0	**1**	**1**	**1**
1	**0**	**0**	**0**
1	**0**	**1**	**1**
1	**1**	**0**	**1**
1	**1**	**1**	**1**

由真值表可见,$P=1$ 的输入变量组合有 $ABC=$ **011、101、110、111** 四组,所以可写出输出 P 的"和之积"式为

$$P=\bar{A}BC+A\bar{B}C+AB\bar{C}+ABC$$

同理,表 2-1-13 中 $P=0$ 的输入组合有 **000、001、010、100** 四组,所以可以写出输出函数的"和之积"式为

$$P=(A+B+C)(A+B+\bar{C})(A+\bar{B}+C)(\bar{A}+B+C)$$

2.1.4 逻辑函数相等

在讨论逻辑代数的基本公式之前,先介绍逻辑函数"相等"的概念。

假设,$F(A_1,A_2,\cdots,A_n)$ 为变量 A_1、A_2、$\cdots$、A_n 的逻辑函数,$G(A_1,A_2,\cdots,A_n)$ 为变量 A_1、A_2、$\cdots$、A_n 的另一逻辑函数,如果对应于 A_1、A_2、$\cdots$、A_n 的任一组状态组合,

F 和 G 的值都相同,则称 F 和 G 是等值的,或者说 F 和 G 相等,记作 $F=G$。

也就是说,如果 $F=G$,那么它们就应该有相同的真值表。反过来,如果 F 和 G 的真值表相同,则 $F=G$。因此,要证明两个逻辑函数相等,只要把它们的真值表列出,如果完全一样,则两个函数相等。

例 2-2　设

$$F(A,B,C)=A(B+C)$$
$$G(A,B,C)=AB+AC$$

试证明　　　　　　　　　　　　$F=G$

证

为了证明 $F=G$,先根据 F 和 G 的函数表达式,列出它们的真值表,如表 2-1-14 所示,它是根据逻辑函数表达式,对输入变量的各种取值组合进行逻辑运算,从而求出相应的函数值而得到的。例如,对应于 A、B、C 的一组输入组合 $A=1$、$B=0$、$C=1$,则

表 2-1-14　例 2-2 真值表

A	B	C	$F=A(B+C)$	$G=AB+AC$
0	0	0	0	0
0	0	1	0	0
0	1	0	0	0
0	1	1	0	0
1	0	0	0	0
1	0	1	1	1
1	1	0	1	1
1	1	1	1	1

$$F(A,B,C)=A(B+C)=1 \cdot (0+1)=1 \cdot 1=1$$
$$G(A,B,C)=AB+AC=1 \cdot 0+1 \cdot 1=0+1=1$$

由表 2-1-14 可见,对应于 A、B、C 的任何一组取值组合,F 和 G 的值均完全相同,所以 $F=G$。

在"相等"的意义下,可以说函数表达式 $A(B+C)$ 和表达式 $AB+AC$ 是表示同一逻辑的两种不同的表达式。实现 F 和 G 的相应的逻辑电路如图 2-1-7 所示。它们的结构形式和组成不同,但它们所具有的逻辑功能是完全相同的。

下面给出逻辑代数中最基本的几组等式,这些等式也称公式。这些公式反映了逻辑代数运算的基本

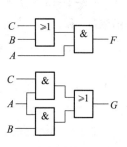

图 2-1-7　实现 F 和 G
的逻辑电路

规律,其正确性都可以用真值表加以验证,这里不再一一加以证明。

（1）关于变量和常量关系的公式

$$A+\mathbf{0}=A \qquad (2-1-25) \qquad A \cdot \mathbf{1}=A \qquad (2-1-25')$$

$$A+\mathbf{1}=\mathbf{1} \qquad (2-1-26) \qquad A \cdot \mathbf{0}=\mathbf{0} \qquad (2-1-26')$$

$$A+\overline{A}=\mathbf{1} \qquad (2-1-27) \qquad A \cdot \overline{A}=\mathbf{0} \qquad (2-1-27')$$

$$A \odot \mathbf{0}=\overline{A} \qquad (2-1-28) \qquad A \oplus \mathbf{1}=\overline{A} \qquad (2-1-28')$$

$$A \odot \mathbf{1}=A \qquad (2-1-29) \qquad A \oplus \mathbf{0}=A \qquad (2-1-29')$$

$$A \odot \overline{A}=\mathbf{0} \qquad (2-1-30) \qquad A \oplus \overline{A}=\mathbf{1} \qquad (2-1-30')$$

（2）交换律、结合律、分配律

交换律

$$A+B=B+A \qquad (2-1-31)$$

$$A \cdot B=B \cdot A \qquad (2-1-31')$$

$$A \odot B=B \odot A \qquad (2-1-32)$$

$$A \oplus B=B \oplus A \qquad (2-1-32')$$

结合律

$$A+B+C=(A+B)+C \qquad (2-1-33)$$

$$ABC=(AB)C \qquad (2-1-33')$$

$$A \odot B \odot C=(A \odot B) \odot C \qquad (2-1-34)$$

$$A \oplus B \oplus C=(A \oplus B) \oplus C \qquad (2-1-34')$$

分配律

$$A(B+C)=AB+AC \qquad (2-1-35)$$

$$A+BC=(A+B)(A+C) \qquad (2-1-35')$$

$$A(B \oplus C)=AB \oplus AC \qquad (2-1-36)$$

$$A+(B \odot C)=(A+B) \odot (A+C) \qquad (2-1-36')$$

（3）代数的一些特殊规律

重叠律

$$A+A=A \qquad (2-1-37)$$

$$A \cdot A=A \qquad (2-1-37')$$

$$A \odot A=\mathbf{1} \qquad (2-1-38)$$

$$A \oplus A=\mathbf{0} \qquad (2-1-38')$$

根据式（2-1-38）及式（2-1-38'）可以推广为:奇数个 A 重叠同或运算得 A ;偶数个 A 重叠同或运算得 $\mathbf{1}$ 。奇数个 A 重叠异或运算得 A ;偶数个 A 重叠异或运算得 $\mathbf{0}$ 。

反演律

$$\overline{A+B} = \bar{A} \cdot \bar{B} \tag{2-1-39}$$

$$\overline{AB} = \bar{A} + \bar{B} \tag{2-1-39'}$$

$$\overline{A \odot B} = A \oplus B \tag{2-1-40}$$

$$\overline{A \oplus B} = A \odot B \tag{2-1-40'}$$

调换律:**同或**、**异或**逻辑的特点还表现在变量的调换律。①

　　同或调换律为:若 $A \odot B = C$,则必有

$$A \odot C = B, \quad B \odot C = A$$

　　异或调换律为:若 $A \oplus B = C$,则必有

$$A \oplus C = B, \quad B \oplus C = A$$

由变量调换律,不难证明

$$AB = A \odot B \odot (A+B) \tag{2-1-41}$$

$$A+B = A \oplus B \oplus (AB) \tag{2-1-41'}$$

$$A+B = A \odot B \odot (AB) \tag{2-1-42}$$

$$AB = A \oplus B \oplus (A+B) \tag{2-1-42'}$$

　　对于**同或**和**异或**函数,非运算也可以调换,即

$$A \odot \bar{B} = \bar{A} \odot B = \overline{A \odot B}$$

$$A \oplus \bar{B} = \bar{A} \oplus B = \overline{A \oplus B}$$

2.1.5   三个规则

1. 代入规则

　　任何一个含有变量 A 的等式,如果将所有出现变量 A 的地方都代之以一个逻辑函数 F,则等式仍然成立。

　　因为任何一个逻辑函数,它和一个逻辑变量一样,只有两种可能的取值(**0** 和 **1**),所以代入规则是正确的。

　　有了代入规则,就可以将上述基本等式中的变量用某一逻辑函数来代替,从而扩大了等式的应用范围。

　　例 2-3　已知等式 $A(B+E) = AB+AE$,试证明将所有出现 E 的地方代之以 $(C+D)$,等式仍成立。

_____

① 　调换律及式(2-1-41)~(2-1-42')可用真值表证明。

解

原式左边 $=A[B+(C+D)]=AB+A(C+D)=AB+AC+AD$

原式右边 $=AB+A(C+D)=AB+AC+AD$

所以等式 $A[B+(C+D)]=AB+A(C+D)$ 成立。

必须注意的是,在使用代入规则时,一定要把所有出现被代替变量的地方都代之以同一函数,否则不正确。

2. 反演规则

设 F 是一个逻辑函数表达式,如果将 F 中所有的"·"(注意,在逻辑表达式中,不致混淆的地方,"·"常被省略)换为"+",所有的"+"换为"·";所有的常量 **0** 换为常量 **1**,所有的常量 **1** 换为常量 **0**,所有的原变量换为反变量,所有的反变量换为原变量,这样所得到新的函数式就是 $\overline{F}$。$\overline{F}$ 称为原函数 F 的反函数,或称为补函数。

反演规则又称为德·摩根定理,或称为互补规则。它的意义在于运用反演规则可以较方便地求出反函数 $\overline{F}$。

例 2-4 已知 $F=\overline{A}\,\overline{B}+CD$,求 $\overline{F}$。

解

由反演规则,可得

$$\overline{F}=(A+B)(\overline{C}+\overline{D})$$

反演规则实际上是反演律式(2-1-39)及式(2-1-39′)的推广。可以用反演律及其他等式同样求出 $\overline{F}$。如对例 2-4,用反演律求 F 的反,则

$$\overline{F}=\overline{\overline{A}\,\overline{B}+CD}=\overline{\overline{A}\,\overline{B}}\cdot\overline{CD} \qquad [\text{由式}(2-1-39)]$$

$$=(A+B)(\overline{C}+\overline{D}) \qquad [\text{由式}(2-1-39′)]$$

例 2-5 已知 $F=\overline{A+B+\overline{\overline{C}D+\overline{E}}}$,求 $\overline{F}$。

解

由反演规则,可得

$$\overline{F}=\overline{A}\cdot\overline{B}\cdot\overline{(C+\overline{D}\cdot E)}$$

必须指出,在运用反演规则时,要特别注意运算符号的优先顺序。例如,例 2-4 中 F 函数是先进行 $\overline{A}\overline{B}$ 和 CD 两个**与**运算,再进行两者的**或**运算。因此,在 $\overline{F}$ 函数中,应先进行 $(A+B)$ 和 $(\overline{C}+\overline{D})$ 两个**或**运算,再进行两者的**与**运算,必须写成

$\overline{F} = (A+B)(\overline{C}+\overline{D})$,而不能写成 $\overline{F} = A+B \cdot \overline{C}+\overline{D}$。

3. 对偶规则

设 F 是一个逻辑函数表达式,如果将 F 中所有的"·"换为"+",所有的"+"换为"·";所有的常量 **0** 换为常量 **1**,所有的常量 **1** 换为常量 **0**;则就得到一个新的函数表达式 F^*,F^* 称为 F 的对偶式。例如

$$F = A(B+\overline{C}) \qquad\qquad F^* = A+(B\overline{C})$$

$$F = A+B\overline{C} \qquad\qquad F^* = A(B+\overline{C})$$

$$F = A\overline{B}+A(C+\mathbf{0}) \qquad F^* = (A+\overline{B})(A+C \cdot \mathbf{1})$$

必须注意,F 的对偶式 F^* 和 F 的反演式是不同的,在求 F^* 时不需要将原变量和反变量互换。

如果 $F(A,B,C,\cdots) = G(A,B,C,\cdots)$,则 $F^* = G^*$。例如

$$F = A(B+C) \qquad G = AB+AC$$

由式(2-1-35),可知

$$F = G$$

根据对偶规则,有

$$F^* = A+BC \qquad G^* = (A+B)(A+C)$$

由式(2-1-35′)可知

$$F^* = G^*$$

本节式(2-1-25)~式(2-1-42)与式(2-1-25′)~式(2-1-42′)互为对偶式。因此,这些公式只需记忆一半即可。

在使用对偶规则写函数的对偶式时,同样要注意运算符号顺序。

2.1.6 常用公式

逻辑代数的常用公式有

1. $AB+A\overline{B} = A$ $\qquad\qquad\qquad\qquad\qquad\qquad\qquad\qquad$ (2-1-43)

证 $\qquad\qquad\qquad AB+A\overline{B} = A(B+\overline{B}) = A \cdot 1 = A$

此公式称为吸收律。它的意义是,如果两个乘积项,除了公有因子(如 A)外,不同因子恰好互补(如 B 和 $\overline{B}$),则这两个乘积项可以合并为一个由公有因子组成的乘积项。式(2-1-43)是简化逻辑函数时应用最普遍的公式。

根据对偶规则,有

$$(A+B)(A+\overline{B}) = A \qquad\qquad (2-1-43')$$

2. $A+AB=A$ $\qquad\qquad\qquad\qquad (2-1-44)$

证 $\qquad\qquad A+AB = A(\mathbf{1}+B) = A \cdot \mathbf{1} = A$

它的意义是,如果两个乘积项,其中一个乘积项的部分因子(如 AB 中等 A)恰好是另一乘积项(如 A)的全部,则该乘积项(AB)是多余的。

根据对偶规则,有

$$A(A+B) = A \qquad\qquad (2-1-44')$$

3. $A+\overline{A}B=A+B$ $\qquad\qquad\qquad (2-1-45)$

证 $\qquad A+\overline{A}B = (A+\overline{A})(A+B) = \qquad$ ［由式$(2-1-35')$］

$$\mathbf{1} \cdot (A+B) = A+B$$

它的意义是,如果两个乘积项,其中一个乘积项(如 $\overline{A}B$)的部分因子(如 $\overline{A}$)恰好是另一乘积项的补(如 A),则该乘积项($\overline{A}B$)中的这部分因子($\overline{A}$)是多余的。

根据对偶规则,有

$$A(\overline{A}+B) = AB \qquad\qquad (2-1-45')$$

4. $AB+\overline{A}C+BC=AB+\overline{A}C$ $\qquad\qquad (2-1-46)$

证 $\qquad AB+\overline{A}C+BC = AB+\overline{A}C+(A+\overline{A})BC =$

$$AB+\overline{A}C+ABC+\overline{A}BC =$$

$$AB+\overline{A}C$$

推论: $\qquad AB+\overline{A}C+BCDE+\cdots = AB+\overline{A}C$

公式$(2-1-46)$及其推论的意义是,如果两个乘积项中的部分因子恰好互补(如 AB 和 $\overline{A}C$ 中的 A 和 $\overline{A}$),而这两个乘积项中的其余因子(如 B 和 C)都是第三乘积项中的因子,则这个第三乘积项是多余的。

根据对偶规则,有

$$(A+B)(\overline{A}+C)(B+C) = (A+B)(\overline{A}+C) \qquad (2-1-46')$$

5. $AB+\overline{A}C=(A+C)(\overline{A}+B)$ $\qquad\qquad (2-1-47)$

证 $\qquad (A+C)(\overline{A}+B) = A\overline{A}+AB+\overline{A}C+BC =$

$$AB+\overline{A}C+BC = \qquad$ ［由式$(2-1-27')$］

$$AB+\bar{A}C \qquad\qquad [由式(2\text{-}1\text{-}46)]$$

根据对偶规则,有

$$(A+C)(\bar{A}+B)=AC+\bar{A}B \qquad\qquad (2\text{-}1\text{-}47')$$

式(2-1-47)及式(2-1-47')称为交叉互换律。

2.1.7　逻辑函数的标准形式

1. 最小项表达式

从上面介绍的逻辑函数相等及各个公式可见,对于一个逻辑函数的表达式不是唯一的。例如

$$F(A,B,C)=AB+\bar{A}C= \qquad\qquad (2\text{-}1\text{-}48)$$

$$[AB(C+\bar{C})]+[\bar{A}C(B+\bar{B})]=$$

$$ABC+AB\bar{C}+\bar{A}BC+\bar{A}\bar{B}C \qquad\qquad (2\text{-}1\text{-}49)$$

式(2-1-48)和式(2-1-49)都是函数 $F(A,B,C)$ 的与-或表达式。它们的不同点是,式(2-1-49)中每一个乘积项都包含了全部输入变量,每个输入变量或以原变量形式或以反变量形式在乘积项中出现,并且仅仅出现一次。这种包含了全部输入变量的乘积项称为最小项。这是由于包含了全部输入变量的乘积项,只有一组变量取值才能使该乘积项的值为 **1**,其余任何变量的取值都使该乘积项的值为 **0**。也就是说,包含了全部输入变量的乘积项等于 **1** 的机会最小。例如,式(2-1-49)中乘积项 $AB\bar{C}$,只有在变量取值 $A=1$、$B=1$、$C=0$ 的情况下,才能使 $AB\bar{C}=1$;其余任何变量取值组合均使 $AB\bar{C}=0$。而在式(2-1-48)中乘积项 AB,它在输入变量 A、B、C 取值 $A=1$、$B=1$、$C=0$ 及 $A=1$、$B=1$、$C=1$ 两组取值情况下,均能使乘积项 $AB=1$,所以 AB 不是最小项。全部由最小项相加而构成的与-或表达式称为最小项表达式。这是与-或表达式的标准形式,又称为标准与-或式或称为标准积之和式。

对于包含 n 个变量的函数来说,n 个变量共有 2^n 个不同取值组合,所以有 2^n 个最小项。表2-1-15左边两栏为 3 变量的所有最小项表。3 变量共有 8 种变量取值组合,对应有 8 个最小项。例如,A、B、C 变量取为 **0**、**0**、**0** 时,对应的最小项为 $\bar{A}\bar{B}\bar{C}$;A、B、C 取值为 **0**、**0**、**1** 时,对应的最小项为 $\bar{A}\bar{B}C$;…。表2-1-16列出了 4 变量的所有最小项。

表 2-1-15　3 变量最小项和最大项

A	B	C	对应最小项(m_i)	对应最大项(M_i)
0	**0**	**0**	$\bar{A}\,\bar{B}\,\bar{C}=m_0$	$A+B+C=M_0$
0	**0**	**1**	$\bar{A}\,\bar{B}\,C=m_1$	$A+B+\bar{C}=M_1$
0	**1**	**0**	$\bar{A}\,B\,\bar{C}=m_2$	$A+\bar{B}+C=M_2$
0	**1**	**1**	$\bar{A}\,B\,C=m_3$	$A+\bar{B}+\bar{C}=M_3$
1	**0**	**0**	$A\,\bar{B}\,\bar{C}=m_4$	$\bar{A}+B+C=M_4$
1	**0**	**1**	$A\,\bar{B}\,C=m_5$	$\bar{A}+B+\bar{C}=M_5$
1	**1**	**0**	$A\,B\,\bar{C}=m_6$	$\bar{A}+\bar{B}+C=M_6$
1	**1**	**1**	$ABC=m_7$	$\bar{A}+\bar{B}+\bar{C}=M_7$

表 2-1-16　4 变量最小项和最大项

$A\,B\,C\,D$	对应最小项(m_i)	对应最大项(M_i)	$A\,B\,C\,D$	对应最小项(m_i)	对应最大项(M_i)
0 0 0 0	$\bar{A}\,\bar{B}\,\bar{C}\,\bar{D}=m_0$	$A+B+C+D=M_0$	**1 0 0 0**	$A\,\bar{B}\,\bar{C}\,\bar{D}=m_8$	$\bar{A}+B+C+D=M_8$
0 0 0 1	$\bar{A}\,\bar{B}\,\bar{C}\,D=m_1$	$A+B+C+\bar{D}=M_1$	**1 0 0 1**	$A\,\bar{B}\,\bar{C}\,D=m_9$	$\bar{A}+B+C+\bar{D}=M_9$
0 0 1 0	$\bar{A}\,\bar{B}\,C\,\bar{D}=m_2$	$A+B+\bar{C}+D=M_2$	**1 0 1 0**	$A\,\bar{B}\,C\,\bar{D}=m_{10}$	$\bar{A}+B+\bar{C}+D=M_{10}$
0 0 1 1	$\bar{A}\,\bar{B}\,C\,D=m_3$	$A+B+\bar{C}+\bar{D}=M_3$	**1 0 1 1**	$A\,\bar{B}\,C\,D=m_{11}$	$\bar{A}+B+\bar{C}+\bar{D}=M_{11}$
0 1 0 0	$\bar{A}\,B\,\bar{C}\,\bar{D}=m_4$	$A+\bar{B}+C+D=M_4$	**1 1 0 0**	$A\,B\,\bar{C}\,\bar{D}=m_{12}$	$\bar{A}+\bar{B}+C+D=M_{12}$
0 1 0 1	$\bar{A}\,B\,\bar{C}\,D=m_5$	$A+\bar{B}+C+\bar{D}=M_5$	**1 1 0 1**	$A\,B\,\bar{C}\,D=m_{13}$	$\bar{A}+\bar{B}+C+\bar{D}=M_{13}$
0 1 1 0	$\bar{A}\,B\,C\,\bar{D}=m_6$	$A+\bar{B}+\bar{C}+D=M_6$	**1 1 1 0**	$A\,B\,C\,\bar{D}=m_{14}$	$\bar{A}+\bar{B}+\bar{C}+D=M_{14}$
0 1 1 1	$\bar{A}\,B\,C\,D=m_7$	$A+\bar{B}+\bar{C}+\bar{D}=M_7$	**1 1 1 1**	$ABCD=m_{15}$	$\bar{A}+\bar{B}+\bar{C}+\bar{D}=M_{15}$

　　为了便于叙述及使用函数最小项表达式,可以对每个变量取值组合用一个号码来表示。给每个变量赋予一个二进制的位权值 2^i,这样可以根据各个变量的位权值,很容易地从变量取值求出相应的十进制号码。例如,在表 2-1-15 中赋予 A、B、C 3 变量的位权值分别为 2^2、2^1、2^0。若变量取值组合为 $ABC=\mathbf{101}$,则可以用号码 $\mathbf{1}\times2^2+\mathbf{0}\times2^1+\mathbf{1}\times2^0=5$ 来表示对应的最小项 $A\bar{B}C$,记作 m_5。这样一个函数的最小项表达式书写起来就十分方便,例如

$$F=ABC+AB\bar{C}+\bar{A}BC+\bar{A}\,\bar{B}C$$

可以简写成　　　　　　　　$$F(A,B,C)=m_7+m_6+m_3+m_1$$

或写成 $\qquad\qquad F(A,B,C)=\sum m(1,3,6,7)$

再如 $\qquad\qquad F=\overline{A}\,\overline{B}CD+\overline{A}\,B\overline{C}D+\overline{A}BC\overline{D}+A\overline{B}\,\overline{C}D+ABC\overline{D}$

可写成 $\qquad\qquad F(A,B,C,D)=m_3+m_5+m_6+m_9+m_{14}$

或写成 $\qquad\qquad F(A,B,C,D)=\sum m(3,5,6,9,14)$

包含 n 个变量的任何一个逻辑函数,都可以变换成最小项表达式。通常采用的方法是将非标准与-或式中的每一个乘积项,利用 $A=A\overline{B}+AB$ 的关系,把所缺的变量逐步补齐,展开成最小项表达式。

例 2-6 将 $F=ABC+\overline{A}\,CD+\overline{C}\,\overline{D}$ 展开成最小项表达式。

解

这是一个包含 A、B、C、D 4 变量的函数。可以把各个乘积项所缺变量逐步补齐。

$$F=ABC+\overline{A}\,CD+\overline{C}\,\overline{D}=$$

$$ABCD+ABC\overline{D}+\overline{A}\,BCD+\overline{A}\,\overline{B}CD+A\overline{C}\,\overline{D}+\overline{A}\,\overline{C}\,\overline{D}=$$

$$ABCD+ABC\overline{D}+\overline{A}\,BCD+\overline{A}\,\overline{B}CD+AB\overline{C}\,\overline{D}+A\overline{B}\,\overline{C}\,\overline{D}+\overline{A}\,B\overline{C}\,\overline{D}+\overline{A}\,\overline{B}\,\overline{C}\,\overline{D}$$

或写成 $\quad F(A,B,C,D)=m_{15}+m_{14}+m_7+m_3+m_{12}+m_8+m_4+m_0$

$\qquad\qquad\quad F(A,B,C,D)=\sum m(0,3,4,7,8,12,14,15)$

如果函数表达式不是一个简单的**与-或**式则首先将其变换成**与-或**表达式,再展开成最小项表达式。

2. 最大项表达式

逻辑函数的标准形式除去最小项表达式外,还有最大项表达式,它是逻辑函数**或-与**表达式的标准形式,又称为标准**或-与**式,或称为标准和之积式。最大项是指这样的和项,这个和项包含了全部变量,每个变量或以原变量形式或以反变量形式出现,并且仅仅出现一次。n 个变量的函数,一共有 2^n 个最大项。只有一组变量取值使其值为 **0**,而对于其余 (2^n-1) 组变量取值均使最大项为 **1**。表 2-1-15 和表 2-1-16 中也列出了 3 变量和 4 变量的全部最大项,例如,最大项 $(\overline{A}+B+\overline{C})=\mathbf{0}$,只有变量取值 $ABC=\mathbf{101}$ 时,才使最大项 $(\overline{A}+B+\overline{C})=\mathbf{0}$,而其余所有的变量取值组合均使该和项为 **1**。全部由最大项相乘构成的逻辑函数表达式即为最大项表达式。最大项也可用代号表示,记为 M_i。这样函数最大项表达式也可以用代号来表示。例如

$$F=(A+B+C)(A+B+\overline{C})(A+\overline{B}+C)(\overline{A}+B+C)$$

可以写成 $\qquad\qquad F(A,B,C)=M_0M_1M_2M_4$

或写成
$$F(A,B,C) = \prod M(0,1,2,4)$$

3. 异或、同或标准形式

由逻辑函数的基本表达式还可以导出逻辑函数的同或、异或表达式。

设逻辑函数最小项表达式为

$$F = \sum_{i=0}^{2^n-1} a_i m_i \qquad (2-1-50)$$

其中 $a_i = 0$ 或 1，m_i 为最小项，根据最小项性质，必有

$$a_i m_i \cdot a_j m_j = 0, \quad (i \neq j)$$

所以利用公式 $(2-1-42)$，则有

$$F = \sum_{i=0}^{2^n-1} a_i m_i = a_0 m_0 + \sum_{i=1}^{2^n-1} a_i m_i =$$

$$a_0 m_0 \odot \sum_{i=1}^{2^n-1} a_i m_i \odot \left[a_0 m_0 \cdot \left(\sum_{i=1}^{2^n-1} a_i m_i \right) \right] = \qquad [\text{由式}(2-1-42)]$$

$$a_0 m_0 \odot \sum_{i=1}^{2^n-1} a_i m_i \odot 0 =$$

$$a_0 m_0 \odot \overline{\sum_{i=1}^{2^n-1} a_i m_i} = \qquad [\text{由式}(2-1-28)]$$

$$a_0 m_0 \oplus \sum_{i=1}^{2^n-1} a_i m_i \qquad [\text{由式}(2-1-24)]$$

由数学归纳法，可以证明

$$F = \sum_{i=0}^{2^n-1} a_i m_i =$$

$$a_0 m_0 \oplus a_1 m_1 \oplus \cdots \oplus a_{2^n-1} m_{2^n-1} \qquad (2-1-51)$$

同理可以证明，用最大项给出的逻辑函数可以写成

$$F = (a_0 + M_0) \odot (a_1 + M_1) \odot \cdots \odot (a_{2^n-1} + M_{2^n-1}) \qquad (2-1-52)$$

例 2-7 将 $F = A\bar{B} + B\bar{C}$ 转换为**异或**标准形式。

解

由于 F 函数不是标准**与-或**式，首先将 F 展开成标准**与-或**式，再转换为**异或**标准形式，即

$$F = A\bar{B} + B\bar{C} =$$

$$A\bar{B}\bar{C} + A\bar{B}C + \bar{A}B\bar{C} + AB\bar{C} =$$

$$A\bar{B}\bar{C} \oplus A\bar{B}C \oplus \bar{A}B\bar{C} \oplus AB\bar{C}$$

利用公式 $(2-1-17')A \oplus A = 0$ 及式 $(2-1-15')1 \oplus A = \bar{A}$，可将上式进一步变

换成只包含原变量的**异或**表达式,即

$$F = A\bar{B}\bar{C} \oplus \bar{A}B\bar{C} \oplus \bar{A}\bar{B}C \oplus AB\bar{C} =$$

$$A(1 \oplus B)(1 \oplus C) \oplus AC(1 \oplus B) \oplus B(1 \oplus A)(1 \oplus C) \oplus AB(1 \oplus C) =$$

$$[\text{由式}(2-1-15')]$$

$$A \oplus AB \oplus AC \oplus ABC \oplus AC \oplus ABC \oplus B \oplus AB \oplus BC \oplus ABC \oplus AB \oplus ABC =$$

$$A \oplus B \oplus AB \oplus BC$$

$$[\text{由式}(2-1-17')]$$

本书中主要以最小项表达式来描述逻辑函数。

2.2   逻辑函数的简化

从上一节可以清楚地看出,同一逻辑函数可以有繁简不同的表达式,实现它的电路也不相同。如果表达式比较简单,那么电路使用的元、器件就少,设备就简单。本节主要介绍如何将一个函数表达式简化成最简**与-或**式的方法。由于表达式的对偶性,不难求出**或-与**最简表达式。

所谓最简**与-或**式,首先是**与-或**表达式中乘积项(**与项**)的个数最少,其次是力求每一个乘积项中包含的变量数最少。下面介绍两种化简的方法:公式法、图解法,重点在图解法。

2.2.1   公式法(代数法)

公式法就是运用逻辑代数的基本公式和常用公式化简逻辑函数。使用公式化简函数,要求熟练地掌握代数的基本公式。

公式法化简经常用到下列几种方法。

1. 合并项法

常利用公式 $AB + A\bar{B} = A$ 将两项合并为一项。

例 2-8   化简 $A(BC + B\bar{C}) + A(B\bar{C} + \bar{B}\bar{C})$。

解

$$A(BC + B\bar{C}) + A(B\bar{C} + \bar{B}\bar{C}) = ABC + AB\bar{C} + AB\bar{C} + A\bar{B}\bar{C} = AB + A\bar{B} = A$$

2. 吸收法

常利用公式 $A + AB = A$ 及 $AB + \bar{A}C + BC = AB + \bar{A}C$,消去多余项。

例 2-9   化简 $AC + A\bar{B}CD + ABC + \bar{C}D + ABD$。

解

$$AC+A\bar{B}CD+ABC+\bar{C}D+ABD=AC+\bar{C}D+ABD=AC+\bar{C}D$$

3. 消去法

常利用公式 $A+\bar{A}B=A+B$，消去多余因子 $\bar{A}$。

例 2-10　化简 $AB+\bar{A}C+\bar{B}C$。

解

$$AB+\bar{A}C+\bar{B}C=AB+(\bar{A}+\bar{B})C=$$
$$AB+\overline{AB}C=\qquad\qquad [\text{由式}(2-1-39')]$$
$$AB+C$$

4. 配项法

为了求得最简结果，有时可以将某一乘积项乘以 $(A+\bar{A})$，将一项展开为两项，或者利用式 $(2-1-46)$ $AB+\bar{A}C+BC=AB+\bar{A}C$ 增加 BC 项，再与其他乘积项进行合并化简，以达到求得最简结果的目的。

例 2-11　化简 $A\bar{B}+B\bar{C}+\bar{B}C+\bar{A}B$。

解

$$A\bar{B}+B\bar{C}+\bar{B}C+\bar{A}B=A\bar{B}+B\bar{C}+\bar{B}C(A+\bar{A})+\bar{A}B(C+\bar{C})=\qquad（配项）$$
$$A\bar{B}+B\bar{C}+A\bar{B}C+\bar{A}\bar{B}C+\bar{A}BC+\bar{A}B\bar{C}=$$
$$A\bar{B}+B\bar{C}+\bar{A}C\qquad [\text{由式}(2-1-43)、(2-1-44)]\text{吸收}$$

也可以利用式 $(2-1-46)$ 进行配项

$$A\bar{B}+B\bar{C}+\bar{B}C+\bar{A}B=$$
$$A\bar{B}+B\bar{C}+\bar{B}C+\bar{A}B+\bar{A}C=\qquad [\text{由式}(2-1-46)]\text{配项}$$
$$A\bar{B}+B\bar{C}+\bar{A}C=\qquad [\text{由式}(2-1-46)]\text{吸收}$$

一般在公式法化简过程中，大多是综合上述几种方法。

例 2-12　化简函数 $F=AB+A\bar{C}+\bar{B}C+\bar{B}D+B\bar{D}+B\bar{C}+ADE(F+G)$。

解

$$F=AB+A\bar{C}+\bar{B}C+\bar{B}D+B\bar{D}+B\bar{C}+ADE(F+G)=$$
$$A(B+\bar{C})+\bar{B}C+\bar{B}D+B\bar{D}+B\bar{C}+ADE(F+G)=$$
$$A\overline{\bar{B}C}+\bar{B}C+\bar{B}D+B\bar{D}+B\bar{C}+ADE(F+G)=\qquad（反演律）$$
$$A+\bar{B}C+\bar{B}D+B\bar{D}+B\bar{C}+ADE(F+G)=\qquad（吸收）$$

$$A+\bar{B}C+\bar{B}D+B\bar{D}+B\bar{C}+C\bar{D}= \qquad\qquad （吸收、配项）$$

$$A+\bar{B}D+B\bar{C}+C\bar{D} \qquad\qquad\qquad （吸收）$$

例 2-13　化简函数

$$F=A(A+B)(\bar{A}+C)(B+D)(\bar{A}+C+E+F)(\bar{B}+F)(D+E+F)$$

解

这是一个**或**-**与**表达式,可利用各公式的对偶式来进行化简

$$F=A(A+B)(\bar{A}+C)(B+D)(\bar{A}+C+E+F)(\bar{B}+F)(D+E+F)=$$

$$A(\bar{A}+C)(B+D)(\bar{B}+F)= \qquad ［由式(2-1-44')和(2-1-46')］$$

$$AC(B+D)(\bar{B}+F) \qquad\qquad ［由式(2-1-45')］$$

也可以将**或**-**与**表达式转换成它的对偶**与**-**或**式,先对**与**-**或**对偶式进行化简,再求化简后的**与**-**或**式的对偶式,得到原函数的最简**或**-**与**式。

求 F 的对偶式并进行化简

$$F^{*}=A+AB+\bar{A}C+BD+\bar{A}CEF+\bar{B}F+DEF=$$

$$A+\bar{A}C+BD+\bar{B}F= \qquad\qquad （吸收）$$

$$A+C+BD+\bar{B}F$$

求 F^{*} 的对偶式

$$F=AC(B+D)(\bar{B}+F)$$

两种方法化简结果是相同的。

从上面数例可以看出,利用公式法化简逻辑函数,要求熟练掌握公式,而且有一定的化简技巧。

2.2.2　图解法(卡诺图法)

1. 什么是卡诺图

前面已经提到,用真值表可以描述一个逻辑函数。但是,直接把真值表作为运算工具十分不方便。如果将真值表变换成方格图的形式,按循环码的规则来排列变量的取值组合,所得的真值图称为卡诺图。利用卡诺图,可以十分方便地对逻辑函数进行简化,通常称为图解法或卡诺图法。

将真值表变换成卡诺图,是将变量分成两组。如果是 3 变量,则分成 AB 一组,C 一组;如果是 4 变量,则分成 AB 一组,CD 一组。每一组变量取值组合按循环码的规则排列。所谓循环码,是相邻两组之间只有一个变量值不同的编码,例

如,2 变量的 4 种取值组合按 **00→01→11→10** 排列。必须注意,这里的相邻,包含头、尾两组,即 **10** 与 **00** 间也是相邻的。当变量增多时,每组变量可能含有 3 个或 4 个以上的变量。表 2-2-1 给出了 2~4 个变量循环码的排列,从这个表可以看出循环码排列的规律。如果是 n 个变量,则一共有 2^n 个取值组合。其最低 1 位变量取值按 **0110** 重复排列;次低 1 位按 **00111100** 重复排列;再前 1 位按 **0000111111110000** 重复排列;…;依次类推,最高 1 位变量的取值是 2^{n-1} 个连 **0** 和 2^{n-1} 个连 **1** 排列。这样可以得到 2^n 个取值组合的循环码排列。

表 2-2-1　2~4 变量的循环码

A	B	A	B	C	A	B	C	D
0	0	0	0	0	0	0	0	0
0	1	0	0	1	0	0	0	1
1	1	0	1	1	0	0	1	1
1	0	0	1	0	0	0	1	0
		1	1	0	0	1	1	0
		1	1	1	0	1	1	1
		1	0	1	0	1	0	1
		1	0	0	0	1	0	0
					1	1	0	0
					1	1	0	1
					1	1	1	1
					1	1	1	0
					1	0	1	0
					1	0	1	1
					1	0	0	1
					1	0	0	0

图 2-2-1 和图 2-2-2 分别是 3 变量和 4 变量的卡诺图的一般形式。3 变量卡诺图共有 $2^3 = 8$ 个小方格,每个小方格对应 3 变量真值表中一组取值组合。因此,每个小方格也就相当于真值表中的一个最小项。在图 2-2-1 和图 2-2-2 中每个小方格中填入了对应最小项的代号。比较 3 变量真值表 2-1-1 和图 2-2-1 及 4 变量真值表 2-1-16 和图 2-2-2,可以看出,卡诺图与真值表只是形式不同而已。

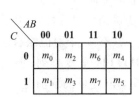

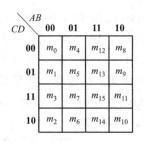

C \ AB	00	01	11	10
0	m_0	m_2	m_6	m_4
1	m_1	m_3	m_7	m_5

图 2-2-1　3 变量卡诺图一般形式

CD \ AB	00	01	11	10
00	m_0	m_4	m_{12}	m_8
01	m_1	m_5	m_{13}	m_9
11	m_3	m_7	m_{15}	m_{11}
10	m_2	m_6	m_{14}	m_{10}

图 2-2-2　4 变量卡诺图一般形式

2. 用卡诺图表示逻辑函数的方法

由于任意一个 n 变量的逻辑函数都可以变换成最小项表达式。而 n 变量的卡诺图包含了 n 个变量的所有最小项,所以 n 变量的卡诺图可以表示 n 变量的任意一个逻辑函数。例如,表示一个 3 变量的逻辑变量 $F(A,B,C)=\sum m(3,5,6,7)$,可以在 3 变量卡诺图的 m_3、m_5、m_6、m_7 的小方格中加以标记,一般是在 3 变量卡诺图对应的 m_3、m_5、m_6、m_7 小方格中填 **1**,其余各小方格填 **0**。填 **1** 的小方格称为 **1** 格,填 **0** 的小方格称为 **0** 格,如图 2-2-3 所示。**1** 格的含义是,当函数的变量取值与该小方格代表的最小项相同时,函数值为 **1**。

对于一个非标准的逻辑函数表达式(即不是最小项表达式),通常是将逻辑函数变换成最小项表达式再填图。例如

$$
\begin{aligned}
F&=AB\bar{C}+\bar{A}BD+AC=\\
&AB\bar{C}\bar{D}+AB\bar{C}D+\bar{A}B\bar{C}D+\bar{A}BCD+\\
&A\bar{B}C\bar{D}+A\bar{B}CD+ABC\bar{D}+ABCD=\\
&\sum m(12,13,5,7,10,11,14,15)
\end{aligned}
$$

在 4 变量卡诺图相对应的小方格中填 **1**,如图 2-2-4 所示。

C \ AB	00	01	11	10
0	0	0	1	0
1	0	1	1	1

图 2-2-3　卡诺图标记法

CD \ AB	00	01	11	10
00	0	0	1	0
01	0	1	1	0
11	0	1	1	1
10	0	0	1	1

图 2-2-4　函数
$F=\sum m(12,13,5,7,10,11,14,15)$
的卡诺图

有些函数变换成最小项表达式时十分繁琐,可以采用直接观察法。观察法的基本原理是,在逻辑函数**与-或**式中,乘积项中只要有一个变量因子的值为 **0**,该乘积项则为 **0**;只有所有变量因子值全部为 **1**,该乘积项才为 **1**。如果乘积项没有包含全部变量(非最小项),只要乘积项现有变量因子能满足使该乘积项为 **1** 的条件,该乘积项值即为 **1**。例如,$F = \overline{A}B\overline{C} + \overline{C}D + BD$,该逻辑函数为 4 变量函数,第 1 个乘积项 $\overline{A}B\overline{C}$ 缺少变量 D,只要变量 A、B、C 取值 $A = 0$、$B = 1$、$C = 0$,不论 D 取值为 **1** 或 **0**,均满足 $\overline{A}B\overline{C} = 1$,因此,在卡诺图中对应 $A = 0$、$B = 1$、$C = 0$ 的两个小方格,即 $\overline{A}B\overline{C}D$、$\overline{A}B\overline{C}\overline{D}$ 均可填 **1**,如图 2-2-5 中 m_4 和 m_5 中的 **1**;第 2 个乘积项 $\overline{C}D$,在卡诺图上对应 $C = 0$、$D = 1$ 有 4 个小方格,即 $\overline{A}\,\overline{B}\,\overline{C}D$、$\overline{A}B\overline{C}D$、$A\overline{B}\overline{C}D$、$AB\overline{C}D$,均可填 **1**,如图 2-2-5中的 m_1、m_5、m_9、m_{13} 中的 **1**;第 3 个乘积项 BD,对应 $B = 1$、$D = 1$ 的,有 4 个小方格,均可填 **1**,如图 2-2-5 中的 m_5、m_7、m_{13}、m_{15} 中的 **1**。这样就得到表示函数 $F = \overline{A}B\overline{C} + \overline{C}D + BD$ 的卡诺图,如图 2-2-5 所示。

CD \ AB	00	01	11	10
00	0	1	0	0
01	1	1	1	1
11	0	1	1	0
10	0	0	0	0

图 2-2-5　$F = \overline{A}B\overline{C} + \overline{C}D + BD$ 的卡诺图

3. 利用卡诺图合并最小项的规律

在用公式法化简逻辑函数时,常利用公式 $AB + A\overline{B} = A$ 将两个乘积项进行合并。该公式表明,如果一个变量分别以原变量和反变量的形式出现在两个乘积项中,而这两个乘积项的其余部分完全相同,那么,这两个乘积项可以合并为一项,它由相同部分得变量组成。

由于卡诺图变量取值组合按循环码的规律排列,使处在相邻位置的最小项都只有一个变量表现出取值 **0** 和 **1** 的差别,因此,凡是在卡诺图中处于相邻位置的最小项均可以合并。

图 2-2-6 列出了两个相邻项进行合并的例子。在图 2-2-6(a)中,两个相邻项是 $\overline{a}\,\overline{b}\,\overline{c}$ 和 $\overline{a}b\overline{c}$,在变量 b 上出现了差别,因此,这两项可以合并为一项 $\overline{a}\,\overline{c}$,消去变量 b。在卡诺图上,把能合并的两项圈在一起,合并项出圈内没有 **0**、**1** 变化的那些变量组成。两个相邻 **1** 格圈在一起,只有一个变量表现出 **0**、**1** 变化,因此合并项由 $(n-1)$ 个变量组成。如图 2-2-6 中的 ab、$\overline{b}\,\overline{c}$ 等合并项。

图 2-2-7 列出了 3 变量卡诺图 4 个相邻 **1** 格合并的例子。图 2-2-8 为 4 变量卡诺图 4 个相邻 **1** 格合并的例子。

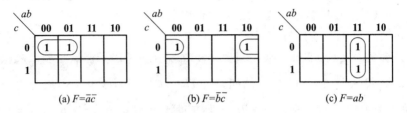

(a) $F=\bar{a}\bar{c}$ (b) $F=\bar{b}\bar{c}$ (c) $F=ab$

图 2-2-6 两个相邻项的合并举例

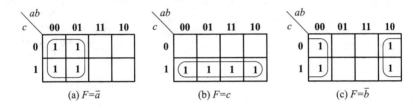

(a) $F=\bar{a}$ (b) $F=c$ (c) $F=\bar{b}$

图 2-2-7 4个相邻项的合并举例

4 个相邻 **1** 格圈在一起,可以合并为一项,圈中有两个变量表现出有 **0**、**1** 的变化,因此合并项由 $(n-2)$ 个变量组成。在 4 个 **1** 格合并时,尤其要注意首、尾相邻 **1** 格和四角的相邻 **1** 格,如图 2-2-7 中的(c)、图 2-2-8 中的(a)①和(b)。

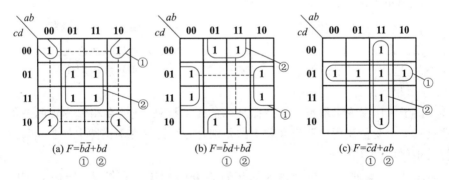

(a) $F=\bar{b}\bar{d}+bd$ (b) $F=\bar{b}d+b\bar{d}$ (c) $F=\bar{c}d+ab$
① ②   ① ②   ① ②

图 2-2-8 4个相邻项的合并举例

图 2-2-9 列出了 8 个相邻 **1** 格合并的例子。合并乘积项由 $(n-3)$ 个变量构成。

由上述可以看出,在卡诺图中合并最小项,将图中相邻 **1** 格加圈标志,每个圈内必须包含 2^i 个相邻 **1** 格(注意卡诺图的首、尾的最小方格也相邻)。在 n 变量的卡诺图中,2^i 个相邻 **1** 格圈在一起时,圈内有 i 个变量有 **0**、**1** 的变化,合并后乘积项由 $(n-i)$ 个没有 **0**、**1** 变化的变量组成。

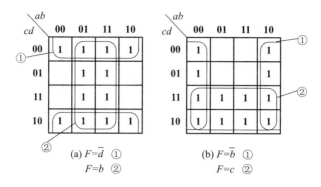

图 2-2-9　8 个相邻项的合并举例

最后必须指出,对于 5 变量以上的卡诺图,某些相邻 **1** 格有时不是十分直观地可以辨认,例如,图 2-2-10 所示的 5 变量卡诺图中,最小项 $\bar{a}\,\bar{b}\,c\,\bar{d}\,e$ 和 $a\,\bar{b}\,c\,\bar{d}\,e$,只有一个变量 a 取值不同,它们是可以合并为一项,但在图中这两个 **1** 相邻的特性不易直观看出。由此也可以看出,对于 5 变量以上的函数,利用卡诺图合并就不直观。

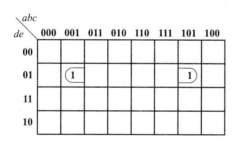

图 2-2-10　5 变量卡诺图

4. 利用卡诺图化简逻辑函数

在了解卡诺图合并最小项的规律以后,就不难对逻辑函数用卡诺图进行化简。在卡诺图上化简逻辑函数时,采用圈圈合并最小项的方法,函数化简后乘积项的数目等于合并圈的数目,每个乘积项所含变量因子的数目,取决于合并圈的大小,每个合并圈应尽可能地扩大。

为了说明在卡诺图上化简逻辑函数的方法,首先说明几个概念。

主要项:在卡诺图中,把 2^i 个相邻 **1** 格进行合并,如果合并圈不能再扩大(所谓不能再扩大,指的是再扩大将包括卡诺图中的 **0** 格)。这样的圈得到的合并乘积项称为主要项,有的书中称为素项或本原蕴含项。如图 2-2-11(a)中的 $\bar{a}\,\bar{c}$ 和 abc 都是主要项,图 2-2-11(b)中的 $\bar{a}\,\bar{c}$ 不是主要项,因为 $\bar{a}\,\bar{c}$ 圈还可以扩大,$\bar{a}$ 才是主要项。因而也可以说,主要项的圈不被更大的圈所覆盖。

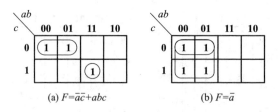

图 2-2-11   主要项举例

必要项:凡是主要项圈中至少有一个"特定"的 **1** 格没有被其他主要项所覆盖,这个主要项称为必要项或实质主要项。例如,图 2-2-11(a)中的 $\overline{a}\,\overline{c}$、$abc$,(b)中的 $\overline{a}$;图 2-2-12(a)中的 $\overline{a}\,\overline{c}$、$\overline{a}b$,(b)中的 $\overline{a}\,\overline{c}$、$bc$ 都是必要项。逻辑函数最简式中的乘积项都是必要项。必要项在有些书中称为实质素项或实质本原蕴含项。

多余项:一个主要项圈如果不包含有"特定"**1** 格,也就是说,它所包含的 **1** 格均被其他的主要项圈所覆盖,这个主要项就是多余项,有的书中称为冗余项。如图 2-2-12(b)中的 $\overline{a}b$,它所包含的两个 **1** 格分别被 $\overline{a}\,\overline{c}$ 和 bc 圈所覆盖,因此它是一个多余项。

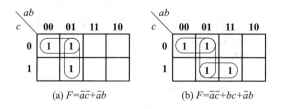

图 2-2-12   多余项举例

用卡诺图化简逻辑函数的步骤如下:

(1) 做出所要化简函数的卡诺图。

(2) 圈出所有没有相邻项的孤立 **1** 格主要项。

(3) 找出只有一种圈法,即只有一种合并可能的 **1** 格 *,从它出发把相邻 **1** 格圈起来(包括 2^i 个 **1** 格),构成主要项。

(4) 余下没有被覆盖的 **1** 格均有两种或两种以上合并的可能,可以选择其中一种合并方式加圈合并,直至使所有 **1** 格无遗漏地都至少被圈一次,而且总圈数最少。

---

* 有的书中将只有一种合并可能的 **1** 格,称为实质最小项。

例 2-14 化简函数

$$F(a,b,c,d) = \sum m(0,2,5,6,7,9,10,14,15)$$

解

第一步 做出相应的卡诺图,如图 2-2-13(a)所示。为了下面叙述方便,在卡诺图中标出 F 函数的最小项号码,也可以在对应最小项格中填 **1**。

第二步 圈出没有相邻的孤立最小项 m_9,如图 2-2-13(b)所示。

第三步 找出只有一种合并可能的最小项,并从它出发把相邻最小项格圈起来。如图 2-2-13(c)中,从 m_0 和 m_5 出发圈出包含 m_0、m_2 的圈和包含 m_5、m_7 的圈。再如图 2-2-13(d)中,从 m_{10} 和 m_{15} 出发,圈出包含 m_2、m_6、m_{10}、m_{14} 的圈和包含 m_6、m_7、m_{14}、m_{15} 的圈。

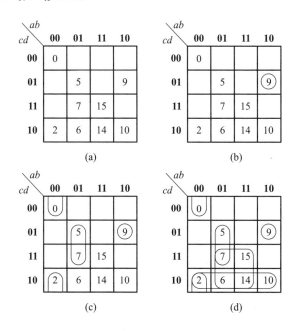

图 2-2-13 例 2-14 卡诺图化简过程

结果,所有最小项都至少被一个圈覆盖,而且每个圈中都包含有"特定"的最小项(如 m_0、m_5、m_9、m_{10}、m_{15})只被一个圈覆盖,因而没有多余项。这样函数化简的结果是各圈乘积项之和,即

$$F(a,b,c,d) = \sum m(9) + \sum m(0,2) + \sum m(5,7) +$$
$$\sum m(2,6,10,14) + \sum m(6,7,14,15) =$$
$$a\bar{b}\bar{c}d + \bar{a}\bar{b}\bar{d} + \bar{a}bd + c\bar{d} + bc$$

例 2-15   化简函数

$$F(a,b,c,d) = \sum m(0,2,5,6,7,8,9,10,11,14,15)$$

解

做出相应卡诺图如图 2-2-14(a)所示。首先从只有一种圈法的最小项开始,从最小项 m_0 出发,圈出 $\sum m(0,2,8,10)$;从最小项 m_5 出发,圈出 $\sum m(5,7)$;从最小项 m_9 出发,圈出 $\sum m(8,9,10,11)$,如图 2-2-14(a)所示,余下最小项 m_6、m_{14}、m_{15} 均有两种圈图方法。例如,从 m_6 出发可以圈成 $\sum m(2,6,10,14)$ 及 $\sum m(6,7,14,15)$ 两种包含 m_6 的方案;从 m_{15} 出发可以圈成 $\sum m(6,7,14,15)$ 及 $\sum m(10,11,14,15)$ 两种包含 m_{15} 的方案;从 m_{14} 出发,可以圈出 $\sum m(2,6,10,14)$、$\sum m(6,7,14,15)$ 及 $\sum m(10,11,14,15)$ 三种包含 m_{14} 的方案。在这些不同的圈法中,应选取采用最少的圈数,又能将余下的最小项全部圈入的圈法。如图 2-2-14(b)所示,圈出 $\sum m(6,7,14,15)$,只用一个圈就将余下的最小项 m_6、m_{14}、m_{15} 全部覆盖,因此 F 化简后的表达式为

$$F(a,b,c,d) = \sum m(5,7) + \sum m(0,2,8,10) +$$
$$\sum m(8,9,10,11) + \sum m(6,7,14,15) =$$
$$\overline{a}bd + \overline{b}\,\overline{d} + a\overline{b} + bc$$

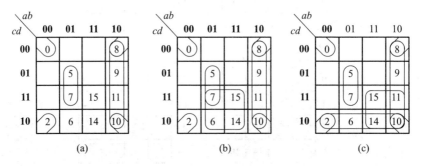

图 2-2-14   例 2-15 卡诺图化简

假若对余下的最小项,采用如图 2-2-14(c)所示的圈法,虽然也覆盖了全部最小项,而且每个圈中都有特定的最小项存在,没有产生多余项,但是比图 2-2-14(b)的圈法多了一个乘积项圈,其化简结果为

$$F(a,b,c,d) = \sum m(5,7) + \sum m(0,2,8,10) + \sum m(8,9,10,11) +$$
$$\sum m(2,6,10,14) + \sum m(10,11,14,15) =$$
$$\overline{a}bd + \overline{b}\,\overline{d} + a\overline{b} + c\overline{d} + ac$$

显然,采用图 2-2-14(c)的方案不如图 2-2-14(b)的方案简单。从此例可以看出,在用卡诺图化简时,必须注意选择最少的圈数覆盖全部最小项。也就是

说,函数的最简式中每一项都必须是必要项,但每一项都是必要项构成的函数表达式不一定是最简式。

以上所述是对卡诺图中所有 **1** 格进行加圈合并,得到函数的最简**与-或**式。同理,也可以对卡诺图中所有的 **0** 格进行加圈合并,得到函数的最简**或-与**式。对 **0** 格加圈合并原理及逻辑函数的化简方法和步骤与圈 **1** 格的方法完全相同。所不同的是,由 2^i 个 **0** 格构成的圈,由圈内取值不变的变量相**或**(相加项)来表示(以原变量表示变量取值 **0**,以反变量表示变量取值 **1**),所有的相加项圈相**与**(乘),构成最简**或-与**式。

例 2-16　求函数 $F(a,b,c,d)=\sum m(0,2,3,5,7,8,10,11,13)$ 的最简**或-与**式。

解

做出函数 F 的卡诺图,如图 2-2-15 所示,对 **0** 格加圈合并化简。

$$\prod M(1,9)=b+c+\bar{d}$$

$$\prod M(14,15)=\bar{a}+\bar{b}+\bar{c}$$

$$\prod M(4,6,12,14)=\bar{b}+d$$

因此,函数化简为

$$F=(b+c+\bar{d})(\bar{a}+\bar{b}+\bar{c})(\bar{b}+d)$$

实质上,对卡诺图中 **0** 格加圈合并,也就是对函数最大项表达式的化简。

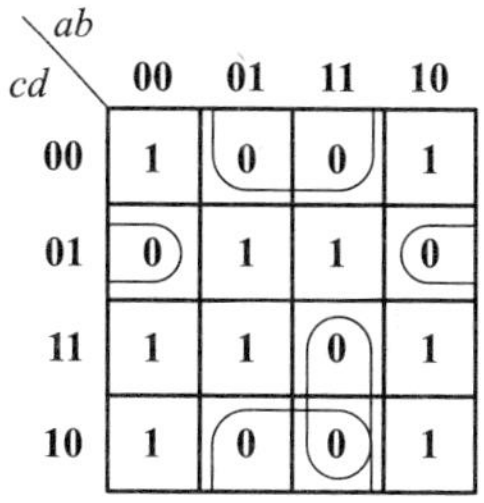

cd \ ab	00	01	11	10
00	1	0	0	1
01	0	1	1	0
11	1	1	0	1
10	1	0	1	1

图 2-2-15　例 2-16 卡诺图化简

通过函数表达式的变换,如

$$F=(b+c+\bar{d})(\bar{a}+\bar{b}+\bar{c})(\bar{b}+d)=$$

$$\overline{\overline{b\,\bar{c}\,d}\cdot\overline{abc}\cdot\overline{b\bar{d}}}=\qquad\qquad(\text{与非-与式})$$

$$\overline{b\,\bar{c}\,d+abc+b\bar{d}}\qquad\qquad(\text{与-或非式})$$

则对 **0** 格化简的结果,也可以用最简**与非-与**式或者最简**与-或非**式来表示。

5. 任意项的使用

所谓任意项,是指在一个逻辑函数中,变量的某些取值组合不会出现,或者函数在变量的某些组合时输出不确定,可能为 **0**,也可能为 **1**,这样的变量的取值组合(最小项)称为任意项,有的书中称为约束项、随意项。具有任意项的逻辑函数称为非完全描述的逻辑函数。对非完全描述的逻辑函数,合理地利用任意项,常能使逻辑函数的表达式进一步简化。

例 2-17　化简 $F(a,b,c,d)=\sum m(0,2,5,9,15)+\sum d(6,7,8,10,12,13)$。

解

这是一个非完全描述的逻辑函数，$\sum d(m_i)$ 表示所有的任意项。对应卡诺图如图 2-2-16 所示。卡诺图中用×表示任意项格。在化简时，任意项的意义在于，该任意项格可以作为 **1** 格，也可以作为 **0** 格。具体是作为 **1** 格还是作为 **0** 格，以有利于得到最简为前提。

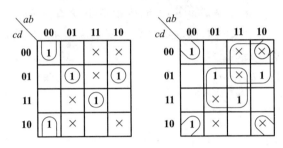

图 2-2-16   例 2-17 卡诺图化简

如果不利用任意项，即将任意项全部视作 **0** 格，如图 2-2-16(a)，化简结果为

$$F = \bar{a}\,\bar{b}\,\bar{c} + \bar{a}\,b\,\bar{c}\,d + abcd + a\,\bar{b}\,\bar{c}\,d$$

若合理利用任意项，对有利于化简的任意项作 **1** 格处理，如图 2-2-16(b) 中任意项 m_7、m_8、m_{10}、m_{12}、m_{13}，不利于化简的 m_6 作为 **0** 格处理，则得到

$$F = \bar{b}\,\bar{d} + a\,\bar{c} + bd$$

对于非完全描述逻辑函数的化简，凡是 **1** 格都必须加圈覆盖，而任意格×则可以作为 **1** 格加圈合并，也可作为 **0** 格不加圈。最后必须指出，化简过程中，已对任意项赋予了确定的输出值。

习   题

2-1 列出下述问题的真值表，并写出逻辑表达式：

(1) 有 a、b、c 三个输入信号，如果三个输入信号均为 **0** 或其中一个为 **1** 时，输出信号 $Y=$ **1**，其余情况下，输出 $Y=$ **0**。

(2) 有 a、b、c 三个输入信号，当三个输入信号出现奇数个 **1** 时，输出为 **1**，其余情况下，输出为 **0**。

(3) 有三个温度探测器，当探测的温度超过 60℃时，输出控制信号为 **1**；如果探测的温度低于 60℃时，输出控制信号为 **0**，当有两个或两个以上的温度探测器输出 **1** 信号时，总控制器输出 **1** 信号，自动控制调控设备，使温度降低到 60℃以下。试写出总控制器的真值表和逻辑表达式。

2-2 用真值表证明下列等式：

（1）$AB+\bar{A}C+BC=(A+C)(\bar{A}+B)$；

（2）$\overline{A}\,\overline{B}+\overline{B}\,\overline{C}+\overline{A}\,\overline{C}=\overline{AB}\,\overline{BC}\,\overline{AC}$；

（3）$\overline{A}BC+A\overline{B}C+AB\overline{C}=BC\overline{ABC}+AC\overline{ABC}+AB\overline{ABC}$；

（4）$\overline{A\overline{B}+B\overline{C}+\overline{A}\,\overline{C}}=ABC+\overline{A}\,\overline{B}\,\overline{C}$。

2-3 直接写出下列各函数的反函数表达式及对偶函数表达式：

（1）$F=[(A\overline{B}+C)D+E]B$；

（2）$F=[\overline{A}B(C+D)][B\overline{C}\overline{D}+B(\overline{C}+D)]$；

（3）$F=\overline{C+\overline{A}\,\overline{B}\,\overline{\overline{A}B+\overline{C}}}$；

（4）$F=AB+\overline{CD}+\overline{B\overline{C}+\overline{D}+\overline{\overline{C}E+\overline{B}+E}}$。

2-4 用公式法证明下列各等式：

（1）$AB+\overline{A}C+(\overline{B}+\overline{C})D=AB+\overline{A}C+D$；

（2）$\overline{A}\,\overline{C}+\overline{A}\,\overline{B}+\overline{A}\,\overline{C}D+BC=\overline{A}+BC$；

（3）$\overline{B}\,\overline{C}D+B\overline{C}D+ACD+\overline{A}\,\overline{B}\,\overline{C}D+\overline{A}\cdot\overline{B}CD+BC\overline{D}+BCD=\overline{B}C+B\overline{C}+BD$；

（4）$\overline{\overline{AB}\cdot\overline{\overline{B}+D}}\cdot\overline{\overline{C}D+BC}+\overline{A}\cdot\overline{B\overline{D}}+A+\overline{C}D=1$；

（5）$X+WY+UVZ=(X+U+W)(X+U+Y)(X+V+W)(X+V+Y)(X+Z+W)\cdot$
$\qquad\qquad(X+Z+Y)$。

2-5 证明：

（1）$a\oplus b=\bar{a}\oplus\bar{b}$；

（2）$\bar{a}\oplus b=a\oplus\bar{b}=\overline{a\oplus b}=a\odot b$；

（3）$a\oplus b\oplus c=a\odot b\odot c$；

（4）$\overline{a\oplus b\oplus c}=\bar{a}\odot\bar{b}\odot\bar{c}$；

（5）$\bar{a}\oplus b\oplus c=\overline{a\odot b\odot c}=\overline{a\oplus b\oplus c}$；

（6）$A\oplus B\odot C=A\odot B\oplus C=C\odot B\oplus A$；

（7）$A\oplus B\oplus C\oplus D=(A\oplus B)\odot(A\oplus C)\odot(A\oplus D)$；

（8）$\overline{C}(A\odot D)\oplus\overline{A}C\oplus ABC\overline{D}=1\oplus A\oplus D\oplus CD\oplus ABC\oplus ABCD$；

（9）$\overline{M}CD+M\overline{C}\overline{D}=(M\oplus C)(M\oplus D)$；

（10）若 $X\oplus Y=1$，则 $X\oplus 1=Y,Y\oplus 1=X$。

2-6 证明：

（1）如果 $a\bar{b}+\bar{a}b=c$，则 $a\bar{c}+\bar{a}c=b$，反之亦成立；

（2）如果 $\bar{a}\,\overline{b}+ab=0$，则 $\overline{ax+by}=a\bar{x}+b\bar{y}$。

2-7   写出下列各式 F 和它们的对偶式、反演式的最小项表达式：

（1） $F=ABCD+ACD+B\bar{D}$ ；

（2） $F=A\bar{B}+\bar{A}B+BC$ ；

（3） $F=\overline{\overline{\overline{AB+C}+BD}+\bar{A}\bar{D}}+\overline{B+\bar{C}}$ 。

2-8   用公式法化简下列各式：

（1） $F=A\bar{B}\bar{C}+\bar{A}\bar{C}D+A\bar{C}$ ；

（2） $F=A\bar{C}\bar{D}+BC+\bar{B}D+A\bar{B}+\bar{A}C+\bar{B}\bar{C}$ ；

（3） $F=(A+B)(A+B+C)(\bar{A}+C)(B+C+D)$ ；

（4） $F=\overline{\overline{AB+\bar{A}\bar{B}}\cdot BC+\bar{B}\bar{C}}$ ；

（5） $F=AC+\bar{B}\bar{C}+B(A\bar{C}+\bar{A}C)$ 。

2-9   用图解法化简下列各函数：

(1) 化简题 2-8 中（1）、（3）、（5）；

(2) $F(a,b,c,d)=\sum m(0,1,3,5,6,8,10,15)$ ；

(3) $F(a,b,c,d)=\sum m(4,5,6,13,14,15)$ ；

(4) $F(a,b,c,d)=\sum m(4,5,6,8,9,10,13,14,15)$ ；

(5) $F(a,b,c,d)=\sum m(0,1,4,7,9,10)+\sum d(2,5,8,12,15)$ ；

(6) $F(a,b,c,d)=\sum m(4,5,6,13,14,15)+\sum d(8,9,10,11)$ ；

(7) $F(a,b,c,d)=\prod M(5,7,13,15)$ ；

(8) $F(a,b,c,d)=\prod M(1,3,9,10,11,14,15)$ ；

(9) $F(a,b,c,d,e)=\prod M(0,2,4,9,11,14,15,16,17,23,25,29,31)$ ；

(10) $F(a,b,c,d,e)=\prod M(1,2,3,4,5,7,8,10,12,13,14,17,19,20,21,22,23,24,26,$ $28,29,30,31)$ 。

2-10   用卡诺图化简函数

$$F(a,b,c,d)=f_1(a,b,c,d)\oplus f_2(a,b,c,d)$$

已知

$$f_1(a,b,c,d)=\bar{a}d+bc+\bar{b}\bar{c}\bar{d}+\sum d(1,2,11,13,14,15)$$
$$f_2(a,b,c,d)=\prod M(0,2,4,8,9,10,14)\cdot\prod d(1,7,13,15)$$

其中⊕运算为

⊕	0	1	×
0	0	1	×
1	1	0	×
×	×	×	×

2-11　写出下列函数的**异或**标准形式：

（1）$F(a,b,c,d)=\sum m(4,6,7,8,13,14)$；

（2）$F=A\overline{B}C+\overline{A}\ \overline{C}D+A\overline{C}$。

第 2 章自我检测题　　　　　　　第 2 章自我检测题参考答案

第3章 集成逻辑门

用来实现基本逻辑关系的电子电路通称为逻辑门电路。常用的逻辑门电路在逻辑功能上有**与门、或门、与非门、或非门、与或非门、异或门**等。

在逻辑门电路中,利用晶体二极管、三极管及 MOS 管的导通和截止、电平的高和低分别表示二值逻辑中的 **1** 和 **0**。

20 世纪 60 年代以来,半导体器件制造工艺有了显著进展,把晶体管或 MOS 管和电阻等与电路接线集成在一块半导体材料基片上,这就构成了集成电路。

本章主要介绍晶体管及 MOS 管的开关特性,TTL 集成逻辑门及 CMOS 集成逻辑门的基本工作原理以及主要外部特性。

3.1 晶体管的开关特性

在脉冲与数字电路中,双极型晶体管一般是工作于开关状态,其开关特性表现在导通与截止两种不同状态之间的转换过程。

3.1.1 晶体二极管开关特性

晶体二极管是由 PN 结构成,具有单向导电的特性。在开关电路近似的分析中,晶体二极管可以当作一个理想开关来分析。但在电路严格的分析中或者在高速开关电路中,晶体二极管则不能当作一个理想开关。

一个理想开关应具有如下的特性(参见图 3-1-1):

(1)开关 S 断开时,通过开关的电流 $i=0$,这时开关两端点间呈现的电阻为无穷大。

(2)开关 S 闭合时,开关两端电压 $v=0$,这时开关两端点间呈现的电阻为零。

(3)开关 S 的接通或断开动作瞬间完成。

(4)上述开关特性不受其他因素(如温度等)的影响。

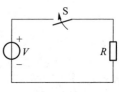

图 3-1-1 理想开关

1. 二极管稳态开关特性

电路处于相对稳定的状态下晶体管所呈现的开关特性称为稳态开关特性。

由 PN 结构成的二极管电路及其伏安特性如图 3-1-2(a)、(b)所示。描述该特性的方程为

$$i_D = I_S(e^{qv_D/kT} - 1) \qquad (3-1-1)$$

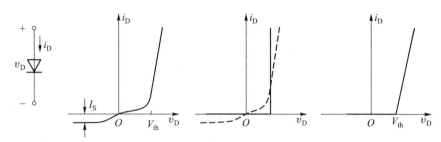

(a) 二极管电路表示　(b) 二极管伏安特性　(c) 理想二极管开关特性　(d) 二极管特性折线简化

图 3-1-2　二极管电路及其伏安特性

当外加正向电压时,正向电流 i_D 随正向电压 v_D 的增加按指数规律增加。当正向电压 v_D 较小时,通过二极管的电流 i_D 很小。只有当正向电压增加到一定值 V_{th} 以后,电流 i_D 才有明显的数值,并且随着电压 v_D 的增加,电流 i_D 有显著的增长。通常把电压 V_{th} 称为二极管的正向开启电压或门限电压,也称阈值电压。一般硅管的门限电压 V_{th} 为 0.6~0.7 V;锗管的门限电压 V_{th} 为 0.2~0.3 V。

当外加反向电压时,由于 $v_D < 0$,此时 $e^{qv_D/kT} \ll 1$,则式(3-1-1)可近似为

$$i_D = -I_S \qquad (3-1-2)$$

上式说明,反向电流 I_S 可视为常数,在一定的反向电压范围内(不击穿),反向电流与外加反向电压无关,故 I_S 称为反向饱和电流。反向饱和电流数值很小,常常可以忽略不计,一般硅管 I_S 为 $10^{-15} \sim 10^{-10}$ A;锗管 I_S 为 $10^{-10} \sim 10^{-7}$ A;砷化镓管 I_S 为 $10^{-17} \sim 10^{-15}$ A。

理想二极管具有理想开关特性,如图 3-1-2(c)中粗实线所示。当二极管作为开关时,基本工作在大信号工作条件下,在分析精度要求不高时,可以将二极管伏安特性理想化为垂直的二段折线,视二极管为理想的单向导电的开关:当正向偏置时,二极管导通,其压降为零,相当于开关闭合;当反向偏置时,二极管截止,流过的电流为零,相当于开关断开。将二极管伏安特性折线化,如图 3-1-2(d)所示。图中 V_{th} 为二极管的门限电压,通常硅二极管取 0.7 V,锗二极管取 0.3 V。当正向偏置时,二极管导通,其压降约为 V_{th} 值,相当于开关闭合;

当反向偏置时,二极管截止,流过的电流为反向饱和电流,非常小,常常忽略不计,相当于开关断开。

通过上面分析可以看出,在稳态情况下,二极管的开关特性与理想开关存在一定差异,这些差异是,正向导通时,相当于开关闭合,其两端仍有电位降落;反向截止时,相当于开关断开,仍存在反向电流。此外,二极管的 V_{th} 和 I_S 都与温度有关。二极管反向工作时,当温度升高时,反向饱和电流 I_S 增加,通常温度每升高 10℃,I_S 约增大一倍。二极管正向工作时,如果电流 i_D 保持不变,随着温度的升高,其正向电压将减少,通常每升高 1℃,二极管的压降约减小 2~2.5 mV。

2. 二极管瞬态开关特性

电路处于瞬变状态下晶体管所呈现的开关特性称为瞬态开关特性。具体地说,就是晶体管在大信号作用下,由导通到截止或者由截止到导通时所呈现的开关特性。

理想二极管作开关时,在外加跳变电压作用下,由导通到截止或者由截止到导通都是在瞬间完成,没有过渡过程。如图 3-1-3 所示。

在图 3-1-3 所示电路中,二极管 D 的工作状态由输入电压 v_I 决定。当 $v_I = V_F$ 时,二极管导通,二极管两端的正向电压 $v_D = 0$,通过二极管的正向电流 $i_D = I_F = V_F/R$;当 $v_I = -V_R$ 时,二极管截止,二极管两端的反向电压 $v_D = -V_R$,通过二极管的反向电流 $i_D = 0$。

一个二极管就是一个 PN 结。在稳态 $v_I = V_F$ 时,二极管正向导通,PN 结空间电荷区变窄,P 区中的空穴、N 区中的电子不断向对方区域扩散,并在对方区域内形成一定的电荷存储,建立起一定的少数载流子浓度分布。正向导通电流越大,存储载流子数目越多,少数载流子浓度梯度越陡。在稳态 $v_I = -V_R$ 时,二极管截止,PN 结空间电荷区变宽,i_D 很小,近似为 0。

图 3-1-4 所示为二极管的瞬态开关特性的波形。

当 $t < t_1$ 时,二极管稳定工作在导通状态,导通电压 $v_D \approx 0.6 \sim 0.7$ V(以硅管为例),导通电流 $i_D = I_F = (V_F - v_D)/R \approx V_F/R$。

当 $t = t_1$ 时,外加电压 v_I 突然由 V_F 下跳变为 $-V_R$,由于正向导通时二极管存储的电荷不可能立即消失,这些存储电荷的存在,使 PN 结仍维持正向偏置;但在外加反向电压 V_R 的作用下,P 区的电子被拉回 N 区,N 区的空穴被拉回 P 区,使得这些存储电荷形成漂移电流,$i_D = (v_I - v_D)/R \approx -V_R/R$,使存储电荷不断减少。从 v_I 负跳变开始至反向电流 i_D 降到 $0.9I_R$ 所需的时间称为存储时间 t_s。这段时间内,PN 结仍处于正向偏置,反向电流 I_R 近似不变。

经过 t_s 时间后,P 区和 N 区存储电荷已显著减少,反向电流一方面使存储电荷继续消失,同时,使空间电荷区逐渐加宽,PN 结由正向偏置转为反向偏置,

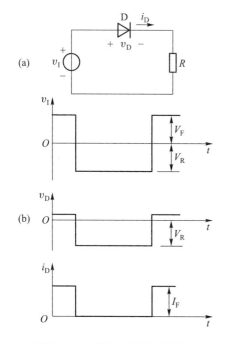

图 3-1-3　理想二极管开关特性

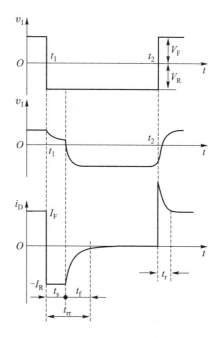

图 3-1-4　二极管的瞬态开关特性

二极管逐渐转为截止状态。反向电流由 I_R 逐渐减小至反向饱和电流值。这段时间称为下降时间 t_f。通常以 $0.9I_R$ 下降到 $0.1I_R$ 所需的时间来确定 t_f。$t_{rr}=t_s+t_f$ 称为反向恢复时间。通常以 V_R 负跳变开始到反向电流下降到 $0.1I_R$ 所需的时间来确定 t_{rr}。反向恢复时间是影响二极管开关速度的主要原因，是二极管开关特性的重要参数。

　　在 $t<t_2$ 期间，二极管处于反向截止状态。$v_D=-V_R$，$i_D=-I_S$。空间电荷区很宽。

　　当 $t=t_2$ 时，外加电压 v_I 突然由 $-V_R$ 上跳变为 V_F。由于二极管端电压不能突变，这样使电阻 R 两端电压瞬时增高，$v_R=v_I-v_D=V_F-(-V_R)=V_F+V_R$，所以在此瞬间电路中产生瞬时大电流 $i_{Dmax}=(V_R+V_F)/R$，这一瞬时大电流使空间电荷区变窄，同时使载流子扩散，并迅速在对方区域内建立起相应的浓度分布。PN 结导通后，正向压降很小，i_D 由 i_{Dmax} 值迅速下降至 $i_D=I_F=V_F/R$。从 v_I 正向跳变开始到二极管 i_D 达到正向导通值这一过程称为二极管的正向恢复时间。由于这一过程 v_D 不断上升，通常用 v_D 的上升时间 t_r 来说明这一过程的长短。二极管的正向恢复时间比反向恢复时间小得多，可以忽略不计。

3. 二极管开关应用电路

　　在脉冲与数字电路中经常利用二极管的开关特性构成波形的限幅和钳位

电路。

（1）限幅电路

波形限幅电路又称为限幅器,其功能是将输入波形的一部分传送到输出端,
而将其余部分抑制掉。可以对脉冲波形
进行变换或整形。常用的有二极管串联
上限限幅器、串联下限限幅器、串联双向
限幅器;二极管并联上限限幅器、并联下
限限幅器及并联双向限幅器。

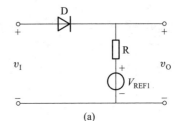

图 3-1-5 所示为二极管串联下限限
幅器及工作波形。图中 V_{REF1} 为限幅
电平。

假设二极管为理想开关。当 $v_I >
V_{REF1}$ 时,二极管导通,$v_O \approx v_I$;当 $v_I < V_{REF1}$
时,二极管截止,$v_O = V_{REF1}$。这样就将输
入波形中瞬时电位低于 V_{REF1} 的部分波形
抑制掉,而将瞬时波形高于 V_{REF1} 的部分
波形传送到输出端。

串联限幅电路是利用二极管的截止
状态起限幅作用的。

如果将图 3-1-5（a）中的二极管 D
反接,便可得到限幅电平为 V_{REF1} 的上限
限幅器。

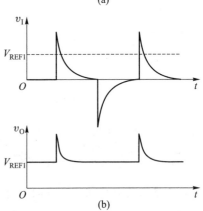

图 3-1-5　限幅电平为 V_{REF1} 的
串联下限限幅器及工作波形

图 3-1-6 所示为二极管串联双向限幅电路及其工作波形。

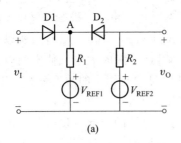

(a)

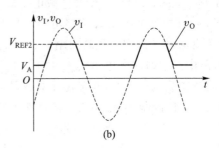

(b)

图 3-1-6　串联双向限幅器及其工作波形

假设二极管为理想开关且限幅电平 $V_{REF2} > V_{REF1}$。

当 $v_I = 0$ 时,由于 $V_{REF2} > V_{REF1}$,则 D$_1$ 截止,D$_2$ 导通,A 点的电位为

$$V_A = \frac{V_{REF2} - V_{REF1}}{R_1 + R_2} \cdot R_1 + V_{REF1} \tag{3-1-3}$$

当 $v_I \leq V_A$ 时,二极管 D_1 截止,D_2 导通,输出 $v_O \approx V_A$。实现下限限幅,限幅电平为 V_A。

当 $v_I \geq V_{REF2}$ 时,二极管 D_1 导通,D_2 截止,输出 $v_O \approx V_{REF2}$,实现上限限幅,限幅电平为 V_{REF2}。

当 $V_A < v_I < V_{REF2}$ 时,二极管 D_1、D_2 均导通,输出 $v_O \approx v_I$。

图 3-1-7 所示为二极管并联下限限幅电路及其工作波形。

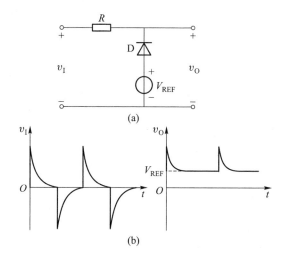

(a)

(b)

图 3-1-7　并联下限限幅器及其工作波形

二极管并联限幅电路是利用二极管的导通状态实现限幅的,如果将图 3-1-7(a)中二极管 D 反接,则可实现限幅电平为 V_{REF} 的并联上限限幅。

图 3-1-8 所示为二极管并联双向限幅电路及其工作波形。

（2）钳位电路

波形的钳位电路是将脉冲波形的顶部或底部钳定在某一电平上。图 3-1-9 所示为将脉冲波形顶部钳位于零电平的钳位电路及其工作波形。

在图 3-1-9 所示电路中,设输入信号 v_I 为矩形脉冲,电容 C 初始电压为 0,且满足 $R \gg r_D$（r_D 为二极管导通电阻）,时间常数 $\tau_1 = r_D C \ll T_1$（输入脉宽）,时间常数 $\tau_2 = RC \gg T_2$（输入脉冲休止期）。

在 $t_1 \sim t_2$ 期间,当输入电压 v_I 由 0 正向跳变至 V_m 时,由于电容 C 端电压不能突变,所以输出 v_O 随 v_I 正向跳变至 V_m。二极管 D 导通,电容 C 充电,时间常数 $\tau_1 = (R // r_D)C \approx r_D C \ll T_1$,所以 C 很快充电至 V_m,v_O 很快下降至 0。

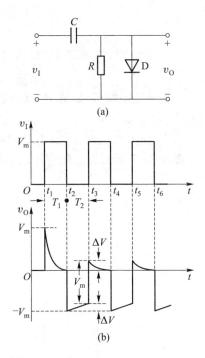

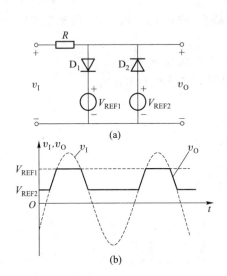

图3-1-8　并联双向限幅电路
及其工作波形

图3-1-9　钳位电路及工作波形

当 $t=t_2$ 时,v_I 由 V_m 负向跳变至0,同样由于 C 端电压不能突变,v_0 也随着从0跳变至 $-V_m$。在 $t_2 \sim t_3$ 期间,二极管截止,电容 C 通过电阻 R 放电,时间常数 $\tau_2 = RC \gg T_2$,v_0 值缓慢上升。上升值 $\Delta V \approx \dfrac{T_2}{RC} V_m$。$RC$ 越大,T_2 越小,ΔV 也越小。此时电容 C 端电压为 $(V_m - \Delta V)$。

当 $t=t_3$ 时,v_I 从零正跳至 V_m,v_0 从 $(-V_m + \Delta V)$ 值上跳至 ΔV。之后 $t_3 \sim t_4$ 期间二极管导通,C 很快充电至 V_m,v_0 迅速下降至0V。

$t_4 \sim t_5$ 期间的工作情况同 $t_2 \sim t_3$,此后电路工作情况周期性重复。

由输出 v_0 的波形可见,它与输入 v_I 的波形相似,但 v_0 的顶部被钳定在0V。

假若需要改变钳位电平,可以在二极管 D 的支路中串接一个电源 V_{REF},如图3-1-10所示。图3-1-10(a)所示为脉冲顶部钳定在 V_{REF} 的电平上的电路。图3-1-10(b)所示为将脉冲底部钳定于 $-V_{REF}$ 电平上的电路。其工作过程请读者自己分析。

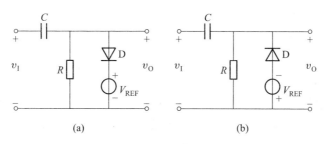

图 3-1-10 钳位电平为 $V_{REF}(-V_{REF})$ 的钳位电路

3.1.2 晶体三极管开关特性

在一般模拟电子线路中,晶体三极管常常当作线性放大元件或非线性元件来使用,而在脉冲与数字电路中,在大信号作用下,晶体管交替工作于截止区与饱和区,作为开关元件来使用。

1. 三极管稳态开关特性

图 3-1-11 所示为一基本单管共射电路。输入电压 v_I 通过电阻 R_B 作用于晶体管 T 的发射结,输出电压 v_O 由晶体管集电极取出。因此有如下关系:

$$v_{BE} = v_I - R_B i_B \tag{3-1-4}$$

$$v_O = v_{CE} = V_{CC} - R_C i_C \tag{3-1-5}$$

基本单管共射电路的传输特性如图 3-1-12 所示。所谓传输特性是指电路的输出电压 v_O 与输入电压 v_I 的函数关系。在给定电路参数后,使用计算机辅助分析程序可计算出传输特性曲线。图 3-1-12 所示的传输特性曲线大体上分为三个区域:截止区、放大区和饱和区。

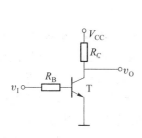

图 3-1-11 基本单管共射电路

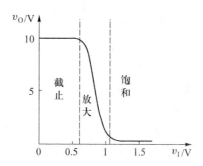

图 3-1-12 单管共射电路直流传输特性

当输入电压 v_I 小于晶体管阈值电压 V_{th} 时,工作于截止区。晶体管的发射结和集电结均处于反向偏置,即

$$v_B < v_E, v_B < v_C \qquad (3-1-6)$$

此时

$$i_B \approx 0, i_C \approx 0, v_O \approx V_{CC} \qquad (3-1-7)$$

晶体管 T 相当于开关断开。

当输入电压 v_I 大于阈值电压 V_{th} 而小于某一数值(如图 3-1-12 中约为 1 V 时),晶体管工作于放大区。晶体管发射结正偏,集电结反偏,即

$$v_B > v_E, v_B < v_C \qquad (3-1-8)$$

此时,i_B, i_C 随 v_I 的增加而增加,v_O 随 v_I 的增加而下降,二者基本上呈线性关系,当输入电压有一较小的 Δv_I 的变化时,会引起输出电压 Δv_O 较大的变化,即

$$\Delta v_O / \Delta v_I \gg 1 \qquad (3-1-9)$$

当输入电压 v_I 大于某一数值时,晶体管工作于饱和区。晶体三极管发射结和集电结均处正偏,即

$$v_B > v_E, v_B > v_C \qquad (3-1-10)$$

而且基极电流 i_B 足够大,满足

$$i_B > I_{BS} = \frac{V_{CC} - V_{CE(sat)}}{\beta R_C} \qquad (3-1-11)$$

I_{BS} 为临界饱和基极电流

此时

$$v_O = V_{CE(sat)} \approx 0$$

$$i_C = (V_{CC} - V_{CE(sat)})/R_C \approx V_{CC}/R_C \qquad (3-1-12)$$

晶体管 C、E 之间相当于开关闭合。

在饱和型开关电路中,稳态时,当 $v_I = V_{IL}$ 时,晶体三极管稳定工作在截止状态,输出 $v_O = V_{OH} \approx V_{CC}$。当 $v_I = V_{IH}$ 时,晶体三极管稳定工作在饱和状态,输出 $v_O = V_{OL} = V_{CE(sat)} \approx 0$,饱和时 $S = i_B/I_{BS}$ 称为饱和系数,S 越大,饱和深度越深。

2. 三极管瞬态开关特性

晶体三极管瞬态开关过程与二极管瞬态开关过程相类似,也是电荷的累积和消失的过程,因而需要时间。

图 3-1-11 所示电路,在输入 v_I 脉冲波形作用下,其集电极电流 i_C 和输出 v_O 的波形如图 3-1-13 所示。由图可见,当输入 v_I 从 $-V$ 跳变至 $+V$ 时,晶体管不能立即导通,要经历一段延迟时间 t_d 和一个上升时间 t_r,i_C 才能接近于最大值 I_{CS}。通常将输入电压 v_I 正跳变开始到集电极电流上升到 0.1 I_{CS} 所需的时间称为延迟时间 t_d,将 i_C 从 0.1 I_{CS} 上升到 0.9 I_{CS} 所需的时间称为上升时间 t_r,$t_{on} = t_d + t_r$ 称为开通时间。当输入 v_I 从 $+V$ 下跳至 $-V$ 时,晶体管也不能立即截止,要经历一段存储时间 t_s 和下降时间 t_f,i_C 才逐渐下降至零。通常将输入电压 v_I 负跳变开

始到集电极电流下降到 $0.9\,I_{CS}$ 所需的时间称为存储时间 t_s，将 i_C 从 $0.9\,I_{CS}$ 下降到 $0.1\,I_{CS}$ 所需的时间称为下降时间，$t_{off}=t_s+t_f$ 称为关断时间。

下面分段进行讨论。

首先讨论晶体三极管由截止状态过渡到饱和状态的过程。晶体三极管由截止状态过渡到饱和状态大体上可以分为两个阶段，即发射结由反偏至正偏过程及集电极电流形成过程。

当 $v_I=-V$ 时，发射结反偏，空间电荷区较宽。v_I 从 $-V$ 上跳变至 $+V$ 时，由于结电容存在，发射结并不能立即由反偏跳变至正偏，要经历空间电荷区由宽变窄，电荷量由多变少(等效于结电容放电)的过程，发射结才能逐渐变为正偏。之后发射区向基区注入电子并扩散至集电结，形成集电极电流，这个过程所需时间即为延迟时间 t_d。

延迟时间 t_d 的长短取决于晶体三极管的结构和电路工作条件。三极管结电容小，t_d 就短。其次，三极管在截止时 $-V$ 越大，反偏越大，结电容上电压由负至正所需时间越长，t_d 越长。正向驱动电流越大($+V$ 越大，R_B 越小)，t_d 越短。

当发射结正偏后，发射区向基区注入电子，并向集电区扩散，形成集电极电流，同时在基区形成累积，基区内电子浓度分布曲线的斜率也逐渐增大，集电极电流 i_C 不断增加，如图 3-1-14 所示。图中①代表 $i_C=0.1I_{CS}$ 时的电子浓度分布曲线，④代表 $i_C=I_{CS}$ 时的电子浓度分布曲线。上升时间 t_r 就是 i_C 从 $0.1\,I_{CS}$ 上升到 $0.9\,I_{CS}$ 基区内电子电荷累积所需的时间。

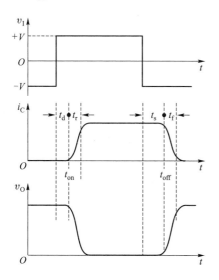

图 3-1-13　三极管的瞬态开关特性

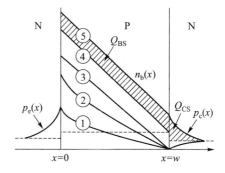

图 3-1-14　晶体三极管基区少子
浓度分布曲线

t_r 的长短同样取决于三极管结构和电路工作条件。基区宽度 w 越小,存储同样电荷量的浓度梯度越大,i_C 上升越快,t_r 越短。此外,基极驱动电流越大($+V$ 越大,R_B 越小),t_r 越短。

其次,讨论晶体三极管由饱和状态过渡到截止状态的过程。这一过程大体也可分为两个过程,即驱散基区多余存储电荷及驱散基区存储电荷的过程。

当 $v_I = +V$ 时,三极管稳定工作在饱和状态。这时,基极电流 i_B 大于 I_{BS},集电结也处于正偏,因此,集电区不能收集从发射区注入基区的全部电子,在基区就形成了多余电子的累积 Q_{BS},其浓度分布将超过临界饱和时的分布线(如图 3-1-14 中⑤)。v_I 从 $+V$ 负向跳变至 $-V$ 时,多余存储电荷 Q_{BS} 和基区存储电荷 Q_B 均不能立即消失,它们在反向电压作用下形成反向电流。在多余存储电荷 Q_{BS} 未消失之前,i_C 将维持不变,三极管仍处于饱和状态。随着 Q_{BS} 减少,饱和深度变浅,当 Q_{BS} 全部消失后,晶体管开始脱离饱和状态。存储时间 t_s 就是 Q_{BS} 多余存储电荷消失所需时间。显然 t_s 的长短与饱和深度有关,饱和深,Q_{BS} 多,t_s 长。此外,t_s 与反向驱动电流有关,基极反向驱动电流越大,Q_{BS} 消失越快,t_s 越短。

集电结两边多余存储电荷 Q_{BS} 和 Q_{CS} 全部消失后,集电结由正偏转向反偏,基极反向驱动电流使基区存储电荷 Q_B 开始消失,基区内电子浓度梯度和集电极电流 i_C 逐渐减小,如图 3-1-14 中曲线④到①,这时晶体管处于放大状态。集电极电流 i_C 从 $0.9\,I_{CS}$ 下降到 $0.1\,I_{CS}$ 基区存储电荷消失所需时间为下降时间 t_f。t_f 与反向基极驱动电流有关,反向驱动电流越大,t_f 越短。

下降时间结束后,i_C 已基本为 0。但晶体管内部变化还在进行,即发射结结电容还在继续充电,直至结电压下降至 $-V$ 时,才至开启之前的截止状态。

3. 晶体三极管开关应用电路

利用晶体三极管作开关,最常用、最基本的电路就是反相器电路。

图 3-1-15(a)为晶体三极管反相器基本电路。基极电阻 R_1、R_2 及外加偏压 $-V_{BB}$ 构成偏置电路,与输入电压 v_I 共同决定晶体三极管的工作状态。

当 $v_I = V_L$ 时,可靠工作于截止状态,当 $v_I = V_H$ 时,可靠工作于饱和状态。

当 $v_I = V_L$ 时,为了保证可靠截止,要求 $v_{BE} \leqslant 0$,反相器基极回路等效电路如图 3-1-15(b)所示。由图可得

$$v_{BE} = V_L - \frac{R_1}{R_1 + R_2}(V_L + V_{BB})$$

由截止条件可得

$$V_L - \frac{R_1}{R_1 + R_2}(V_L + V_{BB}) \leqslant 0 \qquad (3-1-13)$$

从保证可靠截止来看,加大 V_{BB},或者增大 R_1、减小 R_2 对截止有利。三极管

截止时,$v_O = V_H = V_{CC}$。

当 $v_I = V_H$ 时,晶体三极管饱和。三极管饱和时,反相器基极回路的等效电路如图 3-1-15(c)所示。图中 $V_{BE(sat)}$ 为发射结饱和压降,对于硅管一般取值 $V_{BE(sat)} \approx 0.7$ V,锗管 $V_{BE(sat)} \approx 0.3$ V。

由图 3-1-15(c)可得

$$i_B = i_1 - i_2$$

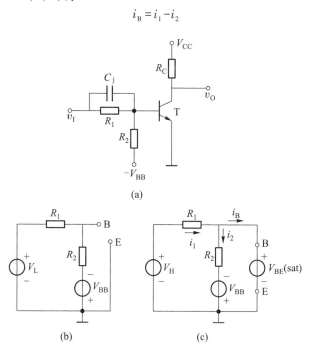

图 3-1-15　晶体三极管反相器

而 $i_1 = \dfrac{V_H - V_{BE(sat)}}{R_1}$；$i_2 = \dfrac{V_{BE(sat)} + V_{BB}}{R_2}$，所以

$$i_B = \frac{V_H - V_{BE(sat)}}{R_1} - \frac{V_{BE(sat)} + V_{BB}}{R_2} \tag{3-1-14}$$

而临界饱和时基极电流

$$I_{BS} = \frac{V_{CC} - V_{CE(sat)}}{\beta R_C} \tag{3-1-15}$$

其中 $V_{CE(sat)}$ 为饱和压降,对于硅管一般 $V_{CE(sat)} \approx 0.3$ V,对于锗管 $V_{CE(sat)} \approx 0.1$ V。

根据饱和条件,要求 $i_B \geqslant I_{BS}$,可得

$$\frac{V_H - V_{BE(sat)}}{R_1} - \frac{V_{BE(sat)} + V_{BB}}{R_2} \geqslant \frac{V_{CC} - V_{CE(sat)}}{\beta R_C} \tag{3-1-16}$$

由式(3-1-16)可见,R_1 减小、R_2 增大对于可靠饱和有利。这时输出

$$v_O = V_L = V_{CE(sat)} \approx 0 \text{ V}$$

由上分析可见,当 $v_I = V_L$ 时,三极管截止,$v_O = V_H = V_{CC}$;当 $v_I = V_H$ 时,三极管饱和,$v_O = V_L = V_{CE(sat)}$。输出电压 v_O 与输入电压 v_I 反相,故称为反相器。

图 3-1-15(a)中基极电阻 R_1 上并接了一个电容 C_j,这是加速电容,它可以改善晶体三极管开关电路瞬态开关特性。

当输入电压 v_I 从 V_L 到 V_H 正向跳变时,在此瞬间由于 C_j 端电压不能突变,C_j 相当于短路,跳变的 Δv_I 值,直接作用于三极管基极,使得瞬时基极正向驱动电流 i_B 很大,从而大大缩短了 t_d 和 t_r 时间,也就是缩短了开通时间 t_{on}。此后,随着 C_j 的充电,基极正向驱动电流 i_B 逐渐减少,当充电结束后,C_j 相当于开路,电路进入稳定状态,基极电流 i_B 由 R_1、R_2 和 $-V_{BB}$ 等共同决定。选择电路参数,在稳态时保证工作于饱和状态。

当输入 v_I 由 V_H 到 V_L 负向跳变时,同样由于 C_j 端电压不能突变,使晶体三极管发射结加上较大的反向偏压,从而产生较大的基极反向驱动电流,加快了基区多余存储电荷的消失,从而大大缩短关断时间 t_{off}。

由以上简单分析可见,加速电容 C_j 只在瞬态过程中起作用,从而缩短 t_{on} 和 t_{off}。而在电路处于稳定状态时,C_j 相当于开路,对电路稳定工作没有影响。

3.2　TTL 集成逻辑门

早期的双极型集成逻辑门采用的是二极管-三极管电路(DTL)形式,如图 3-2-1 所示。由于其速度较低,以后发展成晶体管-晶体管电路(TTL)形式。目前国产的 TTL 集成电路有 CT 54/74 系列(标准通用系列,国内沿用的是 T 1000 系列,与国际上 SN 54/74 系列相当);CT 54H/74H 系列(高速系列,国内沿用的是 T 2000 系列,与国际上 SN 54H/74H 系列相当);CT 54S/74S 系列(肖特基系列,国内沿用的是 T 3000 系列,与国际上 SN 54S/74S 系列相当);CT 54LS/74LS 系列(低功耗肖特基系列,国内沿用的是 T 4000 系列,与国际上 SN 54LS/74LS 系列相当)。

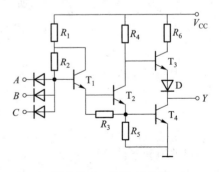

图 3-2-1　DTL 与非门

3.2.1 晶体管–晶体管逻辑门电路(TTL)

TTL 与非门(CT 54/74 系列)的典型电路如图 3-2-2 所示。

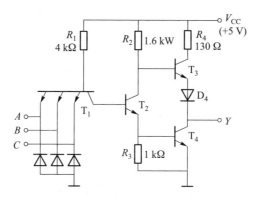

图 3-2-2 CT 54/74 系列与非门

TTL 与非门电路由三部分组成:第一部分由多发射极晶体管 T_1 和电阻 R_1 构成电路的输入级,输入信号通过多发射极晶体管 T_1 的发射结实现与逻辑;第二部分由 T_2 和电阻 R_2、R_3 组成中间级,从 T_2 的集电极和发射极同时输出两个相位相反的信号,作为 T_3 和 T_4 输出级的驱动信号;第三部分由 T_3、D_4、T_4 和 R_4 构成推拉式的输出级。

1. 基本工作情况

当输入信号 A、B、C 中至少有一个为低电平(0.3 V)时,多发射极晶体管 T_1 的基极和低电平发射极之间,有一个导通压降 v_{BE1},约为 0.7 V,所以 T_1 基极电位 v_{B1} 约为 1 V。这时 T_2 和 T_4 均不会导通,T_2 基极的反向电流即为 T_1 的集电极电流,其值很小,因此 T_1 处于深饱和状态,$V_{CE(sat)1} \approx 0.1$ V,T_1 集电极电位约为

$$v_{C1} = V_{IL} + V_{CE(sat)1} \approx 0.3 \text{ V} + 0.1 \text{ V} = 0.4 \text{ V}$$

由于 T_2 截止,V_{CC} 经 R_2 驱动 T_3 和 D_4,使 T_3 和 D_4 处于导通状态。T_3 发射结的导通压降及 D_4 的导通压降约为 0.7 V,因此输出电压 v_0 为

$$v_0 = V_{CC} - i_{B3}R_2 - v_{BE3} - v_{D4}$$

由于基极电流 i_{B3} 很小,可以忽略不计,则

$$v_0 \approx V_{CC} - v_{BE3} - v_{D4} = 5 \text{ V} - 0.7 \text{ V} - 0.7 \text{ V} = 3.6 \text{ V} \tag{3-2-1}$$

输出高电平(V_{OH})。

当输入信号 A、B、C 全部为高电平(3.6 V)时,T_1 的基极电位升高,足以使

T_1 集电结、T_2、T_4 的发射结导通,假设每一个 PN 结导通压降均为 0.7 V,则 T_1 基极电位被钳定在 2.1 V 左右。这时 T_1 的集电极电位为 1.4 V 左右,因此 T_1 处于发射结反向偏置、集电结正向偏置的工作状态,称为"倒置"工作状态。T_2 处于饱和导通状态,$V_{CE(sat)2} \approx 0.3$ V,T_2 的集电极电位 $v_{C2} = V_{CE(sat)2} + v_{BE4} \approx 0.3$ V+0.7 V= 1 V,它不能驱动 T_3、D_4,所以 T_3、D_4 截止。T_2 的发射极向 T_4 提供足够的基极电流,使 T_4 处于饱和状态。因此输出 v_0 为低电平

$$v_O = V_{OL} = V_{CE(sat)4} \approx 0.3 \text{ V} \tag{3-2-2}$$

由上述可见,只要输入信号中有一个是低电平时,输出即为高电平(3.6 V),这时 T_4 截止,有时也称电路处于关态。只有当输入信号全部为高电平时,输出才为低电平(0.3 V),这时 T_4 饱和,有时也称电路处于开态。由上可见,电路具有**与非**逻辑功能。在两种工作状态下,图 3-2-2 中各晶体管工作情况如表 3-2-1 所示。

表 3-2-1　TTL 门电路各晶体管工作状态

	T_1	T_2	T_3	T_4	T_5
输出高电平(关态)	饱和	截止	导通	导通	截止
输出低电平(开态)	倒置工作	饱和	截止	截止	饱和

2. 推拉输出电路和多发射极晶体管的作用

推拉输出电路的主要作用是提高了带负载能力。当图 3-2-2 所示**与非门**电路处于关态时,由于 T_3 和 D_4 均处于导通状态,使输出级工作于射极输出状态,呈现低阻抗输出;当电路处于开态时,由于 T_4 处于饱和状态,输出电阻也是很低的。这样,在稳态时不论电路是开态还是关态,均具有较低的输出电阻,因而大大提高了负载能力。

推拉输出电路和多发射极晶体管大大提高了电路的开关速度。首先,由于用多发射极晶体管代替了 DTL 电路的输入二极管,当电路由开态向关态转换时,即在全部为高电平输入的输入信号中,有一个或几个突然变为低电平时,T_1 管由原来倒置工作状态转变为正常放大状态,将有一个较大的集电极电流 i_{C1} 产生,这个电流的方向是从 T_2 管的基极流出,恰好是 T_2 管的反向驱动基极电流,使 T_2 管在饱和时基区的存储电荷迅速消失,加速了 T_2 管由饱和向截止的转换。T_2 管的截止,使得 T_2 管集电极电位迅速提高,T_3 管也由截止迅速转为导通,这样就使 T_4 管集电极有了一个瞬时的大集电极电流,从而加速了 T_4 管脱离饱和的速度。所以多发射极晶体管和推拉输出电路共同作用,大大加速了电路转换,从而提高了电路的速度。一般 TTL **与非门**的平均延迟时间可以缩短到几十纳秒。

图 3-2-2 所示电路中输入端的钳位二极管,其作用是抑制输入端出现的负脉冲性干扰,从而起到保护输入级多发射极晶体管的作用。

3.2.2 TTL 与非门的主要外部特性

为了更好地合理地使用集成电路,必须了解其特性。TTL 与非门主要外部特性有电压传输特性、输入特性、电源特性和传输延时特性等。通过讨论这些外部特性,可了解 TTL 与非门的一些主要参数。

1. 电压传输特性

TTL 与非门电压传输特性是指输出电压 v_O 随输入电压 v_I 的变化曲线,如图 3-2-3 所示。由图可见,曲线可分为 ab、bc、cd、de 四段。

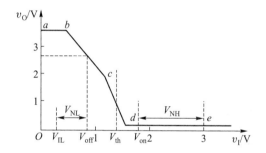

图 3-2-3　电压传输特性

ab 段:在这一段里,$v_I < 0.6$ V,T_1 正向饱和导通,$V_{CE(sat)1} < 0.1$ V,$v_{BE2} = V_{CE(sat)1} + v_I < 0.7$ V。T_2 和 T_4 均处于截止状态,T_3 和 D_4 导通,输出高电平。这一段称为截止区,电路是处于稳定的关态

$$v_O \approx V_{CC} - v_{BE3} - v_{D4} \approx 3.6 \text{ V}$$

bc 段:在这一段里,对应 $v_I \approx 0.6 \sim 1.3$ V。此时 T_1 仍处于正向饱和导通,$V_{CE(sat)1} < 0.1$ V,$v_{C1} = V_{CE(sat)1} + v_I$,即 0.7 V $\leq v_{C1} < 1.4$ V。这时 T_2 导通,但 T_4 仍处于截止状态。由于 T_2 导通,则

$$v_O = v_{C2} - v_{BE3} - v_{D4}$$

v_{BE3} 和 v_{D4} 约为 0.7 V,这样 v_O 随 v_{C2} 变化而变化,即 $\Delta v_O = \Delta v_{C2}$,而

$$v_{E2} = v_I + V_{CE(sat)1} - v_{BE2}$$

同理,由于 $V_{CE(sat)1}$ 和 v_{BE2} 近似不变,因此 $\Delta v_{E2} \approx \Delta v_I$。当 T_2 的 β 值较大时,有 $\Delta i_{C2} \approx \Delta i_{E2}$,所以

$$\frac{\Delta v_O}{\Delta v_I} = \frac{\Delta v_{C2}}{\Delta v_{E2}} = \frac{\Delta i_{C2} R_2}{\Delta i_{E2} R_3} = -\frac{R_2}{R_3} \tag{3-2-3}$$

式中负号是由于 i_{C2} 的变化与 v_{C2} 变化趋势相反, i_{C2} 的增加会使 v_{C2} 减小。因此,在这一段里,随着输入电压的上升,输出电压将近似线性下降。这一段称为线性区。

cd 段:在这一段里,当 $v_1 > 1.3$ V 以后, T_4 开始导通,则

$$\frac{\Delta v_O}{\Delta v_I} = \frac{\Delta i_{C2} R_2}{\Delta i_{E2}(R_3 // r_{be4})} = -\frac{R_2}{r_{be4}} \qquad (3-2-4)$$

式中 r_{be4} 为 T_4 导通时, T_4 发射结的导通电阻。由于 r_{be4} 较小,所以当 v_1 增加时,输出电压 v_O 将急剧下降。在这一段里,随着 v_1 增加, v_{C2} 急剧下降, T_3 和 D_4 趋向截止, T_4 趋向饱和,电路状态由关态转换为开态。这一段称为转折区。

de 段:随着 v_1 的继续增加, T_1 进入倒置工作状态, T_3、D_4 进入截止状态, T_4 进入饱和,输出低电平近似为 0.3 V,电路进入到稳定的开态。这一段称为饱和区。

从电压传输特性曲线可以反映出 TTL 与非门几个主要特性参数。

(1) 输出逻辑高电平和输出逻辑低电平

在电压传输特性曲线截止区的输出电压为输出逻辑高电平 V_{OH},饱和区的输出电压为输出逻辑低电平 V_{OL}。

(2) 开门电平 V_{on} 和关门电平 V_{off} 及阈值电压 V_{th}

由于器件制造中的差异,输出高电平、输出低电平略有差异。因此,通常规定 TTL 与非门输出高电平 $V_{OH} = 3$ V 和输出低电平 $V_{OL} = 0.35$ V 为额定逻辑高、低电平。在保证输出为额定高电平(3 V)的 90%(2.7 V)的条件下,允许的输入低电平的最大值,称为关门电平 V_{off};在保证输出为额定低电平(0.35 V)的条件下,允许的输入高电平的最小值,称为开门电平 V_{on}。一般 $V_{off} \geq 0.8$ V, $V_{on} \leq 1.8$ V。

在转折区内,TTL 与非门状态发生急剧的变化,通常将转折区的中点对应的输入电压称为 TTL 门的阈值电压 V_{th}。一般 $V_{th} \approx 1.4$ V。

(3) 抗干扰能力

在集成电路中,经常以噪声容限的数值来定量地说明门电路的抗干扰能力。当输入信号为低电平时,电路应处于稳定的关态,在受到噪声干扰时,电路能允许的噪声干扰以不破坏其关态为原则。所以,输入低电平加上瞬态的干扰信号不应超过关门电平 V_{off}。因此,在输入低电平时,允许的干扰容限为

$$V_{NL} = V_{off} - V_{IL} \qquad (3-2-5)$$

称为低电平噪声容限。

同理,在输入高电平时,为了保证稳定在开态,输入高电平加上瞬态的干扰信号不应低于开门电平 V_{on}。因此,在输入高电平时,允许的干扰容限为

$$V_{NH} = V_{IH} - V_{on} \qquad (3-2-6)$$

称为高电平噪声容限。

最后必须说明,在一般工作条件下,影响电压传输电压特性的主要因素是环

境温度和电源电压。总的趋势是,随温度的升高,输出高电平和输出低电平都会升高,阈值电压 V_{th} 却降低。电源电压的变化主要影响输出高电平,一般 $\Delta V_{OH} \approx \Delta V_{CC}$,对输出低电平影响不大。

2. TTL 与非门输入特性

TTL 与非门的输入特性是指输入电压和输入电流之间的关系曲线。典型的输入特性如图 3-2-4 所示。图中输入电流 i_I 以流出输入端为正方向。在图中

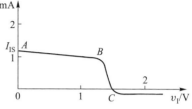

图 3-2-4 输入特性曲线

AB 段:当 $v_I < 0.6$ V 时,由于 T_2 和 T_4 截止,T_1 处于深饱和,因此近似认为 i_I 曲线斜率不变。

BC 段:当 1.3 V $\leqslant v_I \leqslant 1.5$ V 时,在这一段里,T_4 开始导通,v_{B1} 被钳定在 2.1 V,T_1 工作于倒置工作状态,这样,i_I 的电流方向发生变化,从流出输入端变为流入输入端,为 10 μA 左右。在 *BC* 段输入电流由原来正方向急剧转为反方向。

以后随 v_I 继续上升,i_I 还会有微小增加。

从输入特性反映了 TTL 与非门的输入短路电流的大小。输入短路电流是在输入端接地时,流经输入端的电流 I_{IS}。这在输入特性曲线上对应于 $v_I = 0$ 时的电流。

在实际应用 TTL 与非门时,经常会遇到输入端通过一个电阻接地的情况,如图 3-2-5 所示。下面讨论 R_i 对 TTL 与非门电路工作状态的影响。由图 3-2-5 可见

$$v_I = R_i i_I \tag{3-2-7}$$

而前面已分析了 $i_I = f(v_I)$。这两个相互关联的关系,可以通过图解来说明。在图 3-2-6 中,一条曲线是 TTL 与非门的输入特性曲线,一条是反映 $i_I = v_I / R_i$ 的电流-电压关系的直线 0M。当 R_i 确定后,0M 直线与输入特性曲线的交点 P 的坐标反映了电路的 i_I 和 v_I。当 R_i 增大时,P 处 v_I 增大,i_I 减小。

R_i 由小逐步增大时,输入电压 v_I 也随着增大,即

$$v_I = \frac{V_{CC} - V_{BE(sat)1}}{R_1 + R_i} \cdot R_i$$

为了保证电路稳定工作在关态,必须使 $v_I \leqslant V_{off}$。这样 R_i 的允许数值为

$$R_i \leqslant \frac{V_{off} R_i}{V_{CC} - V_{BE(sat)1} - V_{off}} \tag{3-2-8}$$

对于典型 TTL 与非门

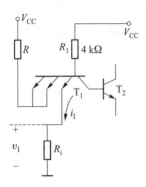

图 3-2-5　输入端经 R_i 接地情况

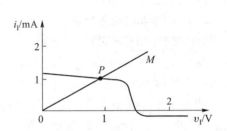

图 3-2-6　用图解法说明 R_i 影响

$$R_i \leqslant 0.91 \text{ k}\Omega \tag{3-2-9}$$

R_i 对**与非门**电路开态工作时的影响分析参看图 3-2-7。这时 T_2 和 T_4 均处于饱和状态，v_{B1} 被钳定在 2.1 V 左右，

$i_{B1} \approx \dfrac{V_{CC}-v_{B1}}{R_1}$ 不随 R_i 变化。

为了保证电路稳定工作在开态，$v_I = i_I R_i \geqslant v_{on}$，而 $i_I \approx i_{B1} - i_{B2}$，$i_I$ 值取决于 i_{B2}，i_{B2} 值要保证 TTL **与非门**在允许的灌流负载 $i_0 = NI_{IS}$ 情况下，T_2、T_4 处于饱和状态。假设允许灌流负载 $i_0 \approx 12$ mA，在图 3-2-2 所示典型电路参数条件下，$i_{B1} \approx 0.725$ mA，$i_{B2} \approx 0.172$ mA，$i_I \approx 0.553$ mA 则

$$R_i \geqslant 3.2 \text{ k}\Omega \tag{3-2-10}$$

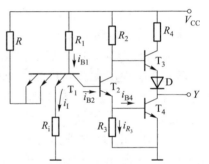

图 3-2-7　R_i 对 TTL **与非门**
在开态时的影响

由以上分析，对典型 TTL **与非门**（如图 3-2-2 所示电路），选取输入端接地电阻。在保证 TTL **与非门**工作于关态时，$R_i < 0.91$ kΩ；在保证 TTL **与非门**工作于开态时，$R_i > 3.2$ kΩ。必须指出，由于 R_i 存在使输入低电平提高，从而削弱了电路的抗干扰能力。

TTL **与非门**输入特性受外界温度和电源电压的影响。温度变化主要影响输入特性曲线的转折段（BC 段），由于温度升高，使 V_{th} 减小，导致转折区左移。电源电压升高会使 i_I 增加。

在使用 TTL **与非门**时，如果输入信号数比输入端数少，就会有多余输入端。为了避免多余输入端拾取干扰，一般将多余输入端接高电平，或者与有用输入端并接，如图 3-2-8 所示。

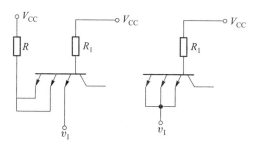

图 3-2-8   多余输入端的连接

3. TTL 与非门输出特性

TTL 与非门的输出特性反映了输出电压 v_0 和输出电流 i_0 的关系，如图 3-2-9 所示。其中输出电流规定灌入电流为正方向。

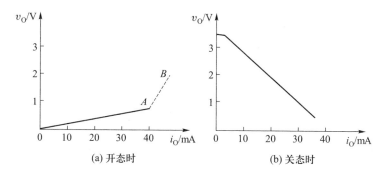

图 3-2-9   TTL 与非门输出特性

（1）与非门处于开态

此时 T_4 饱和，当灌入电流增加时，与非门 T_4 的饱和程度要减轻，输出低电平随灌入电流增加而略有增大，如图 3-2-9（a）中 $0A$ 段所示。输出电阻约在 $10\sim20\ \Omega$。

允许灌入电流受到 T_4 饱和程度的限制。如果使 T_4 脱离了饱和区而进入放大区，则随着灌入电流的增大，使输出低电平增加较大，如图 3-2-9（a）中 AB 段所示。在正常工作时，不允许工作于 AB 段。

（2）与非门处于关态

此时 T_4 截止，T_3、D_4 导通。这时负载电流为拉电流。输出电阻为 $100\ \Omega$ 左右。当拉电流增加时，输出高电平将减小。

由输出特性可以计算出在保证 TTL 与非门处于关态或开态时允许最大拉电流和灌电流的大小。

4. 平均延迟时间

晶体管作为开关应用时,存在着延迟时间 t_d、存储时间 t_s、上升时间 t_r、下降时间 t_f。在集成门电路中由于晶体管开关时间的影响,使得输出和输入之间存在延迟。即存在导通延迟时间 t_{PHL} 和截止延迟时间 t_{PLH},如图 3-2-10 所示。平均延迟时间为它们的平均值

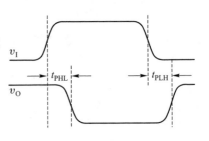

图 3-2-10　延迟时间

$$t_{pd} = \frac{1}{2}(t_{PHL} + t_{PLH}) \qquad (3-2-11)$$

平均延迟时间大小反映了 TTL 门的开关特性,主要说明 TTL 门的工作速度。

5. 电源特性——平均功耗和动态尖峰电流

TTL 与非门工作于开态和关态时,电源电流值是不同的。电路处于稳定开态时的空载功耗称为空载导通功耗。在开态时,T_1 集电结、T_2、T_4 导通,因此主要电流有 i_{R1}、i_{R2},电源供给的总电流为

$$I_{EL} = i_{R1} + i_{R2}$$

空载导通功耗为

$$P_L = I_{EL} V_{CC}$$

典型数值约为 16 mW。

电路处于稳定关态时的空载功耗称为空载截止功耗。这时,T_1 处于深饱和,T_2、T_4 截止,T_3、D_4 导通,如果忽略 T_3 基极电流,此时电源供给的电流主要是 T_1 的基极电流 i_{R1},即 $I_{EH} = i_{R1}$,空载截止功耗为

$$P_H = I_{EH} V_{CC}$$

典型数值约为 5 mW。

平均功耗为

$$P = \frac{1}{2}(P_L + P_H)$$

但是,当输入电压由高电平变为低电平时,在电路状态由开态转向关态过程中,会出现 T_1、T_2、T_3、D_4、T_4 同时处于导通的瞬间状态,这时在 R_1、R_2、R_4 电阻上均流过电流。因此,此时电源电流出现瞬时最大值

$$I_{EM} \approx i_{R1} + i_{R2} + i_{R4}$$

典型数值大约为 32 mA,其电源电流的近似波形如图 3-2-11 所示。这个动态的尖峰电流,使电源电流在一个工作周期中平均电流加大。因此,在计算一个数字电路系统的电源容量时,不可忽略动态尖峰电流的影响。如果输入信号的周

期为 T,动态尖峰电流 I_{EM} 在一个周期内的平均值为

$$\overline{I}_{EM} = \frac{\frac{1}{2}(I_{EM}-I_{EL})t_{pd}}{T} = \frac{1}{2}ft_{pd}(I_{EM}-I_{EL})$$

$$(3\text{-}2\text{-}12)$$

电源电流总的平均值将为

$$\overline{I}_E = \frac{1}{2}(I_{EH}+I_{EL}) + \frac{1}{2}ft_{pd}(I_{EM}-I_{EL})$$

$$(3\text{-}2\text{-}13)$$

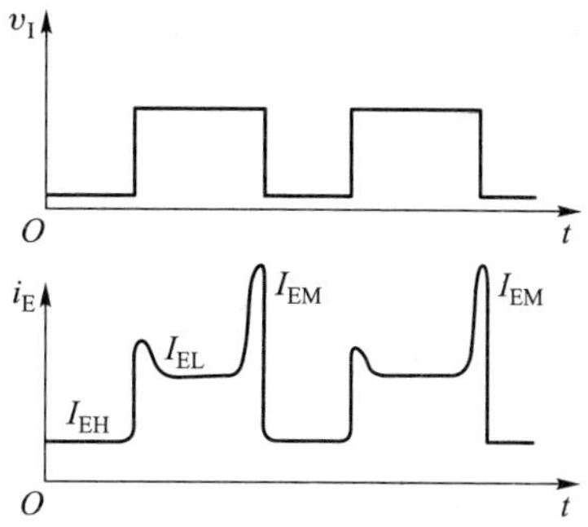

图 3-2-11　电源动态尖峰电流

尤其是 TTL 与非门在高频工作时,不可忽略动态尖峰电流对电源平均电流的影响。

6. TTL 与非门的主要参数

TTL 与非门的主要参数有:输出高电平、输出低电平、输入短路电流、最小输入高电平(开门电平)、最大输入低电平(关门电平)、空载导通功耗、空载截止功耗、高电平输入电流(输入漏电流)、扇入和扇出系数及平均延迟时间等。除去输入漏电流、扇入和扇出系数外,各参数的定义在上面介绍外部特性中都说明了。下面讨论与输入漏电流、扇入和扇出系数有关的问题。

(1) 输入漏电流 I_{IH}

当输入端全部输入高电平时,电路处于开态。这时 T_1 处于倒置工作状态,集电结正向导通,发射结反偏。对某一接高电平的输入端来说,它相当于晶体管反向运用时的集电极,反向运用晶体管的电流放大系数为 β_i,如果基极电流为 I_{B1},则高电平输入端的反向输入漏电流为 $\beta_i I_{B1}$,如图 3-2-12(a)所示。

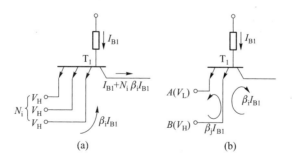

图 3-2-12　输入漏电流

当输入端接有高电平,也接有低电平时,电路处于关态。这时 T_1 处于深饱和,T_1 的集电极电流近似为 0。如图 3-2-12(b)所示,设 A 输入端接低电平输入 V_L,B 输入端接高电平输入 V_H。这时 T_1 基极被钳定在(V_L+0.7 V)。基极和

A 输入端的 PN 结正向偏置,而基极和 B 输入端的 PN 结反向偏置,这两个 PN 结构成一个 NPN 晶体管,称为寄生晶体管,A 视作发射极,B 视作集电极,设其电流放大系数为 β_j,因此通过 B 端的电流为 $\beta_j I_{B1}$,称为交叉漏电流。另外,B 端、基极和 T_1 的集电极构成的 NPN 晶体管是一个反向运用的晶体管。这样在高电平输入端 B 端既有交叉漏电流又有漏电流存在,因此,在接高电平的输入端的总漏电流为 $(\beta_i + \beta_j) I_{B1}$。

在数字系统中,高电平输入端的漏电流是前级门电路的拉电流负载电流,因此,漏电流太大将会造成前级输出高电平的下降。

(2) 扇入系数和扇出系数

扇入系数一般指输入端的个数。扇出系数 N_o 是指灌电流负载情况下,输出端最多能带同类门的个数。扇出系数为 TTL 与非门规定了最大的负载容限

$$N_o = \frac{I_{O\max}}{I_{IS}} \tag{3-2-14}$$

其中,$I_{O\max}$ 为 V_{OL} 不大于 0.35 V 时允许灌入的最大灌入负载电流,I_{IS} 为 TTL 与非门的输入短路电流。

3.2.3　TTL 或非门、异或门、OC 门、三态输出门等

TTL 集成门电路,除去上面介绍的与非门外,还有与门、或门、或非门、与或非门、集电极开路门(OC 门)、三态输出门等。下面简要介绍它们的工作原理。

1. TTL 或非门

TTL 或非门电路如图 3-2-13 所示。T_1 和 T_1' 为输入级;T_2 和 T_2' 的两个集电极并接,两个发射极并接,构成中间级;T_3、D_4 和 T_4 构成推拉式输出级。当 A、B

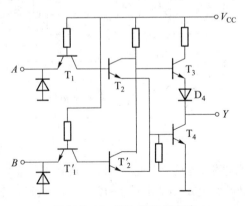

图 3-2-13　TTL 或非门电路

两输入端都是低电平(0 V)时，T_1 和 T_1' 的基极都被钳定在 0.7 V 左右，所以 T_2、T_2' 及 T_4 截止，T_3、D_4 导通，输出 Y 为高电平。当 A、B 输入端中有一个为高电平时，如 $v_{IA} = V_{OH}$，则 T_1 的基极为高电平，驱动 T_2 和 T_4 导通，T_2 管集电极电平 v_{C2} 大约为 1 V，T_3、D_4 截止，T_1 的基极被钳定在 2.1V 左右，T_4 饱和，输出 Y 为 $V_{CE(sat)4}$，低电平。如果 v_{IB} 为高电平，则 T_2' 导通，使得 T_4 饱和，T_3、D_4 截止，输出低电平。该电路只有在输入端全部为低电平时，才输出高电平，只要有一个或两个为高电平输入时，输出就为低电平，所以该电路实现**或非**逻辑功能。具体工作状态如表 3-2-2 所示。

表 3-2-2　或非门工作状态

输入(A,B)	T_1	T_1'	T_2	T_2'	T_3	D_4	T_4	输出
$A = L, B = L$	饱和	饱和	截止	截止	导通	导通	截止	H
$A = L, B = H$	饱和	倒置	截止	导通	截止	截止	饱和	L
$A = H, B = L$	倒置	饱和	导通	截止	截止	截止	饱和	L
$A = H, B = H$	倒置	倒置	导通	导通	截止	截止	饱和	L

2. TTL 异或门

TTL **异或**门电路如图 3-2-14 所示。图中 T_1 为多发射极晶体管，实现**与**逻辑功能，T_1 集电极输出 $p = AB$；T_2、T_3 及 T_4、T_5 构成的电路与图 3-2-13 中 T_1、T_1' 及 T_2、T_2' 电路一样，从表 3-2-2 中可以发现是实现**或非**的功能，因此 T_4、T_5 集电极输出 $x = \overline{A+B}$；T_6、T_7 及 T_8、T_9、D 构成的电路与图 3-2-13 中 T_2、T_2' 及 T_3、T_4、D_4 构成的电路一样，T_6、T_7 实现**或非**功能，T_8、T_9、D 为推拉输出。因此，可以写出

$$Y = \overline{x+p} = \overline{\overline{A+B}+AB} = \bar{A}B + A\bar{B} = A \oplus B$$

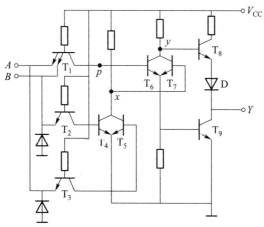

图 3-2-14　TTL **异或**电路

此表达式与式(2-1-18)相同,所以实现**异或**逻辑,为**异或**逻辑门。

3. 集电极开路的 TTL 与非门(OC 门)

在应用分立元件逻辑门时,输出端是可以直接相连接的。图 3-2-15 所示为两个反相器(非门)的输出端直接连接的情况。当输入端 A 或者 B 处于高电平时,Y 输出为低电平。只有在 A 和 B 同时处于低电平时,Y 才输出高电平。因此,其输出与输入的逻辑关系为

$$Y = \overline{A} \cdot \overline{B}$$

也就是说,两个逻辑门输出端相连,可以实现两输出相**与**的功能,称为**线与**。在用门电路组合各种逻辑电路时,如果能将输出端直接并接,有时能大大简化电路。

前面介绍的推拉式输出结构的 TTL 门电路是不能将两个门的输出端直接并接的。如图 3-2-16 所示的连接中,如果 Y_1 输出为高电平,Y_2 输出为低电平,因为推拉式输出级不论门电路处于开态还是关态,都呈现低阻抗,因而将会有一个很大的负载电流流过两个输出级,这个相当大的电流远远超过了正常工作电流,甚至会损坏门电路。

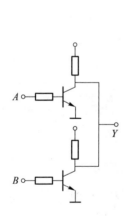

图 3-2-15　非门的**线与**连接

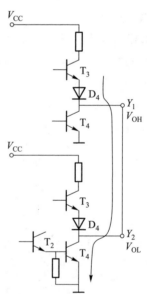

图 3-2-16　两个**与**非门输出直接相连接的情况

为了使 TTL 门能够实现**线与**,把输出级改为集电极开路的结构,简称 OC 门。

图 3-2-17 为 OC 门电路结构和逻辑符号。OC 门与典型 TTL 门电路的差别在于取消了 T_3、D_4 的输出电路,而在使用时外接一个电阻 R_L 和外接电源 V_{CC}。

只要电阻 R_L 和电源 V_{CC} 的数值选择恰当,就能够保证输出的高、低电平符合要求,输出三极管 T_4 的负载电流又不过大。

图 3-2-18 表示了 n 个 OC 门并联使用的情况,其输出

$$Y = \overline{AB} \cdot \overline{CD} \cdot \cdots \cdot \overline{IJ} = \overline{AB + BC + \cdots + IJ}$$

集电极开路门,也常用于驱动高电压、大电流的负载。

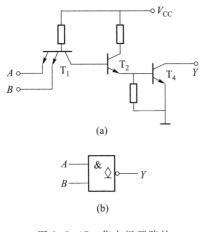

(a)

(b)

图 3-2-17 集电极开路的
与非门及其逻辑符号

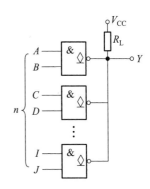

图 3-2-18 n 个 OC
门并联使用

4. 三态输出门

三态输出门(简称三态门)是在普通门电路基础上,增加控制端和控制电路构成。

图 3-2-19 所示为三态门的电路和逻辑符号。在这个电路中,当 $EN = 0$ 时,P 点为低电位,它是输入多发射极的一个输入信号,因此 T_2、T_4 处于截止状态。同时,由于 P 点为低电位,二极管 D 导通,使 T_2 的集电极电位(即 T_3 的基极电位)被钳制在 1 V 左右,T_3、T_4 也处于截止状态。这样,当 $EN = 0$ 时,输出级 T_3、D_4 及 T_4 都处于截止状态,输出呈现高阻抗。当 $EN = 1$ 时,P 点也为高电位,二极管 D 截止,这时电路实现正常的**与非功能**,即 $Y = \overline{AB}$,电路输出由输入信号 A、B 来决定。这样在 EN 的控制下,Y 有三种可能的输出状态:高阻态、关态(输出高电平)、开态(输出低电平)。图 3-2-19(a)所示电路,EN 称作三态使能端,当 $EN = 0$ 时,呈现高阻态;当 $EN = 1$ 时,电路实现正常**与非功能**,叫作 EN 高电平有效,其逻辑符号如图 3-2-19(b)所示。如果在图 3-2-19(a)所示电路中,EN 的控制电路部分少一个非门的话,则在 $EN = 0$ 时为正常工作状态,称为低电平有效,其逻辑符号如图 3-2-19(c)所示。

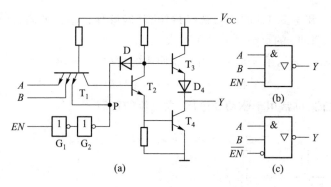

图 3-2-19　三态门电路及逻辑符号

利用三态门可以实现总线结构,如图 3-2-20 所示。只要控制各个门的 EN 端,轮流定时地使各个 EN 端为 1,并且在任何时刻只有一个 EN 端为 1。这样就可以把各个门的输出信号轮流传输到总线上。

利用三态门还可以实现数据的双向传输,如图 3-2-21 所示,其中门 G_1 和门 G_2 为三态反相器,门 G_1 高电平有效,门 G_2 低电平有效。当三态使能端 $EN = 1$ 时,D_O 经门 G_1 反相送到数据总线,门 G_2 呈高阻态;当三态使能端 $EN = 0$ 时,数据总线中的 D_I 由门 G_2 反相后输出,而门 G_1 呈高阻态。

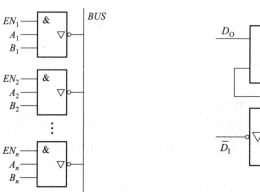

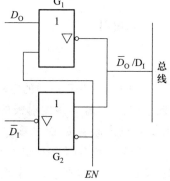

图 3-2-20　三态门接成总线结构　　　图 3-2-21　用三态门实现数据双向传输

3.2.4　其他系列 TTL 门电路

前面分析了 CT 54/74 系列的典型**与非**门电路,为了提高工作速度,降低功耗,在 CT 54/74 系列后又相继研制生产了 CT 54H/74H 系列、CT 54S/74S 系列、CT 54LS/74LS 系列。

1. CT 54H/74H 系列

CT 54H/74H 系列与非门的典型电路如图 3-2-22 所示。

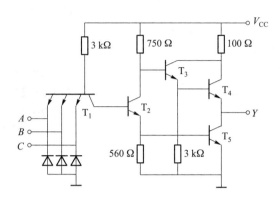

图 3-2-22　CT 54H/74H 系列与非门

CT 54H/74H 系列电路与 CT 54/74 系列电路(如图 3-2-2 所示)相比,有两处改进,一是输出级采用了达林顿结构,T_3、T_4 复合管取代了原来的 T_3、D_4,T_4 的 B-E 结取代了原来的 D_4,因此在关态时,输出高电平仍然近似为 3.6 V;但 T_3、T_4 达林顿结构使输出电阻进一步减小,从而提高了带拉电流的负载能力,尤其是加速了对电容负载的充电速度。二是所有电阻值几乎普遍比原来的减小了一半,这样大大提高了三极管的开关速度,因而 CT 54H/74H 与非门的平均延迟时间大约为 CT 54/74 系列与非门的 1/2,达到 6 ns 左右。

但是由于电阻值的减小,加大了电路的静态功耗。CT 54H/74H 系列与非门电路的电源平均电流约为 CT 54/74 系列的两倍。在开态时,电源电流约为 6.4 mA,空载导通功耗约为 32 mW。在关态时,电源电流约为 2.7 mA,空载截止功耗约为 13.5 mW。静态平均功耗约为 22 mW。由此可见,CT 54H/74H 系列速度的提高是用增加功耗的代价换取的。

性能比较好的理想门电路应该是工作速度既快,功耗又小的门电路。因此,通常用功耗和传输延迟时间的乘积(简称功耗-延迟积或 pd 积)来评价门电路的性能优劣。CT 54H/74H 系列和 CT 54/74 系列的 pd 积差不多。

2. CT 54S/74S 系列

CT 54/74 系列和 CT 54H/74H 系列都属于饱和型的逻辑门。也就是说,电路中的几只晶体管在导通时几乎都处于饱和状态。由晶体管开关特性可知,当晶体管由饱和状态转为截止状态时,需要消除在晶体管基区的存储电荷,有一段较长的存储时间,这是限制门速度的主要因素。

CT 54S/74S 系列采用了抗饱和电路,从而提高了工作速度。图 3-2-23 所示为 CT 54S/74S 系列的典型与非门电路。电路的第一个特点是 T_1、T_2、T_3、T_5、T_6 均采用抗饱和三极管,因为 T_4 管不会进入饱和状态,所以没有采用抗饱和三极管。抗饱和三极管是由双极型三极管和肖特基势垒二极管组成。肖特基势垒二极管(Schottky Barrier Diode,SBD)借助金属铝和 N 型硅的接触势垒产生整流作用。它具有两个特点:一是正向压降较小,约为 $0.1 \sim 0.3$ V;二是本身没有电荷存储作用,开关速度快。把肖特基势垒二极管并接在三极管的 B 和 C 两个电极上,如图 3-2-24(a)所示。当三极管 B-C 结要进入正向偏置时,SBD 导通,把 B-C 结正向电压钳制在 0.3 V 左右,同时 SBD 将三极管基极的过驱动电流分流至集电极,这样有效地避免了三极管进入深饱和状态,大致工作在临界饱和状态,从而大大提高了工作速度。

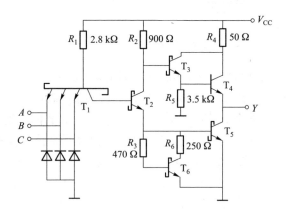

图 3-2-23   CT 54S/74S 系列与非门

CT 54S/74S 电路的第二个特点是以 T_6、R_3、R_6 有源网络代替 54/74 及 54H/74H 中的电阻 R_3。这一方面为 T_5 的基极提供了有源泄放回路;另一方面,当改为有源网络后,由于 T_6 的存在,不存在 T_2 导通、T_5 仍截止的情况,因此有较好的电压传输特性,如图 3-2-25 所示,从而提高了低电平输入时的抗干扰特性。

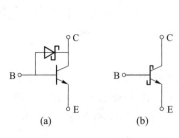

图 3-2-24   抗饱和晶体管

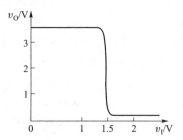

图 3-2-25   CT54S/74S 系列电压传输特性

但 CT 54S/74S 系列由于减小了电阻值及采用了抗饱和三极管,使静态功耗有所增加。另外,由于在开态时,T_5 不工作在深饱和状态,因此输出低电平略有提高,在 0.5 V 左右。CT 54S/74S 系列门又称为肖特基 TTL 门(Schottky TTL门,STTL 门),其平均延迟时间大约为 3 ns,静态平均功耗约为 19 mW,它的 pd 积较 54/74 及 54H/74H 有了改善。

3. CT 54LS/74LS 系列

CT 54LS/74LS 系列与非门的典型电路如图 3-2-26 所示。与 CT 54S/74S 相比,一是电阻值增大了,同时将 R_5 由接地改接在输出端,这样在 T_3 导通时,减小了 R_5 上的功耗,使得 54LS/74LS 系列功耗大约为 54/74 系列的 1/5,54H/74H 系列的 1/10。二是为了弥补由于电阻值加大不利于提高工作速度这一缺陷,54LS/74LS 系列除去采用抗饱和三极管和有源泄放网络外,还将多发射极三极管改为 SBD。此外,又接入了 D_3、D_4 两个 SBD。当 T_5 由关态向开态转换时,D_4 通过 T_2 集电极既加速了负载电容的放电,又加大了对 T_5 基极的驱动,同时 D_3 也通过 T_2 的集电极为 T_4 的基极提供了泄放回路,使 T_4 的截止速度加快。这些都大大缩短了传输延迟时间,使得 CT 54LS/74LS 系列在功耗大大减小的情况下,平均延迟时间还能达到 54/74 系列水平。所以 CT 54LS/74LS 系列在四种系列中 pd 积最小。

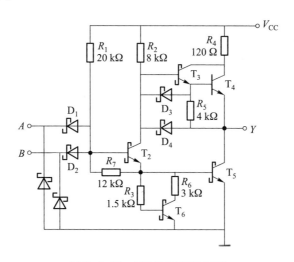

图 3-2-26　CT54LS/74LS 系列

表 3-2-3 列出了四种系列主要性能的比较。

表 3-2-3　TTL 系列器件主要性能比较

	CT 54/74	CT 54H/74H	CT 54S/74S	CT 54LS/74LS
每门平均传输延迟/ns	10	6	3	9.5
每门平均功耗/mW	10	22	19	2
最高工作频率/MHz	35	50	125	45

3.3　MOS 逻辑门

本节讨论以金属－氧化物半导体场效应晶体管为基础的集成电路,简称 MOS 集成电路。

3.3.1　MOS 晶体管

MOS(Metal Oxide Semiconductor)集成电路的基本元件是 MOS 晶体管。MOS 管有三个电极:源极 S、漏极 D 和栅极 G。它是电压控制器件,用栅极电压来控制漏源电流。

MOS 管有 P 型沟道 MOS 管和 N 型沟道 MOS 管两种,按其工作特性又分为增强型和耗尽型两类,现以 N 沟道增强型 MOS 管为例来进行讨论。

1. 输出特性曲线和阈值电压

N 沟道增强型 MOS 管的结构如图 3-3-1(a)所示。图 3-3-1(b)所示为 N 沟道增强型 MOS 管的符号。图 3-3-2 所示为 N 沟道增强型 MOS 管的输出特性曲线。输出特性曲线表示在一定栅源电压 v_{GS} 下,漏源电流 i_{DS} 和漏源电压 v_{DS} 之间的关系。

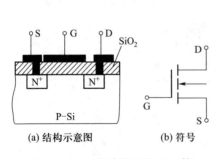

(a) 结构示意图　　(b) 符号

图 3-3-1　N 沟道增强型 MOS 管

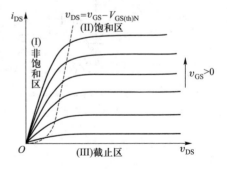

图 3-3-2　N 沟道增强型 MOS 管输出特性曲线

当栅、源之间的电压 $v_{GS} < V_{GS(th)N}$ 时，管子处于截止状态，$i_{DS} = 0$。当栅、源之间加上正向电压 v_{GS}，且 $v_{GS} \geqslant V_{GS(th)N}$ 时，产生 i_{DS} 电流。$V_{GS(th)N}$ 为增强型 MOS 管的开启电压。相应地，对于耗尽型 MOS 管，其阈值电压为夹断电压，记为 $V_{GS(off)N}$。

从图 3-3-2 可见，这组曲线可分成三个工作区。

在区域 I，v_{DS} 很小，当满足 $v_{DS} < (v_{GS} - V_{GS(th)N})$ 时，漏源电流 i_{DS} 基本上随漏源电压 v_{DS} 线性上升，而且 v_{GS} 愈大，曲线愈陡，相应的等效电阻也就愈小，所以区域 I 称为可调电阻区域，或称为非饱和区。MOS 管工作在非饱和区时的电流方程为

$$i_{DS} = k_N \left[2(v_{DS} - V_{GS(th)N})v_{DS} - v_{DS}^2 \right] \qquad (3-3-1)$$

在区域 II，当 v_{DS} 加大到一定程度，$v_{DS} \geqslant (v_{GS} - V_{GS(th)N})$ 后，在漏极附近的沟道被夹断。这时，i_{DS} 不随 v_{DS} 线性上升，而是达到某一个数值，v_{DS} 的增加只使 i_{DS} 略有小的变化，几乎近似不变，这个区域称为饱和区。在饱和区，i_{DS} 与 v_{DS} 近似无关。对应不同的 v_{GS}，使电流趋于饱和的 v_{DS} 也不同。在输出特性曲线上，把满足 $v_{DS} = v_{GS} - V_{GS(th)N}$ 的临界点连接起来，形成图 3-3-2 中虚线，此虚线为非饱和区和饱和区的分界线。MOS 管工作在饱和区时的电流方程为

$$i_{DS} = k_N (v_{GS} - V_{GS(th)N})^2 \qquad (3-3-2)$$

电流方程中 k_N 为常数，它与 N 沟道载流子迁移率、氧化物绝缘层的介电常数、栅氧化层的厚度、沟道宽度及沟道长度有关。

区域 III 为截止区，在这个区域中 $v_{GS} < V_{GS(th)N}$，还没有形成导电沟道，因此 $i_{DS} = 0$。

MOS 管作为开关应用时，在开关信号作用下，基本交替工作在截止和导通状态。

2. 转移特性和跨导

MOS 管的转移特性是指在漏源电压 v_{DS} 一定时，栅源电压 v_{GS} 和漏源电流 i_{DS} 之间的关系，如图 3-3-3 所示。当 $v_{GS} < V_{GS(th)N}$ 时，$i_{DS} = 0$，只有当 $v_{GS} > V_{GS(th)N}$ 后，在 v_{DS} 作用下才形成 i_{DS} 电流。

v_{GS} 和 i_{DS} 之间的关系，通常用跨导 g_m 这个参数来表示。它的定义是

$$g_m = \left. \frac{\partial i_{DS}}{\partial v_{GS}} \right|_{v_{DS} = 常数} \qquad (3-3-3)$$

它表示了 v_{GS} 对 i_{DS} 的控制能力。显然 g_m 与导电沟道的宽度 W 及长度 L 有关。沟道越宽、越短，g_m 值越大，栅极控制作用越强。

将电流方程代入，可以求得在非饱和区时

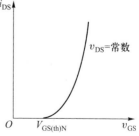

图 3-3-3 N 沟道 MOS 管转移特性

$$g_{\text{m非饱和}} = 2k_N v_{DS} \tag{3-3-4}$$

在饱和区时

$$g_{\text{m饱和}} = 2k_N (v_{GS} - V_{GS(th)N}) \tag{3-3-5}$$

3. 输入电阻和输入电容

在 MOS 电路中栅、源两极通常作为输入端,因此输入电阻实际上就是介质 SiO_2 层的绝缘电阻。如果 SiO_2 的厚度在 $0.15\ \mu m$ 左右时,绝缘电阻可达 $10^{12}\ \Omega$ 以上。这样高的输入电阻,使 MOS 管具有许多特点。首先,当一个 MOS 管驱动后面 MOS 电路时,由于输入电阻很大,基本上不取电流,所以静态负载能力很强。另外,由于输入电阻高,使栅极泄漏电流很小,例如,在室温下,$v_{DS} = 0$ 时,栅极泄漏电流只有 10^{-14} A 左右。这样可以将信息在输入端的栅极电容上暂时存储一定的时间,为动态 MOS 电容及大规模存储电路的实现创造了条件。

MOS 管的输入电容是指栅、源之间存在很小的寄生电容,其数值约为百分之几皮法到几皮法。

4. 直流导通电阻

MOS 管导通时,漏源电压 v_{DS} 和漏源电流 i_{DS} 的比值称为直流导通电阻

$$r_{on} = \frac{v_{DS}}{i_{DS}} \tag{3-3-6}$$

在非饱和区

$$r_{\text{on非饱和}} = \frac{v_{DS}}{k_N \left[2(v_{GS} - V_{GS(th)N}) v_{DS} - v_{DS}^2 \right]} = \frac{1}{k_N \left[2(v_{GS} - V_{GS(th)N}) - v_{DS} \right]} \tag{3-3-7}$$

当 v_{DS} 很小时,有

$$r_{\text{on非饱和}} \Big|_{v_{DS} \to 0} = \frac{1}{2k_N (v_{GS} - V_{GS(th)N})} = \frac{1}{g_{\text{m饱和}}} \tag{3-3-8}$$

在饱和区

$$r_{\text{on饱和}} = \frac{v_{DS}}{k_N (v_{GS} - V_{GS(th)N})^2} \tag{3-3-9}$$

由式(3-3-9)可见,在饱和区直流导通电阻并非无穷大,而是一个有限值。

以上简要介绍了 N 沟道增强型 MOS 管的主要特性,得出的所有公式对 P 沟道增强型 MOS 管也完全适用,只需将注脚 N 改为 P 即可,电流方向和 N 沟道相反。

3.3.2　MOS 反相器和门电路

在 MOS 集成电路中,反相器是基本的单元。按其结构和负载不同,可大

致分为四种类型。

（1）电阻负载 MOS 电路。在这种反相器中,输入器件是增强型 MOS 管,负载是线性电阻。这种反相器在集成电路中很少采用。

（2）E/E MOS(Enhancement/Enhancement MOS)反相器。在这种反相器中,输入器件和负载均采用增强型 MOS 管,所以称为增强型-增强型 MOS 反相器,简称 E/E MOS 反相器。

（3）E/D MOS(Enhancement/Depletion MOS)反相器。在这种反相器中,输入器件是增强型 MOS 管,负载是耗尽型 MOS 管,所以称为增强型-耗尽型 MOS 反相器,简称 E/D MOS 反相器。

（4）CMOS(Complementary MOS)反相器。在 E/E MOS 反相器和 E/D MOS 反相器中,均采用同一沟道的 MOS 管。而 CMOS 反相器则由两种不同沟道类型的 MOS 管构成。如果输入器件是 N 沟道增强型 MOS 管,则负载为 P 沟道增强型 MOS 管,反之亦然。所以称为互补对称 MOS 反相器,简称 CMOS 反相器。

下面讨论以 MOS 管作为负载器件的反相器及逻辑门电路。

1. E/E MOS 反相器及逻辑门电路

图 3-3-4 所示为 E/E MOS 反相器电路。其中 T_0 为输入管,T_L 为负载管,两管均为 N 沟道增强型。

在该电路中,负载管栅、漏短接,并与电源 V_{DD} 相连,故 $v_{DSL}=v_{GSL}$。这样负载管始终工作在饱和区。它的输出特性可用它的转移特性来表示,如图 3-3-5(a)所示。有了负载管的输出特性,就可以对反相器进行图解分析,如图 3-3-5(b)所示。

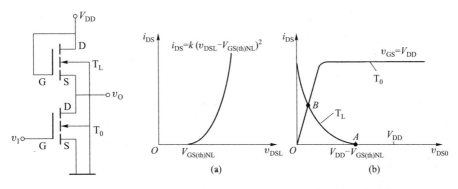

图 3-3-4　E/E MOS 反相器图

图 3-3-5　E/E MOS 反相器的图解分析

当 $v_I=0$ 时,输入管 T_0 截止,这时只有很小的泄漏电流流过 T_L 管,反相器处于关态,工作点在 A 点。其输出电压

$$v_{\mathrm{O}} = V_{\mathrm{OH}} = V_{\mathrm{DD}} - V_{\mathrm{GS(th)NL}} \tag{3-3-10}$$

当 $v_{\mathrm{I}} = V_{\mathrm{DD}}$ 高电平时,输入管 T_0 工作于非饱和导通状态,工作点在 B 点。流过负载管和输入管的导通电流为 i_{ON},它在数值上等于负载管饱和时的电流,即

$$i_{\mathrm{ON}} = i_{\mathrm{DSL}} = k_{\mathrm{L}}(v_{\mathrm{GSL}} - V_{\mathrm{GS(th)NL}})^2 = k_{\mathrm{L}}(V_{\mathrm{DD}} - v_{\mathrm{DS0}} - V_{\mathrm{GS(th)NL}})^2 \tag{3-3-11}$$

此时,由于 $v_{\mathrm{DS0}} \ll V_{\mathrm{DD}} - V_{\mathrm{GS(th)NL}}$,所以

$$i_{\mathrm{ON}} \approx k_{\mathrm{L}}(V_{\mathrm{DD}} - V_{\mathrm{GS(th)NL}})^2 \tag{3-3-12}$$

而此时负载管的跨导

$$g_{\mathrm{mL}} = 2k_{\mathrm{L}}(v_{\mathrm{GSL}} - V_{\mathrm{GS(th)L}}) \approx 2k_{\mathrm{L}}(V_{\mathrm{DD}} - V_{\mathrm{GS(th)NL}}) \tag{3-3-13}$$

因此

$$i_{\mathrm{ON}} = \frac{g_{\mathrm{mL}}}{2}(V_{\mathrm{DD}} - V_{\mathrm{GS(th)NL}}) \tag{3-3-14}$$

输入管工作在非饱和区,其导通电阻

$$r_{\mathrm{ON}} = \frac{1}{g_{\mathrm{m0}}}$$

所以输出电压为

$$v_{\mathrm{O}} = V_{\mathrm{OL}} = v_{\mathrm{DS0}} = i_{\mathrm{ON}} r_{\mathrm{ON}} = \frac{1}{2} \frac{g_{\mathrm{mL}}}{g_{\mathrm{m0}}}(V_{\mathrm{DD}} - V_{\mathrm{GS(th)NL}}) \tag{3-3-15}$$

由此上分析可知,输出低电平的数值与负载管、输入管的跨导之比成正比,要使输出低电平 V_{OL} 接近于 0 V,要求 $g_{\mathrm{m0}} \gg g_{\mathrm{mL}}$。

由此上分析可以看出 E/EMOS 反相器的特点:

(1) 单一电源,结构简单。

(2) 负载管始终工作于饱和区,工作速度低,功耗大。

(3) 最大输出电压为 $V_{\mathrm{DD}} - V_{\mathrm{GS(th)NL}}$,产生不必要的电源损失。

(4) 输出高、低电平之比 $V_{\mathrm{OH}}/V_{\mathrm{OL}} = 2g_{\mathrm{m0}}/g_{\mathrm{mL}}$,取决于输入管和负载管跨导之比。所以有时称为"有比电路"。

E/EMOS 逻辑门电路如图 3-3-6、图 3-3-7 所示。图 3-3-6(a) 为**与非门**电路,其中 $\mathrm{T_L}$ 为负载管,$\mathrm{T_1}$ 和 $\mathrm{T_2}$ 为输入管。由电路可见,在 A、B 两个输入信号中,只要有一个输入信号小于 $V_{\mathrm{GS(th)N}}$,则受该输入信号控制的输入管截止,整个电路不导通,输出电压为 $(V_{\mathrm{DD}} - V_{\mathrm{GS(th)NL}})$。即只要有一个输入信号为 **0**,则输出就为 **1**。只有 A 和 B 输入信号均为高电平,大于 $V_{\mathrm{GS(th)N}}$ 时,$\mathrm{T_1}$ 和 $\mathrm{T_2}$ 均导通,输出电压近似为 0 V。即只有全部输入为 **1** 时,输出才为 **0**。显然,该电路实现**与非**逻辑功能

$$Y = \overline{AB}$$

其余各电路工作原理请读者自己分析。

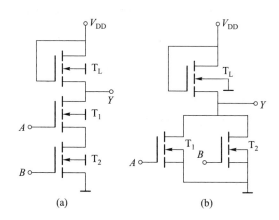

图 3-3-6 E/E MOS 与非门、或非门电路

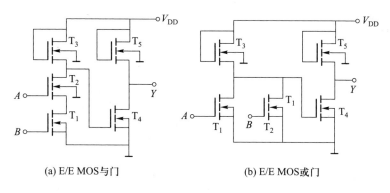

(a) E/E MOS 与门   (b) E/E MOS 或门

图 3-3-7 E/E MOS 与门、或门电路

必须指出,常用 E/E MOS 门电路还有采用 PMOS 管结构的。采用 PMOS 的电路形式与 NMOS 相同,不同点是:(1)电源电压为负电压($-V_{DD}$);(2)输出高电平为 0 V,输出低电平为 $[-V_{DD}-(-V_{GS(th)PL})]$,通常采用负逻辑分析。

2. E/D MOS 反相器及逻辑门电路

图 3-3-8 所示为 E/D MOS 反相器电路,其中 T_L 负载管为 N 沟道耗尽型 MOS 管,T_0 输入管为 N 沟道增强型 MOS 管。T_L 耗尽型 MOS 管的特性曲线如图3-3-9所示。由于负载管中栅、源相连,所以它的输出特性曲线就是图 3-3-9 中 $v_{GS}=0$ 的一条特性曲线。将这条曲线画到输入管的输出特性曲线上,就是反相器的负载线,如图 3-3-10 所示。

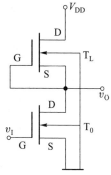

图 3-3-8 E/D MOS 反相器

当输入 v_1 为低电平 (≈ 0 V) 时,输入管 T_0 截止,反相器处于关态,其电流 $i_{DS0} \approx 0$,负载管 T_L 处于非饱和状态,$i_{DSL} = i_{DS0} = 0$,相当于图 3-3-10 中 A 点,这时输出高电平

$$V_{OH} \approx V_{DD} \qquad\qquad (3-3-16)$$

当输入 v_1 为高电平 ($= V_{DD}$) 时,输入管 T_0 导通,反相器处于开态。这时工作点在图 3-3-10 中 B 点。输出一个很低的电平 V_{OL},输入管处于非饱和态。根据式 (3-3-1),有

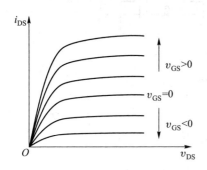

图 3-3-9   N 沟道耗尽型
MOS 管特性曲线

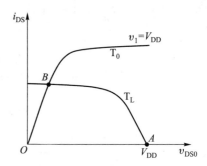

图 3-3-10   E/D MOS 反相器
负载线的图解分析

$$i_{DS0} = k_0 \left[2 (v_{GS0} - V_{GS(th)N}) v_{DS0} - v_{DS0}^2 \right] = k_0 \left[2 (V_{DD} - V_{GS(th)N}) V_{OL} - V_{OL}^2 \right]$$
$$(3-3-17)$$

负载管处于饱和状态,根据式 (3-3-2),有

$$i_{DSL} = k_L V_{GS(off)P}^2 \qquad\qquad (3-3-18)$$

其中 $V_{GS(off)P}$ 为 N 沟道耗尽型 MOS 管的夹断电压,为负值。由式 (3-3-18) 可见,i_{DSL} 与外加电压无关,呈恒流特性。在反相器稳定时,$i_{DS0} = i_{DSL}$,因此,由式 (3-3-17) 和式 (3-3-18),可得到

$$V_{OL} = (V_{DD} - V_{GS(th)N}) \left[1 - \sqrt{ 1 - \frac{ k_L V_{GS(off)P}^2 }{ k_0 (V_{DD} - V_{GS(th)N})^2 } } \right] \qquad (3-3-19)$$

由式 (3-3-19) 可见,V_{DD} 愈大,$|V_{GS(off)P}|$ 愈小,输出低电平 V_{OL} 越接近 0 V。

从上面分析可以看出 E/D MOS 反相器的特点:

(1) 最大输出电压 $V_{OH} = V_{DD}$,充分利用电源。

(2) 负载管在反相器开态时,具有恒流作用,因此可提高工作速度。

(3) 制造中,尽可能使 $|V_{GS(off)P}|$ 小,使 V_{OL} 接近 0 V。

N 沟道 E/D MOS 逻辑**与非门**和**或非门**电路如图 3-3-11 所示,读者不难分析其功能。

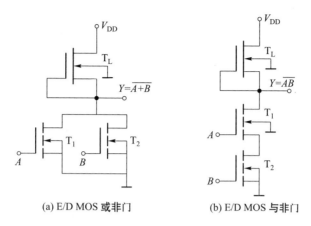

(a) E/D MOS 或非门   (b) E/D MOS 与非门

图 3-3-11   E/D MOS 逻辑门电路

最后必须指出,上面介绍的 MOS 门电路都是静态门电路,在静态门电路中,功耗比较大,所以不便于组成大规模集成电路。为了减小功耗,需要尽可能缩短负载管的导通时间,同时又要保持输出的逻辑电平满足要求,因此在大规模集成电路中采用动态 MOS 逻辑电路。

3.4   CMOS 电路

CMOS 集成电路是以增强型 P 沟道 MOS 管和增强型 N 沟道 MOS 管串联互补(反相器)和并联互补(传输门)为基本单元的组件,因此称为互补型 MOS 器件。

3.4.1   CMOS 反相器工作原理

CMOS 反相器由一个 P 沟道增强型 MOS 管和一个 N 沟道增强型 MOS 管串联组成。通常以 P 沟道 MOS 管作为负载管,N 沟道 MOS 管作为输入管,如图 3-4-1 所示。两只管子的栅极并接在一起作为反相器的输入端,漏极串接起来作为输出端,P 管的源极接 V_{DD},N 管源极接地。它们的开启电压 $V_{GS(th)P} < 0$,$V_{GS(th)N} > 0$,通常为了保证正常工作,$V_{DD} > |V_{GS(th)P}| + V_{GS(th)N}$。

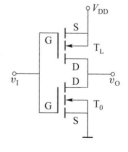

图 3-4-1   CMOS 反相器

当输入 v_I 为低电平,如 $v_I = 0$ V 时,输入管(N 管)的 $v_{GSN} = v_I = 0$ V,小于 $V_{GS(th)N}$,所以截止,等效一个很大的截止电阻 R_{off},$10^9 \sim 10^{12}$ Ω 左右。同时,负载管(P 管)的 $v_{GSP} = v_I - V_{DD} = -V_{DD}$,小于 $V_{GS(th)P}$,所以负载管导通,等效一个较小的导通电阻 R_{on},10^3 Ω 左右,因此输出电压

$$v_O = \frac{R_{off}}{R_{off} + R_{on}} \cdot V_{DD} \approx V_{DD} \qquad (3\text{-}4\text{-}1)$$

当输入 v_I 为高电平,如 $v_I = V_{DD}$ 时,输入管(N 管)导通,而负载管(P 管)的 $v_{GSP} = v_I - V_{DD} = 0$ V,大于 $V_{GS(th)P}$,所以负载管截止,输出电压

$$v_O = \frac{R_{on}}{R_{off} + R_{on}} \cdot V_{DD} \approx 0 \qquad (3\text{-}4\text{-}2)$$

由以上分析可见,图 3-4-1 所示电路起了反相作用。

3.4.2　CMOS 反相器的主要特性

1. 电压传输特性和电流传输特性

CMOS 反相器的电压传输特性如图 3-4-2 所示。由图 3-4-1 可见,对于 N 沟道输入管,其 $v_{GSN} = v_I$,$v_{DSN} = v_O$;对于 P 沟道负载管,其 $v_{GSP} = v_I - V_{DD}$,$v_{DSP} = v_O - V_{DD}$。

为了说明 CMOS 反相器的电压传输特性,先分析当输入信号发生变化时,输入管和负载管的工作状态。

首先分析在输入信号 v_I 由 0 V 逐步增加时,输入管的工作状态。

当 $0 \leqslant v_I < V_{GS(th)N}$ 时,输入管截止。

当 $V_{GS(th)N} \leqslant v_I < v_O + V_{GS(th)N}$ 时,由于此时 $v_{DSN} > v_{GSN} - V_{GS(th)N}$,所以输入管工作在饱和态,其电流为

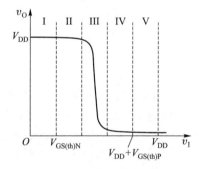

图 3-4-2　CMOS 反相器
电压传输特性

$$i_{DSN饱和} = k_N (v_I - V_{GS(th)N})^2 \qquad (3\text{-}4\text{-}3)$$

当 $v_O + V_{GS(th)N} \leqslant v_I < V_{DD}$ 时,由于此时 $v_{DSN} < v_{GSN} - V_{GS(th)N}$,所以输入管工作在非饱和态,其电流为

$$i_{DSN非饱和} = k_N [2(v_I - V_{GS(th)N})v_O - v_O^2] \qquad (3\text{-}4\text{-}4)$$

同样,分析当输入信号由 0 V 逐步增加时负载管的工作状态。

当 $0 \leqslant v_I < v_O + V_{GS(th)P}$ 时,相当于 $v_I - V_{DD} - V_{GS(th)P} < v_O - V_{DD}$,也就是 $v_{DSP} > v_{GSP} - V_{GS(th)P}$,所以负载管处于非饱和状态,这时负载管的电流为

$$i_{DSP非饱和} = -k_P\left[2(v_I-V_{DD}-V_{GS(th)P})(v_0-V_{DD})-(v_0-V_{DD})^2\right] \quad (3-4-5)$$

当 $v_0+V_{GS(th)P}\leqslant v_I<V_{DD}+V_{GS(th)P}$ 时，相当于 $v_0-V_{DD}\leqslant v_I-V_{DD}-V_{GS(th)P}$，也就是 $v_{DSP}<v_{GSP}-V_{GS(th)P}$，所以负载管处于饱和状态，这时负载管的电流为

$$i_{DSP饱和} = -k_P(v_I-V_{DD}-V_{GS(th)P})^2 = k_P(V_{DD}+V_{GS(th)P}-v_I)^2 \quad (3-4-6)$$

当 $v_I\geqslant V_{DD}+V_{GS(th)P}$ 时，相当于 $v_I-V_{DD}\geqslant V_{GS(th)P}$，也就是 $v_{GSP}\geqslant V_{GS(th)P}$，所以负载管截止。

将上述两个 MOS 管在输入信号 v_I 由 0 V 逐渐增加时的工作状态综合在一起，可以得到当输入信号电压在不同数值范围时负载管与输入管的工作状态，如表 3-4-1 所示。

表 3-4-1　CMOS 电路 MOS 管的工作状态表

工作区	输入电压 v_I 范围	PMOS 管	NMOS 管	输　　出
Ⅰ	$0\leqslant v_I<V_{GS(th)N}$	非饱和	截止	$v_0=V_{DD}$
Ⅱ	$V_{GS(th)N}\leqslant v_I<v_0+V_{GS(th)P}$	非饱和	饱和	
Ⅲ	$v_0+V_{GS(th)P}\leqslant v_I<v_0+V_{GS(th)N}$	饱和	饱和	
Ⅳ	$v_0+V_{GS(th)N}\leqslant v_I<V_{DD}+V_{GS(th)P}$	饱和	非饱和	
Ⅴ	$V_{DD}+V_{GS(th)P}\leqslant v_I\leqslant V_{DD}$	截止	非饱和	$v_0\approx0$

图 3-4-2 所示的五个区与表 3-4-1 所示的五个工作区是相对应的。其中：
在工作区 Ⅰ，由于输入管截止，$v_0=V_{DD}$ 处于稳定关态。
在工作区 Ⅲ，此时 PMOS 和 NMOS 均处于饱和状态，这是一个急剧的变化区，由式（3-4-3）和式（3-4-6）可得

$$v_I = \frac{V_{DD}+V_{GS(th)P}+V_{GS(th)N}\sqrt{\dfrac{k_N}{k_P}}}{1+\sqrt{\dfrac{k_N}{k_P}}} = V_{th} \quad (3-4-7)$$

这时 v_I 值等于阈值电压 V_{th}。如果 $k_N=k_P$，$V_{GS(th)N}=-V_{GS(th)P}$，则

$$v_I = V_{th} = \frac{1}{2}V_{DD} \quad (3-4-8)$$

在工作区 Ⅴ，负载管截止，输入管处于非饱和状态，所以 $v_0\approx0$ V，处于稳定开态。

图 3-4-3 所示为 CMOS 反相器的电流传输特性。在工作区 Ⅰ，由于输入管截止，所以流过的电流极小，近似为 0；在工作区 Ⅱ，由于此时 $v_0\approx V_{DD}$，式（3-4-5）

可见,此时负载管非饱和工作电流也极小;在工作区Ⅳ,此时输出 $v_0 = 0$ V,由式 (3-4-4)可见,此时输入管工作在非饱和状态,电流也极小;在工作区Ⅴ,由于负载管截止,所以电流近似为 0;只有在工作区Ⅲ时,负载管和输入管都处于饱和导通状态,会产生一个较大的电流。

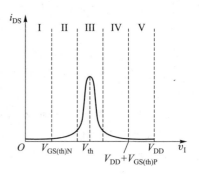

图 3-4-3   CMOS 反相器
电流传输特性

由上面分析可以看出,CMOS 反相器有如下特点:

（1）静态功耗极低

在稳定时,CMOS 反相器工作在工作区Ⅰ和工作区Ⅴ,这时总是有一个 MOS 管处于截止状态,流过的电流为极小的漏电流。只有在急剧翻转的工作区Ⅲ,才有较大的电流,因此动态功耗会增大。所以 CMOS 反相器在低频工作时,功耗是极小的,低功耗是 CMOS 的最大优点。

（2）抗干扰能力较强

由于其阈值电平近似为 $\frac{1}{2}V_{DD}$,在输入信号变化时,过渡变化陡峭。所以低电平噪声容限和高电平噪声容限近似相等。而且随电源电压升高,抗干扰能力增加。

（3）电源利用率高

$V_{OH} = V_{DD}$,同时由于其阈值电压随 V_{DD} 变化而变化,所以允许 V_{DD} 可以在一个较宽的范围内变化。一般 V_{DD} 允许范围为 +3 ~ +18 V。

（4）输入阻抗高,带负载能力强。

2. 输入特性和输出特性

（1）输入特性

CMOS 电路的栅极和衬底之间有一层 SiO_2 绝缘层,其厚度约 0.1 μm,称为栅氧化层。栅氧化层的击穿电压典型值可达 100 ~ 200 V,但其直流电阻高达 10^{12} Ω,因此有很少的电荷量,便可能在其上感生出强电场,造成氧化层永久性击穿。为了保护栅氧化层不被击穿,在 CMOS 输入端都加有保护电路,如图 3-4-4 所示。图中 D_1、D_2 都是双极型二极管,其正向导通压降约为 1 V,反向击穿电压约为 30 V。电阻 R 通常为 1 ~ 3 kΩ。D_1 是在输入端电阻 R 的 P 型区和 N 型衬底间自然形成的,是一种分布式二极管结构。C_1、C_2 为 T_P 和 T_N 栅极等效电容。

由于二极管的钳位作用,使得 MOS 管在正或负尖峰脉冲作用下不易发生损坏。

考虑了 CMOS 反相器的输入保护电路以后，它的输入特性如图 3-4-5 所示。在输入信号正常工作电压（即 $0 < v_I \leqslant V_{DD}$）下，输入保护二极管均不导通，输入电流 $i_I = 0$。当输入信号 $v_I > V_{DD} + V_D$（二极管正向导通电压）时，输入保护二极管 D_1 导通，输入电流迅速增大。当 $v_I < -V_D$ 时，保护二极管 D_2 导通，$|i_I|$ 随 $|v_I|$ 的增大而增大。

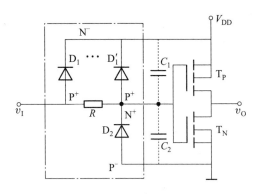

图 3-4-4　CMOS 输入保护电路　　　图 3-4-5　CMOS 反相器输入特性

（2）输出特性

a. 低电平输出特性

当输入 v_I 为高电平时，负载管截止，输入管导通，因此负载电流 I_{OL} 灌入输入管（N 沟道管），如图 3-4-6 所示。这样，灌入的电流就是 N 沟道管的 i_{DS}，所以，$V_{OL}(v_{DSN})$ 与 $I_{OL}(i_{DSN})$ 的关系曲线和 N 沟道管的漏极特性曲线一样，如图 3-4-7 所示。输出电阻的大小与 $v_{GSN}(v_I)$ 有关。v_I 越大，输出电阻越小，反相器带负载能力越强。

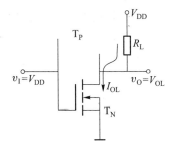
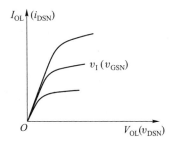

图 3-4-6　输出低电平等效电路　　　图 3-4-7　输出低电平时输出特性

b. 高电平输出特性

当输入 v_I 为低电平 $(v_I = 0\ \mathrm{V})$ 时,CMOS 反相器负载管 T_P 导通,输入管 T_N 截止,因此负载电流是拉电流,如图 3-4-8 所示。输出电压 $V_{OH} = V_{DD} - v_{SDP}$,拉电流 I_{OH} 即为 i_{SDP}。根据 P 沟道管的漏极特性可得到图 3-4-9 所示的曲线。图中左边部分(实线部分)为 I_{OH} 与 v_{SDP} 的关系曲线,右边部分(虚线部分)为 I_{OH} 与 $(V_{DD} - v_{SDP})$ 的曲线,也就是输出特性曲线。由曲线可见,$|v_{GSP}|$ 越大,负载电流的增加使 V_{OH} 下降越小,带拉电流负载能力就越大。

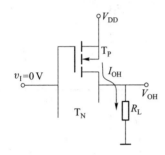
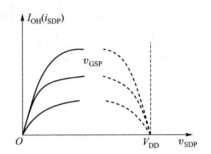

图 3-4-8　输出高电平等效电路　　　　图 3-4-9　输出高电平时输出特性

3. 电源特性

CMOS 反相器的电源特性包含它工作时的静态功耗和动态功耗。在静态下,因为 T_P 和 T_N 总是处在有一个截止的工作情况,而截止时的漏电流又极其微小,所以这个电流产生的功耗可以忽略不计。但实际上,由于存在着输入保护二极管和许多寄生二极管,它们的反向漏电流比 T_P 和 T_N 的漏电流大得多,从而构成了静态电流的主要部分。这些二极管都是 PN 结,一般在室温条件(25℃)下,静态电流不超过 1 μA。

因而,CMOS 反相器的功耗主要取决于动态功耗,尤其是在工作频率较高的情况下,动态功耗比静态功耗大得多。由图 3-4-3 所示电流传输特性曲线可见,瞬时大电流主要产生在工作区 Ⅲ,也就是 T_P 和 T_N 短时间的同时饱和导通的时候,这时产生瞬时导通功耗 P_T。此外,动态功耗还包含在状态发生变化时,对负载电容充、放电所消耗的功耗。

在 T_P 和 T_N 同时饱和导通时的瞬时电流为 i_T,持续时间为 Δt,则在一个周期内的平均值为

$$I_{TAN} = \frac{2}{T} \int_0^{\Delta t} i_T \mathrm{d}t \qquad (3-4-9)$$

瞬时导通功耗为

$$P_T = V_{DD} I_{TAN} \qquad (3-4-10)$$

对电容负载的充、放电电流为状态转换时的瞬时输出电流,若负载电容为 C_L,工作频率为 f,则

$$P_C = C_L f V_{DD}^2 \qquad (3-4-11)$$

3.4.3 CMOS 传输门

CMOS 传输门由 P 沟道和 N 沟道增强型 MOS 管并联互补组成。图 3-4-10 所示为 CMOS 传输门的基本形式和逻辑符号。P 沟道管的源极与 N 沟道管的漏极相连,作为输入/输出端;P 沟道管的漏极与 N 沟道管的源极相连,作为输出/输入端。两个栅极受一对控制信号 C 和 $\overline{C}$ 控制。由于 MOS 器件的源和漏两个扩散区是对称的,所以信号可以双向传输。

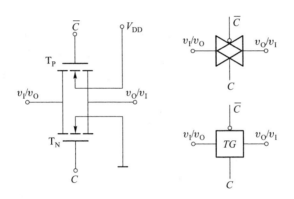

图 3-4-10 CMOS 传输门及其逻辑符号

当 $C=0$,$\overline{C}=V_{DD}$ 时,则 T_N 和 T_P 两个 MOS 管都截止。输出和输入之间呈现高阻抗,一般大于 $10^9\ \Omega$,所以传输门截止。当 $C=V_{DD}$,$\overline{C}=0$ V 时,如果 $0 \leqslant v_1 \leqslant V_{DD}-V_{GS(th)N}$,则 T_N 管导通;如果 $|V_{GS(th)P}| < v_1 \leqslant V_{DD}$,则 T_P 导通。因此当 v_1 在 0 到 V_{DD} 之间变化时,总有一个 MOS 管导通,使输出和输入之间呈现低阻抗($<10^3\ \Omega$),传输导通。

传输门传输高电平信号的过程如图 3-4-11(a) 所示,输入端(左端)为高电平,输出端(右端)为低电平。控制端无控制信号时,传输门不导通,当控制端得到控制信号时,$C=V_{DD}$,$\overline{C}=0$,则 T_P 和 T_N 同时产生沟道,传输门导通,便有电流从输入端经沟道流向输出端,向负载电容 C_L 充电,输出电平 v_0 不断增高,直至输出电平与输入电平相同,充电结束,完成高电平的传输。

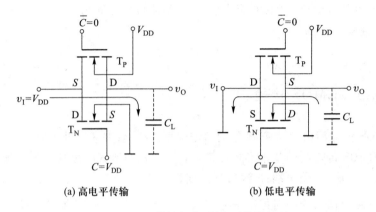

(a) 高电平传输   (b) 低电平传输

图 3-4-11　传输门高、低电平传输情况

如果传输低电平,则如图 3-4-11(b)所示,输出端为高电平,输入端为低电平。当无控制信号时,传输门不导通,低电平信号不能通过。而当控制端加上控制信号时,传输门导通,便有电流从输出端流向输入端,负载电容 C_L 经传输门向输入端放电,输出端从高电平降为与输入端相同的低电平,完成低电平传输。

3.4.4　CMOS 逻辑门电路

1. CMOS 与非门、或非门

利用 CMOS 反相器构成的**与非门**电路如图 3-4-12 所示。其中包括两个 P 沟道 MOS 管和两个 N 沟道 MOS 管。两个 P 沟道 MOS 管并联,两个 N 沟道 MOS 管串联。

当 A、B 两个输入信号中有一个为 **0** 时,与该端相连的 N 沟道 MOS 管截止,P 沟道 MOS 管导通。由于两个 N 沟道 MOS 管串联,只要其中一个截止,输出端对地的电阻就非常大;两个相并联的 P 沟道 MOS 管只要其中一个导通,输出端和电源之间电阻就很小,因此输出端 Y 就输出高电平。只有两个输入信号 A 和 B 均为 **1** 时,两个 N 沟道 MOS 管均导通,两个 P 沟道 MOS 管均截止,这时输出 Y 为 **0**。因此,该电路具有**与非**功能

$$Y = \overline{AB}$$

图 3-4-13 所示为 CMOS **或非门**电路,其中两个 N 沟道 MOS 管并联,两个 P 沟道 MOS 管串联。用类似的方法,不难得出该电路具有**或非**功能

$$Y = \overline{A+B}$$

上述电路虽然简单,但存在一些严重缺点,以图 3-4-12 **与非**门为例来说明。

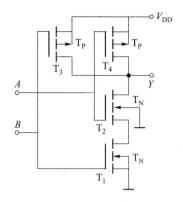

图 3-4-12 CMOS 与非门

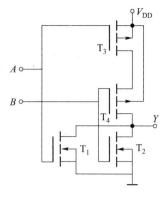

图 3-4-13 CMOS 或非门

首先,它的输出电阻 R 受输入端状态的影响:

当 $A=0,B=0$ 时,两个 $T_P(T_3 \setminus T_4)$ 管导通,$R_o = R_{on3} \mathbin{/\mkern-5mu/} R_{on4} = 0.5R_{on}$。

当 $A=0,B=1$ 时,T_4 管导通,$R_o = R_{on4} = R_{on}$。

当 $A=1,B=0$ 时,T_3 管导通,$R_o = R_{on3} = R_{on}$。

当 $A=1,B=1$ 时,两个 $T_N(T_1 \setminus T_2)$ 管导通,$R_o = R_{on1} + R_{on2} = 2R_{on}$。

可见,由于输入状态不同,输出电阻相差 4 倍之多。

其次,当输入端数目增多时,输出低电平也随着相应提高。因为在输出低电平时,所有的 N 沟道 MOS 管导通,输出低电平为各串联 NMOS 管导通压降之和,所以输入端数目越多,V_{OL} 也就越高,V_{OL} 的升高使低电平噪声容限 V_{NL} 降低。这是不利的。

为了克服这些缺点,在上述基本门电路基础上,每个输入端、输出端增加一级反相器,构成带缓冲的 CMOS 管。带缓冲级的 CMOS 与非门是在或非的输入端和输出端接入反相器构成的,如图 3-4-14 所示。用类似方法,可以构成其他带缓冲级的门电路。

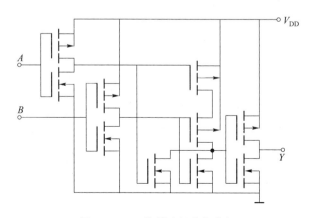

图 3-4-14 带缓冲级的与非门

2. 三态输出 CMOS 门

三态输出 CMOS 门是在普通门电路上,增加了控制端和控制电路构成。CMOS 门三态门一般有三种形式。

第一种电路结构形式如图 3-4-15 所示。它是在反相器基础上增加一对 P 沟道 T'_P 和 N 沟道 T'_N MOS 管。当控制端 $\overline{EN} = 1$ 时,T'_N 和 T'_P 同时截止,输出呈高阻态;当控制端 $\overline{EN} = 0$ 时,T'_N 和 T'_P 同时导通,反相器正常工作。所以这是 $\overline{EN}$ 低电平有效的三态输出门。

第二种电路结构形式如图 3-4-16 所示。它是在反相器的基础上增加一个控制门 T'_P(或 T'_N)和一个或非门(与非门)。在图 3-4-16(a)所示电路中,当 $\overline{EN} = 1$ 时,T'_P 截止,同时**或非门**输出为 **0**,使 T_N 截止,故输出呈高阻态。反之,当 $\overline{EN} = 0$ 时,T'_P 导通,输出 $Y = A$。同理可以分析出图 3-4-16(b)所示电路工作情况。图 3-4-16(a)所示电路 $\overline{EN}$ 低电平有效,图 3-4-16(b)所示电路 EN 高电平有效。

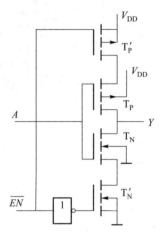

图 3-4-15   三态输出
CMOS 门结构之一

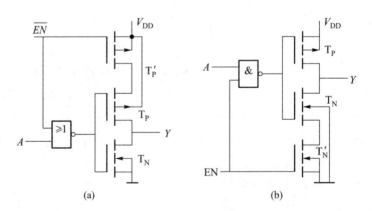

(a)   (b)

图 3-4-16   三态输出 CMOS 门结构之二

第三种电路结构形式如图 3-4-17 所示。它是在反相器基础上增加一级 CMOS 传输门,作为反相器的控制开关。当 $\overline{EN} = 1$ 时,传输门截止,输出呈高阻态;当 $\overline{EN} = 0$ 时,传输门导通,输出 $Y = \overline{A}$。

其他还有漏极开路输出门,如图 3-4-18 所示。其原理同 TTL 开路输出门。请读者自己分析。

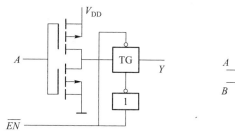

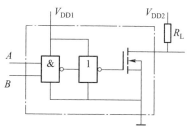

图 3-4-17   三态输出 CMOS 门结构之三   图 3-4-18   漏极开路输出门

CMOS 电路以其低功耗、高抗干扰能力等优点得到广泛的应用。但是,早期生产的 CMOS 电路工作速度低,成本较高,使应用范围受到一定限制。目前由于工艺制作的改进,主要采用了短沟道、硅栅自对准等工艺,使 CMOS 门电路在工作速度上已与 TTL 电路不相上下,而在低功耗方面远远优于 TTL 电路。目前又出现了一种硅-蓝宝石 CMOS 电路,即 CMOS SOS(Silicon on Sapphire),它除减小了 MOS 管的输入电容外,还较圆满地解决了电路中各反向 PN 结的寄生电容,使硅-蓝宝石 CMOS 电路的传输延迟时间可缩短至 1 ns 左右。

目前国产 CMOS 逻辑门有 CC 4000 系列(相当于国际上 CD 4000 系列及 MC 14000 系列)、高速 54HC/74HC 系列(相当于国际上 MC54HV/74HC)。其主要性能比较见表 3-4-2。

表 3-4-2   CMOS 门性能比较

系 列	电源电压/V	传输延迟/ns	边沿时间/ns	最高工作频率/MHz
CC4000 系列	3~18	90	80	3
54HC/74HC 系列	2~6	9	6	25

3.4.5   BiCMOS 门电路

利用双极型器件速度快和 MOS 器件功耗低两方面的优势,构成了双极型 CMOS 逻辑门(BiCMOS 逻辑门)。这种门电路结构特点是逻辑部分采用 CMOS 结构,输出部分采用双极型三极管。

1. BiCMOS 反相器

BiCMOS 反相器如图 3-4-19 所示。图中 T_P 和 T_N 与基本反相器相似，T_3 和 T_4 构成推拉式输出级，T_1 和 T_2 构成 T_3 和 T_4 的基极有源下拉电阻结构。

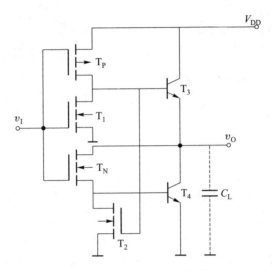

图 3-4-19   BiCMOS 反相器

当 $v_1 = V_{IH}$ 时，T_1、T_N 及 T_4 导通；T_P、T_2 及 T_3 截止，输出 $v_0 = V_{OL}$。

当 $v_1 = V_{IL}$ 时，T_P、T_2 及 T_3 导通；T_N、T_1 及 T_4 截止，输出 $v_0 = V_{OH}$。

当 v_0 输出高电平时，输出级 T_3 导通内阻很小，能提供足够大电流为负载电容充电；当 v_0 输出低电平时，输出级 T_4 导通内阻很小，能使负载电容迅速放电。同时，T_3 和 T_4 在由导通向截止转换过程中，T_3 和 T_4 基区存储电荷可以通过 T_1 和 T_2 迅速消散，从而使门电路开关速度得到改善。目前 BiCMOS 反相器传输延迟时间可减少到 1 ns 以下。

2. BiCMOS 门电路

BiCMOS 与非门电路如图 3-4-20 所示。图中 T_{NA} 和 T_{NB} 相串联，T_{PA} 和 T_{PB} 相并联，因此当 A、B 两输出信号中有一个为低电平时，T_{NA} 和 T_{NB} 必有一个截止，T_{PA} 和 T_{PB} 必有一个导通，所以必定是，T_3 导通，T_4 截止，输出 F 为高电平。当 A、B 均为高电平时，T_{NA} 和 T_{NB} 均导通，T_{PA} 和 T_{PB} 均截止，所以必然使得 T_3 截止，T_4 导通，输出 F 为低电平。实现**与非**逻辑功能。图中 T_{1A}、T_{1B} 和 T_2 分别为 T_3 和 T_4 的基极有源下拉电阻。

同理可以构成**或非**门电路。见习题 3-16。

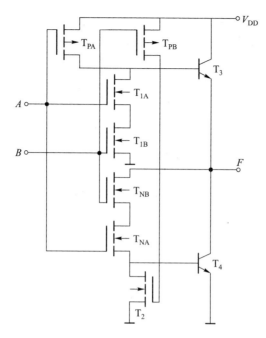

图 3-4-20 BiCMOS 与非门电路

3.4.6 CMOS 电路的正确使用方法

下面介绍 CMOS 器件使用时应注意的问题。

1. 输入电路的静电防护

虽然 CMOS 电路输入端已经设置了保护电路,但它所能承受的静电电压和脉冲功率均有一定限度。因此,在运输时最好使用金属屏蔽层作为包装材料,不能用易产生静电电压的化工材料、化纤织物包装。在组装、调试时,仪器仪表、工作台面及烙铁等均应有良好接地。不使用的多余输入端不能悬空,以免拾取脉冲干扰。

2. 输入端加过流保护

由于输入保护电路中钳位二极管电流容量有限,因此在可能出现大输入电流的场合必须加过流保护措施。如在输入端接有低电阻信号源时,或在长线接到输入端时,或在输入端接有大电容时等,均应在输入端接入保护电阻 R_P。

3. 防止 CMOS 器件产生锁定效应

由于 CMOS 结构中,在同一片 N 型衬底上要同时制作 P 沟道和 N 沟道两种 MOS 管,就形成了多个 NPN 型及 PNP 型寄生三极管。在一定条件下,这些寄生晶体管很可能构成正反馈电路,称为锁定效应,很容易使 CMOS 电路损坏。因此为了防止 CMOS 器件锁定效应的产生,在输入端和输出端可设置钳位电路;在电源输入端加去耦电路;在 V_{DD} 输入端与电源之间加限流电路;在 v_I 输入端与电源之间加限流电阻,使得即使发生了锁定效应,也不至于损坏器件。

如果一个系统中由几个电源分别供电时,各电源开关顺序必须合理,启动时应先接通 CMOS 电路的电源,再接入信号源或负载电路,关闭时,应先切断信号源和负载电路,再切断 CMOS 电源。

本章介绍了 TTL、MOS 及 CMOS 集成电路的基本原理,表 3-4-3 列出了各类数字集成电路主要性能参数比较。

表 3-4-3　各类数字集成电路主要性能参数比较表

电路类型		电源电压 /V	传输延迟时间 /ns	静态功耗 /mW	功耗-延迟积 /(mW·ns)	直流噪声容限		输出逻辑摆幅 /V
						V_{NL}/V	V_{NH}/V	
TTL	CT54/74	+5	10	15	150	1.2	2.2	3.5
	CT54LS/74LS	+5	7.5	2	15	0.4	0.5	3.5
HTL		+15	85	30	2 550	7	7.5	13
CMOS	$V_{DD}=5$ V	+5	45	5×10^{-3}	225×10^{-3}	2.2	3.4	5
	$V_{DD}=15$ V	+15	12	15×10^{-3}	180×10^{-3}	6.5	9.0	15
54HC/74HC		+5	8	1×10^{-3}	8×10^{-3}	1.0	1.5	5

习　题

3-1 在 TTL 集成门电路中,采用了哪些措施加速清除饱和晶体管的存储电荷,以提高工作速度?

3-2 试说明多发射极晶体管的主要作用。

3-3 衡量与非门优劣,有哪些主要参数?试说明各参数的定义。

3-4 对应图 P3-1 所示的电路及输入信号波形,画出 f_1、f_2、f_3、f_4 的波形。

3-5 图 P3-2 所示为一个三态逻辑 TTL 电路,这个电路除了输出高电平、低电平信号外,还有第三个状态——禁止态(高阻抗)。试分析说明该电路具有什么逻辑功能。

3-6 试分析图 P3-3 所示电路的逻辑功能,列出真值表。

3-7 OC 门电路的主要特点是什么?三态门指的是哪三种输出状态?

3-8 MOS 集成门电路中为什么用 MOS 管作为负载?

3-9 E/EMOS 门、E/DMOS 门及 CMOS 门各有什么特点?

3-10 分析图 P3-4 所示各电路的逻辑功能。

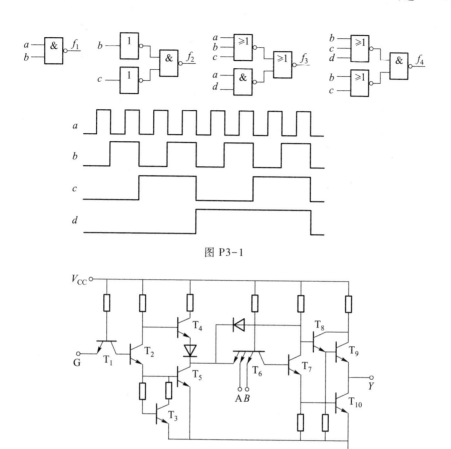

图 P3-1

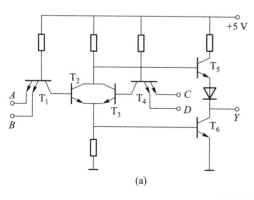

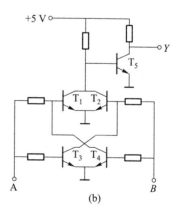

图 P3-3

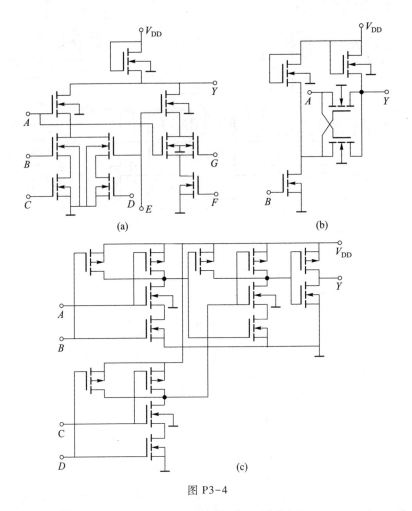

图 P3-4

3-11   在 CMOS 门电路中,有时采用图 P3-5 所示的方法扩展输入端。试分析图 P3-5(a)、(b)所示电路的逻辑功能,写出 Y 的逻辑表达式。假定 $V_{DD} = 10$ V,二极管的正向导通压降 $V_D = 0.7$ V。

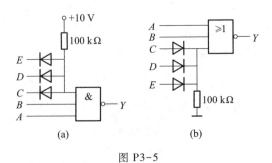

图 P3-5

3-12 上题中扩展输入端的方法能否用于 TTL 电路？为什么？

3-13 试分析图 P3-6(a)、(b)所示电路的逻辑功能,写出 Y 的逻辑表达式。图中的门电路均为 CMOS 门电路。

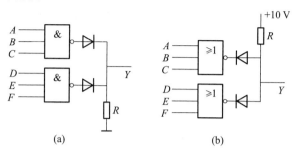

(a)   (b)

图 P3-6

3-14 上题中电路能否用于 TTL 门电路？为什么？

3-15 试说明下列各种电路中哪些输出端可以并联使用:(1) 具有推拉式输出端的 TTL 门电路;(2) TTL 电路的 OC 门。

3-16 分析图 P3-7 所示电路的逻辑功能。

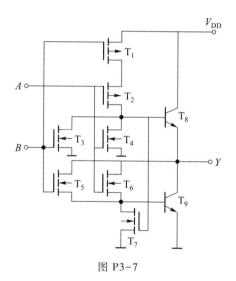

图 P3-7

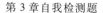

第 3 章自我检测题

第 3 章自我检测题参考答案

第4章 组合逻辑电路

每一个数字系统,都包含了许许多多的逻辑电路。一般逻辑电路大致可分为两大类,一类是组合逻辑电路,一类是时序逻辑电路。

组合逻辑电路在逻辑功能上的特点是,这种电路任何时刻的输出仅仅取决于该时刻的输入信号,而与这一时刻输入信号作用前电路原来的状态没有任何关系。在电路结构上基本上由逻辑门电路组成;只有从输入到输出的通路,没有从输出到输入的回路。这种电路没有记忆功能。

组合逻辑电路的一般框图如图 4-0-1 所示。图中输入信号为二值逻辑信号 $x_1, x_2, \cdots, x_n$,输出信号 $z_1, z_2, \cdots, z_m$ 为输入信号的函数,因此

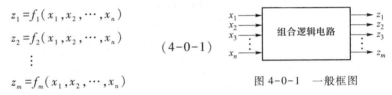

$$z_1 = f_1(x_1, x_2, \cdots, x_n)$$
$$z_2 = f_2(x_1, x_2, \cdots, x_n)$$
$$\vdots$$
$$z_m = f_m(x_1, x_2, \cdots, x_n)$$

$$(4-0-1)$$

图 4-0-1 一般框图

在数字系统中,常用的组合逻辑模块有编码器、译码器、全加器、数据选择/分配器、数值比较器、奇偶检验电路以及一些算术运算电路。由于这些组合逻辑模块经常使用,所以均有中规模集成器件(MSI)产品。在本章中,将结合组合逻辑电路的分析方法介绍这些常用 MSI 器件的功能和应用;还将分别介绍采用小规模(SSI)器件及中规模(MSI)器件设计组合逻辑电路的方法以及介绍组合逻辑电路中的冒险问题。

4.1 组合逻辑电路分析

组合逻辑电路的分析,就是找出给定逻辑电路输出和输入之间的逻辑关系,从而了解给定逻辑电路的逻辑功能。组合逻辑电路的分析方法通常采用代数法,一般按下列步骤进行:

(1) 根据给定组合逻辑电路的逻辑图,从输入端开始,根据器件的基本功能逐级推导出输出端的逻辑函数表达式。

（2）由已写出的输出函数表达式,列出它的真值表。

（3）从逻辑函数表达式或真值表,概括出给定组合逻辑电路的逻辑功能。

例如,分析图 4-1-1 所示的组合逻辑电路。

图 4-1-1 所示是由 4 个**与非门**构成的三级组合逻辑电路。逻辑电路中的"级"数是指从某一输入信号发生变化到引起输出也发生变化所经历的逻辑门的最大数目。通常是将输入级作为第一级,顺序推之。从输入端开始,根据器件的基本功能,逐级推导出输出端的逻辑函数表达式。根据**与非门**的逻辑关系,可以写出

$$\alpha = \overline{AB}$$

$$\beta = \overline{A\alpha} = \overline{A\overline{AB}} = \overline{A\overline{B}}$$

$$\gamma = \overline{B\alpha} = \overline{B\overline{AB}} = \overline{B\overline{A}}$$

输出函数表达式为

$$F = \overline{\beta\gamma} = \overline{\overline{A\overline{B}} \cdot \overline{B\overline{A}}} = A\overline{B} + \overline{A}B \qquad (4-1-1)$$

由式（4-1-1）可列出其真值表,如表 4-1-1 所示。从真值表可见,该逻辑电路的功能是,当输入信号 A 和 B 相异时,输出为高电平 1;A 和 B 相同时,输出为低电平 0。这表示了一种**异或**逻辑功能关系,该逻辑电路也就是第 2 章中所讲的**异或**电路。

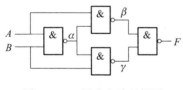

图 4-1-1 **异或**电路逻辑图

表 4-1-1 式（4-1-1）真值表

A	B	F
0	**0**	**0**
0	**1**	**1**
1	**0**	**1**
1	**1**	**0**

通过这一简单的组合逻辑电路的分析,说明了组合逻辑电路的分析步骤。然而通常组合逻辑电路结构都比较复杂。下面结合常用组合逻辑电路分析,进一步掌握分析步骤,同时了解常用组合逻辑电路的功能。

4.1.1 全加器

分析图 4-1-2 所示电路。

根据电路中各器件的逻辑功能,可以写出

$$\alpha = A \oplus B$$

$$F = \alpha \oplus CI = A \oplus B \oplus CI = (\overline{A}B + A\overline{B}) \oplus CI =$$
$$\overline{A}\,\overline{B} \cdot CI + AB \cdot CI + \overline{A}B \cdot \overline{CI} + A\overline{B} \cdot \overline{CI} \tag{4-1-2}$$

$$\beta = \overline{\alpha \cdot CI} = \overline{(A \oplus B) \cdot CI}$$

$$\gamma = \overline{AB}$$

$$CO = \overline{\beta\gamma} = \overline{\overline{(A \oplus B) \cdot CI} \cdot \overline{AB}} = (A \oplus B) \cdot CI + AB =$$
$$\overline{A}B \cdot CI + A\overline{B} \cdot CI + AB \tag{4-1-3}$$

由式(4-1-2)和式(4-1-3)可列出真值表 4-1-2。从表 4-1-2 可见,若 A、B 为两个输入的 1 位二进制数,CI 为低位二进制数相加的进位输出到本位的输入,则 F 为本位二进制数 A、B 和低位进位输入 CI 的相加之和,CO 为 A、B 和 CI 相加向高位的进位输出。因此,该电路可以完成 1 位二进制数全加的功能,称为全加器。

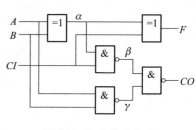

图 4-1-2　1 位全加器

表 4-1-2　全加器真值表

CI	A	B	CO	F
0	0	0	0	0
0	0	1	0	1
0	1	0	0	1
0	1	1	1	0
1	0	0	0	1
1	0	1	1	0
1	1	0	1	0
1	1	1	1	1

全加器是常用的算术运算电路,其逻辑符号如图 4-1-3 所示。

在 1 位全加器的基础上,可以构成多位加法电路,图 4-1-4 是 4 位二进制数相加逐位进位的加法电路。由于每一位相加结果,必须等到低一位的进位产生以后才能建立,因此这种结构也叫作逐位进位加法器(或串行进位加法器)。双极型集成电路 T692 就属于这种逐位进位加法器。逐位进位加法器的最大缺点是运算速度慢。为了提高运算速度,必须设法减小或消除由于进位信号逐级传递所消耗的时间。为了提高运算速度,制成了超前进位加法器。

图 4-1-5 所示为 4 位超前进位全加器逻

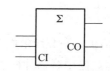

图 4-1-3　1 位全加器逻辑符号

辑电路图,从图中可见,各位进位信号 Y_2、Y_3、Y_4 的产生均只需要经历一级**与非**门和一级**与或非**门的延迟时间,比逐位进位的全加器大大缩短了时间。

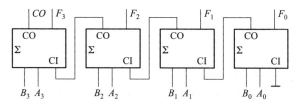

图 4-1-4　4 位逐位进位加法器

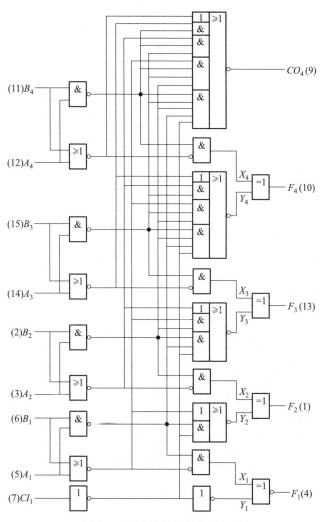

图 4-1-5　4 位超前进位全加器

　　4 位超前进位全加器集成电路有:CT54 283/CT74 283、CT54 S 283/CT74 S 283、CT54 LS 283/CT74 LS 283、CC4008 等。图 4-1-6 所示为 4 位全加器逻辑符号。

4.1.2　编码器

　　数字信号不仅可以用来表示数,也可以用来表示各种指令和信息。所谓编码,就是在选定的一系列二进制数码中,赋予每个二进制数码以某一固定含义。例如,在电子设备中将字符变换成二进制数码,叫作字符编码,用二进制数码表示十进制数,叫二-十进制编码等。能完成编码功能的电路通称为编码器。编码器的通用逻辑符号如图 4-1-7 所示。图中 X、Y 可分别用表示输入和输出信息代码的适当符号代替。

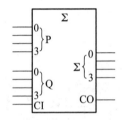

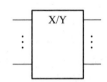

图 4-1-6　4 位全加器逻辑符号　　　　图 4-1-7　编码器通用逻辑符号

　　分析图 4-1-8 所示优先编码器电路。

　　如果不考虑附加电路 $\overline{ST}$、Y_S、$\overline{Y}_{EX}$,则由电路可以写出

$$\overline{Y}_2 = \overline{\overline{\overline{IN}_7 + \overline{IN}_6 + \overline{IN}_5 + \overline{IN}_4}} = \overline{IN}_7 \cdot \overline{IN}_6 \cdot \overline{IN}_5 \cdot \overline{IN}_4$$

$$\overline{Y}_1 = \overline{IN}_7 \cdot \overline{IN}_6 \cdot (IN_5 + IN_4 + \overline{IN}_3) \cdot (IN_5 + IN_4 + \overline{IN}_2) \qquad (4\text{-}1\text{-}4)$$

$$\overline{Y}_0 = \overline{IN}_7 \cdot (IN_6 + \overline{IN}_5) \cdot (IN_6 + IN_4 + \overline{IN}_3) \cdot (IN_6 + IN_4 + IN_2 + \overline{IN}_1)$$

　　将上式列出真值表,如表 4-1-3 所示。当 $\overline{IN}_0 \sim \overline{IN}_7$ 8 根输入线中有一个为 **0** 时,对应输出一组 3 位二进制代码。例如,当输入线 $\overline{IN}_6$ 为 **0** 时,输出 $\overline{Y}_2\overline{Y}_1\overline{Y}_0 =$ **001**,用二进制的反码形式表示数"6"。用 3 位二进制代码表示 8 根输入线中的某一输入信号,称为 8 线-3 线编码器,其逻辑符号如图 4-1-9 所示。该逻辑符号用了互连关联(Z 关联)符号 Z 及或关联(V 关联)符号 V 及内部连接等符号,其含义请参看书后附录三。

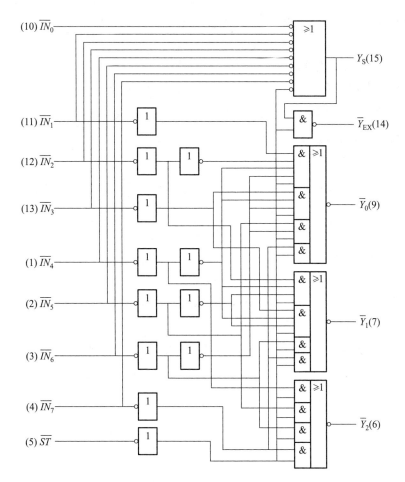

图 4-1-8 优先编码器逻辑图

表 4-1-3 8线-3线优先编码器真值表

| 输　　　　　入 | | | | | | | | | 输　　　出 | | | | |
$\overline{ST}$	$\overline{IN}_0$	$\overline{IN}_1$	$\overline{IN}_2$	$\overline{IN}_3$	$\overline{IN}_4$	$\overline{IN}_5$	$\overline{IN}_6$	$\overline{IN}_7$	$\overline{Y}_2$	$\overline{Y}_1$	$\overline{Y}_0$	$\overline{Y}_{EX}$	Y_S
1	×	×	×	×	×	×	×	×	1	1	1	1	1
0	1	1	1	1	1	1	1	1	1	1	1	1	0
0	×	×	×	×	×	×	×	0	0	0	0	0	1
0	×	×	×	×	×	×	0	1	0	0	1	0	1
0	×	×	×	×	×	0	1	1	0	1	0	0	1
0	×	×	×	×	0	1	1	1	0	1	1	0	1
0	×	×	×	0	1	1	1	1	1	0	0	0	1
0	×	×	0	1	1	1	1	1	1	0	1	0	1
0	×	0	1	1	1	1	1	1	1	1	0	0	1
0	0	1	1	1	1	1	1	1	1	1	1	0	1

1—高电平,**0**—低电平,×—任意,输入低电平有效。

图 4-1-8 所示为优先编码器,在优先编码器中允许同时在几个输入线上加输入信号。在几个输入线上同时出现几个输入信号时,只对其中优先权最高的一个输入信号进行编码。图 4-1-8 所示编码器中输入线 $\overline{IN}_7$ 优先权最高,输入线 $\overline{IN}_0$ 优先权最低。其中 $\overline{ST}$ 为输入控制器,或称为选通输入端,低电平有效。只有 $\overline{ST}=0$ 时,编码器才正常工作,而在 $\overline{ST}=1$ 时,所有输出端均被封锁,输出全为"1"。Y_S 为选通输出端,$\overline{Y}_{EX}$ 为扩展端,可以用来扩展编码器功能。

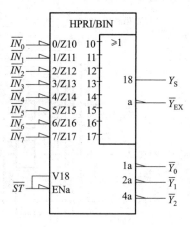

图 4-1-9　8 线-3 线优先编码器
CT54148/CT74148 逻辑符号

图 4-1-10 所示为由两片 8 线-3 线优先编码器扩展为 16 线-4 线的优先编码电路。图中将高位片选通输出端 Y_S 接到低位片选通输入端 $\overline{ST}$。当高位片 8～15 输入线中有一个为 0 时,则 $Y_S=1$,控制低位片 $\overline{ST}$,使 $\overline{ST}=1$,则低位片输出被封锁,$\overline{Y}_2\overline{Y}_1\overline{Y}_0=111$。此时编码器输出 $\overline{Y}_3\overline{Y}_2\overline{Y}_1\overline{Y}_0$ 取决于高位片 $\overline{Y}_2\overline{Y}_1\overline{Y}_0$ 的输出。例如,13 线输入为低电平 0,则高位片 $\overline{Y}_2\overline{Y}_1\overline{Y}_0=010$,$\overline{Y}_{EX}=0$,因此总输出为 $\overline{Y}_3\overline{Y}_2\overline{Y}_1\overline{Y}_0=0010$。当高位片 8～15 线输入全部为高电平 1 时,则 $Y_S=0$,$\overline{Y}_{EX}=1$,所以低位片 $\overline{ST}=0$,低位片正常工作。例如,4 线输入为低电平 0,则低位片 $\overline{Y}_2\overline{Y}_1\overline{Y}_0=011$,总编码输出 $\overline{Y}_3\overline{Y}_2\overline{Y}_1\overline{Y}_0=1011$。

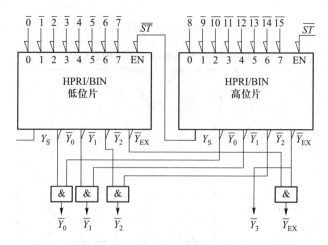

图 4-1-10　8 线-3 线扩展为 16 线-4 线优先编码器

常用的中规模优先编码器有：8 线－3 线优先编码器 CT54148/CT74148、CT54LS148/CT74LS148、CC 4532 及 10 线－4 线优先编码器 CT54147/CT74147、CT54LS147/CT74LS147、CC40147 等。

4.1.3 译码器

译码是编码的逆过程，将输入的每个二进制代码赋予的含义"翻译"过来，给出相应的输出信号。译码器的通用逻辑符号如图 4-1-7 所示。

分析图 4-1-11 所示的电路。由图可得到

$$\overline{Y}_3 = \overline{A_1 A_0 \cdot \overline{\overline{ST}}}$$

$$\overline{Y}_2 = \overline{A_1 \overline{A}_0 \cdot \overline{\overline{ST}}}$$

$$\overline{Y}_1 = \overline{\overline{A}_1 A_0 \cdot \overline{\overline{ST}}}$$

$$\overline{Y}_0 = \overline{\overline{A}_1 \overline{A}_0 \cdot \overline{\overline{ST}}}$$

$(4-1-5)$

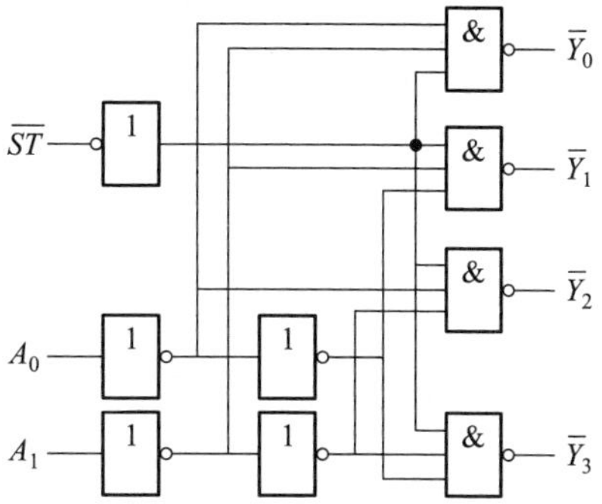

图 4-1-11　译码器逻辑图

由 $\overline{Y}_3 \sim \overline{Y}_0$ 表达式，可以得到真值表 4-1-4。由表可见，在选通端 $\overline{ST}$（低电平有效）为 0 时，对应译码地址输入端 A_1、A_0 的每一组代码输入，都能译成在对应输出端输出低电平 0。例如，当地址输入 $A_1A_0 = 10$ 时，则在其对应输出端 $\overline{Y}_2 = 0$。其逻辑符号如图 4-1-12 所示。

表 4-1-4　2 线-4 线译码器真值表

$\overline{ST}$	A_1	A_0	$\overline{Y}_3$	$\overline{Y}_2$	$\overline{Y}_1$	$\overline{Y}_0$
1	×	×	1	1	1	1
0	0	0	1	1	1	0
0	0	1	1	1	0	1
0	1	0	1	0	1	1
0	1	1	0	1	1	1

注：1—高电平，0—低电平，×—任意，低电平有效。

合理地应用选通端 $\overline{ST}$，可以扩大其逻辑功能。例如，图 4-1-13 所示为两片 2 线-4 线译码器构成 3 线-8 线译码器。当 $A_2 = 0$ 时，片 I 的 $\overline{ST} = 0$，片 II 的 $\overline{ST} = 1$，则片 I 译码工作正常，片 II 被封锁，$\overline{Y}_3 \sim \overline{Y}_0$ 在输入地址 A_1A_0 作用下，有输出。

当 $A_2 = 1$ 时,片 I $\overline{ST} = 1$,被封锁,片 II $\overline{ST} = 0$,正常工作,$\overline{Y}_7 \sim \overline{Y}_4$ 在输入地址 A_1A_0 作用下,有输出。从而实现如表 4-1-5 所示的功能。

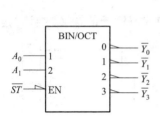

图 4-1-12　2 线-4 线译码器逻辑符号　　　图 4-1-13　2 线-4 线扩展为 3 线-8 线译码器

表 4-1-5　图 4-1-13 所示电路功能表

A_2	A_1	A_0	$\overline{Y}_7$	$\overline{Y}_6$	$\overline{Y}_5$	$\overline{Y}_4$	$\overline{Y}_3$	$\overline{Y}_2$	$\overline{Y}_1$	$\overline{Y}_0$
0	0	0	1	1	1	1	1	1	1	0
0	0	1	1	1	1	1	1	1	0	1
0	1	0	1	1	1	1	1	0	1	1
0	1	1	1	1	1	1	0	1	1	1
1	0	0	1	1	1	0	1	1	1	1
1	0	1	1	1	0	1	1	1	1	1
1	1	0	1	0	1	1	1	1	1	1
1	1	1	0	1	1	1	1	1	1	1

表 4-1-6 为 3 线-8 线译码器真值表。其中 ST_A、$\overline{ST_B}$、$\overline{ST_C}$ 为选通端。ST_A 为高电平有效,$(\overline{ST_B} + \overline{ST_C})$ 为低电平有效。3 线-8 线译码器的逻辑符号如图 4-1-14 所示。

表 4-1-6　3 线-8 线译码器真值表

ST_A	$\overline{ST_B} + \overline{ST_C}$	A_2	A_1	A_0	$\overline{Y}_0$	$\overline{Y}_1$	$\overline{Y}_2$	$\overline{Y}_3$	$\overline{Y}_4$	$\overline{Y}_5$	$\overline{Y}_6$	$\overline{Y}_7$
×	1	×	×	×	1	1	1	1	1	1	1	1
0	×	×	×	×	1	1	1	1	1	1	1	1
1	0	0	0	0	0	1	1	1	1	1	1	1
1	0	0	0	1	1	0	1	1	1	1	1	1
1	0	0	1	0	1	1	0	1	1	1	1	1
1	0	0	1	1	1	1	1	0	1	1	1	1
1	0	1	0	0	1	1	1	1	0	1	1	1
1	0	1	0	1	1	1	1	1	1	0	1	1
1	0	1	1	0	1	1	1	1	1	1	0	1
1	0	1	1	1	1	1	1	1	1	1	1	0

常用的中规模集成电路译码器有:双 2 线-4 线 译 码 器 CT54S139/CT74S139、CT54LS139/CT74LS139、CC4556;3 线-8 线译码器 CT54S138/CT74S138、CT54LS138/CT74LS138、CC74HC138;4 线-16 线译码器 CT54154/CT74154、CC74HC154 等。

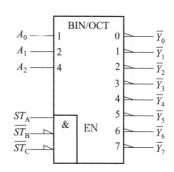

图 4-1-14 3 线-8 线译码器逻辑符号

译码器是使用比较广泛的器件之一,除上面介绍的译码器(有的称为变量译码器)外,还有码制译码器,如二-十进制译码器 CT5442/CT7442、CT54LS42/CT74LS42、CC74HC42;显示译码器等。

表 4-1-7 为 CT5442 二-十进制译码器的真值表,其逻辑符号如图 4-1-15 所示。输入端 $A_3 \sim A_0$ 为 BCD 编码地址输入,$\overline{Y}_9 \sim \overline{Y}_0$ 为低电平输出有效,在 $A_3 \sim A_0$ 为无效输入状态时,$\overline{Y}_9 \sim \overline{Y}_0$ 所有输出均为高电平。二-十进制译码器也称为 4 线-10 线译码器。

表 4-1-7 4 线-10 线译码器真值表

A_3	A_2	A_1	A_0	$\overline{Y}_0$	$\overline{Y}_1$	$\overline{Y}_2$	$\overline{Y}_3$	$\overline{Y}_4$	$\overline{Y}_5$	$\overline{Y}_6$	$\overline{Y}_7$	$\overline{Y}_8$	$\overline{Y}_9$
0	0	0	0	0	1	1	1	1	1	1	1	1	1
0	0	0	1	1	0	1	1	1	1	1	1	1	1
0	0	1	0	1	1	0	1	1	1	1	1	1	1
0	0	1	1	1	1	1	0	1	1	1	1	1	1
0	1	0	0	1	1	1	1	0	1	1	1	1	1
0	1	0	1	1	1	1	1	1	0	1	1	1	1
0	1	1	0	1	1	1	1	1	1	0	1	1	1
0	1	1	1	1	1	1	1	1	1	1	0	1	1
1	0	0	0	1	1	1	1	1	1	1	1	0	1
1	0	0	1	1	1	1	1	1	1	1	1	1	0
1	0	1	0	1	1	1	1	1	1	1	1	1	1
1	0	1	1	1	1	1	1	1	1	1	1	1	1
1	1	0	0	1	1	1	1	1	1	1	1	1	1
1	1	0	1	1	1	1	1	1	1	1	1	1	1
1	1	1	0	1	1	1	1	1	1	1	1	1	1
1	1	1	1	1	1	1	1	1	1	1	1	1	1

利用 4 块 4 线-10 线译码器和 1 块 2 线-4 线译码器,可以组成 5 输入 32 输出(5 线-32 线)译码器,如图 4-1-16 所示。输入地址中 A_4、A_3 经 2 线-4 线译码器片 I 产生 $\overline{Y}_3 \sim \overline{Y}_0$ 4 个片选通信号,分别送到 4 线-10 线译码器的 A_3 输入端,$A_2 \sim A_0$ 为 4 块 4 线-10 线译码器的地址,因而这 4 块 4 线-10 线译码器实质上完成了 3 线-8 线译码器的功能。每块只取 $\overline{Y}_0 \sim \overline{Y}_7$ 8 根输出。片 I 输出的 $\overline{Y}_0 \sim \overline{Y}_3$

片选信号,选中的那一片码制变换译码器有信号输出,未选中片输出均为高电平 **1**,由 $A_2 \sim A_0$ 地址确定选中片的哪一输出端输出低电平 **0**。

变量译码器还可以作为数据分配器使用。例如,将图 4-1-12 所示的 2 线-4 线译码器 $\overline{ST}$ 端输入数据 D, $A_1 A_0$ 作为分配地址,就构成了 4 输出的数据分配器。逻辑符号如图 4-1-17 所示。同理,如果在图 4-1-16 所示 5 线-32 线译码器中片 I 的使能端 EN 也输入数据 D

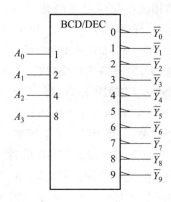

图 4-1-15   4 线-10 线译码器逻辑符号

(如图中虚线所示),则 $A_4 \sim A_0$ 地址为分配器的地址,就构成了 32 输出的数据分配器。

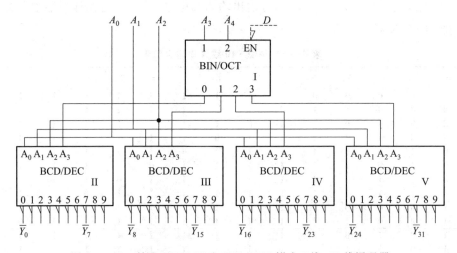

图 4-1-16   利用 BIN/OCT 和 BCD/DEC 构成 5 线-32 线译码器

在数字系统中,常常需要将被测量或数值运算结果用十进制数码显示出来。由于显示器件和显示方式不同,其译码电路也不相同。常用的是七段显示,所谓七段显示如图 4-1-18 所示。当给其中某些段落加有一定驱动电压或电流时,这些段发光,显示出相应的十进制数码。

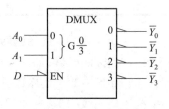

图 4-1-17   数据分配器逻辑符号

(a) 七段字形　　　　　　　　(b) 十进制数字

图 4-1-18　七段显示的数字图形

把输入的二-十进制代码转换成十进制数码各段驱动信号的电路为显示译码器。图 4-1-19 所示电路为七段显示译码器的电路原理图。其中 A_3、A_2、A_1、A_0 为 BCD 码输入信号；$Y_a \sim Y_g$ 为译码器的 7 个输出(高电平有效)。

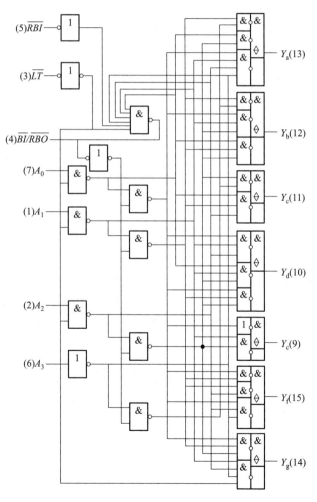

图 4-1-19　七段显示译码器逻辑图

当 $\overline{LT}$、$\overline{RBI}$、$\overline{BI/RBO}$ 均为 **1** 时，由图 4-1-18 可得出

$$Y_a = \overline{\overline{A_3 A_1}} \cdot \overline{\overline{A_2 \overline{A_0}}} \cdot \overline{\overline{A_3 \overline{A_2} \overline{A_1} A_0}}$$

$$Y_b = \overline{\overline{A_3 A_1}} \cdot \overline{\overline{A_2 \overline{A_1} A_0}} \cdot \overline{\overline{A_2 A_1 \overline{A_0}}}$$

$$Y_c = \overline{\overline{A_3 A_2}} \cdot \overline{\overline{\overline{A_2} A_1 \overline{A_0}}}$$

$$Y_d = \overline{\overline{\overline{A_2} \overline{A_1} A_0}} \cdot \overline{\overline{A_2 \overline{A_1} \overline{A_0}}} \cdot \overline{\overline{A_2 A_1 A_0}} \qquad (4\text{-}1\text{-}6)$$

$$Y_e = \overline{\overline{A_2 \overline{A_1}}} \cdot \overline{A_0}$$

$$Y_f = \overline{\overline{A_1 A_0}} \cdot \overline{\overline{A_2 A_1}} \cdot \overline{\overline{A_3 \overline{A_2} A_0}}$$

$$Y_g = \overline{\overline{A_3 \overline{A_2} \overline{A_1}}} \cdot \overline{\overline{A_2 A_1 A_0}}$$

$\overline{LT}$ 为灯测试输入。当 $\overline{LT} = \mathbf{0}$（低电平有效）且 $\overline{BI} = \mathbf{1}$（无效）时，不论 $A_3 \sim A_0$ 状态如何，输出 $Y_a \sim Y_g$ 全部为高电平，可以使被驱动的数码管七段同时点亮。因此，$\overline{LT} = \mathbf{0}$ 可以检查数码管的各段是否能正常发光。

$\overline{BI/RBO}$ 是双重功能的端口，既可以作为输入信号 $\overline{BI}$ 端口，又可以作为输出信号 $\overline{RBO}$ 端口。$\overline{BI}$ 为消隐输入。当 $\overline{BI} = \mathbf{0}$（低电平有效）时，不论 $\overline{LT}$、$\overline{RBI}$ 及输入 $A_3 \sim A_0$ 为何值，输出 $Y_a \sim Y_g$ 全部为低电平，使七段显示处于熄灭状态（全黑、不显示）。$\overline{RBO}$ 为灭零输出。

$\overline{RBI}$ 为灭零输入。有时，不希望数码 0 显示出来，例如，在小数点前面只要有一个 0 就可以了，多余的 0 可以用 $\overline{RBI}$ 信号熄灭。即当 $\overline{LT} = \mathbf{1}$（无效），$\overline{RBI} = \mathbf{0}$（低电平有效），且 $A_3 A_2 A_1 A_0 = \mathbf{0000}$ 时，使 $Y_a \sim Y_g$ 均为 **0**，显示器不显示 0，而 $A_3 \sim A_0$ 输入为其他数码时，显示器均能正常显示对应数码。$\overline{RBI}$ 只熄灭数码 0，不熄灭其他数码。

表 4-1-8 为七段显示译码器功能表。图 4-1-20 所示为七段显示译码器逻辑符号。

表 4-1-8　七段显示译码器功能表

十进制或功能	输　　入						$\overline{BI/RBO}$	输　　出							字形
	$\overline{LT}$	$\overline{RBI}$	A_3	A_2	A_1	A_0		Y_a	Y_b	Y_c	Y_d	Y_e	Y_f	Y_g	
0	**1**	**1**	**0**	**0**	**0**	**0**	**1**	**1**	**1**	**1**	**1**	**1**	**1**	**0**	0
1	**1**	×	**0**	**0**	**0**	**1**	**1**	**0**	**1**	**1**	**0**	**0**	**0**	**0**	1
2	**1**	×	**0**	**0**	**1**	**0**	**1**	**1**	**1**	**0**	**1**	**1**	**0**	**1**	2
3	**1**	×	**0**	**0**	**1**	**1**	**1**	**1**	**1**	**1**	**1**	**0**	**0**	**1**	3

续表

十进制或功能	输入						$\overline{BI}/\overline{RBO}$	输出							字形
	$\overline{LT}$	$\overline{RBI}$	A_3	A_2	A_1	A_0		Y_a	Y_b	Y_c	Y_d	Y_e	Y_f	Y_g	
4	1	×	0	1	0	0	1	0	1	1	0	0	1	1	ч
5	1	×	0	1	0	1	1	1	0	1	1	0	1	1	5
6	1	×	0	1	1	0	1	0	0	1	1	1	1	1	Ь
7	1	×	0	1	1	1	1	1	1	1	0	0	0	0	٦
8	1	×	1	0	0	0	1	1	1	1	1	1	1	1	8
9	1	×	1	0	0	1	1	1	1	1	0	0	1	1	9
10	1	×	1	0	1	0	1	0	0	0	1	1	0	1	⊏
11	1	×	1	0	1	1	1	0	0	1	1	0	0	1	⊐
12	1	×	1	1	0	0	1	0	1	0	0	0	1	1	Ս
13	1	×	1	1	0	1	1	1	0	0	1	0	1	1	⊏
14	1	×	1	1	1	0	1	0	0	0	1	1	0	1	Ł
15	1	×	1	1	1	1	1	0	0	0	0	0	0	0	
消隐	×	×	×	×	×	×	0	0	0	0	0	0	0	0	
脉冲消隐	1	0	0	0	0	0	0	0	0	0	0	0	0	0	
灯测试	0	×	×	×	×	×	1	1	1	1	1	1	1	1	8

将$\overline{BI}/\overline{RBO}$和$\overline{RBI}$配合使用,很容易实现多位数码显示的灭零控制。图 4-1-21 所示为一个数码显示系统。图中,片Ⅰ(最高位,百位)的$\overline{RBI}$接地,把片Ⅰ的$\overline{BI}/\overline{RBO}$和片Ⅱ(十位)的$\overline{RBI}$的相连,片Ⅲ(个位)的$\overline{RBI}$接高电平(5 V),片Ⅵ(最低位,1/1 000 位)的$\overline{RBI}$接地,把片Ⅵ的$\overline{BI}/\overline{RBO}$和片Ⅴ(1/100 位)的$\overline{RBI}$相连,片Ⅳ的$\overline{RBI}$接高电平(5 V)。这样就会使不希望显示的 0 熄灭。例如,若要显示"5.6"而不希望显示"005.600"。由于片Ⅰ,片Ⅱ的输入数码 $A_3A_2A_1A_0$ 均为 0000;而片Ⅰ的$\overline{RBI}=$0,它的输出$\overline{BI}/\overline{RBO}=\overline{\overline{A_3}\,\overline{A_2}\,\overline{A_1}\,\overline{A_0}\cdot \overline{RBI}\cdot \overline{LT}}$为0,所以片Ⅱ处于灭零状态,这样百位、十位的0 均被熄灭;片Ⅴ、Ⅵ的灭零原理和片Ⅰ、Ⅱ相似,因此只显示"5.6"而不会显示"005.600"。图 4-1-21 所示系统中还用了一个占空比约

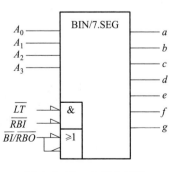

图 4-1-20　七段显示译码器逻辑符号

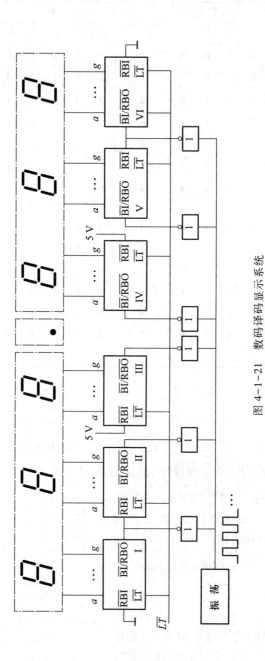

图 4-1-21 数码译码显示系统

为 50% 的多谐振荡器与 $\overline{BI}/\overline{RBO}$ 相连接,其目的是可实现"亮度调制"。显示器在振荡波形作用下,间隙地闪现数码。改变脉冲波形宽度可以控制闪现的时间。

显示译码电路是最常用的功能器件,有许多中规模集成器件,例如 CT5448/CT7448、CT54LS48/CT74LS48;CT5449/CT7449、CT54LS49/CT74LS49;CT54246/CT74246;CT54247/CT74247、CT54LS247/CT74LS247;CT54248/CT74248、CT54LS248/CT74LS248;CT54249/CT74249、CT54LS249/CT74LS249 以 及 CC4513、CC4547、CC4055 等。

4.1.4 数值比较器

能完成比较两个数字的大小或是否相等的各种逻辑电路统称为数值比较器。其通用逻辑符号如图 4-1-22 所示。

分析图 4-1-23 所示电路。由图可以写出

$$F_{A>B} = A \cdot \overline{AB} = A\overline{B}$$

$$F_{A=B} = \overline{\overline{AAB} + B\overline{AB}} + \overline{A}\,\overline{B} + AB = A \odot B \qquad (4\text{-}1\text{-}7)$$

$$F_{A<B} = B\overline{AB} = \overline{A}B$$

列出其真值表,如表 4-1-9 所示。由真值表可见,该电路完成了 1 位二进制数 A 和 B 的数值大小的比较。

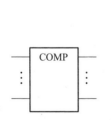

图 4-1-22 数值比较器通用符号

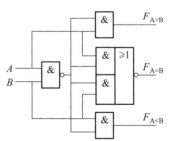

图 4-1-23 1 位数值比较器

表 4-1-9 图 4-1-23 所示电路真值表

输　　入		输　　出		
A	B	$F_{A>B}$	$F_{A=B}$	$F_{A<B}$
0	0	0	1	0
0	1	0	0	1
1	0	1	0	0
1	1	0	1	0

在 1 位数值比较电路的基础上构成了如图 4-1-24 所示的 4 位数值并行比较器。该电路共有 11 个输入端,其中 $A_3 \sim A_0$、$B_3 \sim B_0$ 是两个待比较的 4 位二进制数,$A>B$、$A=B$、$A<B$ 3 个输入端为级联输入端。$F_{A>B}$、$F_{A=B}$、$F_{A<B}$ 为比较结果输出端。其功能如表 4-1-10 所示。

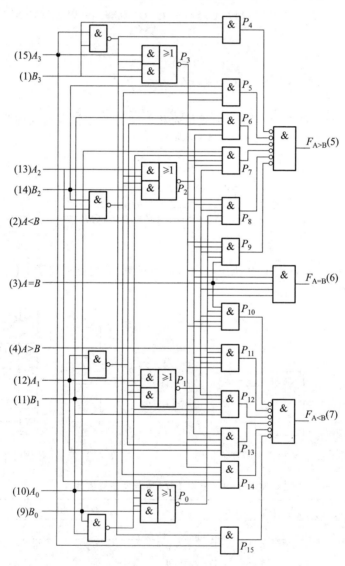

图 4-1-24　4 位数值并行比较器

表 4-1-10 4 位数值比较器真值表

输 入							输 出		
A_3 B_3	A_2 B_2	A_1 B_1	A_0 B_0	$A>B$	$A<B$	$A=B$	$F_{A>B}$	$F_{A<B}$	$F_{A=B}$
$A_3>B_3$	× ×	× ×	× ×	×	×	×	**1**	**0**	**0**
$A_3<B_3$	× ×	× ×	× ×	×	×	×	**0**	**1**	**0**
$A_3=B_3$	$A_2>B_2$	× ×	× ×	×	×	×	**1**	**0**	**0**
$A_3=B_3$	$A_2<B_2$	× ×	× ×	×	×	×	**0**	**1**	**0**
$A_3=B_3$	$A_2=B_2$	$A_1>B_1$	× ×	×	×	×	**1**	**0**	**0**
$A_3=B_3$	$A_2=B_2$	$A_1<B_1$	× ×	×	×	×	**0**	**1**	**0**
$A_3=B_3$	$A_2=B_2$	$A_1=B_1$	$A_0>B_0$	×	×	×	**1**	**0**	**0**
$A_3=B_3$	$A_2=B_2$	$A_1=B_1$	$A_0<B_0$	×	×	×	**0**	**1**	**0**
$A_3=B_3$	$A_2=B_2$	$A_1=B_1$	$A_0=B_0$	**1**	**0**	**0**	**1**	**0**	**0**
$A_3=B_3$	$A_2=B_2$	$A_1=B_1$	$A_0=B_0$	**0**	**1**	**0**	**0**	**1**	**0**
$A_3=B_3$	$A_2=B_2$	$A_1=B_1$	$A_0=B_0$	**0**	**0**	**1**	**0**	**0**	**1**

由图可见(暂不考虑级联输入信号)

$$P_3 = \overline{\overline{\overline{A_3 B_3} \cdot A_3} + \overline{\overline{A_3 B_3} \cdot B_3}} = \overline{A_3 \bar{B_3} + \bar{A_3} B_3} = A_3 \odot B_3$$

同理

$$P_2 = A_2 \odot B_2$$

$$P_1 = A_1 \odot B_1$$

$$P_0 = A_0 \odot B_0$$

输出 $$F_{A=B} = P_0 \cdot P_1 \cdot P_2 \cdot P_3 \qquad (4-1-8)$$

说明只有 $A_3=B_3$, $A_2=B_2$, $A_1=B_1$, $A_0=B_0$ 时, $F_{A=B}=1$。

$$P_4 = B_3 \overline{A_3 B_3} = \bar{A_3} B_3$$

$$P_5 = B_2 \overline{A_2 B_2}(A_3 \odot B_3) = \bar{A_2} B_2(A_3 \odot B_3)$$

$$P_6 = B_1 \overline{A_1 B_1}(A_3 \odot B_3)(A_2 \odot B_2) = \bar{A_1} B_1(A_3 \odot B_3)(A_2 \odot B_2)$$

$$P_7 = B_0 \overline{A_0 B_0}(A_3 \odot B_3)(A_2 \odot B_2)(A_1 \odot B_1) =$$
$$\bar{A_0} B_0(A_3 \odot B_3)(A_2 \odot B_2)(A_1 \odot B_1)$$

输出 $$F_{A>B} = \bar{P_4} \cdot \bar{P_5} \cdot \bar{P_6} \cdot \bar{P_7} \qquad (4-1-9)$$

由此可见,只要 $A_3>B_3$,则 $P_4=0$, $\bar{P_4}=1$,而此时 $A_3 \odot B_3 = 0$,所以不论 A_2、B_2、A_1、

B_1、A_0、B_0 为何数值,都使 $\overline{P}_5 = \mathbf{1}$,$\overline{P}_6 = \mathbf{1}$,$\overline{P}_7 = \mathbf{1}$,故 $F_{A>B}$ 输出为 $\mathbf{1}$。在 $A_3 = B_3$ 的情况下,$P_4 = \mathbf{0}$,$\overline{P}_4 = \mathbf{1}$,只要 $A_2 > B_2$,则 $P_5 = \mathbf{0}$,$\overline{P}_5 = \mathbf{1}$,而此时 $A_2 \odot B_2 = \mathbf{0}$,所以不论 A_1、B_1、A_0、B_0 为何数值,都使 $\overline{P}_6 = \mathbf{1}$,$\overline{P}_7 = \mathbf{1}$,也使 $F_{A>B} = \mathbf{1}$……如此逐位比较下去。

同理,可以分析出

$$P_{15} = A_3 \overline{B}_3$$
$$P_{14} = A_2 \overline{B}_2 (A_3 \odot B_3)$$
$$P_{13} = A_1 \overline{B}_1 (A_3 \odot B_3)(A_2 \odot B_2)$$
$$P_{12} = A_0 \overline{B}_0 (A_3 \odot B_3)(A_2 \odot B_2)(A_1 \odot B_1)$$

输出
$$F_{A<B} = \overline{P}_{15} \cdot \overline{P}_{14} \cdot \overline{P}_{13} \cdot \overline{P}_{12} \tag{4-1-10}$$

由此可得出其真值表如表 4-1-10 所示。由表可见,4 位数值比较器是由高位开始比较,逐位进行。若最高位已比较出大小,则以后各位大小都对比较结果没有影响;如果最高位相等,则比较次高位;同理,次高位已比较出大小,则以后各位大小对结果没有影响。如果 4 位比较结果都相等,则再看级联信号输入。级联输入信号由低位比较器的输出而来。

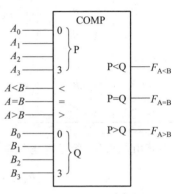

图 4-1-25　4 位数值
比较器逻辑符号

4 位数值比较器的逻辑符号如图 4-1-25 所示。

利用级联输入端,可以扩展数值比较的位数。图 4-1-26 所示为两片 4 位数值比较器扩展为 8 位数值比较器的逻辑图。低位片级联输入 $A>B$、$A<B$ 置 $\mathbf{0}$,$A=B$ 置 $\mathbf{1}$。

常用的集成 4 位数值比较器有 CT5485/CT7485、CT54S85/CT74S85、CT54LS85/CT74LS85、CC4063 等。

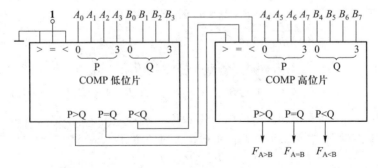

图 4-1-26　4 位数值比较器扩展成 8 位数值比较器

4.1.5 数据选择器

在多路数据传送过程中,有时需要将多路数据中任一路信号挑选出来,完成这种功能的逻辑电路称作数据选择器。数据选择器的通用逻辑符号如图 4-1-27 所示。图 4-1-28 所示为双 4 选 1 数据选择器。

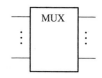

图 4-1-27 数据选择器通用逻辑符号

该电路由反相器和传输门组成,以虚线分成上、下完全相同的两部分。它们有公共输入端 A_1、A_0,当 $A_1 = 0$ 时,传输门 TG5(TG5′)导通,传输门 TG6(TG6′)关断;当 $A_1 = 1$ 时,则反之。当 $A_0 = 0$ 时,传输门 TG1(TG1′)、TG3(TG3′)导通,传输门 TG2(TG2′)、TG4(TG4′)关断;当 $A_0 = 1$ 时,则反之。由此可以分析出 $A_1 A_0$ 的 4 种组合情况下电路的工作情况,如表 4-1-11 所示。由此可以写出函数表达式为

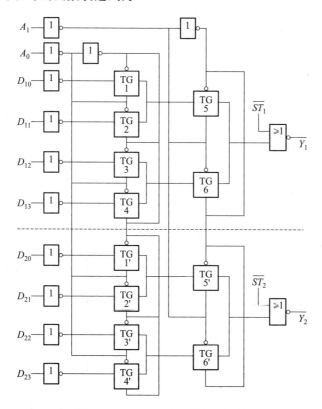

图 4-1-28 双 4 选 1 数据选择器

$$Y_1 = \overline{A}_1 \overline{A}_0 D_{10} + \overline{A}_1 A_0 D_{11} + A_1 \overline{A}_0 D_{12} + A_1 A_0 D_{13}$$
$$Y_2 = \overline{A}_1 \overline{A}_0 D_{20} + \overline{A}_1 A_0 D_{21} + A_1 \overline{A}_0 D_{22} + A_1 A_0 D_{23}$$

$$(4\text{-}1\text{-}11)$$

表 4-1-11　双 4 选 1 数据选择器工作状态表

$\overline{ST}_1(\overline{ST}_2)$	A_1	A_0	TG1 (1′)	TG2 (2′)	TG3 (3′)	TG4 (4′)	TG5 (5′)	TG6 (6′)	Y_1	(Y_2)
1	×		×	×	×	×	×	×	**0**	**(0)**
0	**0**	**0**	通	断	通	断	通	断	D_{10}	(D_{20})
0	**0**	**1**	断	通	断	通	通	断	D_{11}	(D_{21})
0	**1**	**0**	通	断	通	断	断	通	D_{12}	(D_{22})
0	**1**	**1**	断	通	断	通	断	通	D_{13}	(D_{23})

假设 $A_1 A_0$ 称为输入地址代码,$D_3 \sim D_0$ 为 4 路数据输入端,通过 $A_1 A_0$ 的 4 种组合,即可以从 $D_3 \sim D_0$ 4 路数据中选出 1 路送到输出端,起到数据选择的作用。图中 $\overline{ST}_1(\overline{ST}_2)$ 为选通端,低电平有效。

双 4 选 1 数据选择器的逻辑符号如图 4-1-29 所示。图中 G 为与关联符号,其含义详见附录三。

常用的还有 8 选 1 数据选择器,如 CT54151/CT74151、CT54S151/CT74S151、CT54LS151/CT74LS151、CT54152/CT74152、CC4512 等。

例如 CT54S151/CT74S151 为互补输出的 8 选 1 数据选择器,数据选择端(地址端)为 $A_2 \sim A_0$,按二进制译码,从 8 个输入数据 $D_0 \sim D_7$ 中选择 1 个需要的数据。$\overline{ST}$ 为选通端,低电平有效。8 选 1 数据选择器的逻辑符号如图 4-1-30 所示,真值表如表 4-1-12 所示。由真值表可以写出其函数表达式为

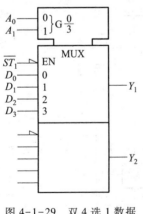

图 4-1-29　双 4 选 1 数据
选择器逻辑符号

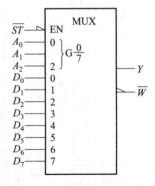

图 4-1-30　8 选 1 数据
选择器逻辑符号

$$Y = \bar{A}_2\bar{A}_1\bar{A}_0 D_0 + \bar{A}_2\bar{A}_1 A_0 D_1 + \bar{A}_2 A_1 \bar{A}_0 D_2 + \bar{A}_2 A_1 A_0 D_3 +$$
$$A_2\bar{A}_1\bar{A}_0 D_4 + A_2\bar{A}_1 A_0 D_5 + A_2 A_1 \bar{A}_0 D_6 + A_2 A_1 A_0 D_7$$
$$\bar{W} = \bar{A}_2\bar{A}_1\bar{A}_0 \bar{D}_0 + \bar{A}_2\bar{A}_1 A_0 \bar{D}_1 + \bar{A}_2 A_1 \bar{A}_0 \bar{D}_2 + \bar{A}_2 A_1 A_0 \bar{D}_3 + \tag{4-1-12}$$
$$A_2\bar{A}_1\bar{A}_0 \bar{D}_4 + A_2\bar{A}_1 A_0 \bar{D}_5 + A_2 A_1 \bar{A}_0 \bar{D}_6 + A_2 A_1 A_0 \bar{D}_7$$

表 4-1-12　8 选 1 数据选择器真值表

$\overline{ST}$	A_2	A_1	A_0	Y	$\overline{W}$
1	×	×	×	0	1
0	0	0	0	D_0	$\bar{D}_0$
0	0	0	1	D_1	$\bar{D}_1$
0	0	1	0	D_2	$\bar{D}_2$
0	0	1	1	D_3	$\bar{D}_3$
0	1	0	0	D_4	$\bar{D}_4$
0	1	0	1	D_5	$\bar{D}_5$
0	1	1	0	D_6	$\bar{D}_6$
0	1	1	1	D_7	$\bar{D}_7$

　　利用选通端 $\overline{ST}$ 可以实现功能扩展。图 4-1-31 所示为由 4 片 8 选 1 数据选择器和 1 片 4 选 1 数据选择器构成的 32 选 1 数据选择器电路。是数据扩展的一种结构形式。当 $A_4 A_3 = 00$ 时，由 $A_2 \sim A_0$ 选择片 I 输入 $D_0 \sim D_7$ 中数据；$A_4 A_3 = 01$ 时，由 $A_2 \sim A_0$ 选择片 II 中输入 $D_8 \sim D_{15}$ 中数据；$A_4 A_3 = 10$ 时，由 $A_2 \sim A_0$ 选择片 III 输入 $D_{16} \sim D_{23}$ 中数据；$A_4 A_3 = 11$ 时，由 $A_2 \sim A_0$ 选择片 IV 输入 $D_{24} \sim D_{31}$ 中数据。

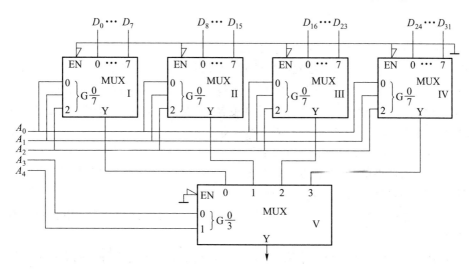

图 4-1-31　8 选 1 扩展成 32 选 1 的一种结构

上面在介绍组合逻辑电路的分析方法的同时介绍了一些常用中规模集成电路：全加器、译码器、编码器、数据选择器、数值比较器的原理和功能。中规模集成器件都是具有一定专用功能的器件，在选择和使用这些器件时，不必研究其内部的逻辑结构，只需要仔细分析其功能表（真值表），了解器件的主要功能以及一些使能端的正确使用方法即可。

4.2 组合逻辑电路设计

组合逻辑电路的设计，就是如何根据逻辑功能的要求及器件资源情况，设计出实现该功能的最佳电路。要实现一个逻辑功能的要求，可以采用小规模集成门电路实现，也可采用中规模集成器件或存储器、可编程逻辑器件来实现。本节只讨论采用小规模及中规模器件构成组合逻辑电路的设计方法。

4.2.1 采用小规模集成器件的组合逻辑电路设计

采用小规模集成逻辑器件设计组合逻辑电路的一般步骤如图 4-2-1 所示。

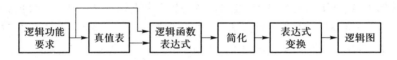

图 4-2-1 组合逻辑电路的设计步骤

首先将逻辑功能要求抽象成真值表的形式。由真值表可以很方便地写出逻辑函数的表达式。在采用小规模器件时，通常将函数化简成最简与-或表达式，使其包含的乘积项最少，且每个乘积项所包含的因子数也最少。最后根据所采用的器件的类型进行适当的函数表达式变换，如变换成与非-与非表达式、或非-或非表达式、与或非表达式及异或表达式等。

必须说明的是，有时由于输入变量的条件（如只有原变量输入，没有反变量输入）、采用器件的条件（如在一块集成器件中包含多个基本门）等因素，采用最简与-或式实现电路，不一定是最佳电路结构。

下面通过一些例题说明采用小规模集成逻辑器件设计组合逻辑电路的基本方法。

例 4-1 有一火灾报警系统，设有烟感、温感和紫外光感三种不同类型的火灾探测器。为了防止误报警，只有当其中两种或两种类型以上的探测器发出火灾探测信号时,报警系统才产生报警控制信号,试设计产生报警控制信号的电路。

解

由于探测器发出的火灾探测信号有两种可能,一种为高电平,表示有火灾;一种为低电平,表示无火灾。报警控制信号也只有两种可能,一种是高电平,表示有火灾报警;一种是低电平,表示正常无火灾报警。因此,令 A、B、C 分别代表烟感、温感、紫外光感三种探测器的探测信号,为报警控制电路的输入,以 **1** 表示高电平,**0** 表示低电平;令 F 为报警控制电路的输出,以 **1** 表示高电平,**0** 表示低电平。则可得到如表 4-2-1 所示真值表。

表 4-2-1 例 4-1 真值表

A	B	C	F
0	0	0	0
0	0	1	0
0	1	0	0
0	1	1	1
1	0	0	0
1	0	1	1
1	1	0	1
1	1	1	1

由表 4-2-1 可写出函数表达式

$$F = \bar{A}BC + A\bar{B}C + AB\bar{C} + ABC \tag{4-2-1}$$

利用卡诺图化简,如图 4-2-2 所示。得到最简与-或式

$$F = AB + AC + BC \tag{4-2-2}$$

若采用**与非**器件,则可以对式(4-2-2)两次求反,变换成**与非-与非**表达式

$$F = \overline{\overline{AB + AC + BC}} = \overline{\overline{AB} \cdot \overline{AC} \cdot \overline{BC}} \tag{4-2-3}$$

根据式(4-2-3)可以画出采用**与非**器件组成的逻辑电路,如图 4-2-3 所示。

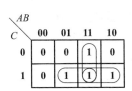

图 4-2-2 例 4-1 卡诺图

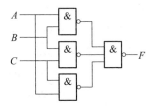

图 4-2-3 例 4-1 与非
结构逻辑图

若采用**或非**器件,则可对式(4-2-2)进行代数变换,得到**或-与**式,再对**或-与**式两次求反,变换成**或非-或非**表达式,即

$$F=AB+AC+BC=A(B+C)+BC=(A+BC)(B+C)=$$
$$(A+B)(A+C)(B+C) \qquad (4-2-4)$$

两次求反,得到

$$F=\overline{\overline{(A+B)(A+C)(B+C)}}=\overline{\overline{A+B}+\overline{A+C}+\overline{B+C}} \qquad (4-2-5)$$

按式(4-2-5),可以画出由**或非**门组成的逻辑电路,如图 4-2-4 所示。当然采用**或非**器件时,也可以通过对卡诺图中 **0** 格简化得到式(4-2-4)所表示的最简**或-与**式。

将式(4-2-5)变换成如下形式

$$F=\overline{\overline{A+B}+\overline{A+C}+\overline{B+C}}=\overline{\overline{\overline{A}\,\overline{B}}+\overline{\overline{A}\,\overline{C}}+\overline{\overline{B}\,\overline{C}}} \qquad (4-2-6)$$

按式(4-2-6),可以画出采用**与或非**器件组成的逻辑图,如图 4-2-5 所示。

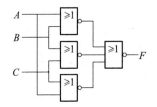

图 4-2-4   例 4-1 **或非**结构逻辑图

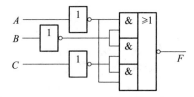

图 4-2-5   例 4-1 **与或非**结构逻辑图

例 4-2   在只有原变量输入,没有反变量输入条件下,用**与非**门实现函数
$$F(A,B,C,D)=\sum m(4,5,6,7,8,9,10,11,12,13,14)$$

解

用卡诺图对函数进行化简,如图 4-2-6 所示。化简结果为

$$F=A\overline{B}+\overline{A}B+B\overline{C}+A\overline{D} \qquad (4-2-7)$$

两次求反,得到

$$F=\overline{\overline{A\overline{B}}\cdot\overline{\overline{A}B}\cdot\overline{B\overline{C}}\cdot\overline{A\overline{D}}} \qquad (4-2-8)$$

如果既有原变量输入,又有反变量输入,则可画出如图 4-2-7 所示的逻辑电路。现在没有反变量输入,所以其逻辑电路如图 4-2-8(a)所示。第 1 级反相器用来产生反变量,比图 4-2-7 多了 1 级门,为 3 级门的电路结构。

但是,图 4-2-8(a)所示电路不是最佳结果。如果对式(4-2-7)进行合并

$$F=A\overline{B}+\overline{A}B+B\overline{C}+A\overline{D}=A(\overline{B}+\overline{D})+B(\overline{A}+\overline{C})$$
$$=\overline{\overline{AB}D}+\overline{\overline{BA}C}=\overline{\overline{AB}D}\cdot\overline{\overline{BA}C} \qquad (4-2-9)$$

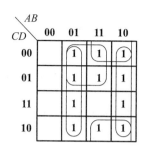

图 4-2-6　例 4-2 卡诺图

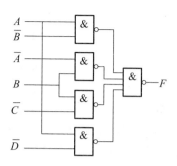

图 4-2-7　例 4-2 既有原变量输入，又有反变量输入时**与非**结构逻辑图

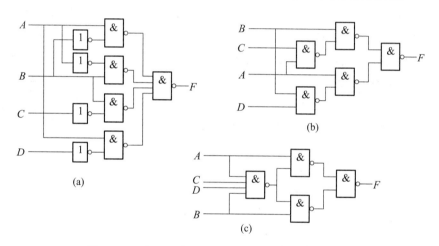

图 4-2-8　例 4-2 只有原变量输入时**与非**结构逻辑图

按式(4-2-9)，可以画出图 4-2-8(b)所示的逻辑图。它也是 3 级门结构，比图(a)少了 4 个反相器。

如果对式(4-2-7)进行一些代数处理，因为在式(4-2-7)中，有

$$\overline{A}B+A\overline{D}=\overline{A}B+A\overline{D}+B\overline{D}$$

$$A\overline{B}+B\overline{C}=A\overline{B}+B\overline{C}+A\overline{C}$$

$B\overline{D}$ 和 $A\overline{C}$ 为化简中的多余项，这里称为生成项，加入这些生成项后，函数值不会改变，因此，式(4-2-7)变为

$$F=\overline{A}B+A\overline{B}+A\overline{D}+B\overline{C}+B\overline{D}+A\overline{C} \tag{4-2-10}$$

对式(4-2-10)进行合并

$$F = A(\bar{B} + \bar{C} + \bar{D}) + B(\bar{A} + \bar{C} + \bar{D})$$

$$= \overline{ABCD} + \overline{BACD}$$

$$= \overline{AABCD} + \overline{BABCD} \qquad (4\text{-}2\text{-}11)$$

$$= \overline{\overline{AABCD} \cdot \overline{BABCD}}$$

由式(4-2-11)可以画出如图 4-2-8(c)所示的逻辑图。它也是 3 级门结构。只需要 4 个与非门,就实现了 F 函数。显然,图(c)是最佳结果。

由此例可以看出,在没有反变量输入的条件下,组合电路的结构为 3 级门结构,其中第 1 级为输入级,**与非门**器件的多少,取决于函数中乘积项所包含的尾部因子种类的多少。所谓尾部因子是指每个乘积项中带非号部分的因子。如式(4-2-8)中有尾部因子 $\bar{A}$、$\bar{B}$、$\bar{C}$、$\bar{D}$ 4 种类型,所以在图 4-2-8(a)所示电路中输入级需 4 个反相器;在式(4-2-9)中有 2 种尾部因子 $\overline{AC}$、$\overline{BD}$,因此图 4-2-8(b)所示电路中输入级含 2 个**与非门**;而在式(4-2-11)中只有 1 种尾部因子 $\overline{ABCD}$,因此图 4-2-8(c)所示电路中输入级只需 1 个**与非门**。第 2 级为中间级或称为**与项级**,它们包含器件的多少,取决于乘积项的多少。式(4-2-7)由 4 个乘积项组成,所以图 4-2-8(a)中第 2 级需 4 个**与非门**,式(4-2-9)和式(4-2-11)均由 2 个乘积项组成,所以第 2 级含两个**与非门**。第 3 级为输出级或称为**或项级**。

因此,在只有原变量输入、而没有反变量输入的条件下,为了获得最佳设计结果,应尽可能地通过乘积项的合并来减少第 2 级器件数;同时尽可能减少尾部因子的种类,以减少第 1 级的器件数。

一般采取下列步骤进行设计:

第一步　用卡诺图化简逻辑函数,得最简与-或式。

第二步　利用公式 $AB + \bar{A}C = AB + \bar{A}C + BC$,寻找所有的生成项 BC,将加入后能进行合并的有用生成项,加入到原最简式中进行乘积项合并。能进行合并的乘积项指除尾部因子之外的其他变量因子完全相同的乘积项,例如,$AB\bar{C}$ 和 $AB\bar{D}$,这两个乘积项除尾部因子 $\bar{C}$ 和 $\bar{D}$ 以外,其他变量因子 AB 完全相同,则可以合并为 $AB\overline{CD}$,而 $AB\bar{C}$ 和 $AE\bar{D}$,这两个乘积项除尾部因子以外,变量因子 AB 和 AE 不相同,所以 $AB\bar{C}$ 和 $AE\bar{D}$ 两个乘积项不能合并。根据这个原则选取有用生成项,加入到最简式中进行乘积项合并。

第三步　进行尾部因子变换,尽可能减少尾部因子种类。例如,乘积项 $AB\bar{C}$ 和乘积项 $AC\bar{B}$,则可以变换成 $AB\overline{BC}$ 和 $AC\overline{BC}$,以使原来两种尾部因子 $\bar{C}$、$\bar{B}$ 变换为一种尾部因子 $\overline{BC}$。

第四步　两次求反,得到**与非-与非**表达式。

第五步　画出逻辑电路图。

采用**或非**器件实现只有原变量输入条件下的组合电路,可以由其对偶函数的最小项表达式按上述步骤进行设计。

例 4-3　在只有原变量输入条件下,采用**或非**门实现函数
$$F(A,B,C,D)=\sum m(0,5,7,11,12,13,15)$$

解

第一步　首先求 $F^*(A,B,C,D)$ 最小项表达式。

由 $F(A,B,C,D)=\sum m(0,5,7,11,12,13,15)$,则 $\overline{F}(A,B,C,D)=\sum m(1,2,3,4,6,8,9,10,14)$,$\overline{F}$ 由 2^n 个最小项中除去 F 中已包含的最小项以外的全部最小项组成。

$F^*(A,B,C,D)=\sum m(14,13,12,11,9,7,6,5,1)$,$F^*$ 中的最小项与 $\overline{F}$ 中最小项一一对应。若 $\overline{F}$ 中最小项号码为 i,则 F^* 中有号码为 $(2^n-1)-i$ 的最小项。

通过如图 4-2-9 所示的 F^* 卡诺图的化简,得到
$$F^*=\overline{C}D+\overline{A}BC+AB\overline{D}+\overline{A}B\overline{D} \quad (4\text{-}2\text{-}12)$$

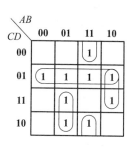

图 4-2-9　例 4-3 卡诺图

第二步　寻找全部生成项,进行乘积项合并。
由式(4-2-12)可见
$$\overline{C}D+\overline{A}BC=\overline{C}D+\overline{A}BC+\overline{A}BD$$
$$\overline{C}D+AB\overline{D}=\overline{C}D+AB\overline{D}+AB\overline{C}$$
$$\overline{A}BC+AB\overline{D}=\overline{A}BC+AB\overline{D}+BC\overline{D}$$

一共有 3 个生成项,其中 $\overline{A}BD$ 找不到可以和其合并的乘积项,所以为无用生成项,而 $AB\overline{C}$ 和 $BC\overline{D}$ 均能与其他乘积项合并,为有用生成项。将有用生成项加入到最简式(4-2-12)中,则

$$F^*=\overline{C}D+\overline{A}BC+AB\overline{D}+\overline{A}B\overline{D}+AB\overline{C}+BC\overline{D}=$$
$$\overline{C}D+BC\overline{A}\overline{D}+AB\overline{C}\overline{D}+A\overline{D}B \quad (4\text{-}2\text{-}13)$$

第三步　减少尾部因子种类。

对式(4-2-13)进行尾部因子的变换,寻找相同的尾部因子
$$F^*=\overline{C}D+BC\overline{A}\overline{D}+AB\overline{C}D+A\overline{D}B=$$
$$DC\overline{D}+BCABD+AB\overline{C}D+A\overline{D}ABD \quad (4\text{-}2\text{-}14)$$

式(4-2-14)与式(4-2-13)相比较,由 4 种尾部因子减少到 2 种。再对 F^* 求对偶,则

$$F=(F^*)^*=(D+\overline{C+D})(B+C+\overline{A+B+D})(A+B+\overline{C+D})(A+D+\overline{A+B+D})$$

第四步　两次求反,得到

$$F = \overline{\overline{\overline{\overline{D+\overline{C}+\overline{D}+B+\overline{C}}+A+B+D}+\overline{A+B+\overline{C}+D}+A+D} \cdot \overline{A+B+D}} \tag{4-2-15}$$

由式(4-2-15)画出实现例 4-3 的逻辑电路,如图 4-2-10 所示。

最后说明采用**异或**器件实现只有原变量输入的组合电路的方法。

由式(2-1-51)、式(2-1-52)可知,任意最小(大)项标准式均可转换成**异或**、**同或**的标准式。因此任意函数均可化简成**异或**、**同或**的化简式,采用**异或**、**同或**器件实现。

求**异或**的化简式,可由式(2-1-41)~(2-1-42′)及逻辑代数定律进行化简。也可由卡诺图化简,然后通过 $1 \oplus A = \overline{A}$,及重叠律 $A \oplus A = 0$ 转换成只含原变量的**异或**化简式。

例 4-4　在只有原变量输入的条件下,用**与门**及**异或门**实现函数

$$F(a,b,c,d) = \sum m(0,1,6,7,8,9,11,12,13)$$

解

首先求出 F 函数的最简**异或**式。其卡诺图如图 4-2-11 所示。注意,由于**异或**重叠的含义以及最小项 $m_i m_j = 0$ 的性质,为了直接写成**异或**形式,在卡诺图简化圈图时,两圈不能重叠。由卡诺图化简得

$$F = a\,\overline{c} \oplus \overline{a}\,\overline{b}\,\overline{c} \oplus \overline{a}bc \oplus a\,\overline{b}cd$$

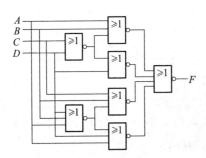

图 4-2-10　例 4-3 逻辑电路

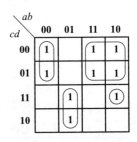

图 4-2-11　例 4-4 卡诺图

利用 $1 \oplus A = \overline{A}$ 消去反变量,有

$$F = a(1 \oplus c) \oplus (1 \oplus a)(1 \oplus b)(1 \oplus c) \oplus bc(1 \oplus a) \oplus acd(1 \oplus b) =$$
$$a \oplus ac \oplus 1 \oplus a \oplus b \oplus c \oplus ab \oplus ac \oplus bc \oplus abc \oplus bc \oplus abc \oplus acd \oplus abcd$$

用重叠律 $A \oplus A = 0$ 消去含有偶数个的**异或**项,可得

$$F = 1 \oplus b \oplus c \oplus ab \oplus acd \oplus abcd \tag{4-2-16}$$

由式(4-2-16)可画出逻辑图,如图 4-2-12 所示。

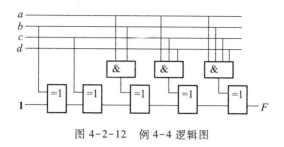

图 4-2-12　例 4-4 逻辑图

4.2.2　采用中规模集成器件实现组合逻辑函数

由于中规模集成器件的大量出现,许多逻辑问题可以直接选用相应的集成器件实现,这样既省去繁琐的设计,同时也可避免设计中带来的错误。

中规模集成器件,大多数是专用的功能器件。用这些功能器件实现组合逻辑函数,基本采用逻辑函数对比方法。因为每一种组合电路的中规模器件都具有某种确定的逻辑功能,都可以写出其输出和输入关系的逻辑函数表达式,这在 4.1 节中都已举例分析过。因此可以将要实现的逻辑函数表达式进行变换,尽可能变换成与某些中规模器件的逻辑函数表达式类似的形式。如果需要实现的逻辑函数表达式与某种中规模器件的逻辑函数表达式形式上完全一致,则使用这种器件最方便。如果需要实现的逻辑函数是某种中规模器件的逻辑函数表达式的一部分,例如变量数少,则只需对中规模器件的多余输入端作适当的处理(固定为 **1** 或固定为 **0**),也可以很方便地实现需要的逻辑函数。如果需实现的逻辑函数的变量数比中规模集成器件的输入变量多,则可以通过扩展的方法来实现。

一般来说,使用数据选择器实现单输出函数方便,使用译码器和附加逻辑门实现多输出函数方便,对一些具有某些特点的逻辑函数,如逻辑函数输出为输入信号相加,则采用全加器实现较为方便。下面分别介绍。

1. 用具有 n 个地址输入端的数据选择器实现 n 变量逻辑函数

一块具有 n 个地址端的数据选择器,具有对 2^n 个数据选择的功能。例如,$n=3$,可以完成 8 选 1 功能。对于 8 选 1 数据选择器,根据表 4-1-12 8 选 1 数据选择器真值表,可以写出

$$Y = \bar{A}_2 \bar{A}_1 \bar{A}_0 D_0 + \bar{A}_2 \bar{A}_1 A_0 D_1 + \bar{A}_2 A_1 \bar{A}_0 D_2 + \bar{A}_2 A_1 A_0 D_3 +$$
$$A_2 \bar{A}_1 \bar{A}_0 D_4 + A_2 \bar{A}_1 A_0 D_5 + A_2 A_1 \bar{A}_0 D_6 + A_2 A_1 A_0 D_7 \tag{4-2-17}$$

也可以用如图 4-2-13 所示的卡诺图的形式来表示。

采用 8 选 1 数据选择器，可以实现任意 3 输入变量的组合逻辑函数。

A_0 \ A_2A_1	00	01	11	10
0	D_0	D_2	D_6	D_4
1	D_1	D_3	D_7	D_5

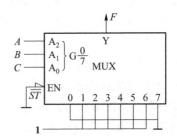

图 4-2-13　8 选 1 数据选择器卡诺图

例 4-5　用 8 选 1 数据选择器实现函数 $F=A\overline{B}+\overline{A}C+B\overline{C}$。

解

首先做出该函数的卡诺图如图 4-2-14 所示。与图 4-2-13 相比较，只要将函数输入变量 A、B、C 作为 8 选 1 数据选择器的地址，而 8 选 1 数据选择器的各数据输入端分别为

$$D_0=\mathbf{0},\quad D_1=\mathbf{1},\quad D_2=\mathbf{1},\quad D_3=\mathbf{1}$$

$$D_4=\mathbf{1},\quad D_5=\mathbf{1},\quad D_6=\mathbf{1},\quad D_7=\mathbf{0}$$

那么，8 选 1 数据选择器输出即实现函数 F。其接线图如图 4-2-15 所示。

C \ AB	00	01	11	10
0	0	1	1	1
1	1	1	0	1

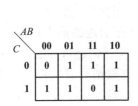

图 4-2-14　例 4-5 卡诺图

图 4-2-15　用 8 选 1 数据选择器实现例 4-5 函数

用具有 n 个地址输入的数据选择器来实现 n 变量的函数是十分方便的，它不需要将函数化简为最简式，只要将输入变量加到地址端，选择器的数据输入端按卡诺图中最小项格中的值（**0** 或 **1**）对应相连。

当输入变量小于选择器的地址端时，只需将高位地址端接地及相应的数据输入端接地即可实现。

2. 用具有 n 个地址输入端的数据选择器实现 m 变量的组合逻辑函数（$m>n$）

由于有 n 个地址端的数据选择器一共有 2^n 个数据输入端，而 m 变量的函数一共有 2^m 个最小项，所以用只有 n 个地址端的数据选择器来实现 m 变量的函数，一种方法是将 2^n 选 1 数据选择器扩展成 2^m 选 1 数据选择器，称为扩展法；另一种方法是将 m 变量的函数，采用降维的方法，转换成为 n 变量的函数，使由 2^m 个最小项组成的逻辑函数转换为由 2^{m-n} 个子函数组成的逻辑函数，而每一个子函数又是由 2^n 个最小项组成，从而可以用 2^n 选 1 数据选择器实现具有 2^m 个最小项的逻辑函数，通常称为降维图法。

（1）扩展法

在 4.1 节介绍中规模器件时,曾介绍合理利用使能端扩展功能的方法。下面举例说明实现逻辑函数的方法。

例 4-6 用 8 选 1 数据选择器实现 4 变量函数

$$F(A,B,C,D) = \sum m(1,5,6,7,9,11,12,13,14)$$

解

8 选 1 数据选择器有 3 个地址端,8 个数据输入端,而 4 变量函数一共有 16 个最小项,所以采用两片 8 选 1 数据选择器,扩展成 16 选 1 数据选择器,如图 4-2-16 所示。

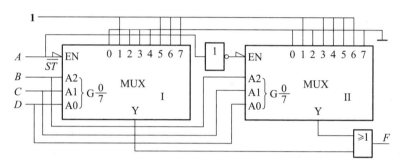

图 4-2-16 用两片 8 选 1 MUX 实现例 4-6 函数

在图 4-2-16 中,以输入变量 A 作为使能端 EN 的控制信号 $\overline{ST}$,输入变量 B、C、D 作为 8 选 1 数据选择器的地址端 A_2、A_1、A_0 的输入地址。当 $A=0$ 时,片 I 执行数据选择功能,片 II 被封锁,$Y_{II}=0$ 在 B、C、D 输入变量作用下,输出 $m_0 \sim m_7$ 中的函数值。在 $A=1$ 时,片 I 被封锁,$Y_I=0$ 片 II 执行数据选择功能,在 B、C、D 输入变量作用下,输出 $m_8 \sim m_{15}$ 中的函数值。每片数据输入端的连接与具有 n 个地址端的数据选择器实现 n 变量函数的方法相同。

对于例 4-6 如果用 4 选 1 数据选择器,则将 4 选 1 MUX 扩展成 16 选 1 MUX,如图 4-2-17 所示。输入变量 C、D 作为片 I～片 IV 的地址,A、B 作为片 V 的地址。当输入信号 $AB=00$ 时,片 V 输出 F 为片 I 输出 Y 的信号;$AB=01$ 时,片 V 输出 F 为片 II 输出 Y 的信号;$AB=10$ 时,片 V 输出 F 为片 III 输出 Y 的信号;$AB=11$ 时,片 V 输出 F 为片 IV 输出 Y 的信号。而各片 Y 的输出又通过 C、D 变量来选择,例如,变量输入 $ABCD=1011$ 时,则输出 F 为片 III D_3 的输入,$F=1$,相当于函数 F 的 m_{11} 最小项值。

（2）降维图法

首先介绍降维图的概念。

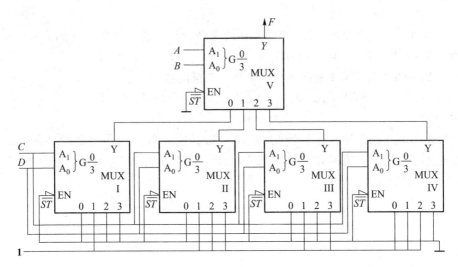

图 4-2-17　用 5 片 4 选 1 MUX 实现例 4-6 函数

　　在一个函数的卡诺图中,函数的所有变量均为卡诺图的变量,图中每一个最小项小方格,都填有 **1** 或 **0** 或任意×。一般将卡诺图的变量数称为该图的维数。如果把某些变量也作为卡诺图小方格内的值,则会减少卡诺图的维数,这种卡诺图称为降维卡诺图,简称降维图。作为降维图小方格中值的那些变量称为记图变量。

　　例如,图 4-2-18(a) 为 4 变量卡诺图,若将变量 D 作为记图变量,以 A、B、C 作为三维卡诺图的输入变量,其 3 变量卡诺图如图 4-2-18(b) 所示。将 4 变量卡诺图转换成 3 变量降维图的具体做法是:① 根据 4 变量卡诺图,若变量 $D=0$ 及 $D=1$ 时,函数值 $F(A,B,C,0)=F(A,B,C,1)=0$,则在对应 3 变量降维图对应的 $F(A,B,C)$ 小方格中填 **0**,即 $\overline{D}\cdot0+D\cdot0=0$。例如,图(b)中 $F(0,0,0)$、$F(0,0,1)$ 及 $F(0,1,0)$ 中的 0。② 若变量 $D=0$ 及 $D=1$ 时,函数值 $F(A,B,C,0)=F(A,B,C,1)=1$,则在对应 3 变量降维图对应的 $F(A,B,C)$ 小方格中填 **1**,即 $\overline{D}\cdot1+D\cdot1=1$。例如,图(b)中 $F(0,1,1)$、$F(1,1,1)$ 中的 1。③ 若变量 $D=0$ 时,函数 $F(A,B,C,0)=0,D=1$ 时,函数 $F(A,B,C,1)=1$,则在对应 $F(A,B,C)$ 小方格中填 D,即 $\overline{D}\cdot0+D\cdot1=D$。例如,图(b)中的 $F(1,0,0)$ 及 $F(1,1,0)$ 小方格中的 D。④ 若变量 $D=0$ 时函数 $F(A,B,C,0)=1,D=1$ 时,函数 $F(A,B,C,1)=0$,则在对应 $F(A,B,C)$ 小方格中填 $\overline{D}$,即 $\overline{D}\cdot1+D\cdot0=\overline{D}$。例如,图(b)中的 $F(1,0,1)$ 小方格中的 $\overline{D}$。如果需进一步降维,则在 3 变量降维图(b)的基础上,令 C 作为记图变量,形成 $F(A,B,C,D)$ 的 2 变量的降维图。根据上述论述的方法,$F(A,B)=F(0,0)$ 时,$\overline{C}\cdot0+C\cdot0=0$;$F(A,B)=F(0,1)$ 时,$\overline{C}\cdot0+C\cdot1=C$;

$F(A,B) = F(\mathbf{1,0})$ 时，$\overline{C}D + C\overline{D}$；$F(A,B) = F(\mathbf{1,1})$ 时，$\overline{C} \cdot D + C \cdot \mathbf{1} = \overline{C}D + C = D + C$。如图 4-2-18(c) 所示。降维图中每一小方格中，填入的记图变量即为原函数的子函数。例如，图 4-2-18(c) 中就包含 4 个子函数，即 $f_0 = \mathbf{0}, f_1 = C, f_2 = \overline{C}D + C\overline{D}$，$f_3 = C + D$。

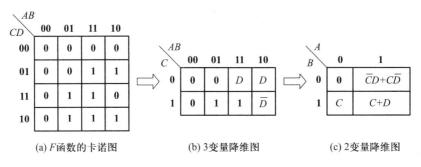

(a) F函数的卡诺图　　　(b) 3变量降维图　　　(c) 2变量降维图

图 4-2-18　降维图示例

综合上述可以归纳为：如果记图变量为 X，对于原卡诺图（或降维图）中，当 $X = 0$ 时，原图单元值为 F，$X = 1$ 时，原图单元值为 G，则在新的降维图中对应的降维图单元中填入子函数 $\overline{X}F + XG$。其中 F 和 G 可以为 $\mathbf{0}$，可以为 $\mathbf{1}$，可以为某另一变量，也可以为某一函数。

例 4-7　用 8 选 1 数据选择器实现函数

$$F(A,B,C,D) = \sum m(1,5,6,7,9,11,12,13,14)$$

解

第一步　做出 F 的卡诺图及其 3 变量降维图如图 4-2-19 中（a）、（b）所示，D 作为记图变量。

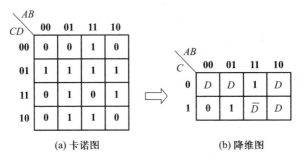

(a) 卡诺图　　　　　　(b) 降维图

图 4-2-19　例 4-7 的降维图

第二步　将函数降维图与如图 4-2-13 所示的 8 选 1 数据选择器卡诺图比较，得到 8 选 1 数据选择数据输入端

$$D_0 = D, \quad D_1 = \mathbf{0}, \quad D_2 = D, \quad D_3 = \mathbf{1}, \quad D_4 = D, \quad D_5 = D, \quad D_6 = \mathbf{1}, \quad D_7 = \overline{D}$$

第三步　画出逻辑电路,如图 4-2-20 所示。

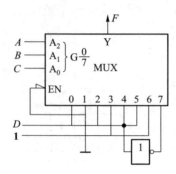

图 4-2-20　用 8 选 1 MUX 实现例 4-7

例 4-8　用 8 选 1 数据选择器实现函数

$$F(A, B, C, D, E) = \sum m(0, 1, 3, 9, 11, 12, 13, 14, 20, 21, 22, 23, 26, 31)$$

解

做出函数 F 的卡诺图及其降维图,如图 4-2-21 所示。将 3 变量降维图 (图 4-2-21(c))与 8 选 1 数据选择器卡诺图相比较,得

$$D_0 = \overline{D} + E = \overline{D\overline{E}} = \overline{\overline{D}DE}, \quad D_1 = \mathbf{0}, \quad D_2 = E, \quad D_3 = \overline{D} + \overline{E} = \overline{DE},$$

$$D_4 = \mathbf{0}, \quad D_5 = \mathbf{1}, \quad D_6 = D\overline{E} = \overline{\overline{D}DE}, \quad D_7 = DE$$

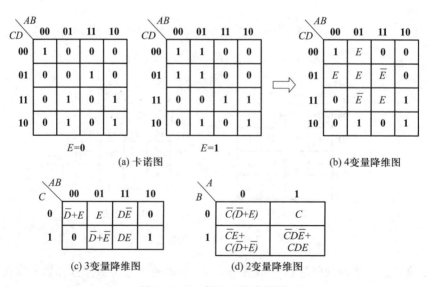

图 4-2-21　例 4-8 的降维图

采用**与非门**及 8 选 1 数据选择器,构成的逻辑电路如图 4-2-22 所示。图中采用了 4 个**与非门**,可以用一块 2 输入四**与非门**的集成器件来实现。

对于此例,也可以采用同一规格的 4 选 1 数据选择器来实现,变换成 2 变量降维图,如图 4-2-21(d)所示。图中以 A、B 输入变量作为 4 选 1 数据选择器的地址,以 C、D、E 作为记图变量。其中有 4 个子函数,分别为

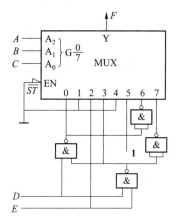

图 4-2-22　用 8 选 1 MUX 实现例 4-8

$$f_0 = \bar{C}(\bar{D}+E) = \bar{C}\bar{D} + \bar{C}E$$

$$f_1 = \bar{C}E + C(\bar{D}+\bar{E}) = \bar{C}E + C\bar{D} + C\bar{E}$$

$$f_2 = C$$

$$f_3 = \bar{C}D\bar{E} + CDE$$

必须选用 3 片 4 选 1 MUX 分别实现 f_0、f_1、f_3。

由此可以画出采用 4 片 4 选 1 MUX 实现例 4-8 的逻辑图,如图 4-2-23 所示。

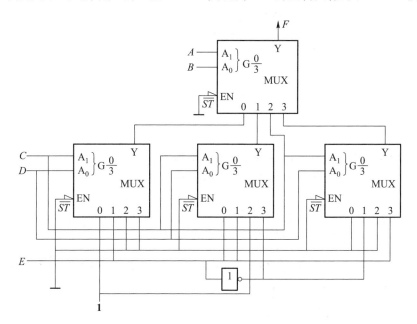

图 4-2-23　4 选 1 MUX 实现例 4-8 函数

必须指出:

(1) 数据选择器虽然实现组合逻辑函数十分方便,但它仅对实现单输出的

逻辑函数方便,而对于多输出函数,每个输出就需至少一块数据选择器组件。

（2）在 $m>n$ 的情况下,选择哪些变量作为地址,哪些变量作为记图变量,可以是任意的,但不同的选择方案会有不同的结果,要得到最佳方案,必须对原始卡诺图进行仔细分析,以选择子函数最少或最简单的方案。

3. 利用译码器实现组合逻辑函数

一个 n 变量的完全译码器（即变量译码器）的输出包含了 n 变量的所有最小项。例如,3 线-8 线译码器 8 个输出包含了 3 个变量的最小项。用 n 变量译码器加上输出门,就能获得任何形式的输入变量不大于 n 的组合逻辑函数。

例 4-9　用译码器实现一组多输出函数

$$\begin{cases} F_1 = A\,\overline{B} + \overline{B}\,C + AC \\ F_2 = \overline{A}\,\overline{B} + B\overline{C} + ABC \\ F_3 = \overline{A}\,C + BC + A\,\overline{C} \end{cases}$$

解

由于这是一组 3 输入变量的多输出函数,因此可以用 3 线-8 线译码器实现。例如 3 线-8 线译码器 CT54S138,真值表如表 4-1-6 所示。在使能端 $ST_A = 1$,$\overline{ST_B}$、$\overline{ST_C}$ 为 **0** 时,电路完成译码功能。即

$$\overline{Y}_0 = \overline{m}_0 = \overline{\overline{A}_2\,\overline{A}_1\,\overline{A}_0} \qquad \overline{Y}_4 = \overline{m}_4 = \overline{A_2\,\overline{A}_1\,\overline{A}_0}$$

$$\overline{Y}_1 = \overline{m}_1 = \overline{\overline{A}_2\,\overline{A}_1 A_0} \qquad \overline{Y}_5 = \overline{m}_5 = \overline{A_2\,\overline{A}_1 A_0}$$

$$\overline{Y}_2 = \overline{m}_2 = \overline{\overline{A}_2 A_1\,\overline{A}_0} \qquad \overline{Y}_6 = \overline{m}_6 = \overline{A_2 A_1\,\overline{A}_0}$$

$$\overline{Y}_3 = \overline{m}_3 = \overline{\overline{A}_2 A_1 A_0} \qquad \overline{Y}_7 = \overline{m}_7 = \overline{A_2 A_1 A_0}$$

将多输出函数写成最小项表达式,并进行变换,则

$$F_1 = A\,\overline{B} + \overline{B}\,C + AC = m_1 + m_4 + m_5 + m_7 =$$

$$\overline{\overline{m}_1 \cdot \overline{m}_4 \cdot \overline{m}_5 \cdot \overline{m}_7} = \overline{\overline{Y}_1 \cdot \overline{Y}_4 \cdot \overline{Y}_5 \cdot \overline{Y}_7}$$

$$F_2 = \overline{A}\,\overline{B} + B\,\overline{C} + ABC = m_0 + m_1 + m_2 + m_6 + m_7 =$$

$$\overline{\overline{m}_0 \cdot \overline{m}_1 \cdot \overline{m}_2 \cdot \overline{m}_6 \cdot \overline{m}_7} = \overline{\overline{Y}_0 \cdot \overline{Y}_1 \cdot \overline{Y}_2 \cdot \overline{Y}_6 \cdot \overline{Y}_7}$$

$$F_3 = \overline{A}\,C + BC + A\,\overline{C} = m_1 + m_3 + m_4 + m_6 + m_7 =$$

$$\overline{\overline{m}_1 \cdot \overline{m}_3 \cdot \overline{m}_4 \cdot \overline{m}_6 \cdot \overline{m}_7} = \overline{\overline{Y}_1 \cdot \overline{Y}_3 \cdot \overline{Y}_4 \cdot \overline{Y}_6 \cdot \overline{Y}_7}$$

只需将输入变量 A、B、C 分别加到译码器的地址输入 A_0、A_1、A_2,用与非门作为 F_1、F_2、F_3 的输出门,就可以得到用 3 线-8 线译码器 F_1、F_2、F_3 函数的逻辑电路,如图 4-2-24 所示。

如果用前面介绍的数据选择器来实现,则需要 3 片 8 选 1 数据选择器分别实现 F_1、F_2、F_3 函数。因此,采用译码器实现组合逻辑函数,尤其对多输出函数,比采用数据选择器方便且省器件。

4. 采用全加器实现组合逻辑函数

全加器的基本功能是实现二进制的加法。因此,若某一逻辑函数的输出恰好等于输入代码所表示的数加上另一常数或另一组输入代码时,则用全加器实现十分方便。

例 4-10 设计将 8421 BCD 码转换成余 3 BCD 码的码制转换电路。

解

余 3 BCD 码是在 8421 BCD 码基础上加上恒定常数 3(**0011**),因此,可采用 4 位全加器,8421 BCD 码作为一组数据输入端的输入,另一组数据输入端接上恒定常数(**0011**),输出 $F_3 \sim F_0$ 即为余 3 BCD 码。实现了码制转换,如图 4-2-25 所示。

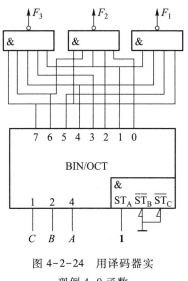

图 4-2-24 用译码器实
现例 4-9 函数

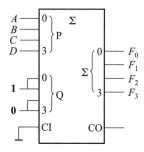

图 4-2-25 用全加器实
现例 4-10 电路

例 4-11 用全加器实现两个 1 位 8421 BCD 码十进制加法运算。

解

用 8421 BCD 码相加时,也是位对位相加。但是由于 8421 BCD 在加法运算中,1 位十进制数由 4 位二进制码组成,每 1 位二进制码运算时是"逢二进一",4 位将是"逢十六进一",而十进制数相加是"逢十进一",这样就造成了十进制数运算和 8421 BCD 码运算时,在进位时差 6。也就是说,当十进制数需发生进位时,8421 BCD 码的 4 位二进制数还差 6 才能使第 4 位发生进位。反之,如果 BCD 码产生了进位,而本位结果比十进制数也差 6。因此,要在运算结果中加 6 修正。

这样,两个 1 位 BCD 码相加时,电路必须由三部分组成:第一部分进行加数和被加数相加;第二部分判别是否加以修正,即产生修正控制信号;第三部分完成加 6 修正。第一部分和第三部分均由 4 位全加器实现。第二部分判别信号的产生,应在 4 位 8421 BCD 相加有进位信号 CO 产生时,或者和数在 $10\sim15$ 的情况下产生修正控制信号 F,所以 F 应为

$$F = CO + F_3 F_2 F_1 F_0 + F_3 F_2 F_1 \overline{F_0} + F_3 F_2 \overline{F_1} F_0 + F_3 F_2 \overline{F_1} \overline{F_0} + F_3 \overline{F_2} F_1 F_0 + F_3 \overline{F_2} F_1 \overline{F_0} =$$
$$CO + F_3 F_2 + F_3 F_1$$

根据上述分析及 F 信号产生的函数表达式,可得到两个 1 位 8421 BCD 码相加的电路,如图 4-2-26 所示。

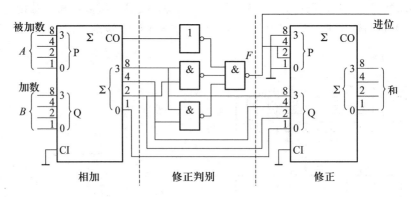

图 4-2-26　用全加器实现两个 8421 BCD 码加法

4.3　组合逻辑电路的冒险现象

前面所介绍的组合逻辑电路的设计都是在理想情况下进行的,即假设电路中的连线和集成门电路都没有延迟,电路中多个输入信号发生变化时,都是同时瞬间完成的。实际上信号通过连线及集成门都有一定的延迟时间,输入信号变化也需要一个过渡时间,多个输入信号发生变化时,也可能有先后快慢的差异,因此,在理想情况下设计的组合逻辑电路,受到上述因素影响后,可能在输入信号变化的瞬间,在输出端出现一些不正确的尖峰信号。这些尖峰信号(毛刺信号)的出现,称为冒险现象。在组合电路中,如果输入信号变化前、后稳定输出相同,而在转换瞬间有冒险,称为静态冒险。如果输入变化前、后稳态输出为 **1**,而转换瞬间出现 **0** 的毛刺(序列为 **1-0-1**),这种静态冒险称为静态 0 冒险;如

果输入变化前、后稳态输出为 **0**,而转换瞬间出现 **1** 的毛刺(序列为 **0-1-0**),这种静态冒险称为静态 **1** 冒险。

在组合逻辑电路中,若在输入信号变化前、后,稳定状态输出不同,则不会出现静态冒险。但如果在得到最终稳定输出之前,输出发生了三次变化,即中间经历了瞬态 **0-1** 或 **1-0**(输出序列为 **1-0-1-0** 或 **0-1-0-1**),这种冒险称为动态冒险。动态冒险只有在多级电路中才会发生,在两级与-或(或-与)电路中是不会发生的。因此,本节仅讨论组合逻辑电路的静态冒险问题。

4.3.1　静态逻辑冒险

首先通过实例来进行讨论。

例 4-12　分析如图 4-3-1(a)所示的组合电路,当输入信号 abc 由 **000** 变化到 **010** 及 abc 由 **000** 变化到 **110** 时的输出波形。

解

(1) 该组合逻辑电路的卡诺图如图4-3-1(b)所示。当输入信号 abc 由 **000** 变化到 **010** 时,在稳定状态下,$F(0,0,0)=F(0,1,0)=1$。在 b 信号由 0 变化到 1,$\bar{b}$ 由 1 变化到 0 时,考虑到 b 和 $\bar{b}$ 变化有一定的过渡时间,与门 1 和与门 2 传输也有一定的延迟,且假设 $t_{pd2}>t_{pd1}$,则工作波形如图 4-3-2 所示。在 b 信号发生变化时,由于门的传输延迟,使输出波形 $F=1$ 中出现了短暂的 **0**,这就是通常所称的毛刺,这种冒险为静态 **0** 冒险。

(2) 当输入信号由 **000** 变化到 **110** 时,由图 4-3-1(b)所示卡诺图可见,在稳定情况下 $F(0,0,0)=F(1,1,0)=1$。a、b 两输入信号的变化不可能会同时发生,会出现先后的差异,可能 a 的变化先于 b,也可能 b 的变化先于 a。假设 b 信号滞后于 a 信号 t_d 时间(t_d 是很短暂的),如果忽略门的延迟,其工作波形如图 4-3-3 所示。在稳定输出的信号中出现短暂的 **0** 毛刺。这也是静态 **0** 冒险。

由上分析可见,这种短暂的冒险毛刺信号仅仅发生在输入信号变化的瞬间,而在输入稳定状态下是不会发生的。另外,在输入信号发生变化时,输出也不一定会产生毛刺。例如,当输入信号由 **000** 变化到 **010** 时,假设门 2 的延迟比门 1 的延迟小,即 $t_{pd2}<t_{pd1}$,则输出信号稳定 **1** 中不会出现 **0** 毛刺(工作波形请

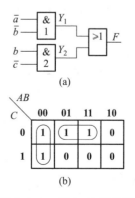

图 4-3-1　例 4-12 逻辑图和卡诺图

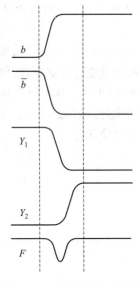

图 4-3-2   门延迟产生冒险

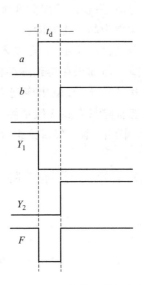

图 4-3-3   多个输入信号变化
时产生冒险举例

读者自己分析）。又如，当输入信号 abc 由 **000** 变化到 **110** 时，如果 b 信号先于 a 信号变化，则在输出 **1** 信号时也不会出现 **0** 的毛刺。在实际工作中，所有可能性均会发生，因此，在输入信号发生变化时，组合电路输出可能发生冒险现象。

4.3.2   如何判断是否存在逻辑冒险

由以上分析可见，发生静态逻辑冒险有两种情况：

（1）当有输入变量 A 和 $\bar{A}$ 通过不同的传输途径到输出端时，那么当输入变量 A 发生突变时，输出端有可能产生静态逻辑冒险。

对于这种静态逻辑冒险是否存在，只需将输出逻辑函数在一定条件下化简，如果存在 $F = A + \bar{A}$（与-或式）或 $F = A\bar{A}$（或-与式），则可判断变量 A 发生突变时，输出端有可能产生静态逻辑冒险。

例如在例 4-12 中，由图 4-3-1，可写出其逻辑函数表达式为

$$F = \bar{a}\,\bar{b} + b\,\bar{c}$$

若 $\bar{a} = 1, \bar{c} = 1$，则 $F = \bar{b} + b$，因此可判断当 b 信号发生变化时，输出端有可能产生静态逻辑冒险。

（2）当有两个或两个以上输入变量发生变化时，输出端有可能产生静态逻辑冒险。

对于这种静态逻辑冒险,也可以根据逻辑函数表达式来判断。若 $p(p \geq 2)$ 个输入变量发生变化,如果由不变的 $(n-p)$ 个输入变量组成的乘积项不是该逻辑函数表达式中的乘积项或者多余项,则该 p 个变量发生变化时,就有可能产生静态逻辑冒险。

例 4-13 分析图 4-3-4 所示组合电路,当输入信号 $abcd$ 由 **0100** 变化到 **1101**,由 **0111** 变化到 **1110** 及由 **1001** 变化到 **1011** 时,是否有冒险现象发生。

解

由图 4-3-4 可知,该组合电路的逻辑函数表达式为

$$F = cd + b\overline{d} + a\overline{c} \qquad (4-3-1)$$

其卡诺图如图 4-3-5 所示。

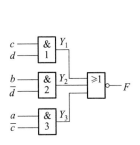

图 4-3-4 例 4-13 逻辑电路

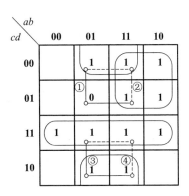

图 4-3-5 例 4-13 卡诺图

(1) 当输入信号 $abcd$ 由 **0100** 变化到 **1101** 时,变量 a、d 发生变化,由于不变的变量 b、c 组成的乘积项 $b\overline{c}$ 不是函数 F 的乘积项和多余项,因此可能产生静态逻辑冒险。这种逻辑冒险存在也可由卡诺图来证明。

由卡诺图 4-3-5 可知,在稳定情况下,$F(0,1,0,0) = F(1,1,0,1) = 1$。在 a、d 两个输入信号发生变化时,可能出现 a 先于 d 或 d 先于 a 的情况。如果 d 先于 a,则输入信号由 **0100** 变化到 **1101** 时,要经历 **0100→0101→1101** 的途径,如图 4-3-5 中①、②箭头线所示,由于 $F(0,1,0,1) = 0$,所以在输出中将出现 **1-0-1** 的情况,存在静态 **0** 冒险。同理分析,若 a 先于 d 变化,则输入信号要经历 **0100→1100→1101** 的途径,如图 4-3-5 中箭头线所示,所经历的过渡过程 $F(1,1,0,0) = 1$,因此输出中不会有静态冒险。因此,**0100** 变化到 **1101** 时,有静态冒险的可能。

(2) 当输入信号由 **0111** 变化到 **1110** 时,由不变的变量 b、c 组成的乘积项 bc 是逻辑函数的多余项,因此在发生变化时,不会出现由于 a、d 变量发生变化

的先后而产生逻辑冒险。如卡诺图 4-3-5 中③、④箭头线所示。但是在一定条件下，即 $b=1,c=1$ 时，存在 $F=d+\overline{d}$ 的情况，而此时 d 变量发生变化，考虑到门的延迟，也有可能产生逻辑冒险。在输入信号由 **0111** 变化到 **1110** 时，与门 1 输出 Y_1 由 **1→0**，与门 2 输出 Y_2 由 **0→1**，与门 3 输出 Y_3 由 **0→0**。由于 Y_1 和 Y_2 都发生了变化，现在假设 Y_2 的延迟比 Y_1 的延迟长 Δt，则在最后 F 输出中就要出现 Δt 时间的 **0**，发生静态 **0** 冒险。

（3）当输入信号由 **1001** 变化到 **1011** 时，仅 c 信号发生了变化。由于在条件 $a=1,d=1$ 时，存在 $F=c+\overline{c}$ 的情况，所以当 c 变量发生变化时，有可能产生逻辑冒险。

最后必须指出，在多个输入变量同时发生状态改变时，如果输入变量数目又很多，很难从逻辑表达式上简单地找出所有可能产生冒险的情况。可以通过计算机辅助分析，能够迅速查出电路是否存在逻辑冒险现象，目前已有较成熟的程序可供选用。

4.3.3　如何避免逻辑冒险

1. 修改逻辑设计

通过 $F=AB+\overline{A}C+BC$，增加多余项 BC，以消除由于 A 变化而引起的逻辑冒险。因为当 $B=1,C=1$ 时，存在 $F=A+\overline{A}$ 情况，由于增加了 BC 项，则不论 A 如何变化，BC 项始终为 **1**，输出始终为 **1**，则输出不会出现逻辑冒险。由于 BC 为多余项，此方法又称为增加多余项法。

如例 4-13 中，修改逻辑函数为

$$F=cd+b\,\overline{d}+a\,\overline{c}+ab+bc+ad$$

如图 4-3-6 所示。

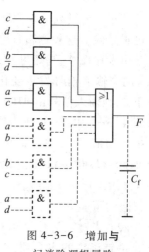

采用修改逻辑设计增加多余项的方法，适用范围非常有限，它仅能改变 $F=AB+\overline{A}C$ 函数中，当 $B=1$，$C=1$ 时，由 A 的状态改变所引起的逻辑冒险。

2. 引入取样脉冲

从上述对静态冒险的分析可以看出，冒险现象仅仅发生在输入信号变化转换的瞬间，在稳定状态是没有冒险信号的。因此，采用取样脉冲，错开输入信号发生转换的瞬间，正确反映组合电路稳定时的输出值，可以有效地避免各种冒险。常用的取样脉冲的极性及所加位置如图 4-3-7 所示。

图 4-3-6　增加与门消除逻辑冒险

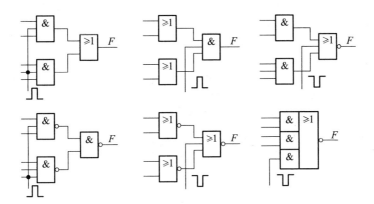

图 4-3-7　采用取样方法消除冒险

在加取样脉冲时,对取样脉冲的宽度和产生的时间有一定要求。而且加了取样脉冲后,组合电路的输出已不是电位信号,而是脉冲信号,即当有输出脉冲时,表示组合电路输出为 **1**,没有输出脉冲时,表示组合电路输出为 **0**。

3. 输出加滤波电容

在对输出波形沿要求不高等情况下,还可以在输出端加解滤波电容,以滤除冒险的毛刺信号,如图 4-3-6 中虚线所示的 C_f。

习　　题

4-1　写出图 P4-1 所示电路的逻辑函数表达式。

4-2　写出图 P4-2 所示电路的逻辑函数表达式,其中以 S_3、S_2、S_1、S_0 作为控制信号,A、B 作为数据输入,列表说明输出 Y 在 $S_3 \sim S_0$ 作用下与 A、B 的关系。

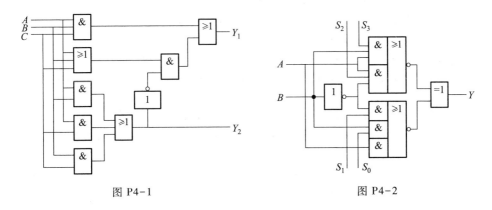

图 P4-1　　　　　　　　　　　　　　　图 P4-2

4-3 分析图 P4-3 所示电路,写出 $COMP = 0$、$Z = 1$ 及 $COMP = 1$、$Z = 0$ 时,$Y_1 \sim Y_4$ 的函数表达式。列出真值表,指出电路完成什么逻辑功能。

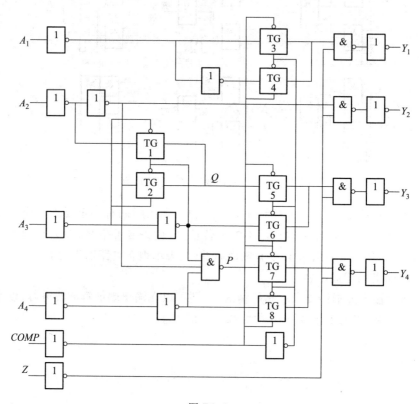

图 P4-3

4-4 在有原变量输入、又有反变量输入的条件下,用**与非门**设计实现下列函数的组合电路:

(1) $F(a,b,c,d) = \sum m(0,2,6,7,10,12,13,14,15)$;

(2) $F(a,b,c,d) = \sum m(0,1,3,4,6,7,10,12,13,14,15)$;

(3) $F(a,b,c,d) = \sum m(0,2,3,4,5,6,7,12,14,15)$;

(4) $F(a,b,c,d) = \sum m(0,1,4,7,9,10,13) + \sum d(2,5,8,12,14,15)$;

(5) $F(a,b,c,d) = \sum m(0,1,3,4,12,14) + \sum d(5,6,7,9,11)$;

(6) $\begin{cases} F_1(a,b,c,d) = \sum m(2,4,5,6,7,10,13,14,15) \\ F_2(a,b,c,d) = \sum m(2,5,8,9,10,11,12,13,14,15) \end{cases}$。

4-5 在有原变量输入、又有反变量输入条件下,用**或非门**设计实现下列函数的组合电路:

(1) $F(a,b,c) = \sum m(0,1,2,4,5)$;

(2) $F(a,b,c,d) = \sum m(0,1,2,4,6,10,14,15)$;

(3) $F(a,b,c,d) = \sum m(2,5,8,12) + \sum d(3,9,10,11,13)$。

4-6 在只有原变量输入、没有反变量输入条件下,用**与非门**设计实现下列函数的组合电路:

(1) $F = A\bar{B} + A\bar{C}D + \bar{A}C + B\bar{C}$;

(2) $F(a,b,c,d) = \sum m(1,5,6,7,12,13,14)$;

(3) $F(a,b,c,d) = \sum m(1,3,4,5,6,7,9,10,12,13)$;

(4) $F(a,b,c,d) = \sum m(0,1,2,4,9,11,13,14)$;

(5) $F(a,b,c,d) = \sum m(1,2,4,5,10,12)$;

(6) $F(a,b,c,d) = \sum m(1,5,6,7,9,11,12,13,14)$;

(7) $\begin{cases} F_1(a,b,c,d) = \sum m(0,1,2,4,5,6,8,10,14,15) + \sum d(3,7,11) \\ F_2(a,b,c,d) = \sum m(0,1,2,4,5,6,8,9,10,12,13,15) + \sum d(3,7,11) \end{cases}$。

4-7 用**或非门**设计实现习题 4-6 中各函数的组合电路。

4-8 已知输入信号 a、b、c、d 的波形如图 P4-4 所示,选择集成逻辑门设计实现产生输出 F 波形的组合电路。

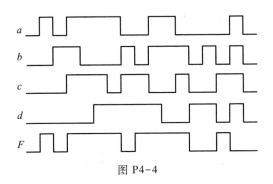

图 P4-4

4-9 设计一个编码器,6 个输入信号和输出的 3 位代码之间的对应关系如表 P4-1 所示。

表 P4-1

输　　　　入						输　　出		
A_0	A_1	A_2	A_3	A_4	A_5	X	Y	Z
1	0	0	0	0	0	0	0	1
0	1	0	0	0	0	0	1	0
0	0	1	0	0	0	0	1	1
0	0	0	1	0	0	1	0	0
0	0	0	0	1	0	1	0	1
0	0	0	0	0	1	1	1	0

4-10 用 2 输入端与非门实现下列函数(要求器件数最少):

(1) $F = AB\bar{C} + \bar{A}BC + A\bar{B}C$;

(2) $F = \bar{A}\bar{B}\bar{C} + ACD + A\bar{B}\bar{C}\bar{D} + \bar{A}BCD$。

4-11 用与非门实现下列代码的转换,其转换码表见表 P4-2。

(1) 8421 码转换为余 3 码;

(2) 8421 码转换为 2421 码;

(3) 8421 码转换为余 3 格雷码;

(4) 余 3 码转换为余 3 格雷码。

表 P4-2

8421 码				余 3 码				2421 码				余 3 格雷码			
0	0	0	0	0	0	1	1	0	0	0	0	0	0	1	0
0	0	0	1	0	1	0	0	0	0	0	1	0	1	1	0
0	0	1	0	0	1	0	1	0	0	1	0	0	1	1	1
0	0	1	1	0	1	1	0	0	0	1	1	0	1	0	1
0	1	0	0	0	1	1	1	0	1	0	0	0	1	0	0
0	1	0	1	1	0	0	0	1	0	1	1	1	1	0	0
0	1	1	0	1	0	0	1	1	1	0	0	1	1	0	1
0	1	1	1	1	0	1	0	1	1	0	1	1	1	1	1
1	0	0	0	1	0	1	1	1	1	1	0	1	1	1	0
1	0	0	1	1	1	0	0	1	1	1	1	1	0	1	0

4-12 分析图 P4-5 所示电路,写出 F_1、F_2、F_3 的函数表达式。

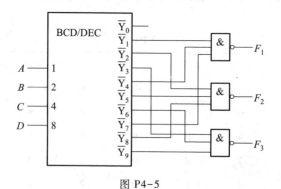

图 P4-5

4-13 分析图 P4-6 所示电路,图中 $D_{08} \sim D_{01}$ 和 $D_{18} \sim D_{10}$ 为 2 位十进制数的 8421 BCD 码,输出为二进制数。请写出输出二进制数与输入 8421 BCD 码之间的关系。

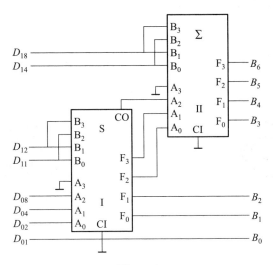

图 P4-6

4-14 用 8 选 1 数据选择器实现下列函数:

(1) $F(a,b,c,d) = \sum m(1,2,3,5,6,8,9,12)$;

(2) $F(a,b,c,d) = \sum m(1,2,3,4,7,8,10,13,14,17,19,20,21,23,24,26,28,30,31)$。

4-15 用双 4 选 1 数据选择器实现习题 4-11 中的代码转换。

4-16 用 4 位数值比较器和 4 位全加器构成 4 位二进制数转换成 8421 BCD 码的转换电路。在此基础上,试构成 6 位二进制数转换成 8421 BCD 码的电路。

4-17 试画出用数字显示译码器驱动七段数字显示器的系统连接图,要求:一共有 7 块显示器,小数点前有 4 位整数,后有 3 位小数。

4-18 画出用 3 片 4 位数值比较器组成 12 位数值比较器的接线图。

4-19 试用 2 片双 4 选 1 数据选择器接成一个 16 选 1 数据选择器,连接时允许附加必要的门电路。

4-20 试利用 1 片二-十进制译码器,接成 1 位全减器(即 1 位带借位输入的二进制减法电路)。可以附加必要的电路。

4-21 试用并行 4 位全加器接成将余 3 码转换成 BCD 码的转换电路。

4-22 某化学实验室有化学试剂 24 种,编为第 1~24 号,在配方时,必须遵守下列规定:

(1) 第 1 号不能与第 15 号同时用;

(2) 第 2 号不能与第 10 号同时用;

(3) 第 5、9、12 不能同时用;

(4) 用第 7 号时必须同时配用第 18 号;

(5) 用第 10、12 号时必须同时配用第 24 号。

请设计一个逻辑电路,能在违反上述任何一个规定时,发出报警指示信号。

4-23   试用**与门**和**异或门**实现函数
$$F(a,b,c,d) = \sum m(0,2,4,6,8,9,10,13,14)$$

4-24   在输入有原变量又有反变量条件下,用**与非门**实现函数 $F = \overline{A}B + AD + \overline{B}\,\overline{C}\,\overline{D}$,要求:

(1)判断在哪些输入信号组合变化条件下,可能发生冒险;

(2)用增加多余项方法消除逻辑冒险;

(3)用取样方法避免冒险现象。

第 4 章自我检测题　　　　　　第 4 章自我检测题参考答案

第 5 章　集成触发器

前面介绍了各种集成逻辑门以及由它们组成的各种组合逻辑电路。这些电路有一个共同特点,就是某一时刻的输出完全取决于当时的输入信号,它们没有记忆保持功能。

在数字系统中,常常需要存储一些数字信息。触发器是具有记忆功能、能存储数字信息的最常用的一种基本单元电路。

集成触发器的种类很多,本章主要介绍集成触发器的逻辑功能及它们的工作特性。

5.1　基本触发器

5.1.1　基本触发器电路组成和工作原理

基本触发器的电路如图 5-1-1 所示,它可由两个**与非门**交叉耦合组成,如图 5-1-1(a)所示;也可由两个**或非门**交叉耦合组成,如图 5-1-1(b)所示。

现在以两个**与非门**组成的基本触发器为例,分析其工作原理。

在图 5-1-1(a)所示电路中,G_1 和 G_2 是两个**与非门**,它们可以是 TTL 门,也可以是 CMOS 门。Q 和 $\bar{Q}$ 是触发器两个输出端。当 $Q = 0$、$\bar{Q} = 1$ 时,称触发器状态为 0;当 $Q = 1$、$\bar{Q} = 0$ 时,称触发器状态为 1。触发器有两个输入端,输入信号 $\bar{S}_D$ 和 $\bar{R}_D$。根据**与非**逻辑关系,不难看出:

(1)当 $\bar{R}_D = 0$,$\bar{S}_D = 1$ 时,$\bar{Q} = 1$,$Q = 0$,触发器置 0。

(2)当 $\bar{R}_D = 1$,$\bar{S}_D = 0$ 时,$\bar{Q} = 0$,$Q = 1$,触发器置 1。

(3)当 $\bar{R}_D = 1$,$\bar{S}_D = 1$ 时,触发器状态保持不变,触发器具有保持功能。

(4)当 $\bar{R}_D = 0$,$\bar{S}_D = 0$ 时,$\bar{Q} = 1$,$Q = 1$,

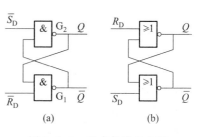

图 5-1-1　基本触发器电路

触发器两输出端均为 **1**。如果 $\overline{R}_D = 0$ 和 $\overline{S}_D = 0$ 以后同时发生由 **0** 至 **1** 的变化,则两个与非门输出都要由 **1** 向 **0** 转换,这就出现了所谓竞争现象。假若与非门 G_1 的延迟时间小于 G_2 的延迟时间,则触发器最终稳定在 $\overline{Q} = 0$、$Q = 1$ 的状态;若与非门 G_2 的延迟时间小于 G_1 的延迟时间,则触发器最终稳定在 $\overline{Q} = 1$、$Q = 0$ 的状态。这样在 $\overline{R}_D$ 和 $\overline{S}_D$ 都为 **0** 而又同时由 **0** 变化为 **1** 时,电路的竞争使得最终稳定状态不能确定,所以不允许出现 $\overline{R}_D = 0$,$\overline{S}_D = 0$。

图 5-1-2 所示为基本触发器的工作波形。图中虚线部分表示状态不确定。

由以上分析可见,由两个与非门交叉耦合构成的基本触发器具有置 **0**、置 **1** 及保持的功能。因为 $\overline{S}_D = 0$ 时触发器被置 **1**,通常称 $\overline{S}_D$ 端为置 **1** 端,低电平有效。因为 $\overline{R}_D = 0$ 时触发器置 **0**,$\overline{R}_D$ 端称为置 **0** 端,低电平有效。基本触发器又称为置 **0** 置 **1** 触发器,或称为 $\overline{R}_D$-$\overline{S}_D$ 触发器。请读者自己分析图 5-1-1(b)所示电路的工作原理。

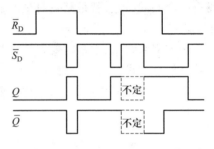

图 5-1-2　基本触发器工作波形

5.1.2　基本触发器功能的描述

描述触发器的逻辑功能,通常采用下面三种方法。

1. 状态转移真值表

为了表明触发器在输入信号作用下,触发器下一稳定状态(次态)Q^{n+1} 与触发器的原稳定状态(现态)Q^n、输入信号之间的关系,可以将上述对触发器分析的结论用表格的形式来描述,如表 5-1-1 所示。该表称为触发器状态转移真值表。表 5-1-2 为表 5-1-1 的简化表。

表 5-1-1　基本触发器状态转移真值表

$\overline{R}_D$	$\overline{S}_D$	Q^n	Q^{n+1}
0	1	0	0
0	1	1	0
1	0	0	1
1	0	1	1
1	1	0	0
1	1	1	1
0	0	0	不允许
0	0	1	

表 5-1-2　简化真值表

$\overline{R}_D$	$\overline{S}_D$	Q^{n+1}
0	1	0
1	0	1
1	1	Q^n
0	0	不允许

2. 特征方程(状态方程)

触发器逻辑功能还可用逻辑函数表达式来描述。描述触发器逻辑功能的函数表达式称为特征方程或称为状态转移方程,简称状态方程。由表 5-1-1 通过如图 5-1-3 所示的卡诺图简化,可得

$$\begin{cases} Q^{n+1} = S_D + \bar{R}_D Q^n \\ \bar{S}_D + \bar{R}_D = 1 \end{cases} \tag{5-1-1}$$

其中,$\bar{S}_D + \bar{R}_D = 1$ 称为约束条件。由于 $\bar{S}_D$ 和 $\bar{R}_D$ 同时为 **0** 又同时恢复为 **1** 时,状态 Q^{n+1} 是不确定的,所以为了获得确定的 Q^{n+1},输入信号 $\bar{S}_D$ 和 $\bar{R}_D$ 应满足 $\bar{S}_D + \bar{R}_D = 1$。

3. 状态转移图和激励表

描述触发器的逻辑功能还可以采用图形的方法,即状态转移图来描述。图 5-1-4 为基本触发器的状态转移图。图中圆圈分别代表基本触发器的两个稳定状态,箭头表示在输入信号作用下状态转移的方向,箭头旁的标注表示状态转移时的条件。

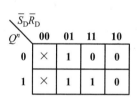

图 5-1-3 基本触发器卡诺图

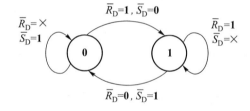

图 5-1-4 基本触发器状态转移图

由图 5-1-4 可见,如果触发器当前稳定状态是 $Q^n = \mathbf{0}$,则在输入信号 $\bar{R}_D = \mathbf{1}$、$\bar{S}_D = \mathbf{0}$ 的条件下,触发器转移至下一状态(次态)$Q^{n+1} = \mathbf{1}$;如果输入信号 $\bar{S}_D = \mathbf{1}$,$\bar{R}_D = \mathbf{0}$ 或 **1** 则触发器维持在 **0**;如果触发器的当前状态稳定在 $Q^n = \mathbf{1}$,则在输入信号 $\bar{R}_D = \mathbf{0}$、$\bar{S}_D = \mathbf{1}$ 的作用下,触发器转移至下一状态(次态)$Q^{n+1} = \mathbf{0}$;如果输入信号 $\bar{R}_D = \mathbf{1}$,$\bar{S}_D = \mathbf{1}$ 或 **0**,触发器维持在 **1**。这与表 5-1-2 所描述的功能是一致的。

由图 5-1-4 可以很方便地列出表 5-1-3。表 5-1-3 表示了触发器由当前状态 Q^n 转移至所要求的下一状态 Q^{n+1} 时,对输入信号的要求。因此称表 5-1-3 为触发器的激励表或驱动表。它实质上是表 5-1-1 状态转移真值表的派生表。

基本触发器的逻辑符号如图 5-1-5 所示。图中输入端的小圆圈表示低电平有效。

表 5-1-3　基本触发器激励表

状态转移		激励输入	
$Q^n \rightarrow Q^{n+1}$		$\bar{R}_D$	$\bar{S}_D$
0	**0**	×	**1**
0	**1**	**1**	**0**
1	**0**	**0**	**1**
1	**1**	**1**	×

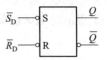

图 5-1-5　基本触发器逻辑符号

5.2　钟控触发器

由两个门电路交叉耦合构成的触发器,只要输入信号发生变化,触发器状态就会根据其逻辑功能发生相应的变化。但在实际运用中,常常需要触发器的输入($\bar{R}_D$ 及 $\bar{S}_D$)仅作为触发器发生状态变化的转移条件,不希望触发器状态随输入信号的变化而立即发生相应变化,而是要求在钟控脉冲信号(CP)的作用下,触发器状态根据当时的输入激励条件发生相应的状态转移。为此,在基本触发器的基础上加上触发导引电路,构成时钟控制的触发器。

5.2.1　钟控 R-S 触发器

钟控 R-S 触发器的电路如图 5-2-1 所示。图中门 G_1 和 G_2 构成基本触发器,门 G_3 和 G_4 构成触发导引电路。由图5-2-1可见,当 $CP = 0$ 时,$\bar{S}_D = 1$,$\bar{R}_D = 1$,由基本触发器功能可知,触发器状态 Q 维持不变,当 $CP = 1$ 时,$\bar{S}_D = \bar{S}$,$\bar{R}_D = \bar{R}$,触发器状态将发生转移。

根据基本触发器的状态方程式(5-1-1),可以得到当 $CP = 1$ 时

$$\begin{cases} Q^{n+1} = S + \bar{R}Q^n \\ RS = 0 \end{cases} \qquad (5-2-1)$$

式(5-2-1)是钟控 R-S 触发器的状态方程,其中 $RS = 0$ 是约束条件。它表明在 $CP = 1$ 时,触发器状态按式(5-2-1)的描述发生转移。

同理可以得到在 $CP = 1$ 时钟控 R-S 触发器的状态转移真值表 5-2-1、激励表 5-2-2 及状态转移图 5-2-2。

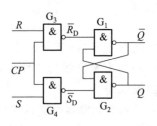

图 5-2-1　钟控 R-S 触发器

表 5-2-1　钟控 $R-S$ 触发器状态转移真值表

R	S	Q^{n+1}
0	**0**	Q^n
0	**1**	**1**
1	**0**	**0**
1	**1**	不允许

表 5-2-2　钟控 $R-S$ 触发器激励表

$Q^n \to Q^{n+1}$		R	S
0	**0**	$\times$	**0**
0	**1**	**0**	**1**
1	**0**	**1**	**0**
1	**1**	**0**	$\times$

图 5-2-3 所示为钟控 $R-S$ 触发器工作波形。当 $CP=0$ 时,不论 R、S 如何变化,触发器状态维持不变。只有当 $CP=1$ 时,R、S 的变化才能引起状态的改变。

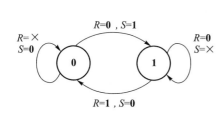

图 5-2-2　钟控 $R-S$ 触发器状态转移图

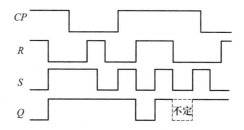

图 5-2-3　钟控 $R-S$ 触发器工作波形

5.2.2　钟控 D 触发器

钟控 D 触发器电路如图 5-2-4 所示。其中门 G_1 和 G_2 构成基本触发器,门 G_3 和 G_4 构成触发导引电路。

由图可见,基本触发器输入当 $CP=0$ 时,$\overline{S}_D=1$,$\overline{R}_D=1$,由基本触发器的功能可知,触发器的状态 Q 维持不变。当 $CP=1$ 时,$\overline{S}_D=D$,$\overline{R}_D=D$,触发器状态将发生转移。根据基本触发器的状态方程式 (5-1-1),可以得到,当 $CP=1$ 时

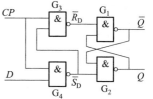

$$Q^{n+1}=S_D+\overline{R}_D Q^n = D \qquad (5-2-2)$$

图 5-2-4　钟控 D 触发器

由于 $\overline{S}_D$ 和 $\overline{R}_D$ 恰好互补,因此约束条件始终都满足。

式(5-2-2)为钟控 D 触发器的状态方程。它表明在 $CP=1$ 时,触发器按式(5-2-2)的描述发生转移。同理,可以得到钟控 D 触发器在 $CP=1$ 时的状态转移真值表 5-2-3、激励表 5-2-4 及状态转移图 5-2-5。由于 D 触发器的下一状态始终和 D 输入一致,因此,又称 D 触发器为锁存器或延迟触发器。

表 5-2-3　D 触发器状态转移真值表

D	Q^{n+1}
0	0
1	1

表 5-2-4　D 触发器激励表

$Q^n \to Q^{n+1}$		D
0	0	0
0	1	1
1	0	0
1	1	1

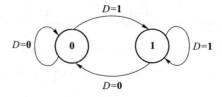

图 5-2-5　钟控 D 触发器状态转移图

5.2.3　钟控 J-K 触发器

钟控 J-K 触发器的电路如图 5-2-6 所示,门 G_1 和 G_2 构成基本触发器,门 G_3 和 G_4 构成触发导引电路。由图可见:

当 $CP = 0$ 时,$\bar{S}_D = 1$,$\bar{R}_D = 1$,触发器的状态保持不变。当 $CP = 1$ 时,$\bar{S}_D = \overline{J\bar{Q}^n}$,$R_D = \overline{KQ}$,触发器接收输入激励,发生状态转移。根据基本触发器的状态方程式(5-1-1),可以得到当 $CP = 1$ 时

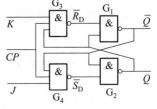

图 5-2-6　钟控 J-K 触发器

$$Q^{n+1} = S_D + \bar{R}_D Q^n = J\bar{Q}^n + \bar{K}Q^n \quad (5\text{-}2\text{-}3)$$

其约束条件 $\bar{S}_D + \bar{R}_D = \overline{J\bar{Q}^n} + \overline{KQ^n} = 1$,因此不论 J、K 信号如何变化,基本触发器的约束条件始终满足。

式(5-2-3)为钟控 J-K 触发器的状态方程。它表明在 $CP = 1$ 时,触发器状态按式(5-2-3)的描述发生转移。

同理,可以得到钟控 J-K 触发器在 $CP = 1$ 时的状态转移真值表 5-2-5、激励表 5-2-6 及状态转移图 5-2-7。

表 5-2-5　J-K 触发器状态转移真值表

J	K	Q^{n+1}
0	0	Q^n
0	1	0
1	0	1
1	1	$\bar{Q}^n$

表 5-2-6　J-K 触发器激励表

$Q^n \to Q^{n+1}$		J	K
0	0	0	×
0	1	1	×
1	0	×	1
1	1	×	0

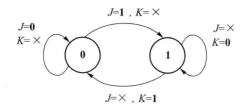

图 5-2-7　钟控 J-K 触发器状态转移图

由表 5-2-5 可见，J-K 触发器在 $J=0$、$K=0$ 时具有保持功能；在 $J=0$、$K=1$ 时具有置 0 功能；在 $J=1$、$K=0$ 时具有置 1 功能；在 $J=1$、$K=1$ 时具有翻转功能。

5.2.4　钟控 T 触发器

如果将图 5-2-6 所示电路中 J 和 K 连在一起，改作 T，作为输入信号，则在 $CP=1$ 时，触发器的状态方程为

$$Q^{n+1} = T\overline{Q}^n + \overline{T}Q^n \tag{5-2-4}$$

此时触发器称为 T 触发器，其特点是在 $T=1$ 时，触发器在时钟 CP 作用下，每来一个 CP 信号它的状态就翻转一次；而当 $T=0$ 时，CP 信号到达后的状态保持不变。可以得到 T 触发器的状态转移真值表 5-2-7、激励表 5-2-8。

表 5-2-7　T 触发器状态转移真值表

T	Q^{n+1}
0	Q^n
1	$\overline{Q}^n$

表 5-2-8　T 触发器激励表

$Q^n \rightarrow Q^{n+1}$		T
0	0	0
0	1	1
1	0	1
1	1	0

5.2.5　电位触发方式的工作特性

上面分析的钟控触发器电路均由 4 个与非门组成，当钟控信号 CP 为低电平（$CP=0$）时，触发器不接受输入激励信号，触发器状态保持不变；当钟控信号 CP 为高电平（$CP=1$）时，触发器接受输入激励信号，状态发生转移。这种钟控方式称为电位触发方式。

电位触发方式的特点是,在约定钟控信号电平($CP=1$ 或 $CP=0$)期间,触发器接受输入激励信号,输入激励信号的变化都会引起触发器状态的改变。而在非约定钟控信号电平($CP=0$ 或 $CP=1$)期间,触发器不接受输入激励信号,触发器状态保持不变。在非约定电平期间,不论输入激励信号如何变化,都不会影响触发器的状态。但必须指出,这种电位触发方式,对于 T 触发器 $T=1$ 时及 J-K 触发器 $J=K=1$ 时,触发器的状态转移均为 $Q^{n+1}=\overline{Q^n}$。

因此,在 $CP=1$ 且脉冲宽度较宽时,触发器将会出现连续不停的多次翻转。如果要求每来一个 CP 脉冲触发器仅发生一次翻转的话,则对钟控信号的约定电平的宽度要求极其苛刻。为了避免多次翻转,必须采用其他的电路结构。

5.3 主从触发器

由 4 个集成门构成的电位触发方式的钟控触发器,在约定钟控信号电平期间对输入激励信号均敏感,从而造成了在某些输入条件下产生多次翻转现象。避免多次翻转的方法之一就是采用具有存储功能的触发导引电路,主从结构式的触发器就是这类触发器。

5.3.1 主从触发器基本原理

图 5-3-1 所示为主从 R-S 触发器原理电路。它由两个电位触发方式的钟控触发器构成,其中门 G_5、G_6、G_7、G_8 构成主触发器,钟控信号为 CP,输出为 $Q_主$、$\overline{Q}_主$,输入为 R、S。门 G_1、G_2、G_3、G_4 构成从触发器,钟控信号为 $\overline{CP}$,输入为主触发器的输出 $Q_主$、$\overline{Q}_主$,输出为 Q 和 $\overline{Q}$。从触发器的输出为整个主从触发器的输出,主触发器的输入为整个主从触发器的激励输入。

由于主触发器的输出 $Q_主$ 和 $\overline{Q}_主$ 始终互补,所以在 $\overline{CP}=1$ 时,从触发器的状态跟随主触发器的状态。当 $CP=1$ 时,此时主触发器接收输入激励信号,其状态方程为

$$\begin{cases} Q_主^{n+1}=S+\overline{R}Q_主^n=S+\overline{R}Q^n \\ SR=0 \end{cases}$$

此时,由于 $\overline{CP}=0$,因此从触发器保持原状态不变。

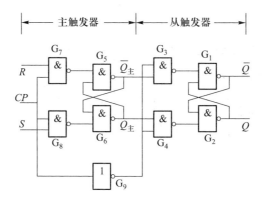

图 5-3-1   主从 R-S 触发器

当 CP 由 **1** 负向跳变至 **0** 时,由于 $CP=0$,主触发器维持状态不变;而 $\overline{CP}$ 由 **0** 正向跳变至 **1**,从触发器跟随主触发器 CP 由 **1** 负向跳变至 **0** 时刻的状态而发生变化,状态方程为

$$\begin{cases} Q^{n+1}=Q_{\pm}^{n+1}=S+\bar{R}Q^n \\ SR=0 \end{cases} \tag{5-3-1}$$

由上述分析可见,主从触发器工作分两步进行。第一步,当 CP 由 **0** 正向跳变至 **1** 及 $CP=1$ 期间,主触发器接收输入激励信号,状态发生变化;而由于 $\overline{CP}$ 由 **1** 变为 **0**,从触发器被封锁,因此触发器状态保持不变,这一步称为准备阶段。第二步,当 CP 由 **1** 负向跳变至 **0** 时及 $CP=0$ 期间,主触发器被封锁,状态保持不变,而从触发器时钟 $\overline{CP}$ 由 **0** 正向跳变至 **1**,接收在这一时刻主触发器的状态,触发器输出状态发生变化。由于 CP 由 **1** 负向跳变至 **0** 后,在 $CP=0$ 期间,主触发器不再接收输入激励信号,因此也不会引起触发器状态发生两次以上的翻转。这就克服了多次翻转现象。

图 5-3-2 所示为主从 R-S 触发器的工作波形。主从触发器输出状态的转移发生在 CP 信号负向跳变时刻,即 CP 时钟的下降沿时刻。

如果将图 5-3-1 中输入信号改接成图 5-3-3 所示的形式,则构成主从 J-K 触发器电路。根据式(5-3-1),将 $S=J\bar{Q}^n$、$R=KQ^n$ 代入,即可得到主从 J-K 触发器状态方程为

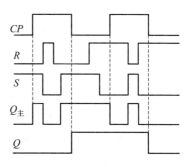

图 5-3-2   主从 R-S 触发器工作波形

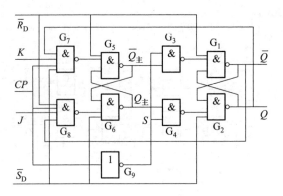

$$图 5\text{-}3\text{-}3\quad 主从 J\text{-}K 触发器$$

$$Q^{n+1} = J\overline{Q}^n + \overline{K}Q^n \tag{5-3-2}$$

5.3.2　主从 *J*-*K* 触发器主触发器的一次翻转现象

由图 5-3-3 可知,与非门 G_5、G_6、G_7、G_8 构成主触发器,它可以看成是电位触发方式的钟控 R-S 触发器,$R = KQ^n$,$S = J\,\overline{Q}^n$,所以在 $CP = 1$ 期间主触发器的状态转移方程为

$$Q_{主}^{n+1} = J\,\overline{Q}^n + \overline{KQ^n}\,Q_{主}^n \tag{5-3-3}$$

由于在主触发器状态发生改变之前,即 $CP = 0$ 时,$Q_{主}^n = Q^n$,因此式(5-3-3)可以改写成 $Q_{主}^{n+1} = J\,\overline{Q}^n + \overline{KQ^n}\,Q^n$。如果,在 CP 由 0 正向跳变至 1 或 $CP = 1$ 期间,主触发器接收输入激励信号,发生了状态翻转,即 $Q_{主} = \overline{Q}^n$,将此代入式(5-3-3),此后主触发器状态转移方程为

$$Q_{主}^{n+1} = J\,\overline{Q}^n + \overline{KQ^n}\,\overline{Q}^n = \overline{Q}^n \tag{5-3-4}$$

由式(5-3-4)可见,一旦在 $CP = 1$ 期间,主触发器接收了输入激励信号,发生一次翻转后,主触发器状态就一直保持不变,也不再随输入激励信号 J、K 的变化而变化。这就是主触发器的一次翻转特性。

图 5-3-4 所示为主从 *J*-*K* 触发器的工作波形。从上面分析可以发现,在 CP 下降沿到达时刻,触发器的状态跟随此时刻主触发器的状态。如果在 $CP = 1$ 期间,主触发器发生一次状态转移后,输入激励 J、K 又发生了变化,而主触发器不会再发生变化,因此,在时钟脉冲下降沿到达时,触发器接收这一时刻主触发器的状态,就有可能与式(5-3-2)描述的转移结果不一致。如图 5-3-4 中第 2、3 个 CP 脉冲下降沿作用时触发器状态转移与状态方程描述的转移结果不一致。

为了使主从 $J\text{-}K$ 触发器的状态转移与式(5-3-2)的描述完全一致,就要求在 $CP=1$ 期间输入激励信号 J、K 不发生变化。这就使主从 $J\text{-}K$ 触发器的使用受一定限制,而且降低了它的抗干扰能力。

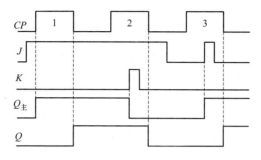

图 5-3-4　从 $J\text{-}K$ 触发器工作波形

5.3.3　主从 $J\text{-}K$ 触发器集成单元

图 5-3-5 所示为双极型 $J\text{-}K$ 触发器集成单元的逻辑图。比较图 5-3-5 与图 5-3-3 所示电路有以下几处不同:(1) 图 5-3-5 所示电路中由**与或非门**构成主触发器,代替了图 5-3-3 中由**与非门**构成的主触发器;(2) 图 5-3-5 所示电路中从触发器的触发导引电路由两个三极管 T_1 和 T_2 组成。

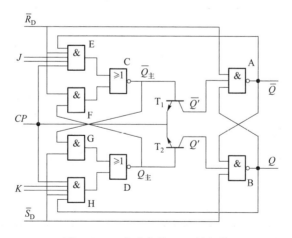

图 5-3-5　集成主从 $J\text{-}K$ 触发器

如果令 $\overline{S}_D=\mathbf{1}$,$\overline{R}_D=\mathbf{1}$(关于 $\overline{S}_D$、$\overline{R}_D$ 的作用下面叙述),$CP=\mathbf{0}$ 时,封锁了门 E 和门 H,因此主触发器状态维持不变。此时,三极管 T_1 和 T_2 的发射极为低

电平,由于 T_1 和 T_2 导通起反相作用,T_1 集电极输出 $\overline{Q}' = \overline{\overline{Q}_{主}} = Q_{主}$;$T_2$ 集电极输出 $Q' = \overline{Q}_{主}$。因此,从触发器的状态为 $Q^{n+1} = \overline{Q}' + \overline{Q}'Q^n = \overline{Q}' = Q_{主}$,跟随主触发器状态。

当 CP 由 **0** 正向跳变至 **1** 后,在 $CP = 1$ 期间,三极管 T_1 和 T_2 的发射极为高电平,T_1、T_2 均处于截止状态,门 A 和门 B 输入信号不会发生变化,从触发器状态保持不变。此时,由于 $CP = 1$,解除了对门 E 和门 H 的封锁,主触发器接收输入信号,发生状态转移。这是由两个**与或非门**构成的基本触发器,具有 J-K 触发器的逻辑功能。

下面简述 $\overline{R}_D$ 和 $\overline{S}_D$ 的作用。当 $\overline{R}_D$ 或 $\overline{S}_D$ 端加低电平或负脉冲作用时,触发器被直接置 **0** 或置 **1**,触发器状态不受时钟 CP 及激励输入信号 J、K 的影响。$\overline{R}_D$ 端称为异步置 **0** 端,或称清除端;$\overline{S}_D$ 端称为异步置 **1** 端,或称置位端。

为了达到可靠地置 **0** 或置 **1** 的目的,$\overline{R}_D$ 和 $\overline{S}_D$ 信号不仅要作用于从触发器,还要同时作用于主触发器。由图 5-3-5 可见,假设 $\overline{R}_D = 0$,$\overline{S}_D = 1$,由于 $\overline{R}_D = 0$,封锁了门 A 使 $\overline{Q} = 1$,同时封锁了门 E、F,这样使 $\overline{Q}_{主} = 1$。而此时 $\overline{S}_D = 1$,使 $Q_{主} = 0$,不论 CP 为何值,T_2 均截止,使得 $Q' = 1$,这样与非门 B 输入均为 **1**,保证 $Q = 0$,同理可分析,当 $\overline{R}_D = 1$、$\overline{S}_D = 0$ 时,可以使触发器可靠置 **1**。

主从 J-K 触发器的功能表如表 5-3-1 所示。其逻辑符号如图 5-3-6 所示。$\overline{R}_D$、$\overline{S}_D$ 端的小圆圈表示低电平或负脉冲有效。

表 5-3-1　主从 J-K 触发器功能表

输入					输出	
$\overline{R}_D$	$\overline{S}_D$	CP	J	K	Q	$\overline{Q}$
0	**1**	×	×	×	**0**	**1**
1	**0**	×	×	×	**1**	**0**
1	**1**	**0**	**0**	**0**	Q^n	$\overline{Q}^n$
1	**1**	⎍	**0**	**1**	**0**	**1**
1	**1**	⎍	**1**	**0**	**1**	**0**
1	**1**	⎍	**1**	**1**	$\overline{Q}^n$	Q^n

常用的主从触发器有:单 J-K 主从触发器 CT54H71/CT74H71、CT5472/CT7472、CT54H72/CT74H72;双 J-K 主从触发器 CT54107/CT74107、CT54H78/CT74H78 等。

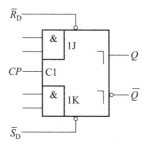

图 5-3-6 主从 *J-K* 触发器逻辑符号

5.3.4 集成主从 *J-K* 触发器的脉冲工作特性

以图 5-3-5 所示的电路来说明触发器工作时,对时钟及输入激励信号 *J*、*K* 的要求。

（1）时钟 *CP* 由 **0** 正向跳变至 **1** 及 *CP* = **1** 的准备阶段,要完成主触发器状态的正确转移。因此要求:① 在 *CP* 上升沿到达时,*J*、*K* 信号已处于稳定状态,并且在 *CP* = **1** 期间,*J*、*K* 信号不发生变化;② 主触发器状态变化从 *CP* 上升沿开始至最后稳定,需经历两级**与或非门**的延迟时间,假设一级**与或非门**的延迟时间为 $1.4 t_{pd}$ (t_{pd} 为**与非门**的平均延迟时间),因此为了使主触发器能实现状态转移,必须经历 $2.8t_{pd}$ 的时间,所以要求 *CP* = **1** 持续期 $t_{CPH} > 2.8t_{pd}$。

（2）*CP* 由 **1** 负向跳变至 **0** 时,在这一时刻从触发器接受主触发器的状态。假设三极管 T_1 和 T_2 开关的延迟时间为 $0.5t_{pd}$,因此,从 *CP* 由 **1** 负向跳变至 **0** 开始,至触发器状态转移完成,需经历 $2.5t_{pd}$ 时间,这就要求 *CP* = **0** 的持续期 $t_{CPL} > 2.5t_{pd}$。在 *CP* = **0** 期间,主触发器已被封锁,所以 *J*、*K* 信号可以变化。

（3）触发器的工作频率:为了保证触发器可靠地发生状态转移,时钟信号 *CP* 的最高工作频率为

$$f_{CPmax} \leqslant \frac{1}{t_{CPH} + t_{CPL}} = \frac{1}{5.3t_{pd}} \tag{5-3-5}$$

必须指出,上述讨论允许最高工作频率时,未考虑负载电容的影响。

（4）由于主从 *J-K* 触发器主触发器有一次翻转特性,为了提高抗干扰能力,在满足对 t_{CPH} 要求的条件下,尽可能使 *CP* = **1** 的持续时间缩短,采用窄脉冲触发。主从 *J-K* 触发器是一种脉冲触发方式,而状态发生转移时刻发生在 *CP* 的下降沿时刻。为了说明这一特点,有时将触发器状态方程写成

$$Q^{n+1} = [J\bar{Q}^n + \bar{K}Q^n] \cdot CP\downarrow \tag{5-3-6}$$

5.4 边沿触发器

采用主从触发方式,可以克服电位触发方式的多次翻转现象,但主从触发器有一次翻转特性,这就降低了其抗干扰能力。边沿触发器不仅可以克服电位触发方式的多次翻转现象,而且仅仅在时钟 CP 的上升沿或下降沿时刻才对输入激励信号响应,这样大大提高了抗干扰能力。

边沿触发器有 CP 上升沿(前沿)触发和 CP 下降沿(后沿)触发两种形式。

5.4.1 维持–阻塞触发器

1. 维持–阻塞触发器基本工作原理

图 5-4-1 所示为维持–阻塞结构的 $R\text{-}S$ 触发器电路。这个电路在钟控 $R\text{-}S$ 触发器基础上,增加了置 0、置 1 维持和置 0、置 1 阻塞 4 条连线。由图可见,如果取掉这 4 条连线,A、B、C、E 4 个与非门构成的就是钟控 $R\text{-}S$ 触发器,由于增加了上述 4 条连线,使得该触发器仅在 CP 信号由 0 变到 1 的上跳沿时刻才发生状态转移,而在其余时间触发器状态均保持不变。

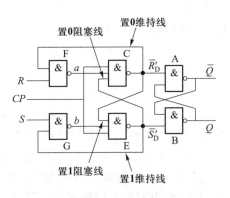

图 5-4-1 维持–阻塞 $R\text{-}S$ 触发器

下面分析维持、阻塞线的作用。

假设 $CP = 0$ 时,$S = 0$,$R = 1$。由于 $CP = 0$,使 $\overline{S}'_\mathrm{D} = 1$,$\overline{R}'_\mathrm{D} = 1$,触发器状态保持不变,而此时,门 F 输出 $a = 0$,门 G 输出 $b = 1$。

当 CP 由 0 正向跳变至 1 时,由于 $a = 0$,门 C 输出 $\overline{R}'_\mathrm{D} = 1$,门 E 输出 $\overline{S}'_\mathrm{D} = 0$。$\overline{S}'_\mathrm{D} = 0$ 有三个作用:

(1) 将触发器置 1,使 $Q = 1$;

(2) 通过置 0 阻塞线反馈至门 C 输入端,封锁了门 C,不论 a 如何变化,均使 $\overline{R}'_\mathrm{D} = 1$,阻塞了将触发器置 0;

(3) 通过置 1 维持线反馈至门 G 输入端,使 $b = 1$,这样就维持了 $\overline{S}'_\mathrm{D} = 0$,维持了置 1 的功能。

由于置 0 阻塞线和置 1 维持线的作用,在 $CP = 1$ 期间,触发器状态不会再发生变化。当 CP 由 1 负向跳变至 0 及 $CP=0$ 期间,由于 $\bar{S}'_D=1$、$\bar{R}'_D=1$,触发器状态也不会发生变化。同理可以分析假设 $CP=0$ 时,$S=1$,$R=0$,门 F 输出 $a=1$,门 G 输出 $b=0$,当 CP 由 0 正向跳变至 1 时,由于 $b=0$,使门 C 输出 $\bar{R}'_D=0$。$\bar{R}'_D=0$ 有将触发器置 0、同时通过置 1 阻塞线使 $\bar{S}'_D=1$ 阻塞触发器置 1 以及通过置 0 维持线使 $a=1$ 维持 $\bar{R}'_D=0$ 置 0 的功能等三个作用。

由上可见,由于维持-阻塞的作用,使得该触发器仅在 CP 信号由 0 变到 1 的上升沿时刻才发生状态转移,而在其余时间触发器状态均保持不变,是时钟 CP 的上升沿触发。

2. 维持-阻塞 D 触发器

图 5-4-2 所示为维持-阻塞 D 触发器电路,其中 $\bar{S}_D$ 和 $\bar{R}_D$ 输入端为直接异步置 1 和置 0 输入端。当 $\bar{R}_D=0$、$\bar{S}_D=1$ 时,$\bar{R}_D$ 封锁门 F 使 $a=1$,封锁门 E,使 $\bar{S}'_D=1$,这样保证触发器可靠置 0;当 $\bar{R}_D=1$、$\bar{S}_D=0$ 时,$\bar{S}_D$ 封锁门 G,使 $b=1$,在 $CP=1$ 时,使 $\bar{S}'_D=0$,从而使 $\bar{R}'_D=1$,保证触发器可靠置 1。当 $\bar{S}_D=1$、$\bar{R}_D=1$ 时,如果 $CP=0$,则触发器状态保持不变,$a=\bar{D}$,$b=D$,CP 由 0 正向跳变至 1 时,$\bar{S}'_D=\bar{D}$,$\bar{R}'_D=D$。触发器状态发生转移

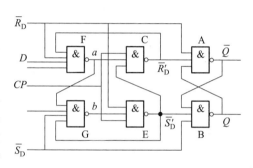

图 5-4-2 维持-阻塞 D 触发器

$$Q^{n+1}=\bar{S}'_D+\bar{R}'_D Q^n=D \qquad (5-4-1)$$

实现 D 触发器的逻辑功能。

图 5-4-2 所示电路中维持-阻塞作用与图 5-4-1 所示相同。不同之处仅在于 $\bar{R}'_D$ 反馈封锁至门 E 输入端的置 1 阻塞线移至由门 F 输出 a 反馈至门 G 的输入端,起置 1 阻塞作用。因为 $\bar{R}'_D=0$,使 $a=1$,使 $b=0$,从而阻止了 $\bar{S}'_D$ 由 1 变为 0。

表 5-4-1 为上升沿触发 D 触发器功能表。图 5-4-3 所示为上升沿触发 D 触发器的逻辑符号。图中 CP 端没有小圆圈,表示为 CP 上升沿到达时触发器状态发生转移,因此,有时将触发器的状态方程写成

$$Q^{n+1}=[D]\cdot CP\uparrow \qquad (5-4-2)$$

3. 维持-阻塞 D 触发器的脉冲工作特性

从上面分析可以知道,维持-阻塞 D 触发器的工作分两个阶段,在 $CP=0$ 时,为准备阶段;CP 由 0 至 1 正向跳变时刻为状态转移阶段。为了使维持-阻塞 D 触发器(如图 5-4-2 所示电路)能可靠工作,要求:

表 5-4-1 D 触发器功能表

$\bar{R}_D$	$\bar{S}_D$	CP	D	Q	$\bar{Q}$
0	**1**	×	×	**0**	**1**
1	**0**	×	×	**1**	**0**
1	**1**	↑	**0**	**0**	**1**
1	**1**	↑	**1**	**1**	**0**

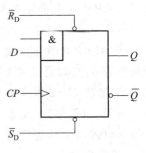

图 5-4-3 上升沿触发 D
触发器的逻辑符号

（1）在 CP 由 **0** 正向跳变至 **1** 之前，门 F 和 G 输出端 a 和 b 应建立起稳定状态。由于 a 和 b 稳定状态的建立需要经历两个与非门的延迟时间，这段时间称为建立时间 t_{set}，$t_{set} = 2t_{pd}$，如图 5-4-4 所示。在这段时间内要求输入激励信号 D 不能发生变化，所以 $CP = 0$ 的持续时间应满足 $t_{CPL} \geqslant t_{set} = 2t_{pd}$。

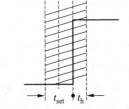

图 5-4-4 D 触发器的
建立时间和保持时间

（2）在 CP 由 **0** 正向跳变至 **1** 时，脉冲上升沿到达后，要达到维持-阻塞作用，必须使 $\bar{S}'_D$ 或 $\bar{R}'_D$ 由 **1** 变为 **0**，这需要经历一个与非门延迟时间。在这段时间内，输入激励信号 D 也不能发生变化，将这段时间称为保持时间 t_h，$t_h = t_{pd}$。

（3）从 CP 由 **0** 正向跳变至 **1** 开始，直至触发器状态转移完成稳定于新的状态，需要经历 $\bar{S}'_D$ 或 $\bar{R}'_D$ 信号的建立及经历基本触发器状态翻转时间，这样一共需要经历 $3t_{pd}$ 的时间，因此要求 $CP = 1$ 的维持时间必须大于 $3t_{pd}$，即 $t_{CPH} > 3t_{pd}$。

（4）为了使维持-阻塞 D 触发器稳定可靠地工作，CP 脉冲的工作频率应满足

$$f_{CPmax} \leqslant \frac{1}{t_{CPL} + t_{CPH}} = \frac{1}{5t_{pd}} \qquad (5-4-3)$$

从上面分析可以看出，在 CP 由 **0** 至 **1** 上升沿到达之前 $2t_{pd}$ 时间内和前沿到达之后 t_{pd} 时间内，D 输入信号不能发生变化，也就是说，在这段时间内（如图 5-4-4 斜线部分所示）对 D 信号敏感。在其余时间内输入信号 D 的变化对触发器状态不会产生影响，因此，边沿触发的维持-阻塞触发器比主从触发器抗干扰性强。图 5-4-5 所示为 D 触发器的工作波形。

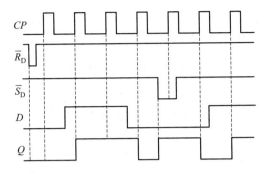

图 5-4-5 D 触发器的工作波形

5.4.2 下降沿触发的边沿触发器

图 5-4-6 所示为下降沿触发的 J-K 触发的电路,它由两个**与或**非门构成基本触发器,由**与非门** G 和 H 构成触发导引电路。其中 $\overline{R}_D$、$\overline{S}_D$ 为异步置 **0** 和置 **1** 输入端。

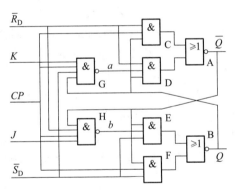

图 5-4-6 下降沿触发的 J-K 触发器逻辑图

1. 基本工作原理

图 5-4-6 所示电路中,要实现正确的逻辑功能,必须具备的条件是触发导引门 G 和 H 的平均延迟时间比基本触发器的平均延迟时间要长,这一点可在制造时给予满足。例如,加宽三极管的基区宽度、输出采用集电极开路门结构等。在满足这一条件前提下,分析其工作情况。

当 $\overline{R}_D = \mathbf{0}$、$\overline{S}_D = \mathbf{1}$ 时,门 C、D 均输出为 **0**,$\overline{Q} = \mathbf{1}$,门 H 输出为 **1**,因此门 E 输出为 **1**,$Q = \mathbf{0}$,实现置 **0**。

当 $\overline{R}_D = \mathbf{1}$、$\overline{S}_D = \mathbf{0}$ 时,门 E、F 输出为 **0**,$Q = \mathbf{1}$,且门 G 输出为 **1**,则门 D 输出为

$1, \bar{Q} = 0$，实现置 1。

在 $\bar{R}_D = 1$、$\bar{S}_D = 1$ 条件下，当 $CP = 1$ 时，由于

$$Q = \overline{\overline{\overline{S_D \cdot CP \cdot \bar{Q}} + \overline{S_D \cdot \bar{Q} \cdot H}}} = Q$$

$$\bar{Q} = \overline{\overline{\overline{R_D \cdot CP \cdot Q} + \overline{R_D \cdot Q \cdot G}}} = \bar{Q}$$

触发器状态保持不变。此时触发导引电路输出为

$$a = \overline{KQ^n}, b = \overline{J\bar{Q}^n} \tag{5-4-4}$$

为触发器状态转移准备条件。

当 CP 由 1 负向跳变至 0 时，由于门 G 和门 H 平均延迟时间比基本触发器平均延迟时间长，所以 $CP = 0$ 首先封锁了门 C 和门 F，使其输出均为 0，这样由门 A、B、D、E 构成了类似两个与非门组成的基本触发器，b 起 $\bar{S}_D$ 信号作用，a 起 $\bar{R}_D$ 信号作用，所以

$$Q^{n+1} = \bar{b} + aQ^n$$

在基本触发器状态转移完成之前，门 G 和门 H 输出保持不变，因此将式 (5-4-4) 代入

$$Q^{n+1} = \overline{\overline{J\bar{Q}^n}} + \overline{KQ^n}Q^n = J\bar{Q}^n + \bar{K}Q^n \tag{5-4-5}$$

此后，门 G 和门 H 被 $CP = 0$ 封锁，输出均为 1，触发器状态维持不变，触发器在完成一次状态转移后，不会再发生多次翻转现象。

但是，如果门 G 和门 H 的平均延迟时间小于基本触发器的平均延迟时间，则在 CP 信号负向跳变至 0 后，门 G 和门 H 即被封锁，输出均为 1，触发器状态会维持不变，就不能实现正确的逻辑功能要求。

由以上分析可见，在稳定的 $CP = 0$ 及 $CP = 1$ 期间，触发器状态均维持不变，只有在 CP 下降沿（后沿）到达时刻，触发器状态才发生转移，所以是下降沿触发，有时将状态方程写成

$$Q^{n+1} = \left[J\bar{Q}^n + \bar{K}Q^n \right] \cdot CP \downarrow \tag{5-4-6}$$

其功能表如表 5-4-2 所示。逻辑符号如图 5-3-6 所示。

表 5-4-2　下降沿触发 J-K 触发器功能表

$\bar{R}_D$	$\bar{S}_D$	CP	J	K	Q	$\bar{Q}$
0	1	×	×	×	0	1
1	0	×	×	×	1	0
1	1	↓	0	0	Q^n	$\bar{Q}^n$
1	1	↓	0	1	0	1
1	1	↓	1	0	1	0
1	1	↓	1	1	$\bar{Q}^n$	Q^n

2. 脉冲工作特性

假设基本触发器的翻转延迟时间为 $2t_{pd}$，门 G 和门 H 的平均延迟时间大于 $2t_{pd}$。由以上分析可见，在 CP 信号下降沿到达之前，必须建立 $a=\overline{Q^n K}$，$b=\overline{J\overline{Q^n}}$，所以 $CP=1$ 的持续时间应大于 $2t_{pd}$，且在这段时间内 J、K 信号要保持稳定，不能发生变化。在 CP 信号下降沿到达之后，为了保证触发器可靠地翻转，$CP=0$ 的持续期也应大于 $2t_{pd}$。这样，触发器的最高工作频率

$$f_{CPmax} \leqslant \frac{1}{t_{CPL}+t_{CPH}} = \frac{1}{4t_{pd}} \tag{5-4-7}$$

由于图 5-4-6 所示下降沿触发器只有在 CP 信号下降沿到达之前，信号 a 和 b 建立时间内对输入激励信号 J、K 敏感，而在下降沿到达以后，$CP=0$ 即封锁了门 G 和门 H，J、K 不需要保持，因此，这种触发器的抗干扰能力强，工作速度也较高。图 5-4-7 所示为其工作波形。

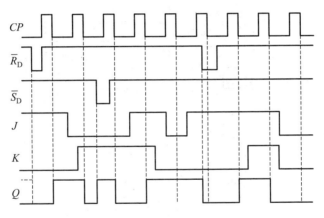

图 5-4-7　下降沿触发的 J-K 触发器工作波形

5.4.3　CMOS 传输门构成的边沿触发器

1. CMOS 传输门构成的基本触发器

图 5-4-8 所示为 CMOS 传输门构成的基本触发器电路。它由两个传输门 TG_1、TG_2 和**或非门**相连，构成基本触发器。$CP=0$、$\overline{CP}=1$ 时，传输门 TG_1 导通，TG_2 关断，触发器接收输入激励信号 D，使 $\overline{Q}=\overline{D}$，$Q=D$。当 $CP=1$、$\overline{CP}=0$ 时，传输门 TG_1 关断，TG_2 导通，触发器的状态保持不变，将 $CP=0$ 时接收到的信号存储起来。

这种基本触发器与 5.2 节所介绍的钟控基本 D 触发器功能完全一致,是属于电位触发方式,CP 为低电平有效。

2. CMOS 传输门构成的边沿 D 触发器

图 5-4-9 所示为 CMOS 传输门构成的边沿 D 触发电路。它由两个如图5-4-8所示的基本触发器级联构成主从结构形式。传输门 TG_1、TG_2 和**或非**门 G_1、G_2 构成主触发器,输出为 $Q_主$ 和 $\overline{Q}_主$;传输门 TG_3、TG_4

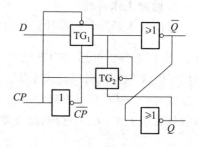

图 5-4-8 CMOS 传输门基本触发器

和**或非**门 G_3、G_4 构成从触发器,两个反相器为输出门。图中 R_D、S_D 为异步置 0、置 1 输入端,如图中虚线所示。当 $R_D=1$、$S_D=0$ 时,实现异步置 0;当 $R_D=0$、$S_D=1$ 时,实现异步置 1,R_D、S_D 信号高电平有效。

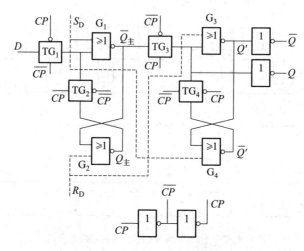

图 5-4-9 CMOS 传输门构成的 D 触发器

当 $CP=0$、$\overline{CP}=1$ 时,传输门 TG_3 关断,切断了从触发器与主触发器之间的通路,保持从触发器的状态不变。这时,由于传输门 TG_1 导通,TG_2 关断,主触发器接收输入激励信号 D,使 $\overline{Q}_主=\overline{D}$,$Q_主=D$。这一段时间为主触发器状态转移时间,是准备阶段。

当 CP 信号由 0 正向跳变至 1 时刻,$\overline{CP}$ 由 1 负向跳变至 0,由于 $CP=1$,$\overline{CP}=0$,传输门 TG_1 关断,切断了主触发器与输入激励信号 D 的通路,而 TG_2 导通,**或非**门 G_1 和 G_2 形成交叉耦合,保持在 CP 由 0 正向跳变至 1 这一时刻所接收的 D 信号,且在 $CP=1$ 期间主触发器的状态一直保持不变。与此同时,传输门 TG_3

导通,TG₄ 关断,从触发器接收主触发器在这一时刻的状态 $Q_{主}$,使 $Q' = Q_{主}$,$\overline{Q}' = \overline{Q}_{主}$,输出 $Q = Q' = Q_{主} = D$;$\overline{Q} = \overline{Q}' = \overline{Q}_{主} = \overline{D}$。这一时刻从触发器状态转移。

由以上分析可见,图 5-4-9 所示 D 触发器的状态转移是发生在 CP 上升沿(前沿)到达时刻,且接受这一时刻的输入激励信号 D,因此

$$Q^{n+1} = [D] \cdot CP\uparrow \tag{5-4-8}$$

3. CMOS 传输门构成的 J-K 边沿触发器

图 5-4-10 所示为 CMOS 传输门构成的 J-K 边沿触发器电路,它的结构与图 5-4-9 所示是相同的,不同点仅在于输入端增加了控制门,形成了两个激励信号输入端,由图可见

$$D = (J+Q^n)\overline{\overline{K}Q^n} = J\overline{Q}^n + \overline{K}Q^n$$

所以

$$Q^{n+1} = D = J\overline{Q}^n + \overline{K}Q^n$$

必须说明的是,虽然图 5-4-10 所示电路是主从结构形式,但由于 $CP = 1$ 时,已切断了主触发器与输入信号之间的通路,因此不会发生一次翻转的现象。其余分析同图 5-4-9 所示电路的分析。

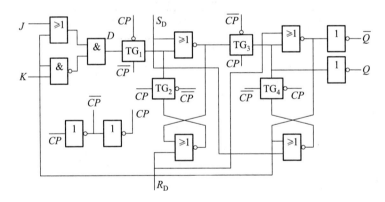

图 5-4-10   CMOS 传输门构成的 J-K 触发器

习   题

5-1   由两个**与非**门组成的基本触发器能否实现钟控?试说明理由。

5-2   分析图 5-1-1(b)所示由两个**或非**门组成的基本触发器,写出其状态方程、真值表及状态转移图。

5-3   分析图 P5-1 所示两个**与或**非门构成的基本触发器,写出其状态方程、真值表及状

态转移图。

5-4 试说明描述触发器逻辑功能的几种方法,分别叙述 D 触发器、$J-K$ 触发器、$R-S$ 触发器、T 触发器的逻辑功能。

5-5 主从触发器、维持-阻塞触发器及边沿触发器的脉冲工作特性有哪些特点?

5-6 证明图 P5-2 所示电路具有 $J-K$ 触发器的逻辑功能。

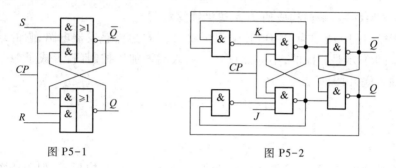

图 P5-1　　　　　　　　　　　图 P5-2

5-7 主从 $J-K$ 触发器的输入端波形如图 P5-3 所示,试画出输出端的工作波形。

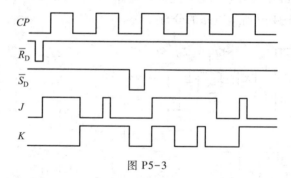

图 P5-3

5-8 维持-阻塞 D 触发器的输入端波形如图 P5-4 所示,试画出输出端的工作波形。设 Q 初态为 **0**。

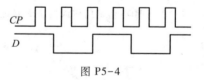

图 P5-4

5-9 边沿(下降沿)触发的 $J-K$ 触发器输入端波形如图 P5-3 所示,试画出输出端工作波形。

5-10 分别画出图 P5-5(a)所示电路的工作波形。其输入波形如图 P5-5(b)所示。设 Q_1、Q_2 初态为 **0**。

5-11 试画出图 P5-6 所示电路输出 v_0 波形(设初始状态 $v_0 = 0$)。

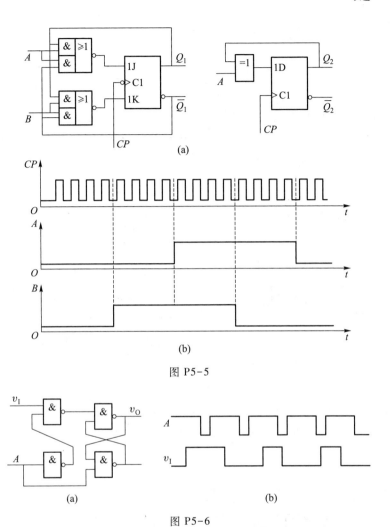

图 P5-5

图 P5-6

5-12　试画出如图 P5-7 所示电路中输出 v_{O1}、v_{O2} 的波形。

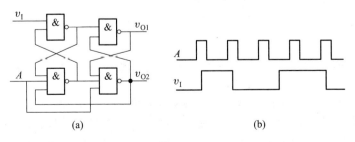

图 P5-7

5-13　试画出图 P5-8 所示电路中 Q_1、Q_2 的输出波形。

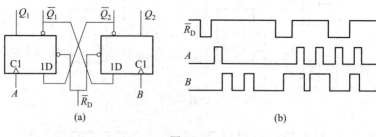

图 P5-8

5-14　试画出图 P5-9 所示电路中 Q_2 的输出波形。

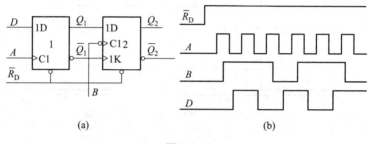

图 P5-9

5-15　在图 P5-10(a)所示电路中,已知输入信号 v_1 的电压波形如图 P5-10(b)所示,试画出与之对应的输出电压 v_0 的波形,触发器为维持-阻塞结构,初态为 **0**(提示:考虑触发器和**异或**门的延迟时间)。

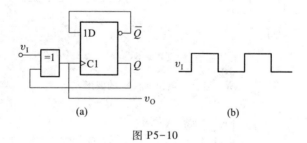

图 P5-10

5-16　图 P5-11(a)所示主从 *J-K* 触发器电路中,*CP* 和 *A* 波形如图 P5-11(b)所示,试画出 *Q* 端对应输出波形。设初始状态为 **0**。

5-17　图 P5-12 所示是用 CMOS 边沿触发器和**异或非**门组成的脉冲分频电路,试画出在一系列 *CP* 脉冲作用下 Q_1、Q_2 和 *Z* 端的输出波形。设触发器的初始状态皆为 **0**。

5-18　图 P5-13 所示是维持-阻塞 D 触发器的脉冲分频电路,试画出 *Q* 端对应输出波形,设初始状态为 **0**。

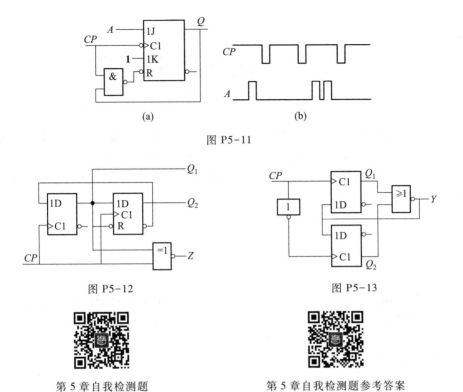

图 P5-11

图 P5-12　　　　　　　　　　　　　　　图 P5-13

第 5 章自我检测题　　　　　　　　　　第 5 章自我检测题参考答案

第6章 时序逻辑电路

逻辑电路分为两大类,即组合逻辑电路和时序逻辑电路。关于组合逻辑电路的分析和设计已在第4章作了介绍。本章概要介绍时序逻辑电路的特点、时序逻辑电路的分析和设计方法以及常用时序逻辑部件(计数器、移位寄存器及序列信号发生器等)。

6.1 时序逻辑电路概述

在组合逻辑电路中,当输入信号发生变化时,输出信号也随之立刻响应。也就是,在任何一个时刻的输出信号仅取决于当时的输入信号。而在时序逻辑电路中,任何时刻的输出信号不仅取决于当时的输入信号,而且还取决于电路原来的工作状态,即与以前的输入信号及输出也有关系。第5章所介绍的触发器就是简单的时序逻辑电路。

为了进一步说明时序逻辑电路的特点,先分析图6-1-1所示的一个简单时序逻辑电路。

该电路由两部分组成:一部分是由3个**与非**门构成的组合电路;一部分是由 T 触发器构成的存储电路,它的状态在 CP 脉冲的下降沿到达时刻发生变化。组合电路有3个输入信号(X 、 CP 及 Q),其中, X 、 CP 为外加输入信号, Q 为存储电路 T 触发器的输出;有两个输出信号(Z 和 T'),其中, Z 为电路的输出, T' 反馈回来作为 T 触发

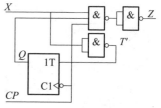

图6-1-1 简单时序电路

器的输入,有时称它为内部输出。由电路可以写出 T 触发器的状态方程和电路输出 Z 的函数表达式。

T 触发器状态方程

$$Q^{n+1}=[T\overline{Q^n}+\overline{T}Q^n] \cdot CP\downarrow=[\overline{X}Q^n+XQ^n] \cdot CP\downarrow \tag{6-1-1}$$

电路输出 Z 的函数表达式为

$$Z=Q^n \cdot X \cdot CP \tag{6-1-2}$$

由 T 触发器的状态方程和输出函数表达式,可以画出电路的工作波形,如

图 6-1-2 所示。图中,(a)和(b)是 T 触发器原状态 $Q=0$ 时的工作波形,(c)和(d)是 T 触发器原状态 $Q=1$ 时的工作波形。比较波形(b)和(d),它们都是电路输出 Z 的波形,虽然输入信号 X、CP 完全相同,但是由于 T 触发器的原状态不同,输出 Z 也就不同。由此可见,时序电路的输出不仅取决于当时的输入信号(X、CP),还取决于电路内部存储电路(T 触发器)的原状态。

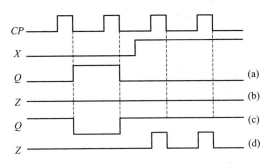

图 6-1-2　图 6-1-1 所示电路工作波形

由此例也可看出时序逻辑电路在结构上有两个特点。第一,时序逻辑电路包含组合电路和存储电路两部分。由于它要记忆以前的输入和输出情况,所以存储电路是不可缺少的。存储电路可以由触发器构成,也可以由带有反馈的组合电路构成。第二,组合电路至少有一个输出反馈到存储电路的输入端,存储电路的状态至少有一个作为组合电路的输入,与其他输入信号共同决定电路的输出。因此,时序电路的结构框图如图 6-1-3 所示。

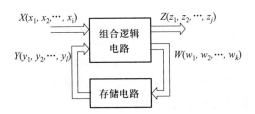

图 6-1-3　时序电路方框图

图中:$X(x_1,x_2,\cdots,x_i)$ 为外部输入信号;$Z(z_1,z_2,\cdots,z_j)$ 为电路的输出信号;$W(w_1,w_2,\cdots,w_k)$ 为存储电路的输入;$Y(y_1,y_2,\cdots,y_l)$ 为存储电路的输出,也是组合电路的部分输入。这些信号之间的关系为

$$Z(t_n)=F[X(t_n),Y(t_n)]\text{电路输出函数表达式}$$
$$W(t_n)=G[X(t_n),Y(t_n)]\text{存储电路的激励函数} \qquad (6\text{-}1\text{-}3)$$
$$Y(t_{n+1})=H[W(t_n),Y(t_n)]\text{存储电路的状态方程}$$

其中,$Y(t_n)$ 表示 t_n 时刻存储电路的当前状态,$Y(t_{n+1})$ 为存储电路的下一状态。由这些关系可以看出,t_{n+1} 时刻的输出 $Z(t_{n+1})$ 是由 t_{n+1} 时刻的输入 $X(t_{n+1})$ 及存储电路在 t_{n+1} 时刻的状态 $Y(t_{n+1})$ 决定;而 $Y(t_{n+1})$ 又由 t_n 时刻的存储电路的激励输入 $W(t_n)$ 及在 t_n 时刻存储电路的状态 $Y(t_n)$ 决定。因此,t_{n+1} 时刻电路的输出不仅取决于 t_{n+1} 时刻的输入 $X(t_{n+1})$,而且还取决于在 t_n 时刻存储电路的输入 $W(t_n)$ 及存储电路在 t_n 时刻的状态 $Y(t_n)$。这充分反映了时序电路的特点。

时序电路一般有两大类。一类是同步时序逻辑电路,在这种电路中,存储电路状态的变更是靠时钟脉冲同步更新的,只有在时钟脉冲上升沿或下降沿到达的时刻,才同时更新所有存储器件的状态。另一类是异步时序逻辑电路,在这种电路中,存储电路有的有时钟脉冲作用,有的没有时钟脉冲作用。即使在有时钟脉冲作用的存储电路中,存储器件各状态的更新也不是同步进行的,而是异步进行的,关于同步时序电路和异步时序电路的特点在以后各常用时序电路中进行介绍。

此外,有些资料和书中还依据输出信号的特点将时序逻辑电路分为米里(Mealy)型和摩尔(Moore)型两类。如果输出信号不仅取决于存储电路的状态,而且还取决于输入变量,这种时序逻辑电路称为米里型;如果输出信号仅仅取决于存储电路的状态,称为摩尔型。由此可见,摩尔型时序电路只不过是米里型的一种特例而已。

6.2　时序逻辑电路分析

时序逻辑电路的分析,就是根据给定时序逻辑电路的结构,找出该时序逻辑电路在输入信号以及时钟信号作用下,存储电路状态变化规律及电路的输出,从而了解该时序逻辑电路所完成的逻辑功能。描述时序逻辑电路的功能,一般采用存储电路的状态转移方程、电路的输出函数表达式;或者状态转移表、状态转移图;或者工作波形(时序图)等方法,也可采用 VHDL 语言来描述。

6.2.1　时序逻辑电路的分析步骤

分析时序逻辑电路可按下述步骤进行:

(1) 根据给定的时序逻辑电路,写出存储电路(如触发器)的驱动方程,也就是存储电路(如触发器)的输入信号的逻辑函数表达式,即式(6-1-3)中 $W(t_n) = G[X(t_n), Y(t_n)]$。

（2）写出存储电路的状态转移方程，即式（6-1-3）中 $Y(t_{n+1}) = H[W(t_n), Y(t_n)]$。并根据输出电路，写出输出函数表达式，即式（6-1-3）中 $Z(t_n) = F[X(t_n), Y(t_n)]$。如果存储电路是由触发器构成，则可以根据触发器的状态方程和驱动方程 $W(t_n)$，写出各个触发器的状态转移方程。

（3）由状态转移方程和输出函数表达式，列出状态转移表，或画出状态转移图。

（4）画出工作波形（时序图）。

例 6-1　分析如图 6-2-1 所示的同步时序逻辑电路。

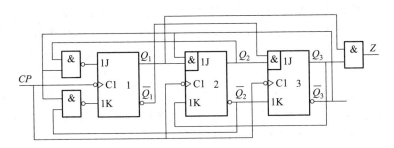

图 6-2-1　例 6-1 逻辑图

解

由图 6-2-1 可见，该时序电路是由 3 个 J-K 触发器作为存储电路和一些与非门构成。各级触发器受同一时钟 CP 控制，所以为同步时序逻辑电路。

根据上述步骤：

（1）写出各级触发器的驱动方程（激励函数）为

$$\begin{cases} J_1 = \overline{\overline{Q_3^n} Q_2^n}, \ K_1 = \overline{\overline{Q_3^n} \overline{Q_2^n}} \\ J_2 = \overline{Q_3^n} Q_1^n, \ K_2 = Q_3^n \\ J_3 = Q_2^n \overline{Q_1^n}, \ K_3 = \overline{Q_2^n} \end{cases} \tag{6-2-1}$$

（2）由于 J-K 触发器的状态方程 $Q^{n+1} = J\overline{Q^n} + \overline{K}Q^n$，将式（6-2-1）中各级触发器的激励函数代入状态方程，可得到各级触发器的状态转移方程为

$$\begin{cases} Q_1^{n+1} = [\overline{\overline{Q_3^n} Q_2^n} \, \overline{Q_1^n} + \overline{Q_3^n} \overline{Q_2^n} Q_1^n] \cdot CP{\downarrow} \\ Q_2^{n+1} = [\overline{Q_3^n} Q_1^n \overline{Q_2^n} + \overline{Q_3^n} Q_2^n] \cdot CP{\downarrow} \\ Q_3^{n+1} = [Q_2^n \overline{Q_1^n} \overline{Q_3^n} + Q_2^n Q_3^n] \cdot CP{\downarrow} \end{cases} \tag{6-2-2}$$

方程中 $CP{\downarrow}$ 表示该触发器的状态是在 CP 时钟的下降沿到达时才发生转移，在没有 CP 的下降沿触发时，状态保持不变。当然，在同步时序逻辑电路中，如果

已明确各级触发器的状态转移都是由 CP 的下降沿（或上升沿）触发,也可以在状态转移方程中不标注 $CP\downarrow$ 或 $CP\uparrow$。输出方程为

$$Z = Q_3^n Q_1^n \tag{6-2-3}$$

有了驱动方程、状态转移方程及输出函数表达式后,应该说,该时序逻辑电路的逻辑功能已经描述清楚了。但是,这一组方程不能使人们对该电路的功能一目了然。为了使人们能一目了然地知道在一系列时钟作用下电路状态转移的全过程,还采用状态转移表或状态转移图来描述时序逻辑电路的工作情况。

（3）由状态转移方程、输出函数列出状态转移表及画出状态转移图。

状态转移表就是将任何一组输入变量及存储电路的初始状态取值,代入状态转移方程和输出函数表达式进行计算,可以求出存储电路转移的下一状态（次态）和输出值;把得到的次态又作为新的初态,和这时的输入变量取值一起,再代入状态转移方程和输出函数表达式进行计算,又可得到存储电路转移的新的次态和输出值。如此继续下去,把这些计算结果列成真值表的形式,就得到状态转移表,有的书中就直接称为真值表。

在本例中,电路没有外加的输入信号,因此存储电路的次态和输出只取决于电路的初态。设存储电路中各级触发器的初态为 $Q_3^n Q_2^n Q_1^n = 000$,代入式（6-2-2）和式（6-2-3）可计算出,在 CP 下降沿触发下,各级触发器的次态为 $Q_3^{n+1}=0, Q_2^{n+1}=0, Q_1^{n+1}=1$ 输出 $Z=0$;将这一结果作为新的初态,即 $Q_3^n Q_2^n Q_1^n = 001$,代入式（6-2-2）和式（6-2-3）进行计算,得到次态 $Q_3^{n+1}=0, Q_2^{n+1}=1, Q_1^{n+1}=1$,输出 $Z=0$,如此继续进行,当 $Q_3^n Q_2^n Q_1^n = 101$ 时,代入式（6-2-2）,可求得 $Q_3^{n+1} Q_2^{n+1} Q_1^{n+1} = 000$,返回到最初设定的初始状态。如果再继续计算,电路状态的转移和输出将按前面过程反复循环,这样,就得到如表 6-2-1 所示的状态转移表。

表 6-2-1　例 6-1 状态转移表

序号	初态			次态			输出
	Q_3^n	Q_2^n	Q_1^n	Q_3^{n+1}	Q_2^{n+1}	Q_1^{n+1}	Z
0	0	0	0	0	0	1	0
1	0	0	1	0	1	1	0
2	0	1	1	0	1	0	0
3	0	1	0	1	1	0	0
4	1	1	0	1	0	1	0
5	1	0	1	0	0	0	1
偏离	1	1	1	1	0	0	1
状态	1	0	0	0	0	1	0

在表 6-2-1 中,有 6 个状态反复循环,这 6 个状态为该时序电路的有效状态。然而,采用 3 级触发器,$Q_3Q_2Q_1$ 一共有 8 种状态组合,现在除 6 种有效状态外,还有两个状态(**111** 和 **100**)为无效状态,或称为偏离状态。为了了解该电路的全部工作状态转移情况,还必须将无效的偏离状态代入到式(6-2-2)和式(6-2-3)中进行计算,这样就得到表 6-2-1 所示的完整的状态转移表。

由状态转移表可以画出状态转移图(简称状态流图),状态转移图可以更直观地显示出时序电路的状态转移情况,如图 6-2-2 所示。

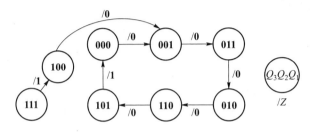

图 6-2-2   例 6-1 电路状态转移图

在状态转移图中,圆圈内标明电路的各个状态,箭头指示状态的转移方向,箭头旁标注状态转移前输入变量值及输出值,通常将输入变量值写在斜线上方,输出值写在斜线下方。本例中因无外加输入变量,因此斜线上方没有标注。

(4) 画工作波形(时序图)。

图 6-2-3 所示为例 6-1 电路的工作波形。由图 6-2-3 可以看出在时钟脉冲 CP 序列作用下,电路的状态和输出随时间变化的波形,有时又称时序图。时序图用于在实验测试中检查电路的逻辑功能,也用于数字电路的计算机模拟。

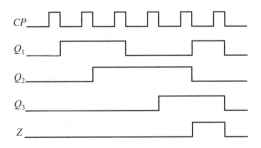

图 6-2-3   例 6-1 工作波形

常用的时序逻辑电路有寄存器、移位寄存器、计数器等,下面分别分析它们的典型电路及讨论它们的逻辑功能。

6.2.2 寄存器、移位寄存器

1. 数码寄存器

数码寄存器是能够存放二进制数码的电路。由于触发器具有记忆的功能，因而可以作为数码寄存器电路。

图 6-2-4 所示为由 D 触发器实现寄存 1 位数码的寄存单元。若输入信息 $D_1 = 0$ 时，在存数指令的作用下，$Q^{n+1} = 0$；若输入信息 $D_1 = 1$ 时，在存数指令的作用下，$Q^{n+1} = 1$。这样，在存数指令的作用下，将输入信息的数码 D_1 存入到 D 触发器中。

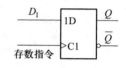

图 6-2-4   1 位数寄存单元

图 6-2-5 所示为由 D 触发器组成的 4 位数码寄存器，在存数指令脉冲作用下，输入的并行 4 位数码将同时存入到 4 级 D 触发器中。

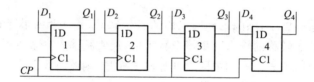

图 6-2-5   4 位数码寄存器

2. 移位寄存器

移位寄存器是具有移位功能的寄存器。

图 6-2-6 所示为由 4 级 D 触发器构成的 4 位左移的移位寄存器，由图可见

$$Q_1^{n+1} = v_I, Q_2^{n+1} = Q_1^n, Q_3^{n+1} = Q_2^n, Q_4^{n+1} = Q_3^n \qquad (6-2-4)$$

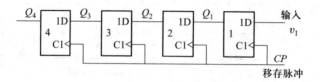

图 6-2-6   左移移位寄存器

在移存脉冲作用下，输入信息的现在数码存入到第 1 级触发器，第 1 级触发器的状态存入到第 2 级触发器，依此类推，第 $i-1$ 级触发器的状态存入到第 i 级触发器。这样就实现了数码在移存脉冲作用下，向左逐位移存。同理可以构成右移移位寄存器。

在计算机中常使用的移位寄存器需要同时具有左移和右移的功能,即所谓双向移位寄存器。它是在一般移位寄存器的基础上加上左、右移存控制信号 M,如图 6-2-7 所示。

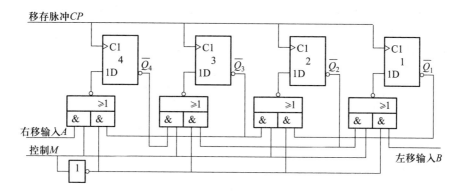

图 6-2-7　双向移位寄存器

由图 6-2-7 可以写出各级 D 触发器的状态转移方程为

$$Q_4^{n+1} = \overline{MA + \overline{M} \cdot \overline{Q_3^n}}$$

$$Q_3^{n+1} = \overline{M\overline{Q_4^n} + \overline{M} \cdot \overline{Q_2^n}}$$

$$Q_2^{n+1} = \overline{M\overline{Q_3^n} + \overline{M} \cdot \overline{Q_1^n}} \qquad (6\text{-}2\text{-}5)$$

$$Q_1^{n+1} = \overline{M\overline{Q_2^n} + \overline{M}B}$$

其中,A 为右移串行输入数码,B 为左移串行输入数码。当 $M = 1$ 时,$Q_4^{n+1} = \overline{A}$,$Q_3^{n+1} = Q_4^n$,$Q_2^{n+1} = Q_3^n$,$Q_1^{n+1} = Q_2^n$,因此在移存脉冲 CP 作用下,实现右移移位寄存功能;当 $M = 0$ 时,$Q_4^{n+1} = Q_3^n$,$Q_3^{n+1} = Q_2^n$,$Q_2^{n+1} = Q_1^n$,$Q_1^{n+1} = \overline{B}$,因此在移存脉冲 CP 作用下,实现左移移位寄存功能。由于移位寄存器各级触发器是在同一时钟 CP 作用下发生状态转移,所以是同步时序逻辑电路。

移位寄存器应用较广,现将主要应用分述如下。

（1）实现数码串行-并行转换。

在数字系统中,线路上信息的传递通常是串行传送,而终端的输入或输出往往是并行的,因而需要将串行信号转换为并行信号,或由并行信号转换为串行信号。

a. 串行转换为并行。

图 6-2-8 所示为一个五单位信息的串行转换成并行的电路。它由两部分

组成,一部分是由 D 触发器构成的 5 位右移移位寄存器,另一部分是由与门组成的并行读出电路。所谓五单位信息,是由 5 位二进制数码组成一个信息的代码。移位寄存器的移存脉冲与代码的码元同步。并行读出脉冲必须在经过 5 个移存脉冲后出现,并且和移存脉冲出现的时间互相错开,如图 6-2-9 所示。

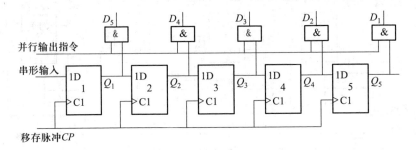

图 6-2-8 五单位信息串行-并行转换逻辑图

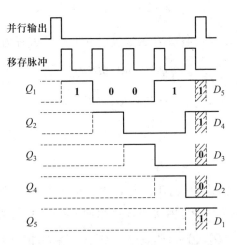

图 6-2-9 串行-并行转换波形举例

假设,串行输入五单位数码为(**10011**)(左边先入)。在移存脉冲作用下,5 位移位寄存器的状态变换如表 6-2-2 所示。在该组数码输入之前,5 个触发器的状态寄存着前一组五单位的数码,表中用"—"表示。通过第 1 个时钟脉冲作用,将输入的第 1 位数码存入第 1 级触发器,在第 2 个时钟脉冲作用下,第 2 位数码存入第 1 级触发器,而第 1 位数码移存至第 2 级触发器,…,通过 5 个时钟脉冲作用后,"**10011**"5 个数码逐位存入到各触发器中。在第 6 个时钟脉冲作用之前,并行输出指令脉冲作用于输出与门,因而在 5 个输出与门的输出端就输出并行的 5 位数码"**10011**"。其波形如图 6-2-9 所示。

表 6-2-2　串行-并行转换状态表

序号	Q_1	Q_2	Q_3	Q_4	Q_5
0	—	—	—	—	—
1	1	—	—	—	—
2	0	1	—	—	—
3	0	0	1	—	—
4	1	0	0	1	—
5	1	1	0	0	1
并行输出	1	1	0	0	1

b. 并行转换为串行。

输入是并行数码,要求其输出为串行数码,其电路如图 6-2-10 所示。它也是由两部分组成,一部分是由 D 触发器构成的右移移位寄存器,一部分是由并行写入(取样)脉冲(M)控制的输入电路。

由图 6-2-10 可见,各级触发器的输入信号为:$D_1 = MD_{I1}$,$D_2 = Q_1^n + MD_{I2}$,$D_3 = Q_2^n + MD_{I3}$,$D_4 = Q_3^n + MD_{I4}$,$D_5 = Q_4^n + MD_{I5}$。因此各级触发器在移存脉冲 CP 的作用下,状态转移方程为

$$Q_1^{n+1} = MD_{I1}$$
$$Q_2^{n+1} = Q_1^n + MD_{I2}$$
$$Q_3^{n+1} = Q_2^n + MD_{I3} \qquad\qquad (6\text{-}2\text{-}6)$$
$$Q_4^{n+1} = Q_3^n + MD_{I4}$$
$$Q_5^{n+1} = Q_4^n + MD_{I5}$$

首先清 0,使所有触发器置 0。当并行取样脉冲 M = 1 时,在移存脉冲 CP 的作用下,将输入信号 $D_{I1} \sim D_{I5}$ 并行存入到各级触发器中。以后并行取样脉冲 M = 0。在移存脉冲 CP 的作用下,则实行右移移存功能,从 Q_5 端输出串行数码。这里说明一点,图 6-2-10 所示电路,只需在第一次并行取样前加清 0 信号,以后连续工作时不需要再清 0。

假设并行输入的 5 位数码,第一组并行输入 **11001**,第二组并行输入 **10101**,表 6-2-3 表示了 5 位移位寄存器在移存脉冲作用下状态转移情况。图 6-2-11 所示为其工作波形。在移存脉冲序号 1 和 6 时,并行取样输入,表中以" * "标注。由表 6-2-3 和图 6-2-11 不难理解其工作原理。

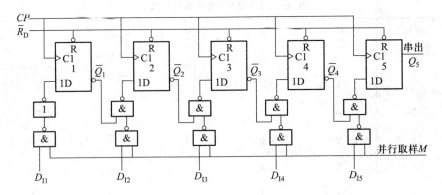

图 6-2-10   并入串出逻辑图

表 6-2-3   五单位数码并行转换成串行的状态转移情况

序号	Q_1	Q_2	Q_3	Q_4	Q_5	
0	0	0	0	0	0	
1*	1	1	0	0	1	（并入）
2	0	1	1	0	0	串
3	0	0	1	1	0	行
4	0	0	0	1	1	输
5	0	0	0	0	1	输
6*	1	0	1	0	1	出
7	0	1	0	1	0	
8	0	0	1	0	1	（并入）
9	0	0	0	1	0	
10	0	0	0	0	1	

在并行取样脉冲作用下,五单位并行数码同时存入到 5 位移位寄存器中,以后在移存脉冲作用下,逐位移存,由第 5 级触发器的输出端 Q_5 输出的即为串行数码。

必须说明,并行取样脉冲与移存脉冲之间有一定的关系。此关系由并行输入信号的位数决定,若输入信号的位数为 n 位,则由 n 级触发器构成移位寄存器。移存脉冲频率为

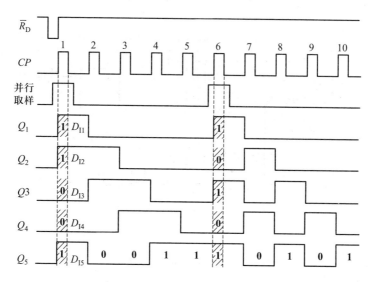

图 6-2-11 并行-串行转换波形举例

$$f_{CP} = nf_{SA} \tag{6-2-7}$$

f_{SA} 为并行取样脉冲频率,并行取样脉冲的宽度应大于移存脉冲的宽度。

（2）移位寄存器用于脉冲节拍延迟。

由于移位寄存器串行输入、串行输出时,输入信号经过 n 级移位寄存后才到达输出端输出,因此输出信号比输入信号延迟了 n 个移存脉冲的周期,这样就起到节拍延迟的作用。延迟时间为

$$t_d = nT_{CP} \tag{6-2-8}$$

其中,T_{CP} 为移存脉冲的周期,n 为移存器的位数。反之,在要求延迟时间为 t_d 时,确定了移存脉冲周期 T_{CP} 后,可以求出需要的移存电路的位数 n。

（3）移位寄存器还可以构成计数分频电路、序列信号发生器等,将在后面讲述。

移位寄存器的通用逻辑符号如图 6-2-12 所示。

3. 集成移位寄存器

中规模集成移位寄存器是在移位寄存器的基础上附加了一些控制电路,以扩展其功能和应用范围。

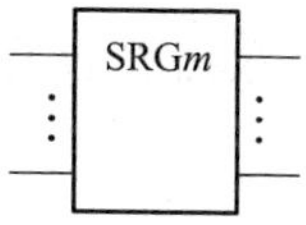

例 6-2 分析图 6-2-13 所示 4 位右移移位寄存器电路。

解

在图 6-2-13 所示电路中,$\overline{CR}$ 为异步清 0 端,当 $\overline{CR} = 0$ 时,所有 D 触发器全部清 0;J、$\overline{K}$ 为串行数据输入端;D_0、D_1、D_2、D_3 为并行数据输入端;$SH/\overline{LD}$ 为移位控制/置入控制（低电平有效）端。

图 6-2-12 移位寄存器通用符号

注:m 应以位数代替

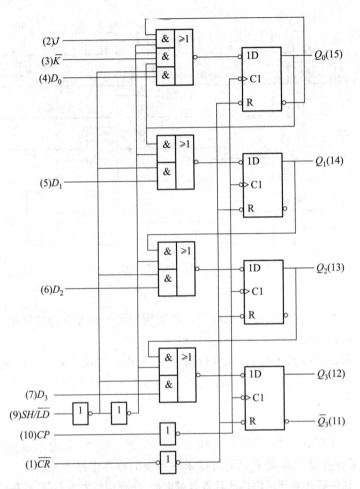

图 6-2-13 4 位移位寄存器逻辑图

根据 D 触发器的状态方程和其激励函数,可以写出

$$Q_0^{n+1} = \overline{SH/\overline{LD}}\,D_0 + SH/\overline{LD}(J\overline{Q}_0^n + \overline{K}Q_0^n)$$

$$Q_1^{n+1} = \overline{SH/\overline{LD}}\,D_1 + SH/\overline{LD}\,Q_0^n$$

$$Q_2^{n+1} = \overline{SH/\overline{LD}}\,D_2 + SH/\overline{LD}\,Q_1^n$$

$$Q_3^{n+1} = \overline{SH/\overline{LD}}\,D_3 + SH/\overline{LD}\,Q_2^n$$

$(6-2-9)$

根据式(6-2-9),当 $SH/\overline{LD} = \mathbf{0}$ 时,有

$$Q_0^{n+1} = D_0$$

$$Q_1^{n+1} = D_1$$

$$Q_2^{n+1} = D_2 \qquad (6\text{-}2\text{-}10)$$

$$Q_3^{n+1} = D_3$$

式(6-2-10)表明,当 $SH/\overline{LD} = 0$ 时,在 CP 上升沿到达时,电路执行并行输入功能。若 $SH/\overline{LD} = 1$,则

$$Q_0^{n+1} = J\overline{Q}_0^n + \overline{K}Q_0^n$$

$$Q_1^{n+1} = Q_0^n$$

$$Q_2^{n+1} = Q_1^n \qquad (6\text{-}2\text{-}11)$$

$$Q_3^{n+1} = Q_2^n$$

式(6-2-11)表明,当 $SH/\overline{LD} = 1$ 时,在 CP 上升沿到达时,电路执行移位寄存功能,Q_0 接受 J、$\overline{K}$ 串行输入数据。

由此可列出图 6-2-13 所示电路的功能表,如表 6-2-4 所示。

表 6-2-4　图 6-2-13 所示电路功能表

输　入									输　出				
$\overline{CR}$	$SH/\overline{LD}$	CP	J	$\overline{K}$	D_0	D_1	D_2	D_3	Q_0^{n+1}	Q_1^{n+1}	Q_2^{n+1}	Q_3^{n+1}	$\overline{Q}_3^{n+1}$
0	×	×	×	×	×	×	×	×	**0**	**0**	**0**	**0**	**1**
1	**0**	↑	×	×	d_0	d_1	d_2	d_3	d_0	d_1	d_2	d_3	$\overline{d}_3$
1	**1**	↑	**0**	**1**	×	×	×	×	Q_0^n	Q_0^n	Q_1^n	Q_2^n	$\overline{Q}_2^n$
1	**1**	↑	**0**	**0**	×	×	×	×	**0**	Q_0^n	Q_1^n	Q_2^n	$\overline{Q}_2^n$
1	**1**	↑	**1**	**0**	×	×	×	×	$\overline{Q}_0^n$	Q_0^n	Q_1^n	Q_2^n	$\overline{Q}_2^n$
1	**1**	↑	**1**	**1**	×	×	×	×	**1**	Q_0^n	Q_1^n	Q_2^n	$\overline{Q}_2^n$
1	**1**	**0**	×	×	×	×	×	×	Q_0^n	Q_1^n	Q_2^n	Q_3^n	$\overline{Q}_3^n$

图 6-2-13 所示电路是 CT54S195/CT74S195 及 CT54LS195/CT74LS195 的逻辑电路,其逻辑符号如图 6-2-14 所示,有关关联符号的意义请参看附录二。

应用 CT54S195/CT74S195 可以完成:

(1)串行-并行转换。

图 6-2-15 所示为应用 CT54S195 构成的具有"转换完成输出"的 7 位串行-并行转换器。图中片 I 的串行数据输入端 J、$\overline{K}$ 及并行输入端 D_0 加接串行输入数据 D_I。片 I 的并行输入端 D_1 接 **0**,为标志码,其余并行输入端 D_2、D_3 接 **1**。

片 II 的串行数据输入端 J、$\bar{K}$ 接片 I 的输出 Q_3，并行输入端 $D_0 \sim D_3$ 均接 1。片 II 的 Q_3 输出作片 I 和片 II 的 $SH/\overline{LD}$ 输入。当器件置 0 后，由于片 II Q_3 为 0，所以在 CP 作用下执行并行置入功能，转换器的并行输出的状态 $Q_0 \sim Q_6$ 为 $D_0 011111$。由于片 II 的 $Q_3 = 1$，所以在下一个时钟作用下执行移位寄存功能，串行输入数据 D_1 移入寄存器，转换器的并行输出的状态 $Q_0 \sim Q_6$ 为 $D_1 D_0 01111$。片 II 的 $Q_3 = 1$，以后在 CP 的作用下，电路继续执行右移移位寄存功能，串行输入数据逐个存入到移

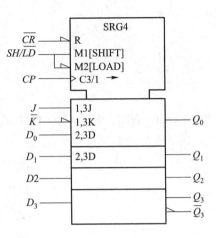

图 6-2-14   CT54S195/74S195 逻辑符号

位寄存器。直到并行输出状态 $Q_0 \sim Q_6$ 为 $D_6 D_5 D_4 D_3 D_2 D_1 D_0$ 时，这时片 II 的 $Q_3 = 0$，即标志码已移到片 II 的最高位，一方面使 $SH/\overline{LD} = 0$，在下一 CP 作用下，执行并行置入功能，从而开始新的一组（7 位数码）的串行-并行转换；另一方面标志 7 位数码串行-并行转换完成。如果将片 II 的 $Q_3 = 0$ 作为数码寄存器的接收指令，则这 7 位并行输出数码就存入到数码寄存器中，这种串行-并行转换器常用于数模转换系统。

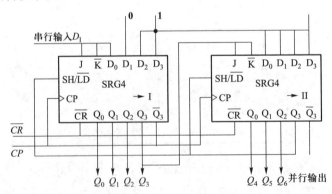

图 6-2-15   7 位串行-并行转换器

（2）并行-串行转换。

图 6-2-16 所示为 7 位并行-串行转换器，它由两片 CT54S195 组成。片 I 的串行输入端 J、$\bar{K}$ 接 1，D_0 接标志码 0，片 I 的 Q_3 输出接片 II 的串行数据输入端 J、$\bar{K}$，其余并行输入端接并行输入数据 $D_{10} \sim D_{16}$，在启动脉冲和时钟 CP 作用

下,7位并行输入数码及标志码同时并入到移位寄存器中,以后启动脉冲消失,在 CP 脉冲作用下,执行右移移位寄存功能。在移存脉冲作用下,并行输入数据由片 Ⅱ 的 Q_3 逐位串行输出,同时又不断地将片 Ⅰ 的串行输入端 J、$\overline{K}$ 等于 1 的数据移位寄存到寄存器。当第 7 个 CP 脉冲到达后,门 G_1 的输入端全部为 1,则 G_2 输出为 0,标志这一组 7 位并行输入数据转换结束,同时使 $SH/\overline{LD}=0$,在下一时钟 CP 作用下,再次执行下一组 7 位数据的并行置入功能,进行下一组数据的并行-串行的转换。

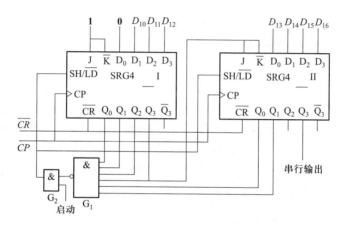

图 6-2-16 7 位并行-串行转换器

常用的中规模集成移位寄存器还有:4 位双向移位寄存器 CT54194/CT74194、CT54S194/CT74S194、CT54LS194/CT74LS194 及 CC40194;8 位移位寄存器 CT54164/CT74164、CT54LS164/CT74LS164;8 位双向移位寄存器 CT54198/CT74198 等。

表 6-2-5 为 CT54194/CT74194 功能表。表中 $\overline{CR}$ 为清除端(低电平有效); $D_0 \sim D_3$ 为并行数据输入端;D_{SL} 为左移串行数据输入端;D_{SR} 为右移串行数据输入端;M_0、M_1 为工作方式控制端;$Q_0 \sim Q_3$ 为输出端。

表 6-2-5 CT54194/CT74194 功能表

输　　　入										输　　　出			
$\overline{CR}$	M_1	M_0	CP	D_{SL}	D_{SR}	D_0	D_1	D_2	D_3	Q_0^{n+1}	Q_1^{n+1}	Q_2^{n+1}	Q_3^{n+1}
0	×	×	×	×	×	×	×	×	×	**0**	**0**	**0**	**0**
1	×	×	**0**	×	×	×	×	×	×	Q_0^n	Q_1^n	Q_2^n	Q_3^n
1	**1**	**1**	↑	×	×	d_0	d_1	d_2	d_3	d_0	d_1	d_2	d_3
1	**0**	**1**	↑	×	**1**	×	×	×	×	**1**	Q_0^n	Q_1^n	Q_2^n
1	**0**	**1**	↑	×	**0**	×	×	×	×	**0**	Q_0^n	Q_1^n	Q_2^n

续表

输　　入										输　　出			
1	**1**	**0**	↑	**1**	×	×	×	×	×	Q_1^n	Q_2^n	Q_3^n	**1**
1	**1**	**0**	↑	**0**	×	×	×	×	×	Q_1^n	Q_2^n	Q_3^n	**0**
1	**0**	**0**	×	×	×	×	×	×	×	Q_0^n	Q_1^n	Q_2^n	Q_3^n

6.2.3　同步计数器

在数字系统中计数器是使用最多的时序电路,计数器可以用来对时钟脉冲计数,也可用来作为定时、分频和执行数字运算等。几乎每一种数字设备中都有计数器。

根据计数脉冲引入方式不同,分为同步计数器和异步计数器两大类。根据计数器在计数过程中数字的增减趋势,又分为加法计数器、减法计数器及可逆计数器。根据计数器计数模值(数制)不同,计数器又可分为二进制计数器和非二进制计数器(常用的有二-十进制计数器)。

同步计数器是将计数脉冲同时引入到各级触发器,当输入计数时钟脉冲触发时,各级触发器的状态同时发生转移。

1. 同步二进制计数器

图 6-2-17 所示为同步二进制加法计数器电路。它由 4 个 $J-K$ 触发器组成。由图 6-2-17 可写出各级触发器的激励信号为:$J_1 = 1$、$K_1 = 1$、$J_2 = K_2 = Q_1^n$,$J_3 = K_3 = Q_2^n Q_1^n$;$J_4 = K_4 = Q_3^n Q_2^n Q_1^n$。因此,各级触发器的状态转移方程为

$$
\begin{cases}
Q_1^{n+1} = \overline{Q}_1^n \\
Q_2^{n+1} = Q_1^n \overline{Q}_2^n + \overline{Q}_1^n Q_2^n \\
Q_3^{n+1} = Q_2^n Q_1^n \overline{Q}_3^n + \overline{Q_2^n Q_1^n} Q_3^n \\
Q_4^{n+1} = Q_3^n Q_2^n Q_1^n \overline{Q}_4^n + \overline{Q_3^n Q_2^n Q_1^n} Q_4^n
\end{cases}
\tag{6-2-12}
$$

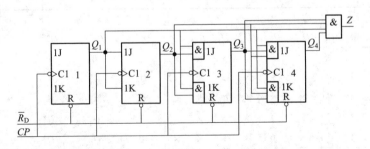

图 6-2-17　同步二进制加法计数器

输出函数表达式为

$$Z = Q_4^n Q_3^n Q_2^n Q_1^n \qquad (6\text{-}2\text{-}13)$$

根据式(6-2-12)和式(6-2-13)可以得到状态转移表,如表6-2-6所示。

表 6-2-6　4 位二进制计数器状态转移表

序号	原状态[$S(t)$]				次态[$N(t)$]				输出
	Q_4	Q_3	Q_2	Q_1	Q_4	Q_3	Q_2	Q_1	Z
0	0	0	0	0	0	0	0	1	0
1	0	0	0	1	0	0	1	0	0
2	0	0	1	0	0	0	1	1	0
3	0	0	1	1	0	1	0	0	0
4	0	1	0	0	0	1	0	1	0
5	0	1	0	1	0	1	1	0	0
6	0	1	1	0	0	1	1	1	0
7	0	1	1	1	1	0	0	0	0
8	1	0	0	0	1	0	0	1	0
9	1	0	0	1	1	0	1	0	0
10	1	0	1	0	1	0	1	1	0
11	1	0	1	1	1	1	0	0	0
12	1	1	0	0	1	1	0	1	0
13	1	1	0	1	1	1	1	0	0
14	1	1	1	0	1	1	1	1	0
15	1	1	1	1	0	0	0	0	1

由表6-2-6可见,假设计数脉冲输入之前,由于清 **0** 信号 $\overline{R}_D$ 的作用,使各级触发器均为 **0** 状态,如序号0所示,那么在第1个计数脉冲下降沿作用后,计数器状态转移到 **0001** 状态,表示已经输入了1个计数脉冲。在第2个计数脉冲到来之前,计数器稳定于状态 **0001**,如序号1所示。在第2个计数脉冲下降沿作用后,计数器状态由 **0001** 转移到 **0010**,表示已输入了2个计数脉冲。依次类推。在序号15时,计数器稳定状态[原状态 $S(t)$ 为 **1111**,表示已输入了15个计数脉冲。当第16个计数脉冲输入后,计数器由 **1111** 转移到 **0000**,回到初始全 **0** 状态。这表示完成一次状态转移的循环,输出端输出1个脉冲,$Z=1$。以后每输入16个计数脉冲,计数器状态循环一次。因此,这种计数器通常也称为模16计数器,或称为4位二进制计数器,很明显,计数器从 **0000** 开始计数,它的不同状态可以表示已经输入的计数脉冲的数目,具有加法计数的功能,Z 为计数器的进位输出信号。

图6-2-18所示为3位同步二进制加/减计数器电路。在外加控制信号 M 作用下,如果 $M=1$,则进行加法计数;如果 $M=0$,则进行减法计数。请读者自己分析其工作情况。

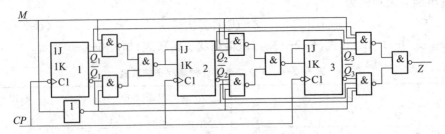

图 6-2-18　3 位同步二进制加/减计数器

2. 同步二-十进制计数器

虽然二进制计数器电路简单,运算方便,但人们对二进制不如十进制熟悉,也不便于译码显示输出,因此常使用二-十进制计数器。

图 6-2-19 所示为一个同步二-十进制计数器电路,它由 4 级 J-K 触发器组成。由图 6-2-19 可写出各级触发器的激励输入为

$$J_1 = 1, \quad K_1 = 1$$

$$J_2 = \bar{Q}_4^n Q_1^n, \quad K_2 = Q_1^n$$

$$J_3 = Q_2^n Q_1^n, \quad K_3 = Q_2^n Q_1^n$$

$$J_4 = Q_3^n Q_2^n Q_1^n, \quad K_4 = Q_1^n$$

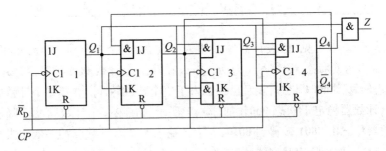

图 6-2-19　同步二-十进制加法计数器

代入 J-K 触发器的状态方程,可以得到各级触发器的状态转移方程为

$$\begin{cases} Q_1^{n+1} = \bar{Q}_1^n \\ Q_2^{n+1} = \bar{Q}_4^n Q_1^n \bar{Q}_2^n + \bar{Q}_1^n Q_2^n \\ Q_3^{n+1} = Q_2^n Q_1^n \bar{Q}_3^n + \overline{Q_2^n Q_1^n} Q_3^n \\ Q_4^{n+1} = Q_3^n Q_2^n Q_1^n \bar{Q}_4^n + \bar{Q}_1^n Q_4^n \end{cases} \qquad (6\text{-}2\text{-}14)$$

输出方程为

$$Z = Q_4^n Q_1^n \tag{6-2-15}$$

由式(6-2-14)和式(6-2-15)可以做出其状态转移表如表6-2-7所示。

表 6-2-7 同步二-十进制加法计数器状态转移表

序号	$S(t)$				$N(t)$				输出 Z	$S(t)$ 代表的十进制数码
	Q_4	Q_3	Q_2	Q_1	Q_4	Q_3	Q_2	Q_1		
0	0	0	0	0	0	0	0	1	0	0
1	0	0	0	1	0	0	1	0	0	1
2	0	0	1	0	0	0	1	1	0	2
3	0	0	1	1	0	1	0	0	0	3
4	0	1	0	0	0	1	0	1	0	4
5	0	1	0	1	0	1	1	0	0	5
6	0	1	1	0	0	1	1	1	0	6
7	0	1	1	1	1	0	0	0	0	7
8	1	0	0	0	1	0	0	1	0	8
9	1	0	0	1	0	0	0	0	1	9

表中计数器的每个稳定状态 $S(t)$ 的 4 位二进制代码表示了一个十进制数。这一组 4 位二进制代码为 8421BCD 码,输出 $Z = 1$,相当于十进制数逢十进一。

由表 6-2-7 可以做出其状态转移图,如图 6-2-20 所示,图中,**0000** 到 **1001** 10 个状态的转移为有效序列,这 10 个状态为有效状态。

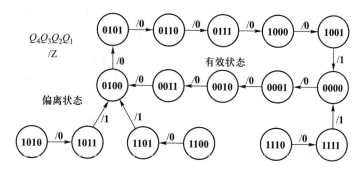

图 6-2-20 二-十进制加法计数器状态转移图

4 位二进制代码一共有 16 种不同的代码组合,因此有 16 种不同的状态。现在有效序列只用了 10 个状态,尚有 6 个状态是无效状态或称为偏离状态。在计数器正常工作时,这 6 个偏离状态(**1010**、**1011**、**1100**、**1101**、**1110** 和 **1111**)是不会出现的,将这些偏离状态作为当前状态(原状态)代入式(6-2-14),可以得到

表6-2-8所示偏离状态转移表。表中有"＊"的 $N(t)$ 状态为有效状态。由表6-2-8可见,若计数器受到某种干扰,错误地进入到偏离状态后,例如进入到 **1100** 状态,则经过一个计数脉冲作用后,转入到 **1101**,**1101** 仍为偏离状态,再经过一个计数脉冲作用,进入到 **0100**,**0100** 是有效状态,计数器已正常循环工作。这种偏离状态能在计数脉冲作用下自动转入到有效序列的特性,称为具有自启动特性。

表 6-2-8　偏离状态转移表

$S(t)$				$N(t)$			
Q_4	Q_3	Q_2	Q_1	Q_4	Q_3	Q_2	Q_1
1	0	1	0	1	0	1	1
1	0	1	1	0	1	0	0＊
1	1	0	0	1	1	0	1
1	1	0	1	0	1	0	0＊
1	1	1	0	1	1	1	1
1	1	1	1	0	0	0	0＊

　　根据表6-2-7和表6-2-8做出的状态转移图如图6-2-20所示。它包含了偏离状态的转移。

　　由表6-2-7或由式(6-2-14)可以画出其工作波形,如图6-2-21所示。

　　从图6-2-21可以看出,输出信号 Z 是十进制计数器的进位信号,而输出信号的周期恰好为输入计数脉冲 CP 周期的10倍。因此输出信号也可以视为输入计数脉冲 CP 的十分频信号。因此模10(十进制)计数器也可以看作是十分频器。各种模值为 m 的计数器均可以看作为 m 分频器。

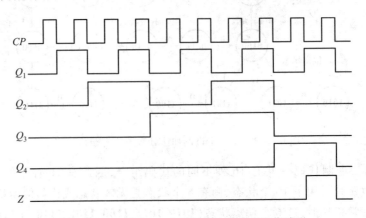

图 6-2-21　同步二-十进制加法计数器工作波形

图 6-2-22 所示为循环长度（模）为 m 的计数器的通用逻辑符号。

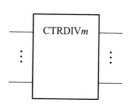

3. 集成同步计数器

中规模集成同步计数器的产品型号比较多。其电路结构是在基本计数器（如二进制计数器、二-十进制计数器）的基础上增加了一些附加电路，以扩展其功能。

图 6-2-23 所示为 4 位二进制同步计数器 CT54161/CT74161 的电路图。

图 6-2-22　循环长度（模）为 m 的计数器的通用符号

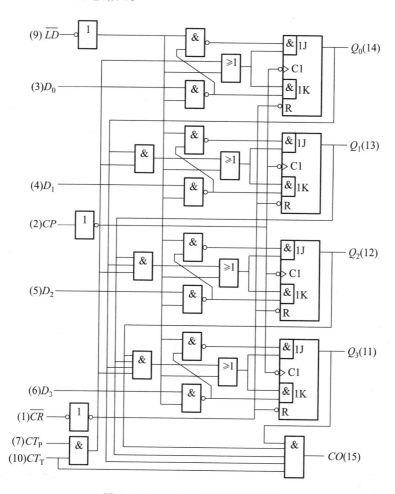

图 6-2-23　4 位二进制同步计数器

由图可见,它是由 4 级 *J-K* 触发器构成的基本 4 位同步计数器。CT54161/CT74161 的功能表如表 6-2-9 所示。

表 6-2-9　CT54161/CT74161(CT54160/CT74160)功能表

| | | | 输　　入 | | | | | | | | 输　　出 | |
$\overline{CR}$	$\overline{LD}$	CT_T	CT_P	CP	D_0	D_1	D_2	D_3	Q_0	Q_1	Q_2	Q_3
0	×	×	×	×	×	×	×	×	**0**	**0**	**0**	**0**
1	**0**	×	×	↑	d_0	d_1	d_2	d_3	d_0	d_1	d_2	d_3
1	**1**	**1**	**1**	↑	×	×	×	×	计　　数			
1	**1**	**0**	×	×	×	×	×	×	触发器保持,$CO=0$			
1	**1**	**1**	**0**	×	×	×	×	×	保　　持			

$\overline{CR}$(低电平有效)为异步清 0 端,当 $\overline{CR}=0$ 时,$Q_0 \sim Q_3$ 均为 **0**。$\overline{LD}$(低电平有效)为置入控制端,当 $\overline{CR}=1$、$\overline{LD}=0$ 时,在时钟 CP 的上升沿作用下,外加输入数据 $D_0 \sim D_3$ 同时置入,即 $Q_0=d_0$、$Q_1=d_1$、$Q_2=d_2$、$Q_3=d_3$。CT_P、CT_T 为计数控制信号,在 $\overline{CR}=1$、$\overline{LD}=1$ 的条件下,$CT_\mathrm{P}=1$,$CT_\mathrm{T}=1$,完成 4 位二进制加法计数;$CT_\mathrm{T}=$ **0**、$CT_\mathrm{P}=1$ 时,电路中各级触发器处于保持状态,而输出 $CO=$ **0**;$CT_\mathrm{T}=1$、$CT_\mathrm{P}=$ **0** 时,电路各级触发器及输出均处于保持状态。

图 6-2-24 所示是 CT54161/CT74161 的逻辑符号,图中各关联符号的意义请参见附录三。

与 CT54161/CT74161 具有相同功能的计数器还有:4 位二进制同步计数器 CT54LS161/CT74LS161、CC40161;十进制同步计数器(异步清除)CT54160/CT74160、CT54LS160/CT74LS160、CC40160。此外,还有同步清除的计数器,它们是当 $\overline{CR}$ 低电平有效时,在时钟信号作用下,实现清除。具有同步清除的计数器有:4 位二进制同步计数器 CT54163/CT74163、CT54S163/CT74S163、CT54LS163/CT74LS163、CC40163;十进制同步计数器 CT54162/CT74162、CT54LS162/CT74LS162、CC40162;双时钟触发 4 位二进制同步加/减计数器 CT54193/CT74193。双时钟加/减计数器的功能表见表 6-2-10。

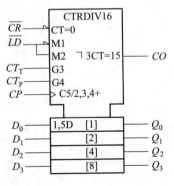

图 6-2-24　CT54/74161 逻辑符号

表 6-2-10 同步加/减计数器

输		入						输		出	
CR	$\overline{LD}$	CP_U	CP_D	D_0	D_1	D_2	D_3	Q_0	Q_1	Q_2	Q_3
1	×	×	×	×	×	×	×	**0**	**0**	**0**	**0**
0	**0**	×	×	d_0	d_1	d_2	d_3	d_0	d_1	d_2	d_3
0	**1**	↑	**1**	×	×	×	×		加法计数		
0	**1**	**1**	↑	×	×	×	×		减法计数		
0	**1**	**1**	**0**	×	×	×	×		保 持		

表中,CR 为清除信号,高电平有效;$\overline{LD}$ 为置入控制信号,低电平有效;CP_U 为加法计数脉冲;CP_D 为减法计数脉冲。表 6-2-11 为 4 位二进制同步加/减计数器 CT54191/CT74191 及 CT54LS191/CT74LS191 的功能表,表中 $\overline{LD}$ 为置入控制信号,低电平有效,异步置入;$\overline{CT}$ 为计数控制信号,低电平有效;$\overline{U}/D$ 为加/减计数方式控制信号,高电平时减法计数,低电平时加法计数;$D_0 \sim D_3$ 为并行数据输入。

表 6-2-11 同步加/减计数器功能表

输			入					输		出	
$\overline{LD}$	$\overline{CT}$	$\overline{U}/D$	CP	D_0	D_1	D_2	D_3	Q_0	Q_1	Q_2	Q_3
0	×	×	×	d_0	d_1	d_2	d_3	d_0	d_1	d_2	d_3
1	**0**	**0**	↑	×	×	×	×		加法计数		
1	**0**	**1**	↑	×	×	×	×		减法计数		
1	**1**	×	×	×	×	×	×		保 持		

利用集成电路的一些附加控制端,可以扩展其功能,图 6-2-25 所示为利用 3 片 4 位二进制同步计数器 CT54161/74161 构成的 12 位二进制同步计数器的电路。由图可见,片 Ⅰ 的各控制端 $\overline{LD}=1$,$CT_P=1$,$CT_T=1$,执行加法计数。片 Ⅱ $\overline{LD}=1$,$CT_T=1$,而 CT_P 只有在片 Ⅰ 满值输出 $CO=1$ 时,才执行加法计数;片 Ⅲ $\overline{LD}=1$,CT_T 接片 Ⅱ 输出 CO,CT_P 接片 Ⅰ 输出 CO,因此,只有在片 Ⅰ 和片 Ⅱ 均计数到 $CO=1$ 时,片 Ⅲ 才在时钟作用下,执行加法计数。这样从 $Q_0 \sim Q_{11}$ 输出,完成 12 位二进制计数的功能。

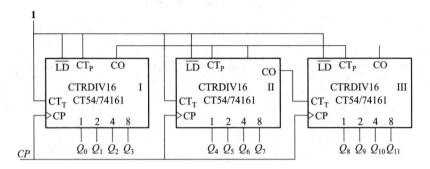

图 6-2-25　CT54/74161 构成 12 位二进制加法计数器

利用各控制端还可以实现其他模值 m 的计数功能,将在 6.3 节中讲述。

6.2.4　异步计数器

异步计数器不同于同步计数器,构成异步计数器中的各级触发器的时钟脉冲,不一定都是计数输入脉冲,各级触发器的状态转移不是在同一时钟作用下同时发生转移。因此,在分析异步计数器时,必须注意各级触发器的时钟信号。

例 6-3　分析图 6-2-26 所示的异步计数器电路。

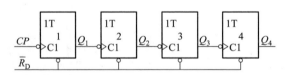

图 6-2-26　4 位二进制异步计数器

解

由图 6-2-26 可见,它是由 4 级 T 触发器构成,触发器 1 的时钟是计数输入脉冲 CP,触发器 2 的时钟是 Q_1,触发器 3 的时钟是 Q_2,触发器 4 的时钟是 Q_3,各级触发器的激励输入 T 均为 **1**。因此,各级触发器的状态转移方程为

$$\begin{cases} Q_1^{n+1} = [\, T_1 \overline{Q}_1^n + \overline{T}_1 Q_1^n \,] \cdot CP \!\downarrow = [\, \overline{Q}_1^n \,] \cdot CP \!\downarrow \\ Q_2^{n+1} = [\, T_2 \overline{Q}_2^n + \overline{T}_2 Q_2^n \,] \cdot Q_1 \!\downarrow = [\, \overline{Q}_2^n \,] \cdot Q_1 \!\downarrow \\ Q_3^{n+1} = [\, T_3 \overline{Q}_3^n + \overline{T}_3 Q_3^n \,] \cdot Q_2 \!\downarrow = [\, \overline{Q}_3^n \,] \cdot Q_2 \!\downarrow \\ Q_4^{n+1} = [\, T_4 \overline{Q}_4^n + \overline{T}_4 Q_4^n \,] \cdot Q_3 \!\downarrow = [\, \overline{Q}_4^n \,] \cdot Q_3 \!\downarrow \end{cases} \quad (6\text{-}2\text{-}16)$$

由式(6-2-16)可以做出状态转移表,如表 6-2-12 所示。表中有 * 的状

态,表示在时钟作用后,在状态发生转移时,产生下降沿,触发下一级触发器。例如,当状态处于 $Q_4Q_3Q_2Q_1 = 0111$ 时(序号 7),在下一个计数脉冲输入后,第 1 级触发器状态 Q_1 由 1 变为 0,Q_1 产生一个下降沿,触发第 2 级触发器,使第 2 级触发器 Q_2 由 1 变 0,Q_2 产生一个下降沿,触发第 3 级触发器,使第 3 级触发器 Q_3 由 1 变为 0,Q_3 产生一个下降沿,触发第 4 级触发器,使第 4 级触发器状态由 0 变为 1。这样,使触发器状态由 0111 转移到 1000。其余分析类同。当各级触发器状态处于 1111 时,在下一个计数脉冲作用下,各级触发器状态依次由 1 转至 0,完成一次状态转移循环。

表 6-2-12 4 位二进制异步计数器状态转移表

序号	$S(t)$				$N(t)$			
	Q_4	Q_3	Q_2	Q_1	Q_4	Q_3	Q_2	Q_1
0	0	0	0	0	0	0	0	1
1	0	0	0	1*	0	0	1	0
2	0	0	1	0	0	0	1	1
3	0	0	1*	1*	0	1	0	0
4	0	1	0	0	0	1	0	1
5	0	1	0	1*	0	1	1	0
6	0	1	1	0	0	1	1	1
7	0	1*	1*	1*	1	0	0	0
8	1	0	0	0	1	0	0	1
9	1	0	0	1*	1	0	1	0
10	1	0	1	0	1	0	1	1
11	1	0	1*	1*	1	1	0	0
12	1	1	0	0	1	1	0	1
13	1	1	0	1*	1	1	1	0
14	1	1	1	0	1	1	1	1
15	1	1*	1*	1*	0	0	0	0

异步计数器的特点是电路结构简单,但速度慢,随着位数的增加,计数器从受时钟触发到建立稳定状态的时延也大大增加。

例 6-4 分析图 6-2-27 所示异步计数器电路。

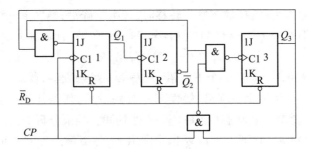

图 6-2-27　例 6-4 逻辑电路

解

图 6-2-27 所示异步计数器电路由 3 级 J-K 触发器构成,各级触发器的激励输入和时钟为

$$J_1 = \overline{Q_3^n \overline{Q_2^n}}, \quad K_1 = 1, \quad CP_1 = CP \downarrow$$

$$J_2 = 1, \quad K_2 = 1, \quad CP_2 = Q_1 \downarrow$$

$$J_3 = 1, \quad K_3 = 1, \quad CP_3 = \overline{\overline{Q_3^n \cdot CP} \cdot \overline{Q_2^n}} \downarrow$$

因此,各级触发器状态转移方程为

$$\begin{cases} Q_1^{n+1} = \left[\overline{Q_3^n \overline{Q_2^n} Q_1^n}\right] \cdot CP \downarrow \\ Q_2^{n+1} = \left[\overline{Q_2^n}\right] \cdot Q_1 \downarrow \\ Q_3^{n+1} = \left[\overline{Q_3^n}\right] \cdot \left[Q_3^n \cdot CP + Q_2^n\right] \downarrow \end{cases} \qquad (6\text{-}2\text{-}17)$$

由式(6-2-17)可做出状态转移表,如表 6-2-13 所示。工作波形如图 6-2-28所示。

表 6-2-13　例 6-4 状态转移表

序号	$S(t)$			$N(t)$		
	Q_3	Q_2	Q_1	Q_3	Q_2	Q_1
0	0	0	0	0	0	1
1	0	0	1	0	1	0
2	0	1	0	0	1	1
3	0	1	1	1	0	0
4	1	0	0	0	0	0
偏离	1	0	1	0	1	0 *
状态	1	1	0	1	1	1
	1	1	1	0	0	0 *

假设当前状态 $S(t)$ 为 $Q_3^n Q_2^n Q_1^n = 011$，则在计数脉冲作用下，$Q_1^{n+1} = \overline{Q_3^n \overline{Q_2^n}} \cdot Q_1^n = 0$。$Q_1$ 由 $1 \to 0$，产生一个下降沿触发 Q_2，使 Q_2 由 $1 \to 0$，使得 $CP_3 = Q_3^n \cdot CP + Q_2^n$，产生一个下降沿作用于触发器 3，使 $Q_3^{n+1} = 1$，因此，计数器状态由 011 转移到 100。当 $S(t)$ 为 $Q_3^n Q_2^n Q_1^n = 100$ 时，在下一个时钟脉冲 CP 的下降沿作用下，$Q_1^{n+1} = \overline{Q_3^n \overline{Q_2^n}} \cdot Q_1^n = \overline{1 \cdot 0} \cdot 0 = 0$，$Q_1$ 没有下降沿产生，所以触发器 2 没有受到时钟作用，维持原状态 0 不变。在时钟脉冲 CP 下降沿到达之前，$CP_3 = Q_3^n \cdot CP + Q_2^n = (1 \cdot CP + 0) = CP$，因此在 CP 下降沿到达时，CP_3 也产生一个下降沿作用到触发器 3，使 Q_3 由 1 转移至 0。表 6-2-13 还列出了偏离状态的转移情况。其状态转移图如图 6-2-29 所示。

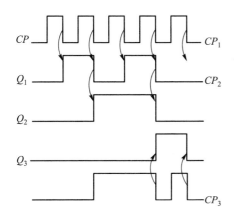

图 6-2-28　例 6-4 工作波形图

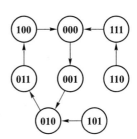

图 6-2-29　例 6-4 状态转移图

从上面分析可以看出，图 6-2-27 所示电路有 5 个有效序列产生循环，且偏离状态能自动转移到有效序列中，所以这是一个模 5 具有自启动特性的异步计数器。

由以上两例可以看出，异步计数器的分析与同步计数器分析的方法、步骤相同，但由于异步计数器各级触发器的时钟不同，在描述各级触发器状态转移方程时，最好将时钟信号标出，对于同步计数器，由于时钟信号都是计数输入脉冲，所以可以不标。

集成中规模异步计数器有：十进制异步计数器 CT54196/CT74196、CT54S196/CT74S196、CT54LS196/CT74LS196、CT54290/CT74290、CT54LS290/CT74LS290；4 位二进制异步计数器 CT54197/74197、CT54S197/CT74S197、CT54LS197/CT74LS197、CT54293/CT74293、CT54LS293/CT74LS293；双 4 位二进

制异步计数器 CT54393/CT74393、CT54LS393/CT74LS393 及 7 位二进制异步计数器 CC4024;12 位二进制异步计数器 CC4040;14 位二进制异步计数器 CC4020、CC4060 等。

图 6-2-30 所示为十进制异步计数器 CT54LS290/CT74LS290 的电路图。它有两个时钟触发输入,CP_0 作用于触发器 FF_0,完成二分频,CP_1 作用于 FF_1、FF_2、FF_3 构成的五分频计数器。另有置 0 输入 R_{0A}、R_{0B} 及置 9 输入 S_{9A}、S_{9B}。其功能表如表 6-2-14 所示。

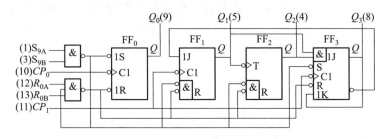

图 6-2-30　十进制异步计数器

表 6-2-14　CT54LS290 功能表

输　　入					输　　出			
R_{0A}	R_{0B}	S_{9A}	S_{9B}	CP	Q_3	Q_2	Q_1	Q_0
1	1	0	×	×	0	0	0	0
1	1	×	0	×	0	0	0	0
×	×	1	1	×	1	0	0	1
×	×	1	1	×	1	0	0	1
×	0	0	0	↓				
×	0	×	×	↓	} 计　数			
0	×	0	0	↓				
0	×	×	×	↓				

如果计数脉冲由 CP_0 输入,Q_0 接 CP_1 端,则按表 6-2-15 所示 8421 BCD 码进行十进制计数;如果将计数脉冲由 CP_1 输入,Q_3 输出接 CP_0 端,则按表 6-2-16 所示 5421 BCD 码进行十进制计数。其他异步计数器,如 CT54196/CT74196、CT54197/CT74197 的功能表,如表 6-2-17 所示。表中 $\overline{CR}$ 为异步清除输入端(低电平有效),$CT/\overline{LD}$ 为计数控制端/异步置入控制端,$D_0 \sim D_3$ 为并行数据输入端。

表 6-2-15 8421 BCD 计数

Q_3	Q_2	Q_1	Q_0
0	0	0	0
0	0	0	1
0	0	1	0
0	0	1	1
0	1	0	0
0	1	0	1
0	1	1	0
0	1	1	1
1	0	0	0
1	0	0	1

Q_0 接 CP_1

表 6-2-16 5421 BCD 计数

Q_0	Q_3	Q_2	Q_1
0	0	0	0
0	0	0	1
0	0	1	0
0	0	1	1
0	1	0	0
1	0	0	0
1	0	0	1
1	0	1	0
1	0	1	1
1	1	0	0

Q_3 接 CP_0

表 6-2-17 CT54196 功能表

输　　入							输　　出			
$\overline{CR}$	$CT/\overline{LD}$	CP	D_0	D_1	D_2	D_3	Q_0	Q_1	Q_2	Q_3
0	×	×	×	×	×	×	0	0	0	0
1	0	×	d_0	d_1	d_2	d_3	d_0	d_1	d_2	d_3
1	1	↓	×	×	×	×	加法计数			

6.3   时序逻辑电路设计

　　时序逻辑电路的设计,就是要求设计者根据具体的逻辑问题要求,设计出实现这一逻辑功能要求的电路,并力求最简。

　　本节,介绍时序逻辑电路的设计原则和一般步骤,介绍常用时序逻辑同步计数器和异步计数器的设计。

6.3.1   同步时序逻辑电路设计的一般步骤

　　时序逻辑电路比组合逻辑电路要复杂,由组合电路和存储电路两部分组成,有关组合电路部分的设计第 4 章中已介绍,本节着重介绍存储电路的设计。同步时序和异步时序的设计步骤一样,重点介绍同步时序逻辑电路的设计步骤。时序逻辑电路的设计,在一般情况下,设计过程如图 6-3-1 所示。下面通过一个例子来说明设计步骤。

　　例 6-5　设计用来检测二进制输入序列的检测电路,当输入序列中连续输入 4 位数码均为 **1** 时,电路输出 **1**。

　　解

　　第一步　建立原始状态图和状态表

　　原始状态图和原始状态表是用图形和表格的形式将设计要求描述出来。这是设计时序逻辑电路关键的一步,是以下设计的依据。构成原始状态图和状态表的方法,首先是根据设计要求,分析清楚电路的输入和输出,确定有多少种输入信息需要"记忆",对每一种需"记忆"的输入信息规定一种状态来表示,根据输入的条件和输出要求确定各状态之间的关系,从而构成原始状态图。

　　对于本例,根据要求,该电路有一个输入端 (X),接收被检测的二进制序列串行输入;有一个输出端 (Z)。为了正确接收输入序列,整个电路的工作与输入序列必须同步。根据检测要求,当输入的二进制序列连续输入 4 个 **1** 时,输出 **1**,

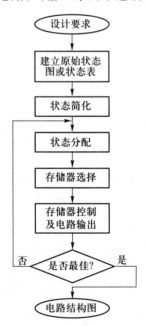

图 6-3-1　时序电路设计过程

其余情况下均输出 **0**。所以该电路必须"记忆"3 位连续输入序列,一共有 8 种情况,即 **000**、**100**、**010**、**110**、**001**、**101**、**011**、**111**。只有当 3 位连续输入为 **111**,第 4 位也输入 **1** 时,输出才为 **1**。将需"记忆"的这 8 种情况分别用状态 A、B、C、D、E、F、G、H 来表示,每次输入信号二进制序列 X 只有两种可能,**0** 或 **1**。假设,电路已记忆了前 3 位输入为 **010**(状态 C),若第 4 位输入 $X = 0$,则电路的下一状态 $(N(t))$ 为 **001**(E);若第 4 位输入 $X = 1$,则电路的下一状态为 **101**(F),其余类推。当电路前 3 位输入为 **111**(状态 H)时,若第 4 位输入 $X = 1$,则表示已有连续 4 位输入 **1**,电路状态仍保持为 **111**,且输出 **1**,等待下面连续检测;若下一位输入为 **0**,则电路状态转移到 **011**(G),输出为 **0**。由以上分析,可做出原始状态图,如图 6-3-2 所示。列成表格,即为原始状态表 6-3-1。

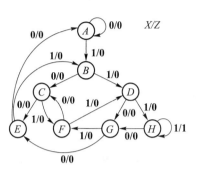

图 6-3-2　例 6-5 原始状态图

表 6-3-1　例 6-5 原始状态表

$S(t)$	$N(t)$		$Z(t)$	
	$X = 0$	$X = 1$	$X = 0$	$X = 1$
A	A	B	**0**	**0**
B	C	D	**0**	**0**
C	E	F	**0**	**0**
D	G	H	**0**	**0**
E	A	B	**0**	**0**
F	C	D	**0**	**0**
G	E	F	**0**	**0**
H	G	H	**0**	**1**

　　状态转移表有两种类型,一种是在所有的输入条件下,都有确定的状态转移和确定的输出,这种状态转移表称为完全描述状态转移表,如本例表 6-3-1 为完全描述状态转移表。另一种是在有些输入条件下,下一状态或输出为任意的,不确定,称为非完全描述状态转移表,如表 6-3-2 所示。

表 6-3-2   非完全描述状态表

$S(t)$	$N(t)$		$Z(t)$	
	$X = 0$	$X = 1$	$X = 0$	$X = 1$
A	A	B	$\times$	0
B	C	$\times$	0	0
C	B	A	1	0

第二步   状态简化

在构成原始状态图和原始状态表时,为了充分如实地描述其功能,根据设计要求,列了许多状态,这些状态之间都有内在联系,有些状态可以进行合并。所以状态简化实质就是进行状态合并。

首先介绍完全描述状态转移表的状态简化。

在完全描述状态转移表中,两个状态如果"等价",则这两个状态可以合并为一个状态。两个状态等价的条件是:Ⅰ. 在所有输入条件下,两个状态对应输出完全相同;Ⅱ. 在所有输入条件下,两个状态转移效果完全相同。满足上述两个条件的状态称为等价状态,等价状态可以合并。

因此,如果比较两个状态,不满足条件Ⅰ,则肯定不是等价状态;如果满足条件Ⅰ,则说明这两个状态有等价的可能,还要继续比较条件Ⅱ。两个状态的转移效果有下列三种可能:① 在所有输入条件下,S_1 和 S_2 的下一状态——对应完全相同,则状态转移效果相同。② 在有些输入条件下,状态转移的下一状态不相同。例如,S_1 转移到 S_3,S_2 转移到 S_4,则要继续比较 S_3 和 S_4 两个状态,如果 S_3 和 S_4 是等价状态,则 S_1 和 S_2 的状态转移效果相同;如果 S_3 和 S_4 不是等价状态,则 S_1 和 S_2 的状态转移效果不相同。S_3 和 S_4 是否等价是 S_1 和 S_2 是否等价的条件,称 $[S_3, S_4]$ 是 S_1 和 S_2 的等价隐含条件。③ 在有些输入条件下,S_1 和 S_2 状态对和 S_3 和 S_4 状态对互为隐含条件,则 S_1 和 S_2 等价,S_3 和 S_4 也等价。

此外,等价状态有传递性。例如,S_1 和 S_2 等价,S_2 和 S_3 等价,则 S_1 和 S_3 也等价。

为了有条理地进行状态简化,采用列表比较的方法。

(1) 寻找全部等价状态对。

寻找全部等价状态对,采用列表法,如表 6-3-3 所示。表呈直角形网络形式,称为隐含表。表中每一个小方格代表一个状态对。根据等价条件将各列状态与各行状态一一进行比较,比较结果填入到对应的小方格中。例如,简化例 6-5 的原始状态表 6-3-1。首先做出表 6-3-3(a)。两个状态进行比较时,有 3 种情况:

表 6-3-3 例 6-5 隐含表

	A	B	C	D	E	F	G
B	AC BD						
C	AE BF	CE DF					
D	AG BH	CG DH	EG FH				
E	√	CA DB	EA FB	GA HB			
F	AC BD	√	EC FD	GC HD	AC BD		
G	AE BF	CE DF	√	GE HF	AE BF	CE DF	
H	×	×	×	×	×	×	×

(a)

	A	B	C	D	E	F	G
B	AC BD						
C	AE BF	CE DF					
D	×	×	×				
E	√	CA DB	EA FB	×			
F	AC BD	√	EC FD	×	AC BD		
G	AE BF	CE DF	√	×	AE BF	CE DF	
H	×	×	×	×	×	×	×

(b)

	A	B	C	D	E	F	G
B	×						
C	AE BF	×					
D	×	×	×				
E	√	×	EA FB	×			
F	×	√	×	×	×		
G	AE BF	×	√	×	AE BF	×	
H	×	×	×	×	×	×	×

(c)

① 原始状态表中,两个状态输出 $Z(t)$ 不相同,则这两个状态不是等价状态,不能合并,则在对应的小方格中填×号,如表 6-3-3(a)中 A-H、B-H、C-H、D-H、E-H、F-H、G-H 各小方格中的×号。

② 比较状态表中两个状态,如果在任何输入条件下,输出值 $Z(t)$ 都相同,且在任何输入条件下所对应的下一状态都是相同或为原状态对,则这两个状态满足等价条件,可以合并,在对应的小方格中填√号,如表 6-3-3(a)中 A-E、B-F、C-G。

③ 状态表中的两个状态,如果在任何输入条件下,输出值 $Z(t)$ 都相同,但在有些输入条件下,下一状态不相同,则将这些不相同的下一状态对填入到相应的方格中,如图 6-3-1 中,状态 A 和状态 B,在所有输入条件下,对应输出均相同,但下一状态在输入 $X=\mathbf{0}$ 时,分别为 A 和 C,在输入 $X=\mathbf{1}$ 时,分别为 B 和 D,则在表 6-3-3(a)相应的方格中填入 $\begin{bmatrix} AC \\ BD \end{bmatrix}$ 表示 A、C 和 B、D 两对状态是 A 和 B 两状态等价的隐含条件。

依照上述三种情况比较结果,做出表 6-3-1 的隐含表,如表 6-3-3(a)所示。然后对表 6-3-3(a)进行简化。主要是判断隐含条件的状态对是否满足等价条件。如果该状态对中的隐含条件有一个不满足的等价条件,则该状态就不满足等价条件,用×表示。这样逐次逐格判断,直至将所有不等价的状态对都排除为止。表 6-3-3(a)中 H 行所有格均为×号,说明 H 状态同其他状态都不等价。因此,表 6-3-3(a)中凡是隐含条件中包括 H 状态的状态对都不能满足等价条件,在表 6-3-3(b)中都打×号,如 A-D、B-D、C-D、D-E、D-F、D-G。这样就将表 6-3-3(a)简化成表 6-3-3(b)。再对表 6-3-3(b)进行判断,凡是隐含条件中包括了上述非等价状态对的对应状态都不满足等价条件,在对应的方格中也打×号,这一批打×号的小方格有 A-B、A-F、B-C、B-E、B-G、C-F、E-F、F-G。以后再以这一批不可能合并的非等价状态对为依据,凡是隐含条件包括这些非等价状态对的相应状态对都不满足等价条件而给予排除,打上×号,这个过程反复进行,直到所有不能满足等价条件的状态对都被排除为止。表 6-3-1 通过隐含表逐步简化结果如表 6-3-3(c)所示。在表 6-3-3(c)中凡是小方格中记有×号的对应状态对均不满足等价条件,不能合并。其中,AE、BF、CG 3 对状态为等价状态,而 A、C 两隐含条件 $\begin{bmatrix} AE \\ BF \end{bmatrix}$ 满足等价条件,A、G 两状态的隐含条件 $\begin{bmatrix} AE \\ BF \end{bmatrix}$,$C$、$E$ 两状态的隐含条件 $\begin{bmatrix} EA \\ FB \end{bmatrix}$,$E$、$G$ 两状态的隐含条件 $\begin{bmatrix} AE \\ BF \end{bmatrix}$ 均满足等价条件,所以 AC、CE、EG、AG 4 状态对均为等价状态。这样,就寻找到所有等价状态对,它们是 (AC)、(AE)、(AG)、(BF)、(CE)、(CG)、(EG)。

(2) 寻找最大等价类。

等价类是多个等价状态组的集合,在等价集合中任意两个状态都是等价的。如果一个等价类不包含在任何别的等价类中,则叫作最大等价类。

在上述 (AC)、(AE)、(AG)、(BF)、(CE)、(CG)、(EG) 7 组等价对中,A、C、E、G 4 状态两两等价,所以组成等价类 $(ACEG)$。在本例中,(BF) 也是等价类。同时可以看出,$(ACEG)$、(BF) 都不包含在任何别的等价类中,所以为最大等价类。

寻找最大等价类也可以用作图法。将原始状态表中所有状态以"点"的形式均匀地标在一个圆周上,然后将各等价的状态对用直线相连。若干个顶点之间两两均有连线的构成最大多边形,最大多边形的各顶点就构成一个最大等价类。如图6-3-3所示,A、C、E、G各顶点两两之间均有连线相连,所以$(ACEG)$构成一个最大等价类。(BF)也构成一个最大等价类。

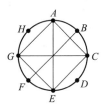

图 6-3-3 作图法求最大等价类

(3) 选择最大等价类组成等价类集。

等价类集要满足3个条件:① 等价类集中包括了原始状态表中所有状态,称为"覆盖"。② 等价类集中任一等价类的隐含条件都包含在该等价类集中,是某一等价类的部分,称为等价类集具有"闭"的性质。③ 具有"闭"和"覆盖"的等价类集中所含等价类的种类数最少,满足上述3个条件的等价类集称为具有"最小闭覆盖"的等价类集。在本例中由$(ACEG)$、(BF)、(D)、(H)组成具有最小闭覆盖性质的等价类集。

(4) 将等价类集中的各等价类中的状态合并,最后得到原始状态表的简化状态表。

如令$(ACEG)$合并为状态a,(BF)合并为状态b,(D)改写为d,(H)改写为h,得到最简状态表6-3-4,这样,原始状态表6-3-1中的8个状态简化为4个状态。简化后的状态图如图6-3-4所示。

表 6-3-4 例 6-5 简化状态表

$S(t)$	$N(t)$		$Z(t)$	
	$X=0$	$X=1$	$X=0$	$X=1$
a	a	b	**0**	**0**
b	a	d	**0**	**0**
d	a	h	**0**	**0**
h	a	h	**0**	**1**

对于非完全描述状态转移表的简化步骤和方法与完全描述状态转移表的简化相同。

由于在非完全描述状态转移表中存在任意状态或任意输出值(×)的情况,因此其合并比完全描述状态转移表要复杂些。

第三步 状态分配

状态分配是指将简化后的状态表中各个状态赋予二进制代码,因此状态分配又叫状态编码。一个 n 位二进制数一共有 2^n 种代码,那么若需要分配的状态数为 M,则需要的代码位数 n 为

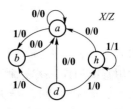

图 6-3-4　例 6-5 简化状态图

$$n \geqslant \log_2 M \qquad (6\text{-}3\text{-}1)$$

编码方案的选择,将会影响电路的复杂程度。对于异步时序电路而言,有时还会产生竞争和冒险,从而影响正常工作。

在例 6-5 中,简化状态表 6-3-4 只有四个状态,因此,$n=2$,2 位二进制数字共有 **00**、**01**、**11**、**10** 四种代码,具体如何分配,这里介绍一般原则。

(1)当两个以上状态具有相同的下一状态时,它们的代码尽可能安排为相邻代码,所谓相邻代码是指两个代码中只有一个变量取值不同,其余变量均为相同。

(2)当两个以上状态属于同一状态的次态时,它们的代码尽可能安排为相邻代码。

(3)为了使输出电路结构简单,尽可能使输出相同的状态代码相邻。通常以原则(1)为主,统筹兼顾,综上所述,分配:$a \Rightarrow 00$,$b \Rightarrow 01$,$d \Rightarrow 11$,$h \Rightarrow 10$。

根据已选择好的状态分配,可以将表 6-3-4 改写成表 6-3-5 的形式。此表即为状态转移表。

表 6-3-5　例 6-5 状态转移表

$S(t)$		$N(t)$				$Z(t)$	
		$X=0$		$X=1$		$X=0$	$X=1$
Q_1^n	Q_2^n	Q_2^{n+1}	Q_1^{n+1}	Q_2^{n+1}	Q_1^{n+1}		
0	0	0	0	0	1	0	0
0	1	0	0	1	1	0	0
1	1	0	0	1	0	0	0
1	0	0	0	1	0	0	1

第四步 选择存储器的类型,确定存储电路的激励输入

一般同步时序电路采用触发器作为存储电路的器件,因此,第四步就成为选择触发器的类型及确定触发器的激励输入。

为了选择触发器和确定触发器的激励输入,可以由状态转移表,通过卡诺图求状态转移方程,然后由状态转移方程来确定触发器的激励输入。

由表 6-3-5 可分别做出 Q_2^{n+1} 及 Q_1^{n+1} 的卡诺图,如图 6-3-5 所示,由图 6-3-5 可求出

$$Q_2^{n+1} = XQ_1^n + XQ_2^n \tag{6-3-2}$$

$$Q_1^{n+1} = X\overline{Q}_2^n$$

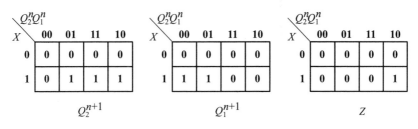

图 6-3-5 例 6-5 次态卡诺图和输出卡诺图

如果采用 J-K 触发器,则将式(6-3-2)变换成类似 J-K 触发器状态转移方程 $Q^{n+1} = J\overline{Q}^n + \overline{K}Q^n$ 的形式

$$Q_2^{n+1} = XQ_1^n + XQ_2^n =$$
$$XQ_1^n(\overline{Q}_2^n + Q_2^n) + XQ_2^n =$$
$$XQ_1^n\overline{Q}_2^n + XQ_2^n$$
$$Q_1^{n+1} = X\overline{Q}_2^n = X\overline{Q}_2^n(\overline{Q}_1^n + Q_1^n) =$$
$$X\overline{Q}_2^n\overline{Q}_1^n + X\overline{Q}_2^nQ_1^n \tag{6-3-3}$$

由式(6-3-3)可见,采用 J-K 触发器,J_2、K_2、J_1、K_1 的激励函数分别为

$$J_2 = XQ_1^n, \quad K_2 = \overline{X} \tag{6-3-4}$$

$$J_1 = X\overline{Q}_2^n, \quad K_1 = \overline{X\overline{Q}_2^n}$$

如果采用 D 触发器,根据式(6-3-2),对照 D 触发器的状态转移方程 $Q^{n+1} = D$,则

$$D_2 = XQ_1^n + XQ_2^n = X\overline{\overline{Q}_1^n\overline{Q}_2^n} \tag{6-3-5}$$

$$D_1 = X\overline{Q}_2^n$$

第五步 求输出函数

由表 6-3-5,可做出输出函数 $Z(t)$ 的卡诺图,如图 6-3-5 所示,得到

$$Z = XQ_2^n\overline{Q}_1^n \tag{6-3-6}$$

第六步 画逻辑图

若采用 J-K 触发器及**与非门**,根据式(6-3-4)及式(6-3-6),可以画出例 6-5 的逻辑电路图,如图 6-3-6 所示。

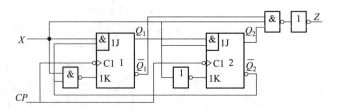

图 6-3-6 例 6-5 逻辑电路

归纳以上所述,时序逻辑电路设计主要有 4 个过程。第一步是确定原始状态转移图和原始状态表,这是以下各步骤的基础。目前还没有统一的通用方法能较好地加以解决,关键在于要对实际逻辑问题给予正确的理解,要把各种可能情况尽可能没有遗漏地考虑到。在建立状态转移图时,重要的是正确描述逻辑问题,不要考虑状态数的多少。第二步状态简化,采用列表法比较直观,除列表法,还有根据输出的类型分类逐步化简的方法。状态数的多少将会影响存储电路器件的多少。第三步是状态编码,这里介绍了 3 条基本原则。对于同步时序电路来说,状态编码是否最佳仅仅影响电路的结构是否简单,而对于异步时序电路来说,有时还会影响电路能否正常工作。有关异步时序尤其是电位异步时序电路的设计,请读者参看有关资料。第四步存储电路类型的选择,可以求各个状态的转移方程,然后确定触发器类型,再求激励函数。

6.3.2 采用小规模集成器件设计同步计数器

根据前面介绍的时序电路设计步骤的方法,现举例说明同步计数器的设计。

例 6-6 设计模 6 同步计数器。

解

模 6 计数器要求有 6 个记忆状态,且逢六进一。由此可以做出如图 6-3-7 所示的原始状态转移图。由于模 6 计数器必须要有 6 个记忆状态,所以不需要再简化。

由于状态数为 6,因此取状态代码位数 $n=3$。假设令 $S_0=\textbf{000}$,$S_1=\textbf{001}$,$S_2=\textbf{011}$,$S_3=\textbf{111}$,$S_4=\textbf{110}$,$S_5=\textbf{100}$,则可列出状态转移表,如表 6-3-6 所示。

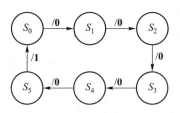

图 6-3-7 例 6-6 原始状态图

表 6-3-6 例 6-6 状态转移表

S(t)			N(t)			Z(t)
Q_3^n	Q_2^n	Q_1^n	Q_3^{n+1}	Q_2^{n+1}	Q_1^{n+1}	
0	**0**	**0**	**0**	**0**	**1**	**0**
0	**0**	**1**	**0**	**1**	**1**	**0**
0	**1**	**1**	**1**	**1**	**1**	**0**
1	**1**	**1**	**1**	**1**	**0**	**0**
1	**1**	**0**	**1**	**0**	**0**	**0**
1	**0**	**0**	**0**	**0**	**0**	**1**

由表 6-3-6 可以做出次态卡诺图和输出函数的卡诺图,如图 6-3-8 所示。

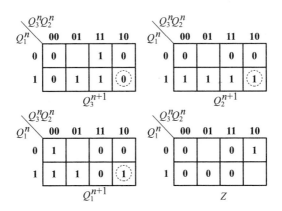

图 6-3-8 例 6-6 次态及输出函数卡诺图

由于在状态转移表中 **010** 和 **101** 两个状态未出现(偏离状态),所以图 6-3-8 中为空格,作任意项处理,由图 6-3-8 可求出

$$\begin{cases} Q_3^{n+1} = Q_2^n \\ Q_2^{n+1} = Q_1^n \\ Q_1^{n+1} = \overline{Q}_3^n \end{cases} \tag{6-3-7}$$

输出函数

$$Z = Q_3^n \overline{Q}_1^n \tag{6-3-8}$$

确定状态转移方程后,可以检验是否具有自启动特性。由于 3 位二进制代码一共有 8 种代码组合,现只选用了 6 种,尚有 **010** 和 **101** 为偏离状态。假设计数器处于状态 **010**,根据状态转移方程,下一状态为 **101**,状态 **101** 仍为偏离状

态,再代入状态转移方程,在时钟作用下,下一状态为 **010**,其偏离状态的转移图
如图 6-3-9(a)所示。因此,一旦计数器受了干扰,进入了 **010** 或 **101** 状态后,在
时钟作用下,出现了这两个状态的循环,始终不能进入有效状态,这种情况称为
计数器出现了堵塞现象,这样的计数器不具有自启动特性。

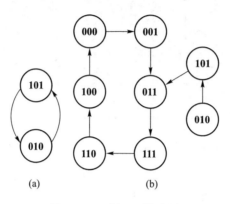

图 6-3-9　例 6-6 状态图

为了消除计数器的堵塞,可以加清 **0** 或置位信号,强迫计数器脱离堵塞循环
序列而进入有效序列。另外,在设计时,应该使其具有自启动特性,一般是修改
设计。其方法是,打断偏离状态的循环,使其某一偏离状态在时钟作用下转移到
有效序列中去。因为在原来设计时,这些偏离状态都作为任意项处理,没有确定
的转移方向。现在要使某一偏离状态有确定的转移。例如,打断 **101–010** 的转
移,令 **101** 转移到有效状态 **011**,在图 6-3-8 对应的卡诺图中分别填入(图 6-3-8
中虚线所示)。重新化简,因此各级触发器的状态转移方程为

$$\begin{cases} Q_3^{n+1} = Q_2^n \\ Q_2^{n+1} = Q_1^n \\ Q_1^{n+1} = \overline{Q}_3^n + \overline{Q}_2^n Q_1^n \end{cases} \qquad (6\text{-}3\text{-}9)$$

按式(6-3-9)检验偏离状态,具有了自启动特性,其状态转移图如图 6-3-9(b)
所示。若采用 D 触发器,由式(6-3-9)可求得

$$D_3 = Q_2^n$$
$$D_2 = Q_1^n \qquad (6\text{-}3\text{-}10)$$
$$D_1 = \overline{Q}_3^n + \overline{Q}_2^n Q_1^n$$

由式(6-3-8)及式(6-3-10),可画出具有自启动特性的模 6 同步计数器的
逻辑电路,如图 6-3-10 所示。

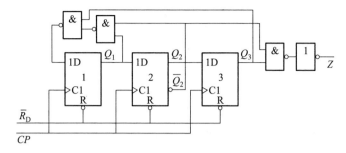

图 6-3-10 例 6-6 逻辑电路图

例 6-7 设计一个可变模值的同步计数器,当控制信号 $M = 0$ 时,实现模 7 计数,当 $M = 1$ 时,实现模 5 计数。

解

根据要求,在控制信号 M 作用下,其原始状态转移图如图 6-3-11 所示。图中带箭头转移线上方的 **0/0** 或 **1/0** 等标注表示转移条件 M 和输出 Z,即 M/Z。由于最大计数模值为 7,现初始态共 7 个状态 $S_0 \sim S_6$,因此无须再简化。

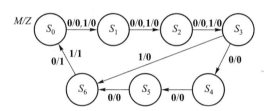

图 6-3-11 例 6-7 原始状态图

由于最大模值为 7,因此必须取代码位数 $n = 3$。假设令 $S_0 = 000$,$S_1 = 001$,$S_2 = 011$,$S_3 = 110$,$S_4 = 101$,$S_5 = 010$,$S_6 = 100$,即选取移存码,则可以做出状态转移表,如表 6-3-7 所示。

表 6-3-7 例 6-7 状态转移表

序号	$S(t)$			$N(t)$						$Z(t)$	
				$M=0$			$M=1$			$M=0$	$M=1$
	Q_3^n	Q_2^n	Q_1^n	Q_3^{n+1}	Q_2^{n+1}	Q_1^{n+1}	Q_3^{n+1}	Q_2^{n+1}	Q_1^{n+1}		
0	**0**	**0**	**0**	**0**	**0**	**1**	**0**	**0**	**1**	**0**	**0**
1	**0**	**0**	**1**	**0**	**1**	**1**	**0**	**1**	**1**	**0**	**0**
2	**0**	**1**	**1**	**1**	**1**	**0**	**1**	**1**	**0**	**0**	**0**
3	**1**	**1**	**0**	**1**	**0**	**1**	**1**	**0**	**0**	**0**	**0**

续表

序号	$S(t)$			$N(t)$						$Z(t)$	
				$M=0$			$M=1$			$M=0$	$M=1$
	Q_3^n	Q_2^n	Q_1^n	Q_3^{n+1}	Q_2^{n+1}	Q_1^{n+1}	Q_3^{n+1}	Q_2^{n+1}	Q_1^{n+1}		
4	**1**	**0**	**1**	**0**	**1**	**0**	×	×	×	**0**	**0**
5	**0**	**1**	**0**	**1**	**0**	**0**	×	×	×	**0**	**0**
6	**1**	**0**	**0**	**0**	**0**	**0**	**0**	**0**	**0**	**1**	**1**

　　由表 6-3-7 可做出相应的状态转移卡诺图及输出函数卡诺图,如图 6-3-12 所示,经卡诺图化简,得到各级触发器的状态转移方程为

$$\begin{cases} Q_3^{n+1} = Q_2^n \\ Q_2^{n+1} = Q_1^n \\ Q_1^{n+1} = (\overline{Q_3^n}Q_2^n + \overline{M}Q_3^nQ_2^n)\,\overline{Q_1^n} + \overline{Q_3^n}\,\overline{Q_2^n}Q_1^n \end{cases} \qquad (6-3-11)$$

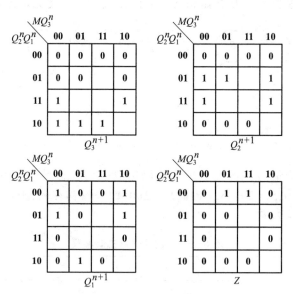

图 6-3-12　例 6-7 次态及输出卡诺图

输出函数 $\qquad\qquad\qquad Z = Q_3^n\overline{Q_2^n}\,\overline{Q_1^n}$ $\qquad\qquad\qquad (6-3-12)$

　　$n=3$,共有 8 个状态,在 $M=0$ 执行模 7 计数时,有一个偏离状态(**111**),在 $M=1$ 执行模 5 计数时,有 3 个偏离状态(**111**)、(**101**)、(**010**),而其中(**101**)和 (**010**)在 $M=0$ 时为有效状态。根据式(6-3-11)检验这些偏离状态的情况,如

表6-3-8所示。由表6-3-8可见,偏离状态能自动进入到有效状态,具有自启动特性,其状态转移图如图6-3-13所示。

表 6-3-8　例 6-7 偏离状态的检验

$S(t)$			$N(t)$					
			$M=0$			$M=1$		
Q_3^n	Q_2^n	Q_1^n	Q_3^{n+1}	Q_2^{n+1}	Q_1^{n+1}	Q_3^{n+1}	Q_2^{n+1}	Q_1^{n+1}
1	**1**	**1**	**1**	**1**	**0**	**1**	**1**	**0**
1	**0**	**1**				**0**	**1**	**0**
0	**1**	**0**				**1**	**0**	**0**

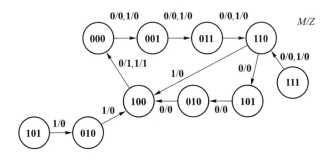

图 6-3-13　例 6-7 状态转移图

若采用 J-K 触发器,由式(6-3-11),可以求得

$$J_3 = Q_2^n,\ K_3 = \overline{Q_2^n}$$

$$J_2 = Q_1^n,\ K_2 = \overline{Q_1^n}$$

$$J_1 = \overline{M}Q_3^n Q_2^n + \overline{Q_3^n}\,\overline{Q_2^n},\ K_1 = \overline{\overline{Q_3^n}\,\overline{Q_2^n}} \tag{6-3-13}$$

由式(6-3-12)和式(6-3-13),可画出例 6-7 的逻辑电路,如图 6-3-14 所示。

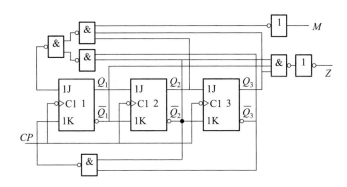

图 6-3-14　例 6-7 逻辑图

6.3.3 采用小规模集成器件设计异步计数器

异步计数器的设计步骤与同步计数器设计步骤相同。但由于它是异步,因此就必须合理地选择各级触发器的时钟信号。下面通过例 6-8 来说明具体的设计步骤。

例 6-8 设计 8421 BCD 二-十进制异步计数器。

解

由于要求设计的是二-十进制计数器,所以其原始状态转移图如图 6-3-15 所示。采用 8421 BCD 码,即 $S_0 = 0000$, $S_1 = 0001$, $S_2 = 0010$, $S_3 = 0011$, $S_4 = 0100$, $S_5 = 0101$, $S_6 = 0110$, $S_7 = 0111$, $S_8 = 1000$, $S_9 = 1001$。这样可以得到状态转移表,如表 6-3-9 所示。

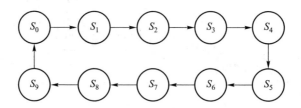

图 6-3-15 例 6-8 原始状态转移图

表 6-3-9 例 6-8 状态转移表

序号	$S(t)$				$N(t)$				$Z(t)$
0	0	0	0	0	0	0	0	1	0
1	0	0	0	1	0	0	1	0	0
2	0	0	1	0	0	0	1	1	0
3	0	0	1	1	0	1	0	0	0
4	0	1	0	0	0	1	0	1	0
5	0	1	0	1	0	1	1	0	0
6	0	1	1	0	0	1	1	1	0
7	0	1	1	1	1	0	0	0	0
8	1	0	0	0	1	0	0	1	0
9	1	0	0	1	0	0	0	0	1

（1）由状态转移表，选择各级触发器的时钟信号。

选择各级触发器时钟信号的原则是：第一，在该级触发器的状态需要发生变更时（即由 0 至 1 或由 1 至 0），必须有时钟信号触发沿到达；第二，在满足第一原则的条件下，其他时刻到达该级触发器的时钟信号触发沿越少越好，这样有利于该级触发器的激励函数的简化。

对于第 1 级触发器，接受计数脉冲，因此其时钟来自计数脉冲。第 2 级触发器的时钟触发信号可以来自计数脉冲，也可以来自第 1 级触发器的输出 $Q_1(\overline{Q}_1)$。第 3 级触发器的时钟触发信号可以在计数脉冲、第 1 级输出 $Q_1(\overline{Q}_1)$、第 2 级输出 $Q_2(\overline{Q}_2)$ 中选取。依此类推，第 i 级触发器的时钟触发信号可以在计数脉冲和第 i 级以前的所有各级触发器的输出 $Q(\overline{Q})$ 中选取。根据触发器的时钟触发信号的选取原则，来选取本例中各级触发器的时钟。

第 1 级触发器的时钟：CP_1＝计数输入脉冲 CP。

第 2 级触发器的时钟：从表 6-3-9 可见，Q_2 的状态变更发生在序号 1→2、3→4、5→6、7→8 时刻。在这些时刻，计数脉冲和 Q_1 输出有下降沿产生（$\overline{Q}_1$ 有上升沿产生），因此可在计数脉冲和 Q_1（或 $\overline{Q}_1$）中选择。若选择计数脉冲，则在序号 0→1、2→3、4→5、6→7、8→9、9→0 这些时刻计数脉冲也有下降沿触发第 2 级触发器，而这些时刻第 2 级触发器 Q_2 的状态又不应发生变化，这些时刻的触发是"多余"的或无效的。若选择第 1 级触发器输出 Q_1，只有在 9→0 时刻 Q_1 的跳变沿是"多余"触发。根据原则二，选择 Q_1（或 $\overline{Q}_1$）比选择计数脉冲好，因此 $CP_2 = Q_1$（或 $\overline{Q}_1$）。

第 3 级触发器的时钟：从表 6-3-9 可见，Q_3 的状态变更发生在序号 3→4、7→8 的时刻，在这些时刻计数脉冲、$Q_2(\overline{Q}_2)$、$Q_1(\overline{Q}_1)$ 有跳变沿产生。但由于 $Q_2(\overline{Q}_2)$ 没有多余触发，因此选择 $CP_3 = Q_2(\overline{Q}_2)$。

第 4 级触发器的时钟：从表 6-3-9 可见，Q_4 的状态变更发生在序号 7→8、9→0 时刻，在这两个时刻计数脉冲和 $Q_1(\overline{Q}_1)$ 有跳变沿产生，而 Q_2、Q_3 在序号 9→0 的时刻没有跳变沿产生，根据原则一，从计数脉冲和 Q_1 输出中选取，而 Q_3、Q_2 不能作为第 4 级的时钟，$Q_1(\overline{Q}_1)$ 的"多余"触发比计数脉冲少，因此选择 $CP_4 = Q_1(\overline{Q}_1)$。

（2）作简化状态转移表。

在选择了各级触发器的时钟信号后，可以根据各个触发器的时钟信号求出各级触发器的转移情况。

计数脉冲作为时钟信号触发触发器 1。每来一个计数脉冲的下降沿（或上升沿），触发器发生一次状态的变化。可得表6-3-10中Q^{n+1}的转移。

Q_1下降沿（或上升沿）作为时钟信号触发触发器2和触发器4。在序号1、3、5、7、9这些时刻受计数脉冲触发后，Q_1会产生下降沿（或$\overline{Q}_1$产生上升沿）触发触发器2和触发器4，因此，可以在序号1、3、5、7、9这些时刻做出触发器2和触发器4的转移，在其余时刻，由于Q_1不会产生下降沿（或$\overline{Q}_1$不会产生上升沿）触发触发器2和触发器4，因此触发器2和触发器4不会发生状态的变化，其转移状态可以作任意处理，如表6-3-10中Q_2^{n+1}和Q_4^{n+1}下的×号。

Q_2下降沿（$\overline{Q}_2$的上升沿）作为时钟触发触发器3，在序号3和7时刻，Q_2受Q_1触发后，会产生跳变沿触发触发器3，因此可做出在序号3和7时的转移Q_3^{n+1}。在其余时刻，Q_3转移状态作任意态处理。如表6-3-10中Q_3^{n+1}下的×号。

这样就得到表6-3-10中的Q_4^{n+1}、Q_3^{n+1}、Q_2^{n+1}和Q_1^{n+1}。

表6-3-10　例6-8简化的状态转移表

序号	$S(t)$				$N(t)$				$Z(t)$
	Q_4^n	Q_3^n	Q_2^n	Q_1^n	Q_4^{n+1}	Q_3^{n+1}	Q_2^{n+1}	Q_1^{n+1}	
0	0	0	0	0	×	×	×	1	0
1	0	0	0	1	0	×	1	0	0
2	0	0	1	0	×	×	×	1	0
3	0	0	1	1	0	1	0	0	0
4	0	1	0	0	×	×	×	1	0
5	0	1	0	1	0	×	1	0	0
6	0	1	1	0	×	×	×	1	0
7	0	1	1	1	1	0	0	0	0
8	1	0	0	0	×	×	×	1	0
9	1	0	0	1	0	×	0	0	1

（3）根据表6-3-10做出各级触发器的次态卡诺图，如图6-3-16所示。卡诺图中空格（未填任何符号者）为状态编码中的偏离状态，×为任意态，以上两种情况在卡诺图化简时作任意项处理。

由图6-3-16，可以求得

$$\begin{cases} Q_4^{n+1} = \left[Q_3^n Q_2^n \overline{Q}_4^n \right] \cdot Q_1 \downarrow \\ Q_3^{n+1} = \left[\overline{Q}_3^n \right] \cdot Q_2 \downarrow \\ Q_2^{n+1} = \left[\overline{Q}_4^n Q_2^n \right] \cdot Q_1 \downarrow \\ Q_1^{n+1} = \left[\overline{Q}_1^n \right] \cdot CP \downarrow \end{cases} \qquad (6\text{-}3\text{-}14)$$

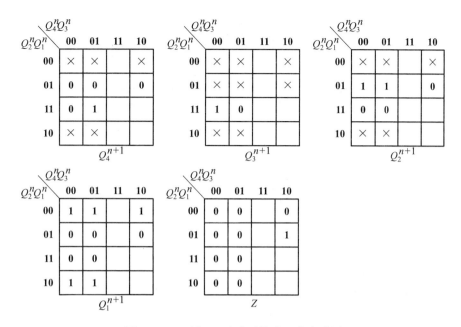

图 6-3-16　例 6-8 次态及输出函数卡诺图

由图 6-3-16 中输出函数 Z 的卡诺图,可得

$$Z = Q_4^n Q_1^n \qquad (6-3-15)$$

（4）检验是否具有自启动特性。

本例中一共有 **1010**、**1011**、**1100**、**1101**、**1110**、**1111** 6 个偏离状态,假设计数器处于当前状态 **1011**,则根据式（6-3-14）可以确定,在下一个计数脉冲作用下,Q_1 由 **1→0**,Q_1 的下降沿触发触发器 2 和触发器 4,使 Q_2 由 **1→0**,Q_4 由 **1→0**;而 Q_2 的下降沿触发触发器 3,使 Q_3 由 **0→1**。这样在计数脉冲输入后,偏离状态由 **1011** 转移到状态 **0100**,**0100** 为有效状态。其余类同,见表 6-3-11。电路具有自启动性。

由表 6-3-9 和表 6-3-11 可以做出状态转移图,如图 6-3-17 所示。

表 6-3-11　例 6-8 偏离状态检验

$S(t)$				$N(t)$			
1	0	1	0	1	0	1	1
1	0	1	1	0	1	0	0
1	1	0	0	1	1	0	1
1	1	0	1	0	1	0	0
1	1	1	0	1	1	1	1
1	1	1	1	0	0	0	0

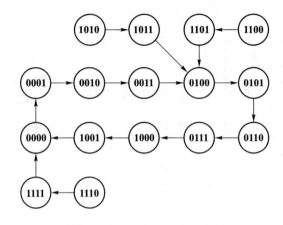

图 6-3-17　例 6-8 状态转移图

（5）画逻辑电路图。

由式(6-3-14)和式(6-3-15)，利用 J-K 触发器可以做出逻辑电路，如图 6-3-18 所示。如果采用 D 触发器，由脉冲上升沿触发，其逻辑电路如图 6-3-19 所示。

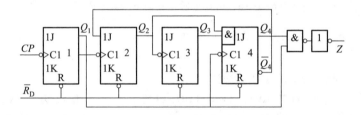

图 6-3-18　例 6-8 采用 J-K 触发器的逻辑图

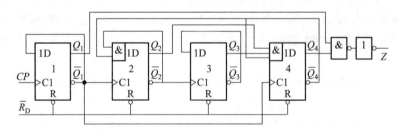

图 6-3-19　例 6-8 采用 D 触发器的逻辑图

由此例可以看出，异步计数器的设计步骤和同步计数器设计步骤相同。由于在选择各级触发器时钟时，可能有不同的方案，电路结构不同（主要是各级触发器激励函数不同）。对于这种异步时序电路，时钟的选择除去影响电路结构外，如果触发器的时钟和激励输入同时发生变化时，还要防止可能出现的竞争现象。

6.3.4 采用中规模集成器件实现任意模值计数(分频)器

应用 N 进制中规模集成器件实现任意模值 $M(M<N)$ 计数分频器时,主要是从 N 进制计数器的状态转移表中跳越 $(N-M)$ 个状态,从而得到 M 个状态转移的 M 计数分频器。通常利用中规模集成器件的清除端和置入控制端来实现。

1. 利用清除端复位法

当中规模 N 进制计数器从 S_0 状态开始计数时,计数脉冲输入 M 个脉冲后,N 进制计数器处于 S_M 状态。如果利用 S_M 状态产生一个清除信号,加到清除端,使计数器返回到 S_0 状态,这样就跳越了 $(N-M)$ 个状态,从而实现模值为 M 的计数分频。

例 6-9 应用 4 位二进制同步计数器实现模 10 计数分频。

解

CT54161 是 4 位二进制同步计数器,其功能表见表 6-2-9。模 10 计数分频要求在输入 10 个脉冲后电路返回到 **0000**,且输出一个脉冲。

CT54161 共有 16 个状态。模 10 计数分频器只需 10 个状态,因此在 CT54161 基础上,外加判别和清 0 信号产生电路。图 6-3-20 所示为应用 CT54161 构成的模 10 计数分频器电路。图中门 G_1 为判别门,当第 10 个计数脉冲上升沿输入后,CT54161 的状态进入到 **1010**;则门 G_1 的输出 $v_{01}=\overline{Q_3 Q_1}$ 为低电平,作用于门 G_2 和 G_3 组成的基本触发器,使 Q 端为 **0**,作用于 CT54161 的 $\overline{CR}$ 端,则使 CT54161 清 **0**。

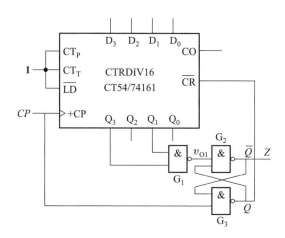

图 6-3-20 例 6-9 逻辑图

在计数脉冲 CP 下降沿到达后,又使门 G_3 输出 $Q=1$,$\overline{Q}=0$。这样 Z 输出一个脉冲。此后又在计数脉冲作用下,从 **0000** 开始计数,每当输入 10 个脉冲,电路进入到 **1010**,就通过 $\overline{CR}$ 端使电路复 **0**,输出一个脉冲。其工作波形如图 6-3-21 所示,实现模 10 计数分频。

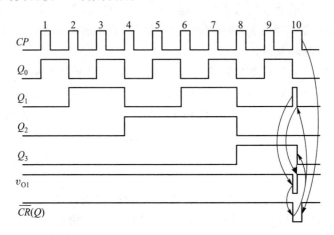

图 6-3-21   例 6-9 时序图

图 6-3-20 所示电路中由门 G_2 和 G_3 组成 R-S 触发器的目的,是为了保持门 G_1 产生的清除信号 v_{O1},保证可靠清 **0**。如果没有由门 G_2 和 G_3 组成的 R-S 的触发器,用门 G_1 的输出 v_{O1} 直接加到 $\overline{CR}$ 端,从原理上看也是可以实现清 **0** 的。但是如果集成器件各触发器在翻转过程中速度不等,就可能不能使全部触发器置 **0**。采用了由门 G_2 和 G_3 组成的 R-S 触发器后,Q 端输出的清 **0** 信号宽度和计数脉冲 $CP=1$ 的持续时间相同。实现模 10 计数时,4 位二进制计数器不可能达到满值,所以不能由 CO 输出,而由 $\overline{Q}$ 端产生模 10 计数输出信号。

这种方法比较简单,复位信号的产生电路是一种固定的结构形式,由门 G_1、G_2、G_3 组成。在利用二进制计数中规模集成器件时,只需将计数模值 M 的二进制代码中 **1** 的输出连接至门 G_1 的输入端,即可实现模值为 M 的计数分频。

这种方法在分频比要求较大的情况下,应用更加方便。例如,图 6-3-22 所示为应用 3 片二-十进制同步计数器 CT54160 构成模值为 853 计数分频电路。CT54160 的功能见表 6-2-9。3 片 CT54160 十进制计数器串接最大计数值为 999。当计数脉冲输入到第 853 个时,这时片 Ⅲ 状态为 **1000**,片 Ⅱ 状态为 **0101**,片 Ⅰ 状态为 **0011**,门 G_1 产生清除信号,使片 Ⅲ、片 Ⅱ、片 Ⅰ 的 $\overline{CR}$ 都为 **0**,从而实现 853 计数分频。

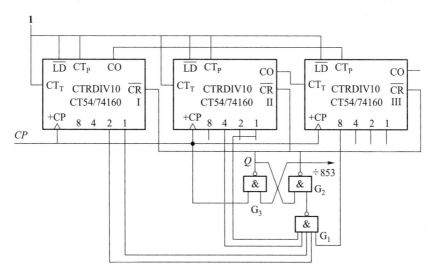

图 6-3-22 采用 3 片 CT54/74160 同步二-十进制计数器构成 853 计数分频电路

2. 利用置入控制端的置位法

置位法与复位法不同,它是利用中规模集成器件的置入控制端,以置入某一固定二进制数值的方法,从而使 N 进制计数跳越($N-M$)个状态,实现模值为 M 的计数分频。

例 6-10 应用 4 位二进制同步计数器 CT54161,实现模 10 计数分频。如图 6-3-23 所示。

解

由 CT54161 功能表 6-2-9 可见,当置入控制端 $\overline{LD}=0$ 时,执行同步置入功能。由于 4 位二进制计数器共有 16 种状态,现需实现模 10 计数,因此要跳越 $16-10=6$ 个状态。以 4 位二进制计数器的满值输出 $\overline{CO}$ 作为 $\overline{LD}$ 的置入控制信号,将数据输入端 $D_3 \sim D_0$ 接 **0110**(6)。这样当 CT54161 计到满值时,$\overline{CO}=0$,在下一时钟作用下,CT54161 内各触发器状态置入为 $Q_3 Q_2 Q_1 Q_0 =$ **0110**,以后在计数脉冲作用下,按表 6-3-12 所示状态转移表正常完成模 10 计数分频。

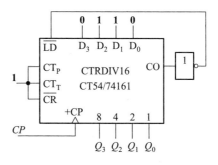

图 6-3-23 例 6-10 电路结构

表 6 – 3 – 12　图 6 – 3 – 23 所示电路状态转移表

序　号	Q_3	Q_2	Q_1	Q_0
0	* 0	1	1	0
1	0	1	1	1
2	1	0	0	0
3	1	0	0	1
4	1	0	1	0
5	1	0	1	1
6	1	1	0	0
7	1	1	0	1
8	1	1	1	0
9	1	1	1	1

注:* 为置入输入数据。

这种置位预置方法,其电路结构也是一种固定结构。在改变模值 M 时,只需要改变置入输入端 $D_3 \sim D_0$ 的输入数据即可。其置入输入数据为($2^n - M$)的二进制代码。这种由满值输出 $\overline{CO}$ 作为置入控制信号的结构,一般计数顺序不是从 **0000** 开始的,也就是它所跳越的($2^n - M$)个状态是从 **0000** 开始跳越的。

例 6-11　应用 CT54161 4 位二进制同步计数器,实现模 12 计数分频。要求计数器从 **0000** 开始。

解

根据要求,模 12 计数器计数要包含 **0000**,因此置入控制信号由全 **0** 判别电路产生,如图 6-3-24 所示,当 CT54161 进入到 $Q_3 Q_2 Q_1 Q_0 = \mathbf{0000}$ 时,$\overline{LD} = \mathbf{0}$,在下一计数脉冲作用下,触发器 $Q_3 Q_2 Q_1 Q_0$ 被并行置入 **0101**,$\overline{LD} = \mathbf{1}$,这样在计数脉冲作用下,按表 6-3-13 顺序完成模 12 计数分频。

表 6 – 3 – 13　图 6 – 3 – 24 所示电路状态转移表

序　号	Q_3	Q_2	Q_1	Q_0
0	0	0	0	0
1	* 0	1	0	1
2	0	1	1	0
3	0	1	1	1
4	1	0	0	0
5	1	0	0	1
6	1	0	1	0
7	1	0	1	1
8	1	1	0	0
9	1	1	0	1
10	1	1	1	0
11	1	1	1	1

注:* 为置入输入数据。

图 6-3-24 所示电路也是一种固定结构形式,只要改变置入输入数据,即可改变模值。其置入输入数据为 $(2^n - M + 1)$ 的二进制代码。本例中,$M = 12$,所以置入输入数据为 $16 - 12 + 1 = 5$,即 **0101**。它在计数顺序中包含了全 **0** 状态。但是在 $Q_3 \sim Q_0$ 输出中,没有对称方波输出,为使 Q_3 为方波输出,可采用图 6-3-25 所示的电路结构形式。其中 Q_3 固定反馈接至并行数据输入端 D_3,由 Q_2、Q_1、Q_0 的输出产生置入控制信号 $\overline{LD}$。$D_2 D_1 D_0$ 的并行输入数据为 $\left[\dfrac{1}{2}(2^n - M) + 1\right]$ 的二进制代码。对于本例为 $\dfrac{1}{2}(16 - 12) + 1 = 3$,即为 **011**。这样图 6-3-25 所示电路的状态转移如表 6-3-14 所示。当计数器状态为 **0000** 时,$\overline{LD} = 0$,在计数脉冲作用下,置入 **0011**。此后按二进制计数顺序计数,当计数器状态为 **1000** 时,$\overline{LD} = 0$,又执行置入操作,在计数脉冲作用下,置入 **1011**,此后又按二进制计数。如此循环,在一个计数循环中,置入和计数操作轮流进行。如果合理地选择 $\overline{LD}$ 的控

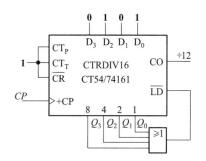

图 6-3-24　例 6-11 电路结构之一

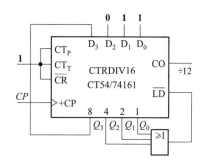

图 6-3-25　例 6-11 电路结构之二

表 6-3-14　图 6-3-25 所示电路状态转移表

序　号	Q_3	Q_2	Q_1	Q_0
0	**0**	**0**	**0**	**0**
1	*** 0**	**0**	**1**	**1**
2	**0**	**1**	**0**	**0**
3	**0**	**1**	**0**	**1**
4	**0**	**1**	**1**	**0**
5	**0**	**1**	**1**	**1**
6	**1**	**0**	**0**	**0**
7	*** 1**	**0**	**1**	**1**
8	**1**	**1**	**0**	**0**
9	**1**	**1**	**0**	**1**
10	**1**	**1**	**1**	**0**
11	**1**	**1**	**1**	**1**

注:* 为置入输入数据。

制信号,选择并行输入数据,可以使结构简单。如图 6-3-26 所示,为应用 CT54161 4 位二进制同步计数器构成的模 6、模 10 及模 12 的计数分频电路,其状态转移表如表 6-3-15 所示。请读者自己分析其工作过程。

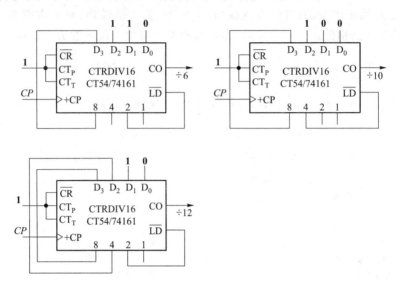

图 6-3-26　利用 CT54161/74161 实现模 6、模 10 及模 12 的计数分频

表 6-3-15　图 6-3-26 所示电路状态转移表

模 6 计数				模 10 计数				模 12 计数			
Q_3	Q_2	Q_1	Q_0	Q_3	Q_2	Q_1	Q_0	Q_3	Q_2	Q_1	Q_0
0	0	0	0	0	0	0	0	0	0	0	0
*0	1	1	0	*0	1	0	0	*0	0	1	0
0	1	1	1	0	1	0	1	0	0	1	1
1	0	0	0	0	1	1	0	0	1	0	0
*1	1	1	0	0	1	1	1	*0	1	1	0
1	1	1	1	1	0	0	0	0	1	1	1
				*1	1	0	0	1	0	0	0
				1	1	0	1	*1	0	1	0
				1	1	1	0	1	0	1	1
				1	1	1	1	1	1	0	0
								*1	1	1	0
								1	1	1	1

注:* 为置入输入数据。

上面的置入是同步置入方式,即在时钟作用下执行置入操作。在有些中规模集成器件中具有异步置位控制端,执行异步置位功能。例如 CT54LS290 的 $S_{9A}(S_{9B})$ 端。利用异步置位端实现任意模值 M 计数分频器,其基本方法类同于异步清除置 0 的方法。

3. 用集成移位寄存器实现任意模值 M 的计数分频

移位寄存器的状态转移是按移存规律进行的,因此构成任意模值的计数分频器的状态转移必然符合移存规律,一般称为移存型计数器。常用的移存型计数器有环形计数器和扭环计数器。

图 6-3-27 所示为应用 4 位移位寄存器 CT54195 构成的环形计数器。由 CT54195 的功能表 6-2-4 可知,当 $SH/\overline{LD}$ (移位/置入)控制端为低电平时,执行同步并行置入操作,当 $SH/\overline{LD}$ 为高电平时,执行右移操作。由图 6-3-27 可见,并行输入信号 $D_0D_1D_2D_3 = \mathbf{0111}$,输出 Q_3 反馈接至串行输入端。这样,在时钟作用下其状态转移如表 6-3-16 所示。首先在启动信号作用下,实现并入操作,使 $Q_0Q_1Q_2Q_3 = \mathbf{0111}$,以后执行右移操作,实现模 4 计数。

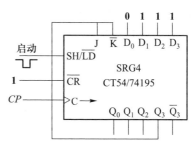

图 6-3-27 移位寄存器构成环形计数器

这种移存型计数器,每一个输出端轮流出现 $\mathbf{0}$(或 $\mathbf{1}$),称为环形计数器。由于其没有自启动特性,所以外加启动信号。如果将输出 $\overline{Q_3}$ 反馈接至串行输入端,则可得到如表 6-3-17 所示的状态转移,能够实现模 8 计数。一般 n 位移存器,可实现模值 n 的环形计数及模值 $(2n)$ 的扭环计数。

表 6-3-16 环 形 计 数

Q_0	Q_1	Q_2	Q_3
0	1	1	1
1	0	1	1
1	1	0	1
1	1	1	0

表 6-3-17 扭 环 计 数

Q_0	Q_1	Q_2	Q_3
0	1	1	1
0	0	1	1
0	0	0	1
0	0	0	0
1	0	0	0
1	1	0	0
1	1	1	0
1	1	1	1

应用移位寄存器 $SH/\overline{LD}$ 控制端,选择合适的并行输入数据值和适当的反馈网络,可以实现任意模值 M 的同步计数分频。

例 6-12　应用 CT54195 4 位移位寄存器,实现模 12 同步计数。

解

图 6-3-28 所示为 CT54195 构成的模 12 计数器。并行数据输入全部为 **0**,由 Q_3 作为串行数据输入 $\overline{K}\,\overline{Q}_3$ 作为 J 输入。$SH/\overline{LD} = \overline{Q_2 Q_1 Q_0}$,在时钟 CP 作用下,其状态转移如表 6-3-18 所示。

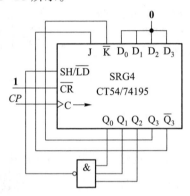

图 6-3-28　移位寄存器构成模 12 计数器

表 6-3-18　例 6-12 状态转移表

$S(t)$				$SH/\overline{LD}$	$N(t)$			
Q_3	Q_2	Q_1	Q_0		Q_3	Q_2	Q_1	Q_0
0	**0**	**0**	**0**	**1**	**0**	**0**	**0**	**1**
0	**0**	**0**	**1**	**1**	**0**	**0**	**1**	**0**
0	**0**	**1**	**0**	**1**	**0**	**1**	**0**	**1**
0	**1**	**0**	**1**	**1**	**1**	**0**	**1**	**0**
1	**0**	**1**	**0**	**1**	**0**	**1**	**0**	**0**
0	**1**	**0**	**0**	**1**	**1**	**0**	**0**	**1**
1	**0**	**0**	**1**	**1**	**0**	**0**	**1**	**1**
0	**0**	**1**	**1**	**1**	**0**	**1**	**1**	**0**
0	**1**	**1**	**0**	**1**	**1**	**1**	**0**	**1**
1	**1**	**0**	**1**	**1**	**1**	**0**	**1**	**1**
1	**0**	**1**	**1**	**1**	**0**	**1**	**1**	**1**
0	**1**	**1**	**1**	**0**	* **0**	**0**	**0**	**0**

注:＊为置入输入数据。

如果构成其余不同模值时,只需改变并行输入数据即可,其他结构不变。表 6-3-19 给出了各种不同模值的并行输入数据。

表 6-3-19　不同模值输入数据

计数模值	D_3	D_2	D_1	D_0
15	1	1	1	0
14	1	1	0	0
13	1	0	0	0
12	0	0	0	0
11	0	0	0	1
10	0	0	1	0
9	0	1	0	1
8	1	0	1	0
7	0	1	0	0
6	1	0	0	1
5	0	0	1	1
4	0	1	1	0
3	1	1	0	1
2	1	0	1	1
1	0	1	1	1

　　应用移位寄存器和译码器可以构成程序计数分频器。图 6-3-29 所示为由 3 线-8 线译码器和两片 CT54195 构成的程序计数分频器。图中片 I 为 3 线-8 线译码器,它用来编制分频比。所需分频比由 CBA 来确定。片 II 和片 III 为集成移位寄存器 CT54195。改变片 I 的输入地址 CBA,可改变分频比。

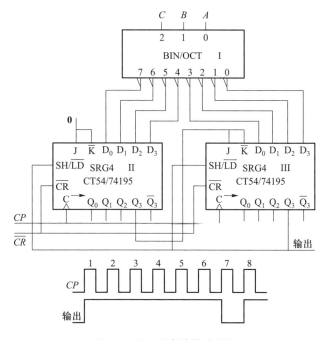

图 6-3-29　程序计数分频器

6.4　序列信号发生器

　　在数字系统中经常需要一些串行周期性信号,在每个循环周期中,**1** 和 **0** 数码按一定的规则顺序排列,称为序列信号。序列信号可以用来作为数字系统的同步信号,也可以作为地址码等。因此,序列信号在通信、雷达、遥控、遥测等领域都有广泛的应用。产生序列信号的电路称为序列信号发生器。

　　这里介绍两种设计序列信号发生器电路的方法。一是根据给定序列信号设计产生电路;二是只要求序列长度 M,选择长度为 M 的序列信号,设计产生电路。

6.4.1　设计给定序列信号的产生电路

　　设计给定序列信号的产生电路,一般有两种结构形式,一是移存型序列信号发生器,一是计数型序列信号发生器,下面通过例题分别说明。

　　1. 移存型序列信号发生器

　　移存型序列信号发生器以移位寄存器作为主要存储部件。因此要将给定的长度为 M 的序列信号,按移存规律,组成 M 个状态组合,完成状态转移。然后求出移位寄存器的串行输入激励函数,就可构成该序列信号的产生电路。

　　例 6-13　设计产生序列信号 **11000**、**11000**……的发生器电路。

　　解

　　根据给定序列信号的循环长度 $M = 5$,因此确定移位寄存器的位数 $n \geqslant 3$。若选择 $n = 3$,则将序列信号依次取 3 位序列码元,构成 5 个状态的循环,如表 6-4-1 所示。

序列信号

1 1 0 0 0 1 1 0 0 0 …

表 6 - 4 - 1　例 6 - 13 状态转移表

序号	Q_3	Q_2	Q_1
0	**1**	**1**	**0**
1	**1**	**0**	**0**
2	**0**	**0**	**0**
3	**0**	**0**	**1**
4	**0**	**1**	**1**

由于状态转移符合移存规律,因此只需设计输入第 1 级的激励信号。通常采用 D 触发器构成移位寄存器,由卡诺图 6-4-1,可以求得

$$Q_1^{n+1} = \overline{Q_3^n}\,\overline{Q_2^n} \qquad (6-4-1)$$

最后检验是否具有自启动特性。由表 6-4-1 可见,有效状态为 5 个,尚有 3 个偏离状态 **101**、**010**、**111**。根据式(6-4-1)及移存规律,不难求得偏离状态的转移为 **101→010→100**、**111→110**,具有自启动特性,其状态转移图如图6-4-2所示。发生器电路如图 6-4-3 所示。

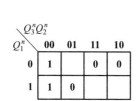

图 6-4-1 例 6-13 卡诺图

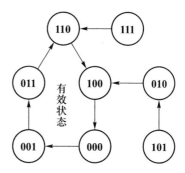

图 6-4-2 例 6-13 状态转移图

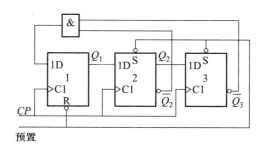

图 6-4-3 例 6-13 逻辑图

必须指出,根据给定的序列信号列状态转移表时,可能出现同一状态的下一状态发生两种不同的转移情况,在没有外加控制信号条件下,是无法实现的,只有通过增加位数 n 直至得到 M 个独立状态构成循坏为止。增加的位数越多,偏离状态越多,电路越不节省,工作越不可靠。

2. 计数型序列信号发生器

计数型序列信号发生器是在同步计数器的基础上加输出组合电路构成的。

例 6-14 设计产生序列信号 **1111000100**、**1111000100**……的计数型序列信号发生器电路。

解

由于给定序列长度为 $M=10$,因此选用一个模 10 的同步计数器,如 CT54160。令其在状态转移过程中,每一状态稳定时输出符合给定序列要求的信号,因此可以列出其输出真值表,如表 6-4-2 所示,经卡诺图 6-4-4 化简,得

$$F = \overline{Q}_3^n \overline{Q}_2^n + Q_1^n Q_0^n \tag{6-4-2}$$

表 6-4-2　例 6-14 输出真值表

Q_3	Q_2	Q_1	Q_0	F
0	0	0	0	1
0	0	0	1	1
0	0	1	0	1
0	0	1	1	1
0	1	0	0	0
0	1	0	1	0
0	1	1	0	0
0	1	1	1	1
1	0	0	0	0
1	0	0	1	0

这样,在 CT54160 模 10 同步计数器基础上加上 F 函数的输出组合电路,就构成产生 **1111000100** 序列信号的计数型序列信号发生器电路,如图 6-4-5 所示。

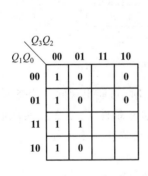

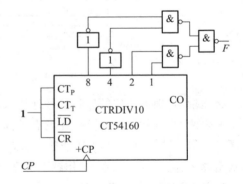

图 6-4-4　例 6-14 输出卡诺图　　图 6-4-5　例 6-14 计数型序列信号发生器电路

最后必须指出,对于计数型序列信号发生器电路,在同一计数器基础上,加上不同的输出电路,可以得到循环长度 M 相同的多组序列信号输出,

但是由于输出是组合电路,因此在输出的序列中有可能有"冒险"的毛刺。

6.4.2 根据序列循环长度 M 的要求设计发生器电路

当设计要求只给定序列循环长度 M 时,首先要选择序列信号的码型,确定了码型后,可按前面介绍的给定序列的方法进行设计。能满足长度 M 要求的序列信号是多种的。现介绍一种常用的 $M=2^n-1$ 的最长线性序列及其派生的 $M<2^n-1$ 的非最长序列发生器电路。

1. 最长线性序列信号($M=2^n-1$ 长度的序列)发生器

最长线性序列信号发生器是在 n 位移位寄存器的基础上,加上**异或**反馈电路构成的。其一般结构如图 6-4-6 所示。n 级 D 触发器构成 n 位移位寄存器,由**异或**网络组合逻辑产生的输出 f 作为串行输入,即

$$f=c_1Q_1\oplus c_2Q_2\oplus\cdots\oplus c_iQ_i\oplus\cdots\oplus c_nQ_n \tag{6-4-3}$$

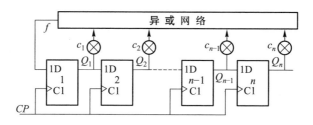

图 6-4-6 最长线性序列信号发生器一般结构

式(6-4-3)中 c_i 为系数,Q_i 为第 i 级触发器输出。当 $c_i=1$ 时,则第 i 级的输出 Q_i 参与反馈;$c_i=0$ 时,表示第 i 级 Q_i 不参与反馈。例如,$c_4=1$,$c_3=1$,其余为 0,则 $f=Q_4\oplus Q_3$,就得到如图 6-4-7 所示的电路。当初始状态为 1111 时,在时钟 CP 作用下,Q_4 端输出序列为 **111100010011010**,循环长度为 $2^4-1=15$。

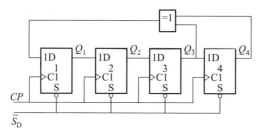

图 6-4-7 $M=15$ 的序列信号发生器

对于 n 位移位寄存器产生 (2^n-1) 长度的最长线性序列的反馈函数,可查表 6-4-3。所列号码为 $c_i=1$ 参与反馈的触发器的号码。

表 6-4-3 最长线性序列反馈函数

n	f	n	f
1	1	26	26,25,24,20
2	2,1	27	27,26,25,22
3	3,2	28	28,25
4	4,3	29	29,27
5	5,3	30	30,29,26,24
6	6,5	31	31,28
7	7,6	32	32,31,30,29,27,25
8	8,6,5,4	33	33,32,29,27
9	9,5	34	34,33,32,29,28,27
10	10,7	35	35,33
11	11,9	36	36,35,34,32,31,30
12	12,11,8,6	37	37,36,35,34,33,32
13	13,12,10,9	38	38,37,33,32
14	14,13,11,9	39	39,35
15	15,14	40	40,37,36,35
16	16,14,13,11	41	41,38
17	17,14	42	42,41,40,39,38,37
18	18,17,16,13	43	43,40,39,37
19	19,18,17,14	44	44,42,39,38
20	20,17	45	45,44,42,41
21	21,19	46	46,45,44,43,41,36
22	22,21	47	47,42
23	23,18	48	48,47,46,44,43,41
24	24,23,21,20	49	49,45,44,43
25	25,22	50	50,48,47,46

例如,$n=5$,表 6-4-3 中 f 为 $(5,3)$,表示 $f=Q_5 \oplus Q_3$。如果初始状态为 **11111**,则 Q_5 输出为 **111110001101110101000010010110 0**。

因此,如果要求给定的序列信号长度 $M=2^n-1$,则由 n 查表 6-4-3,可得到相应的反馈网络函数 f。

必须指出,最长线性序列信号发生器一共有 (2^n-1) 个有效状态,全 **0** 状态是偏离状态。由于反馈网络是**异或**网络结构,当各级触发器均处于 **0** 状态时,其输出 $f=0$。因此,最长线性序列信号发生器是在全 **0** 状态不具有自启动特性。为了使其具有自启动特性,必须修改 D_1 激励函数,使处于状态 **000…00** 时,能自动纳入到 **000…01** 状态。修改的激励函数一般形式为

$$D'=[f]\oplus \overline{Q}_n\overline{Q}_{n-1}\cdots\overline{Q}_1 \qquad (6-4-4)$$

图 6-4-7 所示电路中,修改激励为

$$D'=Q_4\oplus Q_3\oplus \overline{Q}_4\overline{Q}_3\overline{Q}_2\overline{Q}_1=\overline{Q}_4Q_3+Q_4\overline{Q}_3+\overline{Q}_4\overline{Q}_2Q_1 \qquad (6-4-5)$$

则得具有自启动特性的循环长度为 15 的序列信号发生器,其电路图如图 6-4-8 所示,状态转移图如图 6-4-9 所示。图 6-4-9 中,圆圈中的标号为 $Q_4Q_3Q_2Q_1$ 的二进制代码所对应的十进制数。例如,⑭表示 $Q_4Q_3Q_2Q_1$ 的状态为 **1110**,其余类同。

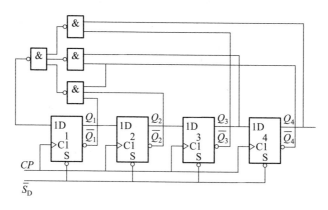

图 6-4-8　具有自启动特性 $M=15$ 的序列信号发生器

2. $M\neq2^n-1$ 任意长度的序列信号发生器

在 (2^n-1) 最长线性序列信号发生器的基础上,修改其第 1 级的激励函数,可以得到任意长度 $M(M\neq2^n-1,$ 且 $2^n 1<M\leqslant2^n)$ 的序列信号发生器电路。

(1) 循环长度 $M=2^n$ 的序列信号发生器。

在循环长度为 (2^n-1) 的最长线性序列中,全 **0** 状态为偏离状态,现要求 $M=2^n$,只需将全 **0** 状态插入到有效序列之中成为有效状态即可。根据移存规律,全 **0** 状态的前一状态必定是 **100…0**;下一状态必定是 **00…01**;其余状态转移按正常线性反馈进行。因此可以将 (2^n-1) 的反馈函数修改为

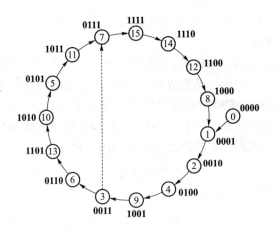

图 6-4-9　$M = 15$ 状态转移图

$$f' = [f] \oplus \overline{Q}_{n-1}\overline{Q}_{n-2}\cdots\overline{Q}_1 \tag{6-4-6}$$

（2）循环长度 $M < 2^{n-1}$ 的序列信号发生器。

在循环长度为 (2^n-1) 的移存型序列信号发生器中，按表 6-4-3 所给出的反馈，一共有 (2^n-1) 个有效状态，按移存规律转移，如 $n=4$ 时，如图 6-4-9 所示。现在 $M < 2^n-1$，就必须在 (2^n-1) 个有效状态中跳过 $[(2^n-1)-M]$ 个状态，形成 M 个有效状态转移，且符合移存规律。例如，要求 $M=10$，则必须在 $2^n-1=15$ 的状态转移图 6-4-9 中，寻找起跳状态，跳过 5 个状态，且又符合移存规律。如图 6-4-9 中虚线所示，从状态③（0011）跳过 5 个状态，转移至状态⑦（0111），这样既跳过了 5 个状态，又符合移存规律。因此，当初始状态为 1111 时，由 Q_4 输出的 $M=10$ 的序列应从 (2^n-1) 的线性序列 11110001 0011 010 中扣除掉 5 个码元 01011，成为 1100010011 序列输出。上面 (2^n-1) 的线性序列下标＿为起跳状态，下标×为扣除的码元。

找到起跳状态，在得到 $M=10$ 的序列后，可以按前面介绍的已知序列的条件设计产生电路的方法进行设计。但由于这是由 (2^n-1) 线性序列派生出来的序列，因此可以通过修改反馈函数设计电路。同前面分析的道理，修改反馈函数为

$$f' = [f] \oplus 起跳状态 \tag{6-4-7}$$

但由于 (2^n-1) 序列中全 0 状态无自启动特性，式（6-4-7）加自启动后变为

$$f' = [f] \oplus 起跳状态 \oplus \overline{Q}_n\overline{Q}_{n-1}\cdots\overline{Q}_1 \tag{6-4-8}$$

所以，在 $M=2^n-1$ 线性序列的基础上，只要找到起跳状态，就确定了 M 长度的序列信号，其产生电路不难设计。寻找起跳状态的方法很多，也有表可查，也可以通过公式计算求得。下面介绍一种常用的简便方法。

其方法是,根据 M 长度的要求,确定位数 n,由表 6-4-3 查出反馈函数 f,从而得到 (2^n-1) 长度的线性序列Ⅰ,再将 (2^n-1) 序列向左移 (2^n-1-M) 位,得到序列Ⅱ,将此两序列进行**异或**运算,得到序列Ⅲ。在序列Ⅲ中找到 $100\cdots0$ ($n-1$ 个连 **0**)的码组,其对应位置序列Ⅰ中的 n 位码就是起跳状态。下面通过例题具体说明。

例 6-15 设计 $M=10$ 的序列信号发生器。

解

第一步 确定移位寄存器位数 n。由于 $M=10$,可以确定 $n=4$。

第二步 由表 6-4-3, $n=4$, $f=Q_4 \oplus Q_3$。

第三步 寻找起跳状态。由 f 反馈函数,假设初始状态 **1111**,则可以写出输出序列为 **111100010011010**,作为序列Ⅰ,将其左移 $2^n-1-M=16-1-10=5$ 位,得序列Ⅱ,序列Ⅰ和序列Ⅱ对应位置进行**异或**运算,得序列Ⅲ。

序列Ⅰ   **111100010011010**
左移 5 位,得序列Ⅱ   **001001101011110**
Ⅰ $\oplus$ Ⅱ,得序列Ⅲ   **110101111000100**

在序列Ⅲ中找到 **1000**,对应于序列Ⅰ为 **0011**($\triangle$ 所示),**0011** 为起跳状态,产生的 $M=10$ 的序列从 **0011** 起扣去 5 位码元 **01011**(×所示),即得到 $M=10$ 的序列信号为 **1100010011**。

第四步 可以根据 6.4.1 节所介绍的方法设计序列信号 **1100010011** 的产生电路,也可以通过修改反馈函数得到。由式(6-4-8),可得到

$$f'=Q_4 \oplus Q_3 \oplus \bar{Q}_4 \bar{Q}_3 Q_2 Q_1 \oplus \bar{Q}_4 \bar{Q}_3 \bar{Q}_2 \bar{Q}_1 =$$
$$Q_4 \bar{Q}_3 + \bar{Q}_4 Q_3 + \bar{Q}_3 Q_2 Q_1 + \bar{Q}_4 \bar{Q}_2 \bar{Q}_1 \qquad (6-4-9)$$

由此可画出产生 $M=10$ 序列的电路图,如图 6-4-10 所示。状态转移如图 6-4-11 所示。最后说明一点,循环长度为 M 的序列信号发生器,实质上也是一个模值为 M 的移存型计数器。

最后必须指出,时序逻辑电路也存在竞争-冒险现象。由于时序逻辑电路通常包括组合电路和存储电路两部分,所以在时序电路中引起竞争-冒险现象也有两个方面。一个方面是组合电路逻辑冒险产生的尖峰脉冲,如果被存储电路接收,会引起触发器误动作。另一方面是如果触发器的激励输入和时钟信号同时改变,而在时间上配合不当,也会导致触发器误动作。

在同步时序电路中,由于所有触发器都在同一时钟操作下动作,而且在此之前每个触发器的激励输入均已处于稳定状态,因而一般可以认为同步时序电路不存在竞争现象,存储电路的竞争-冒险现象仅存在于异步时序电路中,所以在设计较大型的时序系统中多数采用同步时序电路。

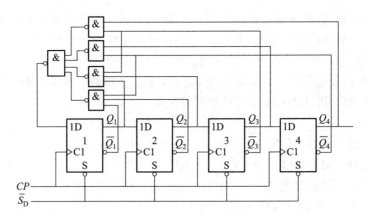

图 6-4-10　例 6-15 逻辑图

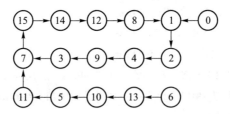

图 6-4-11　例 6-15 状态转移图

习　　题

6-1　时序逻辑电路有什么特点？它和组合逻辑电路的主要区别在什么地方？

6-2　分析图 P6-1 所示的时序电路的逻辑功能,写出电路驱动方程、状态转移方程和输出方程,画出状态转移图,说明电路是否具有自启动特性。

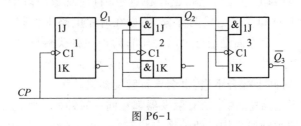

图 P6-1

6-3　分析图 P6-2 所示时序电路的逻辑功能,写出电路驱动方程、状态转移方程和输出方程,画出状态转移图,说明电路是否具有自启动特性。

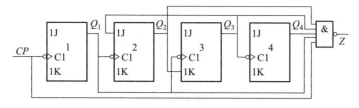

图 P6-2

6-4　分析图 P6-3 所示时序电路的逻辑功能,写出电路的驱动方程、状态转移方程和输出方程,画出状态转移图,说明电路是否具有自启动特性。

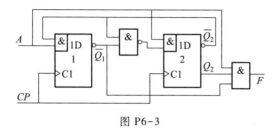

图 P6-3

6-5　分析图 P6-4 所示时序电路,写出驱动方程、状态转移方程和输出方程,画出状态转移图。

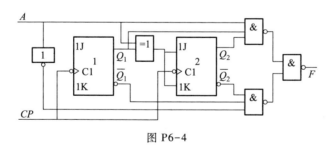

图 P6-4

6-6　分析图 P6-5 所示时序电路,写出驱动方程、状态转移方程和输出方程,画出状态转移图及在时钟 CP 作用下 Q_1、Q_2、Q_3、Q_4 和 F 的工作波形。

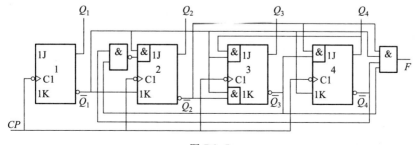

图 P6-5

6-7　分析图 P6-6 所示时序电路,画出状态转移图,并说明该电路的逻辑功能。

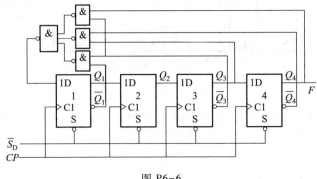

图 P6-6

6-8　分析图 P6-7 所示的时序电路,并画出在时钟 CP 作用下 Q_2 的输出波形(设初始态为全 **0** 状态),并说明 Q_2 输出与时钟 CP 之间的关系。

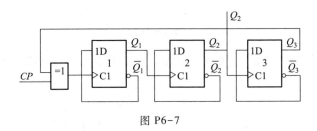

图 P6-7

6-9　分析图 P6-8 所示时序电路,写出状态转移方程,并画出在时钟 CP 作用下,输出 a、b、c、d、e f 及 F 的各点波形。说明该电路完成什么逻辑功能。

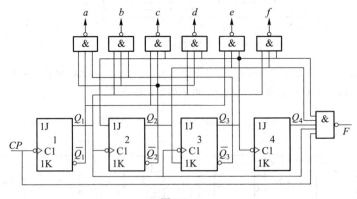

图 P6-8

6-10　设计对称 2421 码十进制同步计数器(触发器自选)。

6-11　设计模 7 同步计数器(触发器自选)。

6-12 设计模 5 同步计数器(触发器自选),要求在时钟信号 CP 为方波时,输出也是方波。

6-13 已有一触发器的特征方程为 $Q^{n+1} = M \oplus N \oplus Q^n$,要求:

(1)用 $J\text{-}K$ 触发器实现该触发器的功能;

(2)用该触发器构成模 4 同步计数器。

6-14 按下列给定状态转移表,设计同步计数器。

(1)

序号	A	B	C	D
0	0	0	0	0
1	0	0	0	1
2	0	0	1	0
3	0	0	1	1
4	0	1	0	0
5	0	1	0	1
6	0	1	1	0
7	1	0	0	0
8	1	0	0	1
9	1	0	1	0

(2)

序号	A	B	C	D
0	0	0	0	0
1	0	0	0	1
2	0	1	0	0
3	0	1	0	1
4	0	1	1	0
5	0	1	1	1
6	1	0	0	0
7	1	0	0	1
8	1	1	0	0
9	1	1	0	1
10	1	1	1	0
11	1	1	1	1

(3)

序号	A	B	C	D
0	0	0	0	0
1	0	0	0	1
2	0	0	1	1
3	0	0	1	0
4	0	1	1	0
5	0	1	1	1
6	0	1	0	1
7	0	1	0	0
8	1	1	0	0
9	1	0	0	0

6-15 设计模 7 异步计数器。

6-16 按下列给定的状态转移表,设计异步计数器。

(1)

序号	A	B	C	D
0	0	0	0	0
1	0	0	0	1
2	0	0	1	0
3	0	0	1	1
4	0	1	0	0
5	0	1	0	1
6	0	1	1	0
7	1	0	0	0
8	1	0	0	1
9	1	0	1	0

(2)

序号	A	B	C	D
0	0	0	0	0
1	1	1	1	1
2	1	1	1	0
3	1	1	0	1
4	1	1	0	0
5	0	1	1	1
6	0	1	1	0
7	0	0	1	1
8	0	0	1	0
9	0	0	0	1

6-17 采用 D 触发器设计移存型具有自启动特性的同步计数器:

(1)模 5;

（2）模 12。

6-18   设计移存型序列信号发生器，要求产生的序列信号为：

（1）**11110000、11110000…**；

（2）**1111001000、1111001000…**。

6-19   采用 4 级 D 触发器构成移存型序列信号发生器，要求：

（1）当初始状态预置为 $Q_4Q_3Q_2Q_1 = $ **0110** 时，产生序列信号 **011、011…**；

（2）当初始状态预置为 $Q_4Q_3Q_2Q_1 = $ **1111** 时，产生序列信号 **1111000、1111000…**；

（3）当初始状态预置为 $Q_4Q_3Q_2Q_1 = $ **1000** 时，产生序列信号 **100010、100010…**；

（4）当初始状态预置为 $Q_4Q_3Q_2Q_1 = $ **0000** 时，产生全 **0** 序列信号。

6-20   已知某一时序电路的状态方程为

$$Q_4^{n+1} = (Q_2^n \oplus Q_1^n)X + \overline{Q_2^n \oplus Q_1^n}\,\bar{X}; \quad Q_3^{n+1} = Q_4^n; \quad Q_2^{n+1} = Q_3^n; \quad Q_1^{n+1} = Q_2^n$$

求：

（1）当 $X = $ **0** 时，Q_1 的输出序列（起始状态为 **0001**）；

（2）当 $X = $ **1** 时，Q_3 的输出序列（起始状态为 **0001**）。

6-21   设计产生习题 6-18 中各序列的计数型序列信号发生器。

6-22   设计一个可控同步计数器，M_1、M_2 为控制信号，要求：

（1）$M_1M_2 = $ **00** 时，维持原状态；

（2）$M_1M_2 = $ **01** 时，实现模 2 计数；

（3）$M_1M_2 = $ **10** 时，实现模 4 计数；

（4）$M_1M_2 = $ **11** 时，实现模 8 计数。

6-23   设计一个用 M 信号控制的五进制同步计数器，要求：

（1）当 $M = $ **0** 时，在时钟作用下按加 1 顺序计数；

（2）当 $M = $ **1** 时，在时钟作用下按加 2 顺序计数（即 $0, 2, 4, \cdots$）。

6-24   设计产生循环长度为 N 的序列信号发生器：

（1）$N = 12$；

（2）$N = 21$。

6-25   对下列原始状态表进行简化，并设计其时序逻辑电路。

（1）

$S(t)$	$N(t)$		$Z(t)$	
	$X = 0$	$X = 1$	$X = 0$	$X = 1$
A	A	B	**0**	**0**
B	C	A	**0**	**1**
C	B	D	**0**	**1**
D	D	C	**0**	**0**

（2）

S(t)	N(t)		Z(t)	
	X = 0	X = 1	X = 0	X = 1
A	B	H	0	0
B	E	C	0	1
C	D	F	0	0
D	G	A	0	1
E	A	H	0	0
F	E	B	1	1
G	C	F	0	0
H	G	D	1	1

6-26   图 P6-9 所示是两片 CT54161 中规模集成电路组成的计数器电路,试分析该计数器的模值是多少,列出其状态转移表。

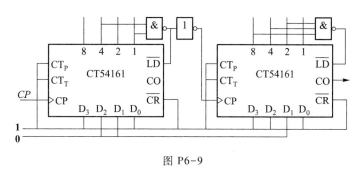

图 P6-9

6-27   分析图 P6-10 所示电路,请画出在 CP 作用下 f_0 的输出波形,并说明 f_0 与时钟 CP 之间的关系。

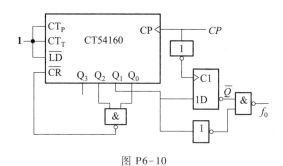

图 P6-10

6-28　试分析 P6-11 所示计数器电路的分频比。

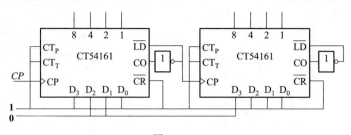

图 P6-11

6-29　图 P6-12 所示为由二-十进制编码器 CT54147 和同步十进制计数器 CT54160 组成的可控分频器。试说明当输入控制信号 A、B、C、D、E、F、G、H、I 每个为低电平时,由 f 端输出的脉冲频率是多少,假定 CP 的频率为 10 kHz。

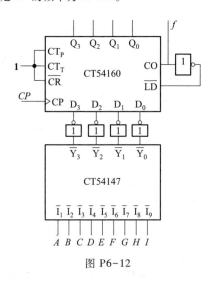

图 P6-12

6-30　图 P6-13 所示为由一个 8 位串入-并出移位寄存器和**或非**门组成的正弦波发生器的原理图。当移位寄存器的输出端与权电阻网络连接时,由分压器产生输出信号。试画出在 CP 时钟作用下 D、$Q_1 \sim Q_8$ 及输出 v_0 的波形。

6-31　分析图 P6-14 所示计数器电路,说明是多少进制计数器,列出状态转移表。

6-32　分析图 P6-15 所示计数器电路,说明是多少进制计数器,列出状态转移表。

6-33　图 P6-16 所示是可变进制计数器,试分析当控制 A 为 **1** 和 **0** 时,各为几进制计数器,列出状态转移表。

6-34　分析图 P6-17 所示移存型计数器,画出状态转移图。

6-35　试用中规模集成十六进制同步计数器 CT54161,接成一个十三进制计数器,可以附加必要的门电路。

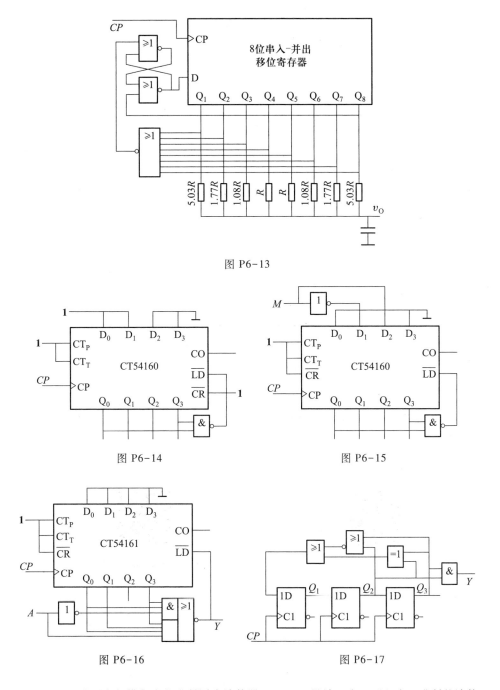

图 P6-13

图 P6-14

图 P6-15

图 P6-16

图 P6-17

6-36　试用中规模集成十进制同步计数器 CT54160，设计一个三百六十五进制的计数器，可以附加必要的门电路。

6-37　设计一个时序电路,只有在连续两个或两个以上时钟作用期间两个输入信号 X_1 和 X_2 一致时,输出信号才是 **1**,其余情况输出为 **0**。

6-38　设计一个字长为 5 位(包括奇偶校验位)的串行奇偶校验电路,要求每当收到 5 位码是奇数个 **1** 时,就在最后一个校验位时刻输出 **1**。

6-39　设计一个时序部件的控制电路,在受控时序部件中包含有寄存器 R1 和寄存器 R2、数字比较器及其他控制电路。要求采用一块 4 位寄存器和若干门电路构成一个控制电路,在时钟作用下产生控制信号,使受控时序部件在控制信号作用下完成下述操作:

(1) 将两个二进制数同时分别存入寄存器 R1 和 R2 中;

(2) 对存入寄存器的两个二进制数进行比较,若 R1 中的存数大于 R2 中的存数,则比较器输出 $P=1$,反之 $P=0$;

(3) 将大数存入到寄存器 R1 中;

(4) 在大数已存入到寄存器 R1 时,控制电路停止运转,并锁定在此状态,直至复位信号 R_D 到来后,在时钟作用下重复上述功能。

6-40　试设计一个小汽车尾灯控制电路,小汽车左、右两侧各有 3 个尾灯,要求:

(1) 左转弯时,在左转弯开关控制下,左侧 3 个灯按图 P6-18 所示周期性地亮与灭;

(2) 右转弯时,在右转弯开关控制下,右侧 3 个灯按图 P6-18 所示周期性地亮与灭;

(3) 在左、右两个转弯开关控制下,两侧的灯做同样的周期性的亮与灭动作;

(4) 在制动开关(制动器)作用下,6 个尾灯同时亮。若在转弯情况下制动,则 3 个转向尾灯正常动作,另一侧 3 个尾灯则均亮。

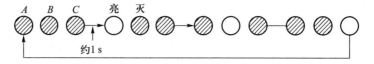

图 P6-18

第 6 章自我检测题　　　　　　　第 6 章自我检测题参考答案

第7章 半导体存储器

半导体存储器是存储二值信息的大规模集成电路。本章主要介绍了顺序存取存储器（SAM）、随机存取存储器（RAM）、只读存储器（ROM）的工作原理；介绍了各种存储器的存储单元；介绍了半导体存储器的主要技术指标和存储容量扩展方法以及这些芯片的应用。

7.1 概　　述

7.1.1 半导体存储器的特点与应用

半导体存储器是用半导体器件来存储二值信息的大规模集成电路。它具有集成度高、体积小、可靠性高、价格低、外围电路简单且易于接口、便于自动化批量生产等特点。

半导体存储器主要用于电子计算机和某些数字系统中，用来存放程序、数据、资料等。因此，半导体存储器就成了这些数字系统不可缺少的组成部分。

7.1.2 半导体存储器的分类

1. 按制造工艺分

有双极型和 MOS 型两类。

双极型存储器具有工作速度快、功耗大、价格较高的特点，它以双极型触发器为基本存储单元，主要用于对速度要求较高的场合，如在微机中作高速缓存用；MOS 型存储器具有集成度高、功耗小、工艺简单、价格低等特点，它以 MOS 触发器或电荷存储结构为基本存储单元，主要用于大容量存储系统中，如在微机中作内存用。

2. 按存取方式分

有顺序存取存储器、随机存取存储器和只读存储器三类。

顺序存取存储器(Sequential Access Memory,SAM):对信息的存入(写)或取出(读)是按顺序进行的,即具有"先入先出"或"先入后出"的特点。

随机存取存储器(Random Access Memory,RAM):可在任何时刻随机地对任意一个单元直接存取信息。根据所采用的存储单元工作原理的不同,又将随机存储器分为静态存储器 SRAM 和动态存储器 DRAM。DRAM 存储单元结构非常简单,它所能达到的集成度远高于 SRAM。

只读存储器(Read Only Memory,ROM):信息被事先固化到存储器内,可以长期保留,断电也不丢失。它在正常运行时,只能读出信息,而不能写入。只读存储器有固定 ROM 和可编程 ROM 两类。可编程 ROM 又有一次可编程 ROM(Programmable Read-Only Memory,PROM 或 One Time Programmable Read-Only Memory OTPROM)、光可擦可编程 ROM(Erasable Programmable Read-Only Memory,EPROM 或 Ultra-violet Erasable Programmable Read-Only Memory,UVEPROM)、电可擦可编程 ROM(Electrical Erasable Programmable Read-Only Memory,EEPROM 或 E^2PROM)、快闪存储器(Flash Memory)等几种类型。

7.1.3   半导体存储器的主要技术指标

1. 存储容量

存储容量指存储器所能存放信息的多少,存储容量越大,说明它能存储的信息越多。存储器中的一个基本存储单元能存储 1 个 bit 的信息,也就是可以存入一个 **0** 或一个 **1**,所以存储容量就是该存储器基本存储单元的总数。一个内有 8 192 个基本存储单元的存储器,其存储容量为 8 Kb($1K = 2^{10} = 1\ 024$);这个存储器若每次可以读(写)8 位二值码,说明它可以存储 1K 个字节,每字节为 8 位,这时的存储容量也可以用 1K×8 位表示。

2. 存取时间

存储器的存取时间一般用读(或写)周期来描述,连续两次读取(或写入)操作所间隔的最短时间称为读(或写)周期。读(或写)周期短,即存取时间短,存储器的工作速度就高。

7.2 顺序存取存储器(SAM)

SAM 由动态移存器组成。动态移存器电路简单,适合大规模集成。它利用 MOS 管栅极和基片之间的输入电容(栅电容)来暂存信息。由于 MOS 管的输入电阻极大,在栅电容上充入电荷后,电荷经输入电阻的自然泄漏(放电)比较缓慢,至少可以保持几毫秒,如果移位脉冲(CP)的周期在微秒数量级,则在一个 CP 周期内栅电容上的电荷基本不变,栅极电位也基本不变。若长时间没有移位脉冲的推动,存放在栅电容上的信息就会随着电荷的泄漏而消失。所以它只能在移位脉冲的推动下,也就是在动态中运用。故称它为动态移存器。动态移存器是由动态 CMOS 反相器串接而成的。下面分别叙述。

7.2.1 动态 CMOS 反相器

1. 电路结构

动态 CMOS 反相器的一种电路结构如图 7-2-1 所示。它由传输门 TG 和 CMOS 反相器 T_1、T_2 组成,传输门 TG 相当于串接在 T_1、T_2 输入端的可控开关,由 CP 控制。栅电容 C 是存储信息的主要"元件",由于是 T_1、T_2 栅极对基片(接地)的寄生电容,所以用虚线表示。

2. MOS 管栅电容 C 的暂存作用

若输入信号 v_1 为高电平 1,当 $CP = 1$ 时,传输门 TG 导通,输入信号对栅电容充电到高电平 1,由于充电电阻很小,所以充电迅速,一般 CP 的正脉冲宽度只要几微秒即可。$CP = 0$ 时,TG 关断,C 经栅极对地的漏电阻 R 放电。由于漏电阻 R 的阻值极大,通常 $R > 10^{10}\,\Omega$,故放电时间常数 RC 较大,所以 T_1 管的输入电压 v_{GS1} 要经过较长时间才下降到它的输入高电平最小值以下,只有这时反相器的输出才会改变状态。可见只要使 TG 短暂导通一下,就能靠栅电容 C 的电荷存储效应来暂存输入信息。若在 v_{GS1} 下降到反相器输入高电平的最小值以前,再来一个 CP,使 C 上的电荷得到补充,就可使反相器继续保持输出 0 不变,所以为了长期保持 C 上的 1 信号,需要每隔一定时间对 C 补充一次

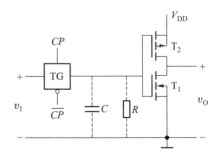

图 7-2-1 动态 CMOS 反相器

电荷,使信号得到"再生",通常称这一操作过程为"刷新"。显然 CP 的周期不能太长,一般要小于 1 ms。

总之,图 7-2-1 所示的动态 CMOS 反相器能够暂存信息,并且在不断刷新的前提下,长期储存信息。

7.2.2 动态 CMOS 移存单元

动态 CMOS 移存单元的一种结构形式如图 7-2-2 所示,它由两个动态 CMOS 反相器串接成主从结构,TG_1、T_1、T_2 是主动态 CMOS 反相器;TG_2、T_3、T_4 是从动态 CMOS 反相器。该电路称为动态 CMOS 移存单元,它是构成动态移存器的基本单元。

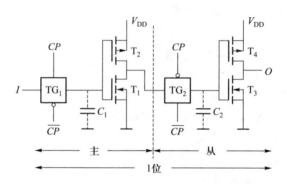

图 7-2-2 动态 CMOS 移存单元

动态 CMOS 移存单元的工作原理与主从 D 触发器相似,当 $CP=1$ 时,TG_1 导通,输入数据存入栅电容 C_1;TG_2 关断,栅电容 C_2 上的信息保持不变。这时主动态反相器接收信息;从动态反相器保持原存信息。$CP=0$ 时,TG_1 关断,封锁了输入信号;TG_2 导通,C_1 上的信息经 T_1、T_2 反相后传输到 C_2,再经 T_3、T_4 反相输出。这时主动态反相器保持原存信息;从动态反相器随主动态反相器变化。如此经过一个 CP 的推动,数据即可向右移动 1 位。

另外,也可用动态 NMOS 反相器构成动态 NMOS 移存单元,进而做成动态 NMOS 移存器。

7.2.3 动态移存器和顺序存取存储器(SAM)

动态移存器可用上述动态 CMOS(或 NMOS)移存单元串接而成,图 7-2-3 所示为 1 024 个动态移存单元串接成的 1 024 位动态移存器。

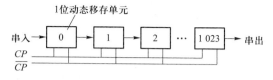

图 7-2-3　1 024 位动态移存器示意图

这种动态移存器除用作数字式延时线外,主要用来组成顺序存取存储器(SAM)。图 7-2-4 所示是用 8 条 1 024 位动态移存器和控制电路构成的 SAM。它有循环刷新、读、写三种工作方式。

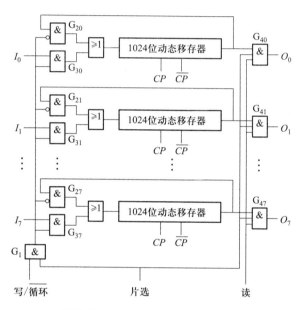

图 7-2-4　1 024×8 位 FIFO 型 SAM

1. 循环刷新

当片选端为**0**时,该 SAM 未被选中,G_1、$G_{30} \sim G_{37}$、$G_{40} \sim G_{47}$被封锁;$G_{20} \sim G_{27}$开放,故不能从数据输入端 $I_0 \sim I_7$ 输入数据(简称"写"),也不能从输出端 $O_0 \sim O_7$输出数据(简称"读"),它只能在 CP 推动下,将原来存入的数据由移存器输出端再反馈送入其输入端,执行循环刷新操作,以此刷新原存入的信息,只要不关掉电源,这些信息就可以在动态中长期保存。

2. 写和读

当片选端为**1**选中该 SAM 时,即可对它进行读、写操作。这时若写/循环控制端为**1**,则 G_1、$G_{30} \sim G_{37}$开放;$G_{20} \sim G_{27}$封锁,在 CP 推动下,数据输入移存器,执行写入操作。如果读控制端也同时为**1**,则 $G_{40} \sim G_{47}$ 开放,可以读取数据,SAM 执行边写边读操作。注意这时读出的数据在存储器中已不复存在,而由输入数据替代。

当写/循环控制端为**0**,读控制端为**1**时,$G_{20} \sim G_{27}$、$G_{40} \sim G_{47}$ 开放;$G_{30} \sim G_{37}$ 封锁,在 CP 推动下,执行读出操作,数据从输出端 $O_0 \sim O_7$ 输出,同时将输出数据再反馈送入移存器,以保留原数据。

这个 SAM 可在 CP 推动下,每次对外读(或写)一个并行的 8 位数据,可称这 8 位数据为一个字,则该 SAM 可存储 1 024 个字,字长 8 位,存储容量为 1 024×8 位。

由于需要读出的数据字必须在 CP 推动下,逐位移动到输出端才可读出,所以存取时间较长,而且移存器的位数越多,最大存取时间越长。

因为在这种 SAM 中存储的数据字只能按"先入先出"的原则顺序读出,所以称这种结构的 SAM 为先入先出型顺序存取存储器,简称 FIFO(First - In First-Out)型 SAM。

此外,利用双向动态移存器还可构成先入后出型顺序存取存储器,简称 FILO(First-In Last-Out)型 SAM。m×4 位 FILO 型 SAM 结构如图7-2-5 所示,图中数据输入、输出端均由移存器的 Q_0 端引出,经 I/O 控制电路 G_1、G_2 与 I/O 端子相接。

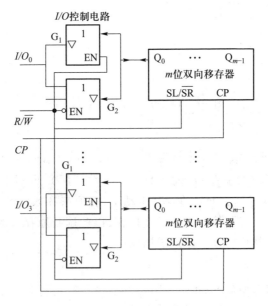

图 7-2-5 m×4 位 FILO 型 SAM

写入数据时,$R/\overline{W}=0$,使各路的输入三态门 G_2 工作;各路的输出三态门 G_1 禁止,同时左/右移位控制信号 $SL/\overline{SR}=0$,使移存器呈右移状态,因而在 CP 推动下,加于 I/O 端的输入数据被逐字送入移存器,最先送入的数据字存于各移存器的 Q_{m-1},最后送入的数据字存于各移存器的 Q_0。

读出数据时,$R/\overline{W}=1$,使 G_1 工作;G_2 禁止,同时使 $SL/\overline{SR}=1$,移存器呈左移状态,所以在 CP 推动下,移存器中的数据字被依次通过各路的 G_1 输出到 I/O 端。而且是最后存入 Q_0 的数据字最先读出;最先存入 Q_{m-1} 的数据字最后读出。

这种"先入后出"(FILO)的工作方式,很像只有一个出入口的仓库,先堆放进去的货物最后才能取出,所以在微型计算机中又把它叫作堆栈。

7.3　随机存取存储器(RAM)

SAM 便于顺序存取,但若要从中任意存取一个数据字(随机存取),则很费时间而且不方便;本节介绍的存储器可以方便快速地直接从中任意存取出一个数据字或将数据字存入任一单元,这就是随机存取存储器,简称 RAM,也称随机存储器或随机读/写存储器。

7.3.1　RAM 的结构

RAM 主要由存储矩阵、地址译码器和读/写控制电路(I/O 电路)三部分组成。下面以图 7-3-1 所示的结构实例来说明这三部分的功能。

1. 存储矩阵

图 7-3-1 点画线框内的每个小方块都代表一个存储单元,可以存储 1 位二值代码,存储单元可以是静态的(触发器),也可以是动态的(动态 MOS 存储单元),因此有静态 RAM(SRAM)和动态 RAM(DRAM)之分。这些存储单元一般都按阵列形式排列,形成存储矩阵。本例是 16 行×16 列的存储矩阵,存储矩阵内共有 256 个存储单元,可以认为它能存储 256 个字,每字的字长为 1 位,存储容量为 256×1 位。

2. 地址译码器

上述 256 个存储单元可以比作一栋楼房的 256 个房间,为便于寻找,必须编有房间号码,即确定地址。同样也要对存储器中的 256 个存储单元进行编码,确定地址。8 位二进制数码恰好可以编出 $2^8=256$ 个地址码,即 $A_7A_6A_5A_4A_3A_2A_1A_0=$

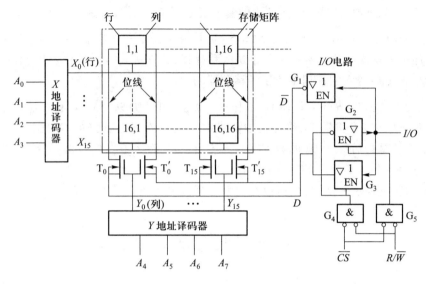

图 7-3-1　256×1 位 RAM 示意图

0000 0000 ~ 1111 1111。地址码 $A_7 \sim A_0$ 经 X 地址译码器(行地址译码器)和 Y 地址译码器(列地址译码器)译码后,就可使相应行线(X)和列线(Y)为高电平,从而选中该地址的存储单元。例如 $A_7 \sim A_0 = $ **0000 1111**,经 X 地址译码器译码,行线 X_{15} 为高电平,控制第 15 行的 16 个单元都与各自的位线接通,同时经 Y 地址译码器译码,使列线 Y_0 为高电平,使第 1 列的位线控制门(T_0、T'_0)导通。总之经行、列译码,使相应的存储单元 $\boxed{16,1}$ 与 D、$\bar{D}$ 端接通,所以只对该单元进行读/写。

　　实际 RAM 都为大规模集成芯片,其存储容量比本例大得多,地址码的位数,即地址线条数 n 也都大于 8 条,表 7-3-1 是地址码位数与可寻址数的对照表。

表 7-3-1　地址码位数与可寻址数关系

地址码位数 n	可寻址数 2^n
10	1 024(1K)
11	2 048(2K)
12	4 096(4K)
13	8 192(8K)
14	16 384(16K)
15	32 768(32K)

续表

地址码位数 n	可寻址数 2^n
16	65 536(64K)
17	131 072(128K)
18	262 144(256K)
19	524 288(512K)
20	1 048 576(1 024K=1M)

3. 片选与读/写控制电路(I/O 电路)

数字系统中的 RAM 一般要由多片组成,而系统每次读/写时,只针对其中的一片(或几片)。为此在每片 RAM 上均加有片选端 $\overline{CS}$。

当 $\overline{CS}=1$ 时,三态门 G_1、G_2、G_3 均为高阻态,不能对该片读/写,故未选中此片。

当 $\overline{CS}=0$ 时,选中此片。若读/写端 $R/\overline{W}=1$,则 G_2 工作,G_1、G_3 呈高阻态阻断。若按上述给出地址码 $A_7 \sim A_0 = $ **0000 1111**,则 $\boxed{16,1}$ 单元的数据即可经位线、T_0、G_2 读出到 I/O 端,完成读操作;若 $R/\overline{W}=0$,则 G_1、G_3 工作,G_2 阻断,I/O 端的数据经 G_1、G_3、T_0、T_0'、位线写入 $\boxed{16,1}$ 单元,完成写操作。

7.3.2　RAM 存储单元

1. MOS 静态存储单元

六管 CMOS 静态存储单元如图 7-3-2 所示,图中 T_1、T_2 和 T_3、T_4 两个反相器交叉反馈,构成基本 R-S 触发器,T_5、T_6 是由行线 X_i 控制的门控管,控制触发器与位线之间的通断,这 6 只 MOS 管组成了一个六管静态存储单元。另外,图中还画出了该单元所在列的列控制门 T_j、T_j'。它控制该列位线与 D、$\overline{D}$ 的通断。因 T_j、T_j' 为列内各单元公用,故不计入存储单元的器件数目。

当地址码使 X_i 和 Y_j 均为高电平时,T_5、T_6、T_j、T_j' 都导通,选中该单元。若要读出时,存储的数据 Q 经位线到达 D 端,然后由图 7-3-1 所示的 I/O 电路输出到 I/O 端。读出后,此单元内的数据并不丢失;若要写入时,I/O 端的输入数据经 I/O 电路、位线写入存储单元的 Q、$\overline{Q}$ 端。

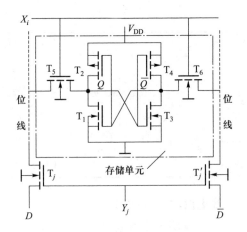

图 7-3-2   六管 CMOS 静态存储单元

采用六管 CMOS 存储单元的常用 SRAM 芯片有 6116(2K×8 位)、6264(8K×8 位)、62256(32K×8 位)等。这些芯片由于采用了 CMOS,使它的静态功耗极小,当它们的片选端加入无效电平时,立即进入微功耗保持数据状态,这时只需 2 V 电源电压、5~40 μA 电源电流,就可以保持原存数据不丢失。因此在交流电源断电时,可用电池供电,从而弥补了其他 RAM 断电后数据消失的缺点。

另外,为了提高集成度,将六管 CMOS 静态存储单元(见图 7-3-2)中的 T_2 和 T_4 管改为电阻,构成四管电阻负载 MOS 存储单元。其中负载电阻的阻值极高(50 MΩ 以上)使导通管的负载电流极小,从而降低了功耗。该电阻负载是多晶硅薄膜方形电阻,铺于 MOS 的上面,并不占用芯片面积。由这种存储单元构成的芯片集成度更高,可靠性强,功耗也很低,同样可以用电池实现微功耗数据保持。

2. MOS 动态存储单元

(1) 三管 NMOS 动态存储单元

三管 NMOS 动态存储单元画于图 7-3-3 的点画线框内,它只用 NMOS 管 T_2 的栅电容 C 来暂存数据。图中 T_4、T'_4、T_5、T_6、T_j 为该列公用;G_1、G_2 为该行公用。控制读和写的行线和位线是分开的。读行线控制 T_3 管的开关状态,写行线控制 T_1 管的开关状态。

预充电:在读操作之前,先由预充脉冲使预充管 T_4、T'_4 导通,电源 V_{DD} 对读/写位线的分布电容 C_0、C'_0 进行充电,在预充脉冲消失后,C_0、C'_0 上的高电平仍能暂时维持。

读出:当行地址线 X_i 和读控制端 R 都为 **1** 时,读行线为 **1**,说明本行被选中,可进行读操作,对于该单元来说,若 C 已存有 **1**(充有足够的电荷),则 T_2 导通,

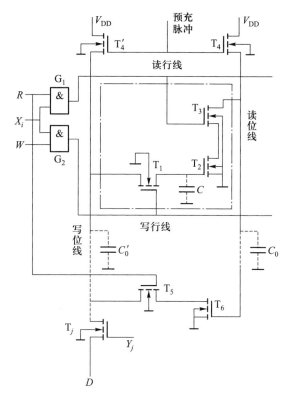

图 7-3-3 三管动态 NMOS 存储单元

T_3 也因读行线为1而导通,分布电容 C_0 上的电荷经 T_3、T_2 放掉,使读位线降为低电平0,T_6 截止,所以分布电容 C_0' 上的电荷不能通过 T_5、T_6 泄漏到地,故写位线保持高电平1,若列地址线 Y_j 也为1,则 T_j 导通,说明选中本列,因此本单元存储的数据1就由写位线经 T_j 输出到 D 端。到此读1操作完毕;若 C 存0,则 T_2 截止,C_0 不能放电,读位线保持1,它使 T_6 导通,C_0' 经 T_5、T_6 放电,将写位线降为低电平,又 $Y_j = 1$,经 T_j 将0送到 D 端,完成读0操作。

由以上分析看出,栅电容 C 上的数据反相传入读位线,再经 T_6 反相传到写位线,这样经过两次反相由 D 端读出的数据就是 C 中存储的信息。

写入:若 $X_i = Y_j = 1$,数据 D 可经 T_j 送到写位线上,因写控制端 W 也为1,使写行线为1,T_1 导通,数据通过 T_1 送入 C 暂存,完成写入操作。

显然该存储单元的读、写是由读、写行线分开控制的。

刷新:在不对本单元读、写时,为长期保存数据,必须不断刷新。刷新的方法是:先使 $Y_j = 0$,再经预充电,然后通过对 X_i 行的读操作,将 C 中的信息读到写位线上,再由写操作,将信息重新写入 C 中。这样经内部的连续读、写操作,就可使 C 中的信息因不断刷新而长期保持。

对整片 DRAM 的刷新:因刷新时不对外读、写,故先使 Y 线全部为 **0**,然后使第 0 行 $X_0 = $ **1**,通过读、写的连续操作,使该行的所有单元都得到刷新,接着使第 1 行 $X_1 = $ **1**,对第 1 行的各单元刷新,直到最后一行。接着再从头开始,如此不断循环刷新,片内数据即可长期保存。通常栅电容 C 中存储的信息可以自然保持 2 ms 以上,所以要求各行全部刷新一次的总时间要小于 2 ms。

DRAM 8118(16K×1 位)是采用这种三管动态存储单元的一例。

(2) 单管 NMOS 动态存储单元

单管 NMOS 动态存储单元如图 7-3-4 所示,它由一个门控管 T 和一个存储信息的电容 C_S 组成。

当 $X_i = $ **1** 时,T 导通,数据 D 由位线经 T 存入电容 C_S,执行写操作;或经 T 把数据从 C_S 上取出,传送到位线,执行读操作。为了节省芯片面积,存储电容 C_S 不可能做得很大,而位线上连接的元件很多,所以它的分布电容 $C_0 \gg C_S$,读出时 C_S 与 C_0 并联,若并联之前 C_S 存有足够电荷(C_S 上的电压为 v_S)、C_0 内无电

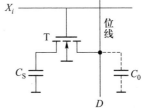

图 7-3-4　单管 NMOS 动态存储单元

荷(C_0 上的电压 $v_0 = 0$),并联后 C_S 内的电荷将向 C_0 转移,转移后位线上读得的电压为 v_R。因转移前后的电荷总量应相等,故必有 $v_S C_S = v_R (C_S + C_0)$,由于 $C_0 \gg C_S$,所以读出的电压很小,$v_R \ll v_S$,需用高灵敏度读出放大器对输出信号 v_R 放大。同时,由于 C_S 上电荷的减少,也破坏了原存信息,故每次读出后都要立即对该单元刷新,以保留原存信息。

单管存储单元虽需高灵敏读出放大器及再生放大器,而且外围电路也较复杂,但目前大多集成片都将这些电路集成在片内,使用时并不太复杂,又因它的存储单元所用元件最少、集成度高、功耗低,因而大存储容量的 DRAM 多数采用这种单管动态存储单元,例如 DRAM 集成片 2164(64K×1 位)、2186/7(8K×8 位)等。

总之,动态存储单元的结构比静态存储单元简单,可以达到更高的集成度;但 DRAM 不如 SRAM 使用方便,需要不断刷新,而且存取时间也较长。

7.3.3　RAM 集成片 HM6264 简介

HM6264 是 CMOS 静态 RAM,采用六管 CMOS 静态存储单元,存储容量 8K×8位,存取时间 100 ns,电源电压 +5 V,工作电流 40 mA,维持电流 2 μA。

因存储字数达 8K = 2^{13},所以有 13 条地址线 $A_0 \sim A_{12}$,而每字有 8 位,因此有 8 条数据输入/输出线 $I/O_0 \sim I/O_7$,它还有 4 条控制线 $\overline{CS_1}$、CS_2、$R/\overline{W}$、$\overline{OE}$。当片选端 $\overline{CS_1}$ 和 CS_2 都有效时选中该片,使它处于工作状态,可以读/写;$\overline{CS_1}$ 和 CS_2 不都有效时,使该片处于维持状态,不能读/写,I/O 端呈高阻浮置态,但可以维持原存数据不变,这时的电流只有 2 μA,称为维持电流。$\overline{OE}$ 为输出允许端,$\overline{OE}$ 有效时内部数据可以读出;$\overline{OE}$ 无效时 I/O 端对外呈高阻浮置态。图 7-3-5 是 HM6264 的外引线排列图,其工作状态如表 7-3-2 所示。

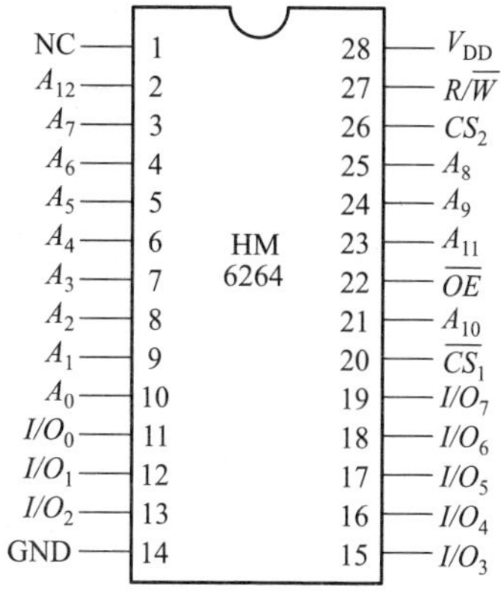

图 7-3-5　HM6264 外引线排列图

表 7-3-2　HM6264 工作状态

工 作 状 态	$\overline{CS_1}$	CS_2	$\overline{OE}$	$R/\overline{W}$	I/O
读(选中)	0	1	0	1	输出数据
写(选中)	0	1	×	0	输入数据
维持(未选中)	1	×	×	×	高阻浮置
维持(未选中)	×	0	×	×	高阻浮置
输出禁止	0	1	1	1	高阻浮置

7.3.4　RAM 存储容量的扩展

当一片 RAM 集成块不能满足存储容量的要求时,可以用若干片 RAM 连接成一个存储容量更大的满足要求的 RAM。扩大存储容量的方法,通常有位扩展和字扩展两种。

1. 位扩展

如果一片 RAM 中的字数已经够用,而每字的位数不够时,可用位扩展方法将多片 RAM 连接成位数更多的存储器。例如,要求用上述 6264 型 RAM 实现 8K×16 位的存储器。虽然 6264 有 8K 个字,字数正够用,但因每片 6264 的字长只有 8 位,现要求字长为 16 位,所以需用两片 6264,第 I 片实现数据字中的高 8 位,第 II 片实现低 8 位,并将两片对应的地址端、片选端 $\overline{CS_1}$ 和读/写端 $R/\overline{W}$ 并联,见图 7-3-6。

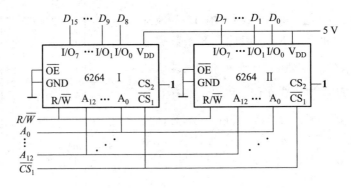

图 7-3-6　RAM 的位扩展

2. 字扩展

如果每一片 RAM 的位数(字长)已经够用,但字数不够时,可采用字扩展方法。例如要求用 6264 型 RAM 构成存储容量为 32K×8 位的存储器。

6264 的位数为 8 位,满足字长要求,但字数只有 8K 个,一片不够,需要字扩展,因要求字数为 32K＝4×8K 个,所以需用 4 片 6264。因 $32K＝2^5×2^{10}＝2^{15}$,故需 15 条地址线 $A_0 \sim A_{14}$,地址线 $A_0 \sim A_{12}$ 与 4 片 6264 的相应地址线直接并接,A_{13}、A_{14} 经 2 线－4 线译码器 CT74LS139 译码后的输出控制各片的片选端 $\overline{CS}_1$,如图 7-3-7 所示。各片所占用的地址范围如表 7-3-3 所示。

表 7-3-3　各片地址范围

地 址 范 围						$\overline{CS}_1$ 有效的片子
A_{14}	A_{13}	A_{12} A_{11}		⋯	A_0	
0	0	0 0 0 0 0 0 0 0 0 0 0 0 0 ⋮ 1 1 1 1 1 1 1 1 1 1 1 1 1				I
0	1	0 0 0 0 0 0 0 0 0 0 0 0 0 ⋮ 1 1 1 1 1 1 1 1 1 1 1 1 1				II
1	0	0 0 0 0 0 0 0 0 0 0 0 0 0 ⋮ 1 1 1 1 1 1 1 1 1 1 1 1 1				III
1	1	0 0 0 0 0 0 0 0 0 0 0 0 0 ⋮ 1 1 1 1 1 1 1 1 1 1 1 1 1				IV

由于各片的 I/O 端都有三态缓冲器,根据表 7-3-2,当 $CS_2＝1$、$\overline{OE}＝0$ 时,I/O 端的三态缓冲器只受 $\overline{CS}_1$ 端控制,只有 $\overline{CS}_1＝0$ 的片子 I/O 端才能对外输入/输

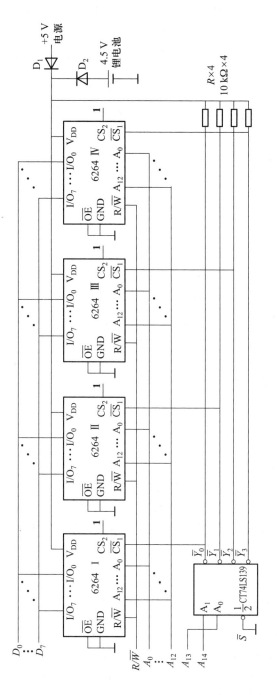

图7-3-7 RAM的字扩展

出,否则处于高阻浮置态。图 7-3-7 中的 4 个 $\overline{CS_1}$ 在同一时刻只有一个为 **0**,所以可以将 4 片的 I/O 端分别并接,作为整个存储器的 8 个 I/O 端。

　　附带说明,图 7-3-7 存储器的读出过程是:先发出地址码 $A_0 \sim A_{14}$,选中某一片内的某一存字单元,再使 $R/\overline{W} = 1$,$\overline{OE} = 0$(图中已接地),即可从 $D_0 \sim D_7$ 端读出数据字。写入过程与读出相似,只是 $R/\overline{W}$ 应为 **0**。另外,图中 +5 V 电源断电后,会立即由 4.5 V 锂电池经二极管 D_2 供电,这时各 $\overline{CS_1}$ 端都因上拉电阻 R 而呈高电平,使 6264 都进入微功耗维持状态,以实现断电后的数据保护。

7.4　只读存储器(ROM)

　　只读存储器简称 ROM,是一种固定存储器,它把需要长期存放的程序、表格、函数以及常数、符号等数据固定于这种存储器内,所存内容在断电时也不丢失。正常工作时只能读出,不能写入。

　　ROM 种类很多,按所用器件类型分,有二极管 ROM、双极型三极管 ROM 和 MOS 管 ROM 三种;按数据的写入方式分,有以下两类。

1. 固定 ROM

　　芯片在生产厂制造时就把需要存储的内容用电路结构固定下来,使用时无法再改变。

2. 可编程 ROM

　　这类 ROM 的内容不是由芯片生产厂,而是由用户自己根据需要写入,有的只能写入一次,有的可以多次擦写,因此还可以细分成以下四种。

　　(1) 一次性可编程 ROM(PROM):这种芯片出厂时,存储单元全为 **1**(或 **0**),用户可用编程器将所需要的内容一次性写入,但一经写入就不能再修改。

　　(2) 光可擦可编程 ROM(EPROM):这种 ROM 具有较大的使用灵活性,它存储的内容不仅可以由用户写入,而且还能擦去重写,但擦除时需用紫外线对芯片照射;写入时需外加较高的电压,其过程较复杂、费时,所以在正常工作时仍然是只读不写。

　　(3) 电可擦可编程 ROM(EEPROM,E^2PROM):由于它可以用电脉冲对芯片进行擦除,所以有比 EPROM 更大的使用灵活性,可用它进行不脱机改写。

　　(4) 快闪存储器(简称闪存):闪存集中了以上两种 ROM 的主要优点。它具有与 EPROM 类似的单管存储单元,所以集成度很高;同时又与 EEPROM 类似,可用电脉冲进行不脱机擦写。

7.4.1　固定 ROM

固定 ROM 又称为掩模 ROM,它与 RAM 类似,也由三部分组成:地址译码器、存储矩阵和输出电路。

1. 二极管固定 ROM

图 7-4-1(a)所示为 4×4 位二极管固定 ROM 电路图,2 线-4 线地址译码器的地址线为 A_1A_0,输出为 $W_0 \sim W_3$(字线),用它来选取存储矩阵内 4 个字中的 1个。图中上面的点画线框是存储矩阵;下面的点画线框是输出电路,由 4 个三态门和 4 个负载电阻(R)组成。在输出控制端 $\overline{EN}=0$时,4 条位线上的数据可经三态门由 $D_3 \sim D_0$ 端输出。

读出数据时,首先输入地址码,并使 $\overline{EN}=0$,在数据输出端 $D_3 \sim D_0$ 可获得该地址所存储的数据字。例如,在图 7-4-1(a)中,当地址码 $A_1A_0=10$时,字选线 $W_2=1$,而 $W_0=W_1=W_3=0$,W_2 字线上的高电平通过接有二极管的位线 Y_3、Y_2、Y_1 使 $D_3=D_2=D_1=1$,位线 Y_0 与 W_2 的交叉处无二极管,故 $D_0=0$,结果输出的数据字 $D_3D_2D_1D_0=1110$。按此分析,也可以得到如图 7-4-1(a)所示电路输入其他地址码时的输出,见表 7-4-1。

表 7-4-1　4×4 位 ROM 地址码与输出关系

A_1	A_0	D_3	D_2	D_1	D_0
0	0	0	0	0	0
0	1	0	0	0	1
1	0	1	1	1	0
1	1	1	1	1	1

由以上分析不难看出,这个存储矩阵由 16 个存储单元组成,每个十字交叉点代表一个存储单元,交叉处有二极管的单元,代表存储数据1;无二极管的单元代表存储数据0。其存储容量是 4×4 位。它表明在该 ROM 中固定存储了字长为 4 位的 4 个字,需要时可按地址提取。

顺便指出,这个存储矩阵实际上就是由 4 个**或门**组成的二极管编码器,所以 ROM 存储矩阵是组合电路,和 RAM 存储矩阵(是时序电路)有本质的不同。

图 7-4-1(c)是图(a)中存储矩阵和地址译码器的简化图,一般称为阵列图。图中有二极管的交叉点画有实心圆点,无二极管的交叉点不画。存储矩阵中位线上圆点之间的逻辑关系是**或**,见图(b)的 $Y_0 = W_1 + W_3$,所以在图(c)的位线 Y_0 上加画了**或**门;而地址译码器是由 4 个二极管**与**门组成的二进制译码器,也可用阵列形式画出,在它的输出线上应画**与**门。因此 ROM 的阵列图应该是"**与-或**"阵列。

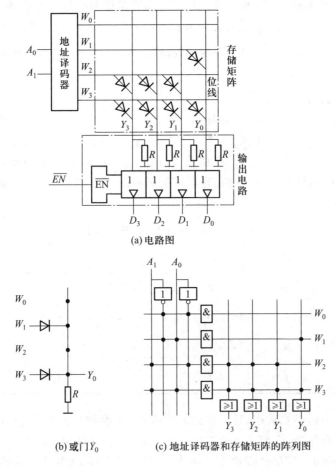

(a)电路图

(b)或门 Y_0 　　　(c)地址译码器和存储矩阵的阵列图

图 7-4-1　4×4 位二极管固定 ROM

2. MOS 管固定 ROM

MOS 管固定 ROM 也是由地址译码器、存储矩阵和输出电路三部分组成,但它们都是用 MOS 管构成的。图 7-4-2 所示是 4×4 位 NMOS 管固定 ROM,

图 7-4-1 所示电路的存储矩阵中有二极管的位置,这里都换成了 NMOS 管(注:由于在大规模集成电路中,MOS 管大都做成源、漏对称结构,所以图 7-4-2 中的 MOS 管采用了简化画法)。

在地址译码器的输出字线 $W_0 \sim W_3$ 中,某一条字线为高电平时,接在这条字线上的 NMOS 管导通,这些导通的 NMOS 管将位线下拉到低电平,经输出电路反相,使其输出为**1**;没接导通 NMOS 管的位线仍为高电平,使其输出为**0**。所以和二极管存储矩阵一样,矩阵中字线与位线的交叉点有 NMOS 管的表示存**1**;无 NMOS 管的表示存**0**。因此 A_1A_0 与 $D_3D_2D_1D_0$ 之间的对应关系应与表 7-4-1 相同,阵列图也一样。

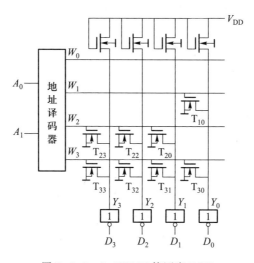

图 7-4-2   4×4NMOS 管固定 ROM

7.4.2   可编程 ROM

1. 一次性可编程 ROM(PROM)

PROM 在出厂时,存储的内容为全**1**(或全**0**),用户可根据需要,将某些单元改写为**0**(或 **1**),它的结构框架与固定 ROM 相似,也是三大部分,不同的是存储单元和输出电路。图 7-4-3 画出了双极型存储矩阵中的一个存储单元和一路 I/O 电路(读/写放大器)。其中存储单元由双极型三极管和具有高熔断可靠性的快速熔丝(多晶硅细导线)组成。存储矩阵内所有单元都按此制作,而且这种 PROM 芯片在封装出厂时所有单元的熔丝都是通的,相当于所有存储单元全部存入了**1**。用户使用前可以按照自己的需要,对存储内容进行一次性编程处理

（写入），即把要存入**0**的那些存储单元的熔丝都熔断。例如要熔断图 7-4-3 所示存储单元中的熔丝，则先要输入相应的地

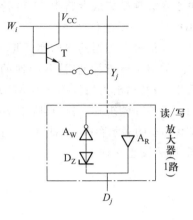

址，使 $W_i = 1$，三极管导通，然后在 D_j 端加上高电压正脉冲，使读/写放大器中的稳压管 D_Z 短时间导通，写入放大器 A_W 输出低电平，A_W 呈输出低内阻状态，这时就有较大的脉冲电流从 V_{CC} 经三极管 T 流过熔丝，并将其熔断。这样就将**0**写入了本单元。正常工作时，数据字是由位线经各路读出放大器 A_R 输出到 D_j 端，因 A_R 输出的高电平不足以使稳压管 D_Z 导通，故写入电路 A_W、D_Z 对电路无影响。

图 7-4-3　双极型 PMOS 存储单元和读/写放大器

　　因熔丝断后不能再接上，所以 PROM 只能写入一次，而不能修改存储内容，使用不够灵活。它的优点是工作速度较高，例如 82HS321 型 PROM（4K×8 位）集成片的典型读取时间只有 30 ns。

2. 光可擦可编程 ROM（EPROM）

　　EPROM 中的一个存储单元如图 7-4-4（a）所示，因为其中的 MOS 管是叠层栅注入 MOS 管（Stacked - gate Injection Metal - Oxide - Semiconductor，简称 SIMOS 管），所以也称这种存储单元为叠层栅存储单元。将图 7-4-2 所示存储矩阵中全部存储单元都改为这种叠层栅存储单元就组成一个 4×4 位 EPROM。

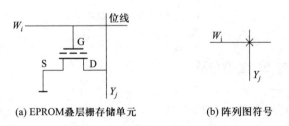

(a) EPROM叠层栅存储单元　　　　　(b) 阵列图符号

图 7-4-4　EPROM 的一个存储单元

　　叠层栅 MOS 管的剖面示意图如图 7-4-5 所示，它有两个重叠的多晶硅栅，上面的栅极与字线 W_i 相连，和普通 NMOS 管栅极的作用相同，称为控制栅。下边的栅极埋在二氧化硅绝缘层内，处于电"悬浮"状态，称为浮栅。封装出厂时，片内所有存储单元都接有这种叠层栅管，并且它们的浮栅均无电荷，和图7-4-2所示存储矩阵中的普通 NMOS 管一样，因此存储单元全为**1**。

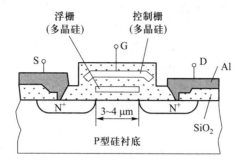

图 7-4-5 叠层栅 MOS 管剖面示意图

用户编程(写**0**):用户编程时,可在叠层栅管的漏极(Y_j)和源极(地)之间加上高电压(如+25 V,使得沟道内的电场足够强而形成雪崩,产生很多高能电子,此时在控制栅极(W_i)加上高压正脉冲(如 50 ms 宽的 25 V 正脉冲),借助控制栅正脉冲电压的吸引,就会有一部分高能电子穿过二氧化硅薄层进入浮栅。当高压电源去掉后,由于浮栅被绝缘层包围,它所俘获的电子很难泄漏掉,故可长期保留。浮栅带上负电荷(电子电荷)后,必须在控制栅加上更高的电压,才能抵消浮栅上负电荷的影响,而形成导电沟道,因此它的阈值电压 $V_{GS(th)}$ 将比未注入负电荷时大为提高。所以在正常工作时,即在控制栅极加+5 V 电压时,不能使该管导通,这就说明该单元被长期写入0了。如此将所有该写入0的单元都写成0,就完成了用户编程工作。这项工作实际上是用专用工具(编程器)自动完成的。

擦除:若要擦去所写入的信号,可用 EPROM 擦洗器产生的强紫外线,穿过EPROM 芯片的石英玻璃窗口,对所有浮栅照射几分钟,使浮栅上的电子获得足够的光子能量,而穿过绝缘层回到衬底中。这样芯片就又恢复到初始状态,即全部单元都为**1**。这个擦去信息的芯片就又可以用上述"用户编程"方法重新改写。一般可以擦写几百次。擦写后要用黑胶纸把芯片的玻璃窗口封好,以防光线干扰片内存储的信息。这样所存数据可保存 10 年。

常用的 EPROM 集成片 2716(2K×8 位)、2732(4K×8 位)、2764(8K×8 位)、27128(16K×8 位)、27256(32K×8 位)等都采用上述叠层栅 MOS 管存储单元。

另外,因图 7-4-3 和图 7-4-4(a)所示电路中的存储单元都是可编程的,故它们在阵列图的交叉点处应画×,而不是圆点,见图 7-4-4(b)。

3. 电可擦可编程 ROM(EEPROM)

EEPROM 只需在高电压脉冲或在工作电压下就可以进行擦除,而不要借助紫外线照射,所以比 EPROM 更灵活方便,而且它还有字擦除(只擦一个或一些字)功能。

EEPROM 的一个存储单元如图 7-4-6 所示,图中 T_2 为门控管,T_1 是另一种叠层栅 MOS 管,称为浮栅隧道氧化层 MOS 管(Floating gate Turnnel Oxide MOS 管,简称 Flotox 管),图7-4-7(a)所示是这种 MOS 管的剖面示意图,它也有两个栅极,上面有引出线的栅极为控制栅,称为擦写栅;下面无引出线的栅极是浮栅,浮栅与漏极区(N^+)之间有一小块面积极薄的二氧化硅绝缘层区域(厚度在 2×10^{-8} m 以下),称为隧道区。

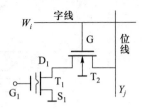

图 7-4-6　EEPROM 存储单元

在图 7-4-6 所示电路中使 $W_i = 1$、Y_j 接地,则 T_2 导通,T_1 漏极(D_1)接近地电位,然后在擦写栅 G_1 加上 21 V 正脉冲,就可以在浮栅与漏极区之间的极薄绝缘层内出现隧道,通过隧道效应,使电子注入浮栅,见图 7-4-7(b),正脉冲过后,浮栅将长期积存这些电子电荷;若使擦写栅接地、$W_i = 1$,Y_j 加上 21 V 正脉冲,使 T_1 漏极获得大约+20 V 的高电压,则浮栅上的电子通过隧道返回衬底,从而擦除了浮栅内的电子电荷。正常工作时擦写栅加+3 V 电压,浮栅积有电子电荷时,T_1 不能导通;浮栅无电子电荷时,T_1 导通。

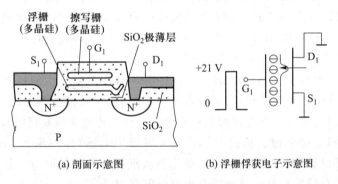

(a) 剖面示意图　　　　(b) 浮栅俘获电子示意图

图 7-4-7　EEPROM 存储单元中的 T_1

显然这种叠层栅管是利用隧道效应使浮栅俘获电子的,与 EPROM 中的叠层栅管利用雪崩效应不同。

目前 EEPROM 集成片允许擦写都在 1 万次以上,擦写共需时间在几百纳秒到几十毫秒之间,数据可保存 20 年。

早期 EEPROM 集成片都需用高电压脉冲擦写,需用专用编程器来完成;但目前绝大多数 EEPROM 芯片都在内部设置了升压电路,使擦、写、读都可在+5 V 电源下进行,不需要编程器,例如集成片 2864A(8K×8 位),是在用户系统中用读/写端$\overline{WE}$的逻辑电平来控制,当$\overline{WE}=0$时,进行改写操作;$\overline{WE}=1$时,执行读操作。这种在线改写非常方便,与 RAM 的读/写操作类似,不同的是EEPROM读/写时间较长,但断电后不会像 RAM 那样丢失数据。虽然 EEPROM 中每个存储单元都需要两个 MOS 管,而使其集成度不可能太高,但由于在线改写方便,特别是可以逐字改写,而使它的应用范围逐渐扩大,例如:应用在 IC 卡内。

4. 快闪存储器(Flash Memory)

快闪存储器是采用一种类似于 EPROM 的单管叠栅结构的存储单元制成的新一代用电信号擦除的可编程 ROM,它既吸收了 EPROM 结构简单、编程可靠的优点,又具有 EEPROM 用隧道效应擦除的快捷特性,集成度可以做得很高。

图 7-4-8(a)为快闪存储器采用的叠栅 MOS 管的结构示意图。它的结构与 EPROM 中的 SIMOS 管相似,两者最大区别在于浮栅与衬底间氧化层的厚度不同。在 EPROM 中,这个氧化层的厚度一般为 30~40 nm,而在快闪存储器中,仅为 10~15 nm。而且浮栅和源区重叠的部分是源区的横向扩散形成的,面积极小。快闪存储器的存储单元就是用这样一只单管组成的,如图 7-4-8(b)所示。

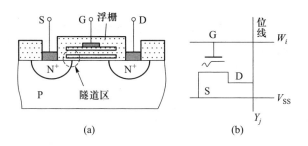

图 7-4-8 快闪存储器

在读出状态下,字线加上 +5 V,如果浮栅没有充电,则叠栅 MOS 管导通,位线输出低电平;如果浮栅上充有电荷,则叠栅 MOS 管截止,位线输出高电平。

写入方法和 EPROM 相同,即利用雪崩注入的方法使浮栅充电。

擦除的方法是利用隧道效应进行的,类似于 EEPROM 写入**0**时的操作。在擦除状态下,控制栅处于**0**电平,同时在源极加入幅度为 12 V 左右、宽度为 100 ms 的正脉冲,在浮栅和源区间极小的重叠部分产生隧道效应,使浮栅上的电荷经隧道释放。但由于片内所有叠栅 MOS 管的源极是连在一起的,所以擦除时是将全部存储单元同时擦除,这是它不同于 EEPROM 的一个特点。

快闪存储器自问世以来,由于其集成度高、容量大、成本低和使用方便等优点而引起普遍关注,使其应用日益广泛,如用于手机、笔记本电脑、数码相机、数字式录音机、MP3 随身听等。

7.4.3　利用 ROM 实现组合逻辑函数

ROM 除用作存储器外,还可以用来实现各种组合逻辑函数。因为 ROM 中的地址译码器实际上是个与阵列,若把地址端 $A_0 \sim A_n$ 当作逻辑函数的输入变量,则可在地址译码器的输出端对应产生全部最小项;而存储矩阵是个或阵列,可把有关最小项相**或**后获得输出变量,ROM 有几个数据输出端就可得到几个逻辑函数的输出,所以可以用 ROM 实现任何组合逻辑函数。实现方法很简单,只要列出该函数的真值表,以最小项相**或**的原则,即可直接画出存储矩阵的阵列图。下面举例说明。

例 7-1　用 PROM 构成一个码型转换器,将 4 位二进制码 $B_3B_2B_1B_0$ 转换成循环码 $G_3G_2G_1G_0$。

解

将 B_3、B_2、B_1、B_0 定为输入变量,G_3、G_2、G_1、G_0 定为输出变量。列出 G_3、G_2、G_1、G_0 的真值表,如表 7-4-2 所示。

表 7-4-2　二进制码转换为循环码的真值表

二进制码				数据字	循环码			
B_3	B_2	B_1	B_0	W_i	G_3	G_2	G_1	G_0
0	0	0	0	W_0	0	0	0	0
0	0	0	1	W_1	0	0	0	1
0	0	1	0	W_2	0	0	1	1
0	0	1	1	W_3	0	0	1	0
0	1	0	0	W_4	0	1	1	0
0	1	0	1	W_5	0	1	1	1
0	1	1	0	W_6	0	1	0	1
0	1	1	1	W_7	0	1	0	0
1	0	0	0	W_8	1	1	0	0
1	0	0	1	W_9	1	1	0	1
1	0	1	0	W_{10}	1	1	1	1
1	0	1	1	W_{11}	1	1	1	0
1	1	0	0	W_{12}	1	0	1	0
1	1	0	1	W_{13}	1	0	1	1

续表

二进制码				数据字	循环码			
B_3	B_2	B_1	B_0	W_i	G_3	G_2	G_1	G_0
1	1	1	0	W_{14}	1	0	0	1
1	1	1	1	W_{15}	1	0	0	0

然后选用输入地址和输出数据都为 4 位的 16×4 位 PROM 来实现这个码型转换。未编程的 16×4 位 PROM 的阵列结构如图 7-4-9(a)所示。

令 $A_3A_2A_1A_0 = B_3B_2B_1B_0$;$D_3D_2D_1D_0 = G_3G_2G_1G_0$。并对可编程的存储矩阵(或阵列)进行编程,按真值表中 $G_3G_2G_1G_0$ 的逻辑值,熔断应该存0的单元中的熔丝。如输入二进制码 $B_3B_2B_1B_0 = \mathbf{0001}$(地址)时,字线 W_1 为高电平,要求输出循环码 $G_3G_2G_1G_0 = \mathbf{0001}$,$G_0$ 应为**1**,应保留 W_1 线与 Y_0 线交叉点上的×;而 G_3、G_2、G_1 应为**0**,所以去掉 W_1 线与 Y_3、Y_2、Y_1 线交叉点上的×,即烧断这 3 个单元的熔丝,如图 7-4-9(b)所示,实际这个**或**阵列图就是真值表中 $G_3G_2G_1G_0$ 值的翻版。

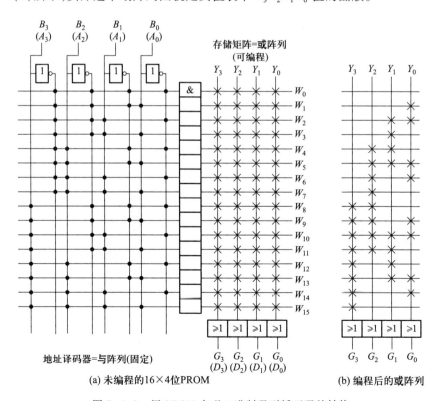

(a) 未编程的16×4位PROM　　　(b) 编程后的**或**阵列

图 7-4-9　用 PROM 实现二进制码到循环码的转换

最后再汇总一下本章所学的各种半导体存储器：

半导体存储器 {
　顺序存取存储器(SAM) { FIFO 型 SAM(动态移存单元)
　　　　　　　　　　　　 FILO 型 SAM(动态移存单元)
　随机存取存储器(RAM) { 静态 RAM(SRAM)(六管 MOS 静态存储单元)
　　　　　　　　　　　　 动态 RAM(DRAM)(单管、三管动态 MOS 存储单元)
　只读存储器(ROM) { 固定 ROM(二极管、MOS 管)
　　　　　　　　　 可编程 ROM { 一次性可编程 ROM(PROM)(三极管+熔丝)
　　　　　　　　　　　　　　　 光可擦可编程 ROM(EPROM)(SIMOS 管)
　　　　　　　　　　　　　　　 电可擦可编程 ROM(EEPROM)(Flotox 管)
　　　　　　　　　　　　　　　 快闪存储器(改进的 SIMOS 管)
}

习　　题

7-1　简述动态 CMOS 反相器和 1 位动态 CMOS 移存单元的工作原理。

7-2　比较 FIFO 型 SAM 和 FILO 型 SAM 在功能上的异同。

7-3　结合图 7-3-1 和图 7-3-2 简述向地址 $A_7 \sim A_0 = 11111111$ 的单元写入数据 $D = 1$ 然后再读出的操作过程。

7-4　具有 16 位地址码,可同时存取 8 位数据的 RAM 集成片,其存储容量为多少?

7-5　用 6264 型 RAM 构成一个 64K×16 位存储器,画出结构示意图。

7-6　用 PROM 实现 1 位全加器,画出阵列图。

7-7　结合图 7-4-4 和图 7-4-5 说明叠层栅存储单元的写入和擦除方法。

7-8　从存取方式上比较 SAM、RAM、ROM。

第 7 章自我检测题

第 7 章自我检测题参考答案

第 8 章　可编程逻辑器件

在数字系统中大量使用数字逻辑器件,除按集成度分为小规模、中规模、大规模及超大规模器件外,如果从逻辑功能的特点上分类,也可将数字集成电路分为通用型和专用型两大类。前面所介绍的中、小规模数字集成电路都属于通用型,这些器件具有很强的通用性,但它们的逻辑功能比较简单,而且固定不变。理论上可以用这些通用型中、小规模集成电路组成任何复杂的数字系统,但是需要大量的芯片及芯片连线;且构成的数字系统功耗大,体积大,可靠性差。为了减小体积和功耗,提高电路的可靠性,出现了专用集成电路(Application Specific Integrated Circuit,ASIC),它是为某种专门用途而设计的集成电路。但是专用集成电路一般比通用型用量少得多,使得设计和制造成本很高,而且设计和制造周期均较长。

可编程逻辑器件(Programmable Logic Device,PLD)是作为一种通用型器件生产,然而器件逻辑功能可由用户编程来自行设定,又具有专用型器件的特点。PLD 具有通用型器件批量大、成本低和专用型器件构成数字系统体积小、电路可靠性高的特点。

自 20 世纪 80 年代以来,PLD 发展非常迅速,可编程逻辑器件主要有PAL、GAL、CPLD 和 FPGA 等。由于生产工艺的发展,可编程逻辑器件的线宽已达到深亚微米级,在一块硅片上甚至集成百万个以上逻辑门。与此同时,CMOS 工艺在速度上超过双极型工艺,成为可编程逻辑集成电路主要的工艺手段。

可编程逻辑器件的出现,改变了传统的数字系统设计方法。传统的数字系统设计采用固定功能器件(通用型器件),通过设计电路来实现系统逻辑功能。采用可编程逻辑器件,通过定义器件内部的逻辑和输入、输出引脚,将原来由电路板设计完成的大部分工作放在芯片设计中进行。这样不仅可通过芯片设计实现多种数字逻辑系统功能,而且由于引脚定义的灵活性,大大减轻了电路图设计和电路板设计的工作量和难度,从而有效地增强了设计的灵活性,提高了工作效率。可编程逻辑器件是实现数字系统的理想器件。

要说明的是,在采用 PLD 器件设计逻辑电路时,设计者需要利用 PLD 器件开发软件和硬件。PLD 器件开发软件根据设计要求,可自动进行逻辑电路设计输入、编译、逻辑划分、优化和模拟,得到一个满足设计要求的 PLD 编程数据。逻辑功能模拟通过后,还需将 PLD 编程数据下载到编程器,编程器可将该编程数据写入 PLD 器件中,使 PLD 器件具有设计所要求的逻辑功能。

8.1　可编程逻辑器件基本结构

逻辑电路分为两大类,即组合逻辑电路和时序逻辑电路。对组合逻辑电路,可以用逻辑真值表和逻辑函数表达式描述其输出和输入之间的逻辑关系。对时序逻辑电路,可以用状态转移表和状态转移方程描述其输出和输入之间的逻辑关系。

因此,无论组合逻辑电路还是时序逻辑电路,它们都可以用表或“与-或”逻辑方程表示,可编程逻辑器件的内部结构就是建立在此基础上。可编程逻辑器件主要有两种器件结构,一类是对应逻辑方程描述的“与-或”阵列结构,一类是对应真值表或状态转移表逻辑描述的查找表结构。

8.1.1　“与-或”阵 列 结 构

基于“与-或”阵列的可编程逻辑器件基本结构如图 8-1-1 所示。在这类可编程逻辑器件中,实际上已内置了多个与门和多个或门,它们一般都是按照一定规律排列在器件中,用于完成与逻辑运算和或逻辑运算。此外,为了满足输入为反变量和时序输出及输出反馈等要求,还内置了多个输入变量转换电路和输出类型控制电路。

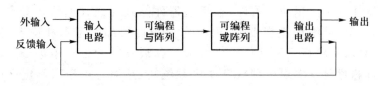

图 8-1-1　“与-或”阵列结构

由图 8-1-1 可知,“与-或”阵列结构可编程逻辑器件主要由四部分构成,即输入电路、可编程与阵列、可编程或阵列和输出电路。

1. 输入电路

输入电路主要作用是将外输入信号或反馈输入信号转换成其相应的原变量和反变量,其实现电路及简化符号如图 8-1-2 所示。

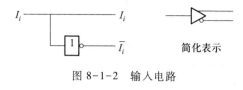

图 8-1-2 输入电路

2. 可编程与阵列

可编程与阵列主要是生成相应于"与-或"逻辑表达式中的与项,即乘积项。在可编程逻辑器件中,有多个按一定规律排列的与逻辑门,它们的输入来自输入电路的输出,其结构如图 8-1-3 所示。

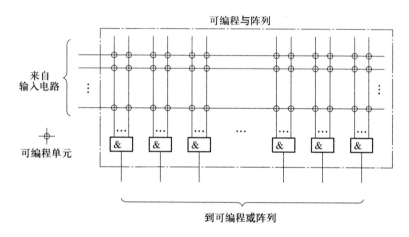

图 8-1-3 可编程与阵列示意图

在图 8-1-3 中,两条导线交叉部分可编程,称为可编程单元。通常,如果两条导线相连接,一般用"×"符号表示此编程单元编程连接。如果两条导线本身就固定连接,用"●"符号表示此编程单元固定连接(不可编程)。无任何标记,则表示此编程单元编程为不连接。有时称用"×"、"●"等符号表示的阵列图为逻辑映象图。可编程与阵列一般采用如图 8-1-4 所示的省略画法。

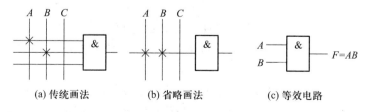

图 8-1-4 可编程与阵列省略画法

3. 可编程或阵列

可编程**或**阵列主要是生成相应于"**与-或**"逻辑表达式中的**或**项。在可编程逻辑器件中,有多个按一定规律排列的**或**逻辑门,它们的输入来自可编程**与**阵列的输出,其结构如图 8-1-5 所示。

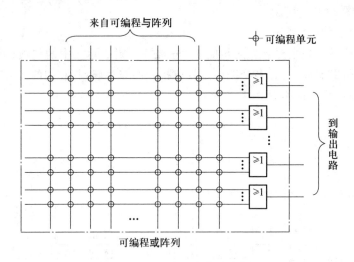

图 8-1-5 可编程**或**阵列示意图

同可编程逻辑**与**阵列一样,在图 8-1-5 两条导线交叉部分可编程。可编程**或**阵列一般采用如图 8-1-6 所示的省略画法。

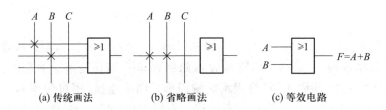

图 8-1-6 可编程**或**阵列省略画法

4. 输出电路

在输出电路中,有多个按一定规律排列的寄存器、多路选择器、三态逻辑输出门,它们的输入来自可编程**或**阵列的输出,比较典型的结构如图 8-1-7 所示。

输出电路主要是完成直接输出或寄存器输出及输出信号的反馈、三态输出等。在可编程逻辑器件中,通过可编程单元的配置,组合逻辑电路可直接输出,而对时序逻辑电路,则必须经寄存器输出或反馈输出。

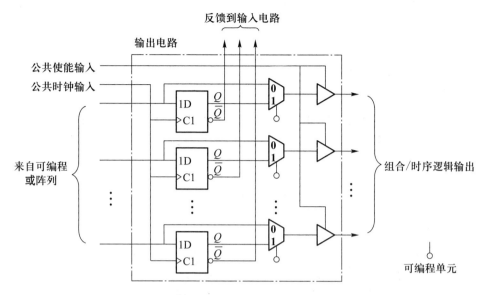

(a) 带公共控制输入的输出电路

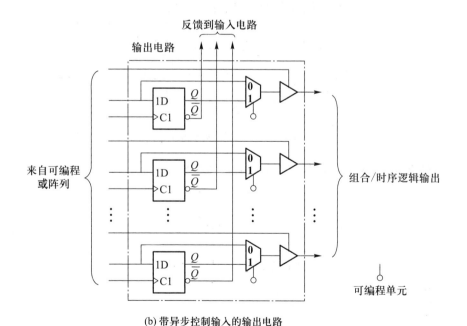

(b) 带异步控制输入的输出电路

图 8-1-7　输出电路

例 8-1 已知 1 位全加器逻辑表达式为

$$\begin{cases} F = \bar{A}\bar{B} \cdot CI + AB \cdot CI + \bar{A}B \cdot \overline{CI} + A\bar{B} \cdot \overline{CI} \\ CO = \bar{A}B \cdot CI + A\bar{B} \cdot CI + AB \end{cases} \tag{8-1-1}$$

试画其逻辑映象图。

解

1 位全加器为组合逻辑电路,它含有 7 个乘积项和 2 个**或**项,根据上述可编程逻辑器件"**与-或**"阵列电路结构,1 位全加器逻辑映象图如图 8-1-8 所示。

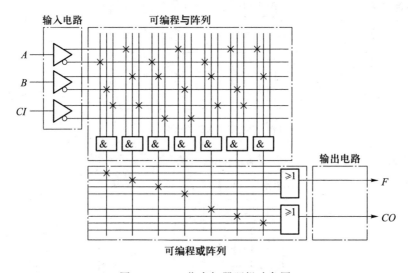

图 8-1-8 1 位全加器逻辑映象图

例 8-2 已知模 6 同步计数器状态转移方程为

$$\begin{cases} Q_3^{n+1} = [Q_2^n] \cdot CP\uparrow \\ Q_2^{n+1} = [Q_1^n] \cdot CP\uparrow \\ Q_1^{n+1} = [\bar{Q}_3^n + \bar{Q}_2^n Q_1^n] \cdot CP\uparrow \end{cases} \tag{8-1-2}$$

试画其逻辑映象图。

解

模 6 同步计数器为时序逻辑电路,它含有 3 个反馈输入 Q_1、Q_2、Q_3 和 1 个同步时钟输入信号 CP,根据上述可编程逻辑器件"**与-或**"阵列电路结构,其逻辑映象图如图 8-1-9 所示。

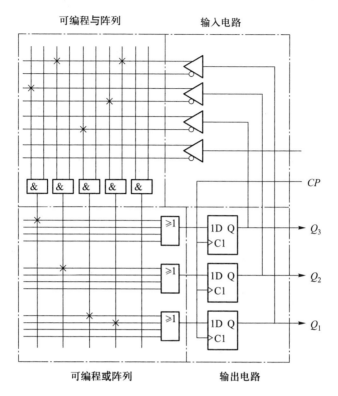

图 8-1-9　模 6 同步计数器逻辑映象图

例 8-3　已知十进制异步计数器状态转移方程为

$$
\begin{cases}
Q_0^{n+1} = [\,\overline{Q_0^n}\,] \cdot CP\downarrow \\[2mm]
Q_1^{n+1} = [\,\overline{Q_3^n}\,\overline{Q_1^n}\,] \cdot Q_0\downarrow \\[2mm]
Q_2^{n+1} = [\,\overline{Q_2^n}\,] \cdot Q_1\downarrow \\[2mm]
Q_3^{n+1} = [\,\overline{Q_3^n}Q_2^n Q_1^n\,] \cdot Q_0\downarrow
\end{cases}
\tag{8-1-3}
$$

试画其逻辑映象图。

解

十进制异步计数器为异步时序逻辑电路,它含有 4 个反馈输入和 3 个异步时钟输入信号,其简化逻辑映象图如图 8-1-10 所示。

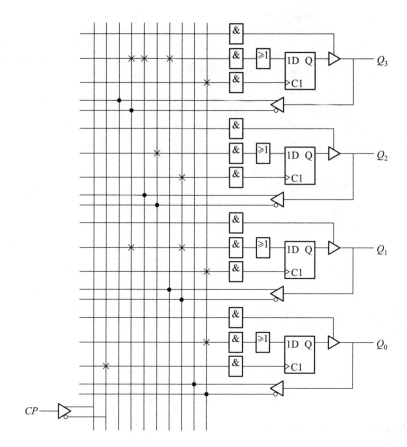

图 8-1-10   十进制异步计数器逻辑映象图

例 8-4   已知带使能输出的 2 线-4 线译码器输出逻辑表达式为

$$\overline{Y}_0 = \overline{\overline{A}_1\,\overline{A}_0}\,, \quad \overline{Y}_1 = \overline{\overline{A}_1 A_0}\,, \quad \overline{Y}_2 = \overline{A_1\,\overline{A}_0}\,, \quad \overline{Y}_3 = \overline{A_1 A_0} \qquad (8\text{-}1\text{-}4)$$

设输出使能控制信号为 $\overline{ST}$（低电平有效），试画其逻辑映象图。

解

带使能输出的 2 线-4 线译码器为组合逻辑电路，输出低电平有效，其逻辑映象图如图 8-1-11 所示。

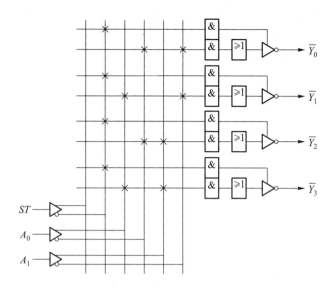

图 8-1-11 2 线-4 线译码器逻辑映象图

8.1.2 查找表结构

查找表(Look-Up-Table,LUT)结构与"**与-或**"阵列结构的主要区别是在实现逻辑运算上。"**与-或**"阵列结构是用**与**阵列和**或**阵列来实现逻辑运算,而在查找表结构可编程逻辑器件中,用存储逻辑的存储单元来实现逻辑运算。

查找表实际上是一个根据逻辑真值表或状态转移表设计的 RAM 逻辑函数发生器,其工作原理类似于用 ROM 实现组合逻辑电路。在查找表结构中,RAM存储器预先加载要实现的逻辑函数真值表,输入变量作为地址用来从 RAM 存储器中选择输出逻辑值,因此可以实现输入变量的所有可能的逻辑函数。例如一个 4 输入查找表可以看成一个有 4 位地址线的 16×1 位的 RAM,查找表的输入等效于 RAM 的地址码,通过查找 RAM 中地址码对应的存储内容,就可得到对应的组合逻辑输出。

例 8-5 已知 1 位全加器逻辑真值表如表 8-1-1 所示,试画出用查找表结构实现的逻辑结构图。

解

采用 8×1 位 RAM 的 1 位全加器查找表结构如图 8-1-12 所示。图中输入信号 CI、A、B 首先转换为 RAM 存储单元的地址码,根据地址码查找相对应的存储单元,然后将相对应的存储单元存储的逻辑值送到输出电路。例如当前输入

端 CI、A、B 为 **110**,则内部逻辑控制电路将输出指针指向存储单元的倒数第二行,然后将该地址行对应的两个存储内容 $CO=1$ 和 $F=0$ 送到输出电路输出,实现 1 位加法器的运算。

表 8-1-1　1 位全加器真值表

CI	A	B	CO	F
0	**0**	**0**	**0**	**0**
0	**0**	**1**	**0**	**1**
0	**1**	**0**	**0**	**1**
0	**1**	**1**	**1**	**0**
1	**0**	**0**	**0**	**1**
1	**0**	**1**	**1**	**0**
1	**1**	**0**	**1**	**0**
1	**1**	**1**	**1**	**1**

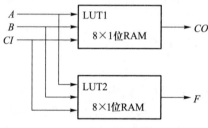

(a) 8×1 位 RAM 查找表结构

输入(地址)	LUT1 存储内容(CO)	LUT2 存储内容(F)
000	**0**	**0**
001	**0**	**1**
010	**0**	**1**
011	**1**	**0**
100	**0**	**1**
101	**1**	**0**
110	**1**	**0**
111	**1**	**1**

(b) 查找表输入与输出对应关系

图 8-1-12　1 位全加器查找表结构图

例 8-6 已知同步二-十进制加法计数器状态转移图如图 8-1-13 所示,试画出用查找表结构实现的逻辑结构图。

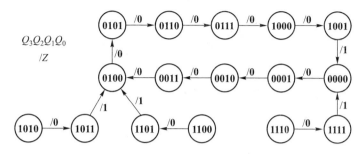

图 8-1-13 同步二-十进制加法计数器状态转移图

解

根据图 8-1-13 状态转移图,可得状态转移表如表 8-1-2 所示。采用16×1位 RAM 的同步二-十进制加法计数器查找表结构如图 8-1-14 所示。

表 8-1-2 同步二-十进制加法计数器状态转移表

Q_3^n	Q_2^n	Q_1^n	Q_0^n	Q_3^{n+1}	Q_2^{n+1}	Q_1^{n+1}	Q_0^{n+1}	Z
0	0	0	0	0	0	0	1	0
0	0	0	1	0	0	1	0	0
0	0	1	0	0	0	1	1	0
0	0	1	1	0	1	0	0	0
0	1	0	0	0	1	0	1	0
0	1	0	1	0	1	1	0	0
0	1	1	0	0	1	1	1	0
0	1	1	1	1	0	0	0	0
1	0	0	0	1	0	0	1	0
1	0	0	1	0	0	0	0	1
1	0	1	0	1	0	1	1	0
1	0	1	1	0	1	0	0	1
1	1	0	0	1	1	0	1	0
1	1	0	1	0	1	0	0	1
1	1	1	0	1	1	1	1	0
1	1	1	1	0	0	0	0	1

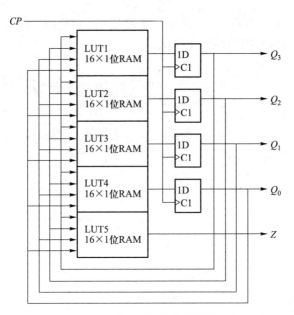

(a) 16×1 位 RAM 查找表结构

反馈输入	LUT1 存储	LUT2 存储	LUT3 存储	LUT4 存储	LUT5 存储
（地址）	内容(Q_3)	内容(Q_2)	内容(Q_1)	内容(Q_0)	内容(Z)
0 0 0 0	0	0	0	1	0
0 0 0 1	0	0	1	0	0
0 0 1 0	0	0	1	1	0
0 0 1 1	0	1	0	0	0
0 1 0 0	0	1	0	1	0
0 1 0 1	0	1	1	0	0
0 1 1 0	0	1	1	1	0
0 1 1 1	1	0	0	0	0
1 0 0 0	1	0	0	1	0
1 0 0 1	0	0	0	0	1
1 0 1 0	1	0	1	1	0
1 0 1 1	0	1	0	0	1
1 1 0 0	1	1	0	1	0
1 1 0 1	0	1	0	0	1
1 1 1 0	1	1	1	1	0
1 1 1 1	0	0	0	0	1

(b) 查找表输入与输出对应关系

图 8-1-14　同步二-十进制加法计数器查找表结构图

　　由以上例子可知,对任何逻辑电路,只要其输入变量数目、乘积项数目、寄存器数目、输出变量数目、存储单元数等不超过可编程逻辑器件所能提供的范围,就可用1片可编程逻辑器件实现其逻辑设计。因此,可编程逻辑器件使用方便,设计灵活,减小了硬件规模,提高了设计电路的可靠性。此外,使用可编程逻辑器件还可缩短电路设计周期,降低设计成本,是设计数字系统的理想器件。

8.1.3　可编程逻辑器件编程技术

　　可编程逻辑器件从编程技术上一般分为两类,一类是一次性编程,另一类是可多次编程。一次性可编程器件在编程后不能重复编程和修改,因此不适用于数字系统的研制、开发和实验阶段使用。可多次编程器件大多采用场效应管作开关元件,控制存储器存储编程信息,它们可采用 EPPOM、E^2PROM、Flash 或 SRAM 等工艺制造。

1. 熔丝编程和反熔丝编程技术

　　熔丝技术在早期的可编程逻辑器件中得到应用,使用熔丝技术的可编程逻辑器件属于一次性可编程器件,编程后不能再重复编程和修改。

　　熔丝编程原理如图 8-1-15 所示。在可编程逻辑器件内部互连节点上设有相应的熔丝,当可编程逻辑器件开发软件形成编程数据文件后,设计者可利用编程器将该编程数据写入 PLD 器件中。在编程操作前,器件所有连接节点的熔丝未断开。编程操作时,对不需要连接的节点加远大于正常工作电流的编程电流,

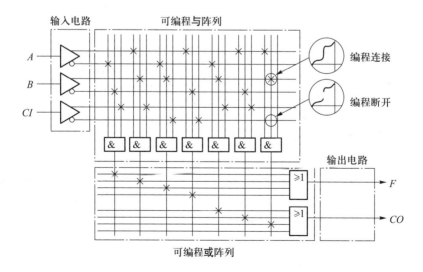

图 8-1-15　熔丝编程原理示意图

使该节点熔丝断开;而对需要连接的节点(映象图用×符号表示)熔丝保留。编程操作后,可编程逻辑器件内部的熔丝图就等效于要完成的逻辑电路,即具有设计所要求的逻辑功能。

在可编程逻辑器件内部,熔丝编程烧断后,该连接节点将永久开路,因此这类器件只能一次编程,不能重复修改。

为了保证熔丝熔化时产生的金属物不影响器件其他部分,熔丝还需要留出较大的保护空间,因此熔丝占用的芯片面积较大。为了克服熔丝编程的缺点,后出现了反熔丝编程技术。反熔丝编程是通过击穿介质达到连通线路的目的。

2. 浮栅编程技术

浮栅编程技术主要包括紫外线擦除、电编程的 EPROM 以及电擦除、电编程的 E^2PROM 和快闪存储器(Flash Memory)。这几种结构的可编程逻辑器件都是采用悬浮栅存储电荷的方法来保存编程数据,因此在断电时,存储的数据不会丢失,编程数据可长期保存或多次修改。

3. 在系统编程技术

早期采用浮栅技术的可编程逻辑器件在编程或修改时,要求使用外配的编程器,将编程数据写入或重新写入到可编程逻辑器件中。采用在系统编程(In System Programmable,ISP)技术,由于这类器件内含有产生编程电压的电源泵及编程控制电路,因而不需要外配编程器,可直接对印制电路板上的在系统可编程逻辑器件进行编程。

4. JTAG 编程技术

联合测试行动小组(Joint Test Action Group,JTAG)在 20 世纪 80 年代中期制定了边界扫描测试(Boundary Scan Test,BST)技术,在 1990 年被修改后成为 IEEE 的一个标准(IEEE1149.1—1990),即 JTAG 标准。边界扫描测试技术最初是为了实现高密度电路板级和芯片级测试,后又利用对支持 JTAG 接口的可编程逻辑器件进行在线编程。

5. 在线可重配置技术

这类器件利用 SRAM 存储信息,不需要在编程器上编程,可直接在印制电路板上对器件编程。通常编程信息存于外附加的 EPROM、E^2PROM 或系统的软、硬盘上,在系统工作之前,先将存于器件外的编程信息输入到器件内的 SRAM,在系统上电时,这些编程数据立即写入到编程逻辑器件中,从而实现对可编程逻辑器件的动态配置。

8.2 简单可编程逻辑器件(SPLD)

根据可编程**与**阵列和**或**阵列的结构及存储单元密度,将可编程逻辑器件分为简单可编程逻辑器件(Simple Programmable Logic Device,SPLD)和复杂可编程逻辑器件(Complex Programmable Logic Device,CPLD)。简单可编程逻辑器件根据历史发展,又可分为可编程阵列逻辑(Programmable Array Logic,PAL)器件和通用阵列逻辑(Generic Array Logic,GAL)器件两种类型。

8.2.1 PAL 器件的基本结构

PAL 器件是 20 世纪 70 年代末期出现的一种低密度、一次性可编程逻辑器件。它是第一个具有典型实用意义的可编程逻辑器件。

在 20 世纪 70 年代,由于集成电路制造工艺及计算机处理数据速度的限制,与图 8-1-1 所示"**与-或**"阵列结构相比,PAL 器件采用的是可编程的**与**阵列、固定的**或**阵列和输出电路结构,如图 8-2-1 所示。

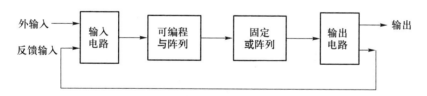

图 8-2-1 PAL 器件基本结构

一般 PAL 器件在输出电路中有固定的输出和反馈结构,PAL 器件型号不同,则输出和反馈结构也不同的,可适用于各种简单组合逻辑电路或时序逻辑电路的设计。由于它逻辑规模小,适用范围窄,只能一次编程,目前已很少使用。

8.2.2 GAL 器件的基本结构

GAL 器件是继 PAL 器件之后,在 20 世纪 80 年代中期推出的一种低密度可编程逻辑器件。它在结构上采用了"**与**-输出逻辑宏单元(Output Logic Macro Cell,OLMC)"结构形式。在工艺上吸收了 E^2PROM (Electrically Erasable PROM)的浮栅技术,从而使 GAL 器件具有可擦除、可重新编程、数据可长期保存和结构可重新组合的特点。因此,GAL 器件比 PAL 器件功能更加全面,结构更加灵活,它可取代大部分中、小规模的数字集成电路。

GAL 器件基本结构如图 8-2-2 所示。在电路结构上,器件继承了 PAL 器件与阵列可编程和或阵列固定的基本结构,但将或阵列和输出电路组合,构成了可编程的输出逻辑宏单元(OLMC)结构。输出逻辑宏单元结构可以通过编程,确定可编程逻辑器件各单元的输出和反馈结构,既可满足组合逻辑设计,也可满足时序逻辑设计,大大增加了数字系统设计的灵活性。

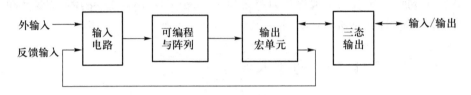

图 8-2-2　GAL 器件基本结构

8.2.3　典型 GAL 器件

不同型号的 GAL 器件输出逻辑宏单元结构有一定的差异。下面介绍 GAL16V8、GAL22V10 和 ispGAL22V10 三个典型系列器件。

1. GAL16V8 器件

(1) GAL16V8 总体结构

GAL16V8 器件总体结构如图 8-2-3 所示。该逻辑中有 8 个输入缓冲器,8 个三态输出缓冲器,8 个输出反馈/输入缓冲器,1 个系统时钟输入缓冲器和 1 个三态输出使能输入缓冲器;与阵列由 8×8 个与门构成,共形成 64 个乘积项,每个乘积项有 32 个输入;8 个输出逻辑宏单元 OLMC(或阵列包含在 OLMC 中),其中前 3 个和后 3 个 OLMC 输出端(对应引脚 17、18、19 和 12、13、14)都有反馈线接到邻近单元的 OLMC。

在 GAL16V8 中,除了 8 个引脚(2~9)是固定作输入外,还可将其他 8 个双向输入/输出引脚(12~19)配置成输入模式。因此,GAL16V8 最多可有 16 个引脚作为输入,而输出端最多为 8 个,这也是器件型号中两个数字的含义。

(2) OLMC 结构

OLMC 的内部结构如图 8-2-4 所示。每个 OLMC 包含或阵列中的 1 个或门、1 个可编程异或门、1 个 D 触发器和 4 个可编程多路开关。这些多路开关的状态,取决于设计者可编程的结构控制字 $AC0$ 和 $AC1(n)$ 位的值,其中 $n(n=$

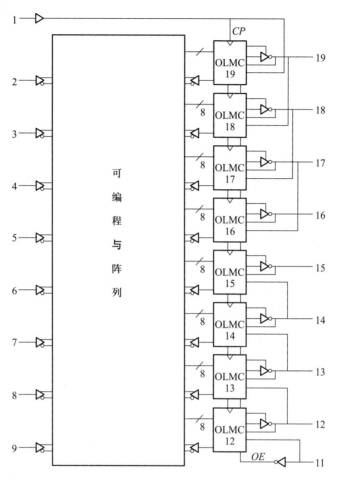

图 8-2-3　GAL16V8 总体结构图
(DIP 或 PLCC 封装形式)

12~19)为输出宏单元的引脚号(下同)。$AC0$ 为各 OLMC 共用,$AC1(n)$ 为第 n 个 OLMC 专用。

　　同与阵列连接的 8 输入或门(8 个乘积项)构成了 GAL 器件的或阵列。其中来自与阵列的第一个乘积项通过可编程极性多路开关(PTMUX)后与或门相连,其余 7 个乘积项直接与或门相连。可编程的 PTMUX 用于控制来自与阵列中的第一个乘积项是否作为或门输入,其功能如表 8-2-1 所示。从表中可知,仅当该宏单元结构控制字 $AC0$ 和 $AC1(n)$ 编程为 **11** 时,第一个乘积项可作为三态输出使能控制信号使用。

表 8-2-1 PTMUX 功能表

AC0	AC1(n)	控制电平	功 能
0	0	1	
0	1	1	用户定义使用
1	0	1	
1	1	0	三态输出使能控制

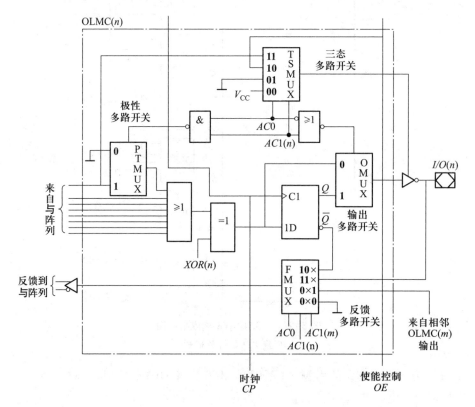

图 8-2-4 GAL16V8 输出逻辑宏单元(OLMC)

异或逻辑门的作用是对可编程逻辑控制单元 $XOR(n)$ 编程,用于选择输出信号的极性,其编程原理如图 8-2-5 所示。当 $XOR(n)$ 编程为 0 时,异或逻辑门输出信号高电平有效;当 $XOR(n)$ 编程为 1 时,异或逻辑门输出信号低电平有效。

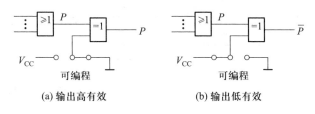

(a) 输出高有效 (b) 输出低有效

图 8-2-5 可编程异或门

D 触发器存储异或逻辑门的输出状态。D 触发器的输出接一可编程输出多路开关(OMUX),OMUX 用于选择输出信号是直接由异或门旁路输出,还是经 D 触发器输出,其 OMUX 功能如表 8-2-2 所示。

表 8-2-2 OMUX 功能表

$AC0$	$AC1(n)$	功 能
0	0	组合型输出
0	1	组合型输出
1	0	寄存器型输出
1	1	组合型输出

三态输出缓冲器的使能信号通过可编程三态多路开关(TSMUX)选择输入。TSMUX 用于控制选择输出缓冲器的三态输出使能控制信号,其功能如表 8-2-3 所示。

表 8-2-3 TSMUX 功能表

$AC0$	$AC1(n)$	功 能
0	0	使能
0	1	高阻
1	0	由 OE 端确定
1	1	由设计者编程确定

可编程反馈多路开关(FMUX)的作用是在 $AC0$ 和本级 OLMC 的结构控制信号 $AC1(n)$、邻近 OLMC 的结构控制信号 $AC1(m)(m \neq n)$ 的控制下,选择不同的信号反馈给与阵列的输入端,其功能如表 8-2-4 所示。

表 8-2-4   FMUX 功能表

$AC0$	$AC1(n)$	$AC1(m)$	功　能
0	×	**0**	无反馈
0	×	**1**	邻近 OLMC 输出作输入
1	**0**	×	本级内部寄存器输出反馈
1	**1**	×	本级 OLMC 输出反馈

（3）OLMC 的工作模式

在 SYN、$AC0$、$AC1(n)$ 和 $XOR(n)$ 可编程结构控制位的控制下,输出逻辑宏单元 OLMC 可配置成五种不同工作模式,即专用输入、专用组合输出、选通组合输出、时序电路中的组合输出和寄存器型输出模式。在表 8-2-5 中列出了有关结构控制位与输出结构的配置关系。图 8-2-6~图 8-2-10 所示为上述不同配置模式下 OLMC 的等效电路。

表 8-2-5   OLMC 的工作模式

SYN	$AC0$	$AC1(n)$	$XOR(n)$	工作模式	输出极性	备　注
1	**0**	**1**	×	专用输入模式	—	1 脚和 11 脚为数据输入,三态门不通
1	**0**	**0**	**0**	专用组合输出	低电平有效	1 脚和 11 脚为数据输入,三态门总是选通
1	**0**	**0**	**1**		高电平有效	
1	**1**	**1**	**0**	选通组合输出	低电平有效	1 脚和 11 脚为数据输入,三态门选通信号为第一乘积项
1	**1**	**1**	**1**		高电平有效	
0	**1**	**1**	**0**	时序电路中的组合输出	低电平有效	1 脚为 CP,11 脚为 OE,至少有一个 OLMC 为寄存器输出
0	**1**	**1**	**1**		高电平有效	
0	**1**	**0**	**0**	寄存器型输出	低电平有效	1 脚为 CP,11 脚为 OE
0	**1**	**0**	**1**		高电平有效	

需要指出的是,上述可编程结构控制 E^2PROM 存储单元 SYN、$AC0$、$AC1(n)$ $(n=12~19)$、$XOR(n)$ $(n=12~19)$ 的具体设置和各 OLMC 的具体配置,是由相应的 GAL 开发软件,根据具体设计输入要求自动完成的,无须人工设置。

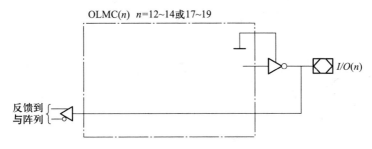

图 8-2-6　专用输入模式

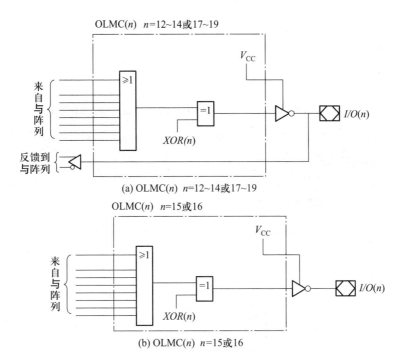

(a) OLMC(*n*)　*n*=12~14或17~19

(b) OLMC(*n*)　*n*=15或16

图 8-2-7　专用组合输出模式

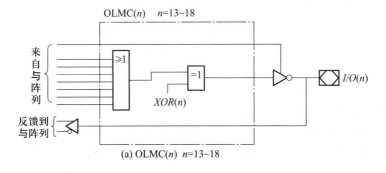

(a) OLMC(*n*)　*n*=13~18

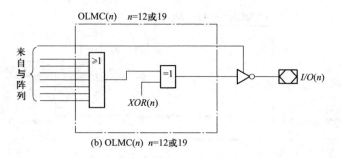

图 8-2-8　选通组合输出模式

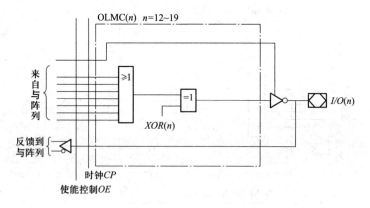

图 8-2-9　时序电路中的组合输出模式

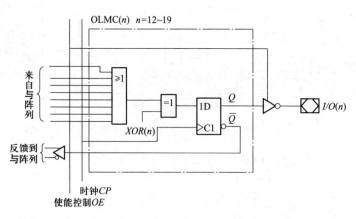

图 8-2-10　寄存器型输出模式

2. GAL22V10 器件

GAL22V10 内含有 10 个输出逻辑宏单元 OLMC,其宏单元结构如图 8-2-11 所示。由图可知,该输出逻辑宏单元 OLMC 主要由 1 个**或**门、1 个 D 触发器和 2

个可编程多路选择器组成,其中 4 选 1 可编程多路选择器 MUX1 用来选择输出方式和输出极性,2 选 1 可编程多路选择器 MUX2 用来选择反馈信号,输出多路选择器功能如表 8-2-6 所示。通过对多路选择开关的结构控制位 S_0 和 S_1 编程,GAL22V10 每个宏单元可编程配置为四种输出结构形式,即寄存器型输出高有效、寄存器型输出低有效、组合型输出高有效和组合型输出低有效,如图 8-2-12 所示。

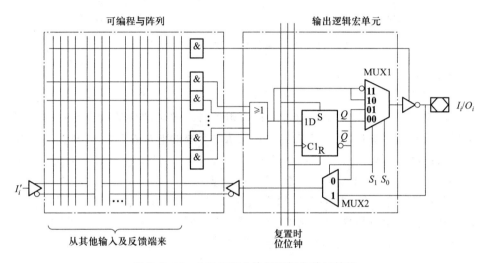

图 8-2-11　GAL22V10 输出逻辑宏单元结构

表 8-2-6　输出多路选择器功能表

S_1	S_0	输出功能	反馈结构
0	**0**	寄存器型/低有效	寄存器输出 $\overline{Q}$
0	**1**	寄存器型/高有效	寄存器输出 Q
1	**0**	组合型/低有效	I/O 引脚
1	**1**	组合型/高有效	I/O 引脚

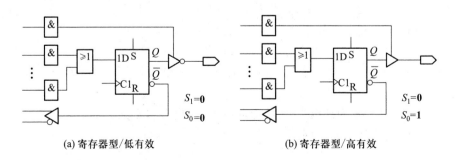

(a) 寄存器型/低有效　　　　　　　　　　(b) 寄存器型/高有效

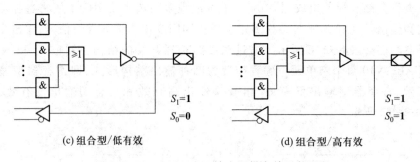

(c) 组合型/低有效   (d) 组合型/高有效

图 8-2-12 GAL22V10 输出逻辑宏单元的配置

3. ispGAL22V10 器件

在系统可编程逻辑器件(In-System Programmable PLD,ISP PLD)是 20 世纪 90 年代初推出的高性能大规模可编程逻辑器件。这种器件的最大特点是编程时既不需要使用编程器,也不需要将它从所在系统的电路板上取下,可以在系统内进行编程。例如 ispGAL22V10,它在总体结构上与 GAL22V10 十分相似,只是增加了一个编程控制电路和 4 个引脚,总体结构如图 8-2-13 所示。在编程控制信号的作用下,可直接向器件写入编程数据或从器件中读出已编程的数据。即采用在系统编程器件,用户不需要专门的编程器,只用单一电源就可实时地对器件编程和校验,使硬件设计变得像软件那样灵活而易于修改。

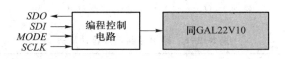

图 8-2-13 ispGAL22V10 总体结构图

ispGAL22V10 在系统编程示意图如图 8-2-14 所示。代表器件的逻辑组态和其他编程信息数据用 E^2CMOS 元件存储,每个 E^2CMOS 元件为一个存储单元。当存储单元上置0表示这个单元已经编程,或者有一个逻辑连接;当存储单元上置1表示这个单元被擦除,相当于开路连接。编程控制信号 MODE 为片内状态机控制信号;SCLK 为片内状态机的时钟,同时也是移位寄存器的同步时钟;SDI 为串行数据输入,同时也用于片内状态机的控制;SDO 为串行数据输出信号。正确的配置这些信号,可使 ispGAL22V10 工作在三种不同工作方式,即正常、诊断和编程。其工作方式由输入控制信号 MODE 和 SDI 指定。

(1)当 MODE 为高电平、SDI 为低电平时,电路自动进入工作状态,与 ispGAL22V10 的工作状态相同。

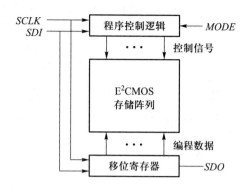

图 8-2-14   ispGAL22V10 在系统编程示意图

（2）当 *MODE* 和 *SDI* 均为高电平时,电路进入诊断方式。这时各 OLMC 中的触发器连接成串行移位寄存器,在时钟信号 *SCLK* 作用下,内部的数据由 *SDO* 顺序地被读出,同时从 *SDI* 顺序地向移位寄存器中写入新数据。利用这种工作方式可以对电路进行诊断和预置。

（3）第三种工作方式是编程。在编程过程中,器件除 *MODE*、*SDI*、*SDO*、*SCLK* 以外的所有引脚均被置成高阻态,与外接电路隔离。编程工作模式又分为三个步骤进行。首先将编程数据经过移位寄存器从 *SDI* 端逐位输入,然后再从 *SDO* 读出,以供校验是否正确,校验无误后,再写入 E²CMOS 存储单元。

要说明的是,上述整个工作状态的转换均由内部程序控制逻辑电路控制自动完成。如对器件的保密位编程后,阵列中的数据就不能读入到移位寄存器中,从而起到器件编程数据加密的作用。

综上所述,GAL 器件在性能上主要有以下特点:

（1）采用电擦除工艺,因而器件均可重复编程,使整个器件的逻辑功能可重新配置。一般 GAL 器件的编程次数都在 100 次以上。

（2）采用先进的 E²CMOS 工艺,使 GAL 器件既有双极型器件的高速性能,又有 CMOS 器件功耗低的优点。

（3）电擦除工艺和高速的编程方法,使器件擦除改写过程快,一般改写整个芯片只需几秒钟。

（4）采用了可编程的逻辑宏单元结构,使器件结构灵活,通用性强,可配置成多种工作模式。少数几种 GAL 器件几乎可取代大多数的中、小规模数字集成电路。

（5）具有加密功能。

（6）具有电子标签,便于文档管理,提高了生产效率。

（7）具有寄存器预置和加电复位功能，使器件功能可测性达 100%。

（8）写入 GAL 器件中的编程数据可保存 20 年以上。

采用 GAL 器件，可以使系统设计方便灵活、系统体积缩小、可靠性和保密性提高，还可以提高系统速度并降低功耗。但 GAL 和 PAL 一样，都属于简单可编程逻辑器件，它们的共同缺点是逻辑阵列规模小，每个器件仅相当于几十个等效逻辑门，不适用于较复杂的逻辑电路的设计，并且也不能完全杜绝编程数据的非法抄袭。

GAL 器件的这些不足之处，在复杂可编程器件 CPLD 和 FPGA 中得到了较好的解决。

8.3   复杂可编程逻辑器件（CPLD）

随着集成工艺的发展，PLD 的集成规模越来越大，当前 PLD 的集成规模已从简单可编程逻辑器件（PAL 和 GAL 器件），发展到万门以上的复杂可编程逻辑器件（CPLD）系列。

CPLD 采用 CMOS EPROM、E^2PROM、快闪存储器和 SRAM 等编程技术，从而构成了高密度、高速度和低功耗的可编程逻辑器件。表 8-3-1 列出了部分 CPLD 产品。从表中可看出，CPLD 的 I/O 端数和内含触发器多达数百个，其集成度远远高于前面介绍的可编程逻辑器件 GAL。因此，采用 CPLD 设计数字系统，体积小、功耗低、可靠性高，具有更大的灵活性。

表 8-3-1   部分 CPLD 产品

器件名称	集成规模/门	最大用户 I/O 端数	宏单元数	编 程
EPM7032S	600	36	32	E^2PROM
EPM7064	1 250	68	64	E^2PROM
EPM70128S	2 500	100	128	E^2PROM
EPF10K10	10 000	150	576	SRAM
EPF10K30	30 000	246	1 728	SRAM
EPF10K50	50 000	310	2 880	SRAM
XC9536	800	34	36	Fast Flash
XC9572	1 600	72	72	Fast Flash
XC95108	2 400	108	108	Fast Flash

续表

器件名称	集成规模/门	最大用户 I/O 端数	宏单元数	编程
XCR3032XL	750	36	32	E^2PROM
XCR3064XL	1 500	69	64	E^2PROM
XCR3128XL	3 000	108	128	E^2PROM
ispLSI1032	6 000	72	32	E^2CMOS
ispLSI3192	9 000	194	192	E^2CMOS

CPLD 主要由逻辑块、可编程互连通道和 I/O 块三部分构成。随着 PLD 集成规模的增大,器件的 I/O 引脚数目和 D 触发器数目大大增加,如果仍采用一个与阵列,则输入或反馈到与门的输入端数和与阵列的规模必然急剧增大。但实际设计时,每个与门所需的输入端数常常不是很多,因而器件的与门利用率较低。此外,当阵列大到一定程度时,将使电路传输延迟增加,工作频率降低。为了克服上述缺点,集成规模较大的 CPLD 大都采用各种分区的阵列结构,即将整个器件分成若干的区。有的区包含有若干的 I/O 端、输入端及规模较小的与、或阵列和宏单元,相当于一个小规模的 PLD;有的区则只是完成某些特定逻辑功能。各区之间可通过几种结构的可编程全局互连总线连接,如图 8-3-1 所示。同一模块的电路一般安排在同一区内,因此只有少部分输入和输出使用全局互连总线,从而大大降低了逻辑阵列规模,缩小了电路传输延迟时间。

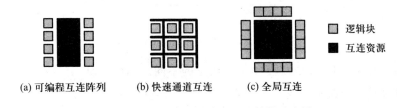

(a) 可编程互连阵列   (b) 快速通道互连   (c) 全局互连

　　　　　□ 逻辑块
　　　　　■ 互连资源

图 8-3-1 CPLD 三种全局互连结构示意图

CPLD 中的逻辑块类似于一个小规模 PLD,通常一个逻辑块包含 4~20 个宏单元,每个宏单元一般由乘积项阵列、乘积项分配和可编程寄存器构成。每个宏单元有多种配置方式,各宏单元也可级联使用,因此可实现较复杂组合逻辑和时序逻辑功能。对集成度较高的 CPLD,通常还提供了带片内 RAM/ROM 的嵌入阵列块,可编程快速实现多位数字乘法器、数字滤波器和微控制器等复杂逻辑功能。

可编程互连通道主要提供逻辑块、宏单元、输入/输出引脚间的互连网络。

大多数 CPLD 采用基于可编程阵列的互连,也有一部分 CPLD 采用基于可编程多路选择器的互连。

输入/输出块(I/O 块)提供内部逻辑到器件 I/O 引脚之间的接口。一般 I/O 块包括输入缓冲器、输出驱动器和可编程输出使能数据选择器。此外,I/O 引脚还提供集电极开路输出和输出电压摆率控制选项。上拉电阻用来防止器件在非正常工作时出现引脚悬空情况,在器件正常工作时,上拉电阻将无效。输出电压摆率可以配置为高速工作方式或低噪声工作方式。对高速工作方式,可提高系统的逻辑转换速率,但会在系统中引入较大的噪声。

逻辑规模较大的 CPLD 一般还内带 JTAG(Joint Test Action Group)边界扫描测试电路,可对已编程的高密度可编程逻辑器件做全面彻底的系统测试,此外也可通过 JTAG 接口进行在系统编程。图 8-3-2 为 JTAG 边界扫描测试结构图。

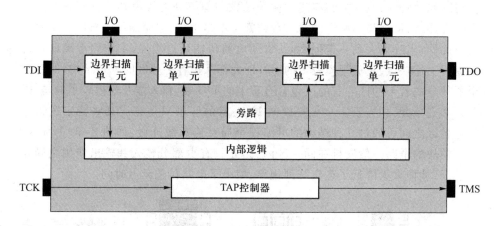

图 8-3-2 JTAG 边界扫描测试结构

由于集成工艺、集成规模和制造厂家的不同,各种 CPLD 分区结构、逻辑单元等也有较大的差别。

8.4 现场可编程门阵列(FPGA)器件

现场可编程门阵列(Field Programmable Gate Array,FPGA)器件与 CPLD 器件一样,都是复杂可编程逻辑器件,但与前面介绍的 PLD 器件所采用的"**与-或**"逻辑阵列结构形式不同,FPGA 的电路结构主要是基于 SRAM 工艺的查找表结构。

不同公司的 FPGA 器件基本结构、性能不尽相同。按照互连结构可以将 FPGA 分为分段互连型和连续互连型两类。分段互连型 FPGA 内部有不同长度的连线,连线之间通过开关矩阵互连,如图 8-4-1(a)所示。这种连线结构集成密度大,结构灵活,对典型设计可获得较高的性能,但内部时间延时与器件结构和逻辑连接等有关,因此连线延时无法预先估计。连续互连型 FPGA 是利用贯穿整个器件的等长度的长线组成,如图 8-4-1(b)所示,其主要特点是内部时间延时与器件结构和逻辑连接等无关,各模块之间提供了具有固定时延的快速互连通道,因此可预测时间延时,容易消除竞争冒险等现象,便于各种逻辑电路设计。

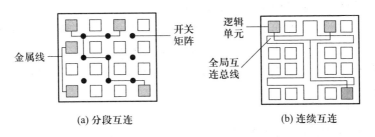

图 8-4-1 FPGA 器件互连结构

FPGA 和 CPLD 同属于可编程 ASIC 元件,但 FPGA 器件与高密度 CPLD 相比,在性能和结构上主要有以下特点:

(1) FPGA 的集成度比 CPLD 高。FPGA 器件提供了丰富的 I/O 端口数和触发器,它适合于触发器较多的复杂时序逻辑设计,而 CPLD 则适合于触发器有限而乘积项较多的复杂组合逻辑设计。

(2) CPLD 通过修改具有固定内部连线电路的逻辑功能来编程,而 FPGA 主要是通过改变内部电路布线来编程,因而 FPGA 器件结构最为灵活,其内部的 CLB、IOB 和 ICR 均可编程,提供了强有力的组合逻辑函数发生器,可以实现多个变量的任意逻辑。

(3) 一般情况下,CPLD 的功耗要比 FPGA 大,且集成度越高越明显。

(4) CPLD 使用上比 FPGA 方便。CPLD 的编程采用 E^2PROM 或 Flash 技术,使用时外部不需要另外的存储器;而 FPGA 的编程采用 SRAM 技术,所以使用时外部需要外存储器存放编程数据。在使用 FPGA 器件时,需对其进行数据配置。配置完成后,FPGA 器件才可完成设计要求的逻辑功能。当断电时,FPGA 器件中的配置数据自动丢失。

(5) CPLD 具有加密性能,而 FPGA 不可加密。

8.5　可编程逻辑器件的开发

　　PLD 集成度高、速度快、功耗低、结构灵活、使用方便、具有用户可定义逻辑功能和加密功能,可以实现各种逻辑设计,是数字系统设计的理想集成电路器件。然而,要使 PLD 实现设计要求的逻辑功能,必须借助于适当的 PLD 开发工具,即 PLD 开发软件和开发硬件。两者结合使用,才能完成从设计、验证到器件最终实现其预定的逻辑功能。为此,一些 PLD 的生产厂商和软件公司相继研制了各种功能完善、高效率的 PLD 开发系统。

　　开发系统的硬件部分包括计算机和编程器,PLD 开发系统软件都可以在 PC 机上运行。编程器是对 PLD 进行写入和擦除的专用设备,它能提供编程信息写入或擦除操作所需电源电压和控制信号,并通过并行或串行接口从计算机接收编程数据,最终写入 PLD 中。

8.5.1　PLD 设计流程

　　基于 CPLD/FPGA 器件的数字系统设计流程如图 8-5-1 所示,主要包括设计分析、设计输入、设计处理、设计仿真、器件编程、器件测试等几个主要步骤。

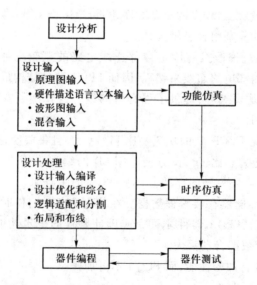

图 8-5-1　基于 CPLD/FPGA 数字系统设计流程

1. 设计分析

在利用可编程逻辑器件进行数字系统设计前,应根据可编程逻辑器件开发环境及设计要求,例如系统复杂度、工作频率、功耗、引脚数、封装形式、成本等,选择适当的设计方案和器件类型和型号。

2. 设计输入

设计输入是设计者将所要设计的数字系统以开发软件要求的某种形式表达出来,并输入到相应的开发软件中。设计输入有多种表达方式,最常用的有原理图输入方式、硬件描述语言文本输入方式和混合输入方式。

3. 设计处理

设计处理主要是根据选择的器件型号,将设计输入文件转换为具体电路结构下载编程(或配置)文件。一般主要由以下一些任务来完成:

(1)设计输入编译。

即首先检查设计输入的逻辑完整性和一致性,然后建立各种设计输入文件之间的连接关系。

(2)逻辑设计优化和综合。

优化处理是根据布尔方程逻辑等效原则,将设计输入逻辑化简,以尽量减少设计所占用的器件资源。综合处理是将设计中产生的多个文件合并为一个网表文件。

(3)逻辑适配和分割。

逻辑适配和分割是按系统默认的或用户设定的适配规则,把设计分为多个适合器件内部逻辑资源实现的逻辑形式。

(4)布局和布线。

布局处理是将已分割的逻辑小块配置到所选器件内部逻辑资源的具体位置,并使逻辑之间易于连线,且连线最少。布线处理是利用器件的布线资源,完成各功能块之间和反馈信号之间的连接。

设计处理最后可生成供 CPLD 或 FPGA 器件下载编程或配置使用的数据下载文件。对 CPLD 是产生熔丝图文件,对 FPGA 产生的是位流数据文件。

4. 设计仿真

设计仿真的目的是对上述逻辑设计进行功能仿真和时序仿真,以验证逻辑设计是否满足设计功能要求。

(1)功能仿真。

功能仿真一般在设计输入阶段进行,它只验证逻辑设计的正确性,而不考虑器件内部由于布局布线可能造成的信号时延等因素。

(2)时序仿真。

时序仿真一般在设计处理阶段进行。由于不同器件的内部时延不同,且不同的布局、布线也对时延有较大的影响,因此通常在设计处理后,对器件进行时序仿真,分析定时关系、点到点的时延预测和系统级性能评估等。

5. 下载编程或配置

下载编程即把设计适配后生成的下载编程(或配置)数据装入到对应的具体可编程逻辑器件 CPLD 或 FPGA 中。通常将对基于 E^{2}PROM 等工艺的可编程逻辑器件 CPLD 下载称为编程,而将基于 SRAM 工艺结构的可编程逻辑器件 FPGA 下载称为配置。常采用两种编程方式,即在系统编程和专用编程器编程。可编程逻辑器件结构不同,器件的编程或配置方式也不同。

对普通的 CPLD 器件和一次性编程的 FPGA 需要专用的编程器或多功能通用编程器。对基于 SRAM 的 FPGA 可以由 EPROM 或其他外存储器进行配置。基于在系统可编程逻辑器件不需要专用的编程器,而只需相应的下载电缆就可以了。

6. 器件编程测试

器件在编程或配置后,对于支持 JTAG 技术,具有边界扫描测试(Bandary Scan Testing,BST)或在系统编程功能的器件,可方便地用编译时产生的文件对器件进行校验。

8.5.2 PLD 编程与配置

当利用 PLD 开发系统完成数字系统设计后,就需要将 PLD 编程或配置数据下载到 PLD 中,以便最后获得满足设计要求的数字系统。

PLD 制造工艺和结构不同,器件编程或配置的方式也就不同。下面介绍一般 PLD 下载方式分类。

1. 根据与计算机端接口分类

(1)串口下载:下载电缆的一端连接到 PC 机 9 针标准串行 RS-232 接口(COM 口),另一端连接到 PLD 下载控制端。

(2)并口下载:下载电缆的一端连接到 PC 机 25 针标准并行接口(LPT 口),另一端连接到 PLD 下载控制端。

(3)USB 接口下载:下载电缆的一端连接到 PC 机 USB 口,另一端连接到 PLD 下载控制端。

2. 根据 PLD 制造工艺分类

• CPLD 编程:对采用 EPROM、E^{2}PROM 和 Flash 工艺的 CPLD 器件,由于这类器件存储的编程数据是非失性的,所以只需简单地利用专门的下载电缆,将编程数据下载到器件即可。

● FPGA 配置:对采用 SRAM 工艺的 FPGA 器件,它的配置数据存储在 SRAM 中。由于 SRAM 具有编程数据的易失性,所以需将配置数据存储在外部的 E^2PROM、Flash 存储器或计算机硬盘中,每次系统上电时,必须重新配置数据,只有在数据配置正确的情况下系统才能正常工作。在线配置方式一般有以下两类:

(1) 通过下载电缆由计算机直接对其进行配置,这种配置方式在调试时非常方便。但在每次系统加电时,用户都需要利用计算机对 FPGA 进行编程写入的操作,这在应用现场是不现实的。

(2) 通过外加存储器对其进行配置。这种配置在使用时需外部配置存储器,以便将编程配置数据永久性地存储在外部的 E^2PROM 或 Flash 中,供 FPGA 器件每次在系统加电时调入这些编程配置数据。

3. 根据下载过程状态分类

● 主动配置方式:在这种配置模式下,由 PLD 引导配置操作过程,并控制外部存储器和初始化过程。

● 被动配置方式:在这种配置模式下,由外部计算机或单片机控制配置过程。

4. 根据配置数据传送方式分类

● 串行配置方式:在这种配置模式下,配置数据以串行位流方式向 PLD 提供数据。

● 并行配置方式:在这种配置模式下,配置数据以并行字节方式向 PLD 提供数据。

CPLD/FPGA 在器件正常使用和编程数据下载工作状态是不同的,一般分为以下三种:

(1) 用户状态:此时 PLD 器件处于正常工作状态,完成预定逻辑功能。

(2) 配置状态:此时 PLD 处于编程数据下载的过程,其用户 I/O 端口无效。

(3) 初始化状态:此时 PLD 内部的各类寄存器复位或置位,让 I/O 引脚为使器件正常工作做好准备。

最后必须指出,各种 PLD 的编程工作都需要在开发系统的支持下进行。开发系统的硬件部分由计算机(PC 机)和编程器组成,软件部分是专用的编程语言和相应的编程软件。开发系统种类很多,性能差别较大,各有一定的适用范围。因此在设计数字系统选择 PLD 的具体型号的同时,必须考虑到所使用的开发系统能否支持所选 PLD 型号器件的编程工作。另外,关于编程语言及相应的编程软件本书不做介绍,请参考有关资料。

习　题

8-1 通用型中、小规模数字逻辑集成器件(74 系列、4000 系列)构成复杂数字系统的缺点是什么?

8-2 采用可编程逻辑器件构成复杂数字系统的优点是什么?

8-3 什么是基于"与-或"阵列的可编程逻辑结构?

8-4 什么是基于查找表的可编程逻辑结构?

8-5 已知可编程阵列如图 P8-1 所示,试列出其等效逻辑函数表达式。

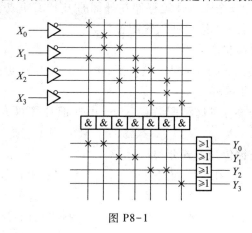

图 P8-1

8-6 已知组合逻辑函数表达式为

$$\begin{cases} F_1(A,B,C) = \sum m(2,5,6,7) \\ F_2(A,B,C) = \sum m(1,2,3,4,5,6) \end{cases}$$

试画出其逻辑映象图。

8-7 已知 4 位双向移位寄存器状态转移方程为

$$\begin{cases} Q_4^{n+1} = \overline{[MA + \overline{M}\,\overline{Q_3^n}]} \cdot CP\uparrow \\ Q_3^{n+1} = \overline{[M\overline{Q_4^n} + \overline{M}\,\overline{Q_2^n}]} \cdot CP\uparrow \\ Q_2^{n+1} = \overline{[M\overline{Q_3^n} + \overline{M}\,\overline{Q_1^n}]} \cdot CP\uparrow \\ Q_1^{n+1} = \overline{[M\overline{Q_2^n} + \overline{M}B]} \cdot CP\uparrow \end{cases}$$

试画出其逻辑映象图。

8-8 试画出用查找表结构实现 3 线-8 线译码器的逻辑结构图。

8-9 试画出用查找表结构实现一个 4 位二进制计数器的逻辑结构图。

8-10　可编程逻辑器件编程技术有哪些? 各有什么特点?

8-11　用 GAL 器件实现一个十进制同步计数器,如

(1) 采用 GAL16V8 实现,试估算:用几个 OLMC 实现? 各输出逻辑宏单元可如何配置?

(2) 采用 GAL22V10 实现,试估算:用几个 OLMC 实现? 各输出逻辑宏单元可如何配置?

8-12　GAL 器件在性能上有哪些特点?

8-13　简述 CPLD 的基本结构及各部分的功能。

8-14　简述 CPLD/FPGA 的开发与设计过程。

第 8 章自我检测题

第 8 章自我检测题参考答案

第9章 脉冲单元电路

9.1 脉冲信号与电路

9.1.1 脉冲信号

　　狭义地说,脉冲信号是指一种持续时间极短的电压或电流波形。从广义上讲,凡不具有连续正弦波形状的信号,几乎都可以通称为脉冲信号。如图 9-1-1 所示的各种波形,图 9-1-1 中(a)是方波,(b)是矩形波,(c)是尖顶脉冲,(d)是锯齿波,(e)是钟形脉冲。这些脉冲波形都是时间函数,但它们的幅值变化有的有突变点,有的有缓慢变化部分和快速变化部分,有的有变化部分和不变部分。

　　最常见的脉冲电压波形是方波和矩形波,理想的方波和矩形波突变部分是瞬时的,不占用时间。但实际中,脉冲电压从零值跃升到最大值时,或从最大值降到零值时,都需要经历一定的时间。图 9-1-2 所示为矩形脉冲信号的实际波形图。图中,V_m 是脉冲信号的幅度;t_r 是脉冲信号的上升时间,又称前沿,它是指脉冲信号由 $0.1\ V_m$ 上升至 $0.9\ V_m$ 所经历的时间;t_f 是脉冲信号的下降时间,又称为后沿,它是指脉冲信号由 $0.9\ V_m$ 下降至 $0.1\ V_m$ 所经历的时间;T 为脉冲信号的周期;t_w 是脉冲信号持续时间,又称为脉宽,它是指脉冲信号从上升至 $0.5\ V_m$ 处到又下降到 $0.5\ V_m$ 之间的时间间隔。在一个周期中,$(T-t_w)$ 称为脉冲休止期。

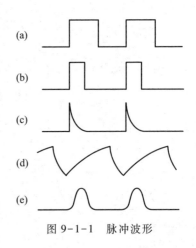

(a)

(b)

(c)

(d)

(e)

图 9-1-1　脉冲波形

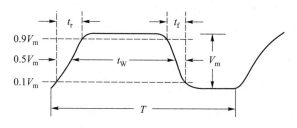

图 9-1-2 实际的矩形脉冲波形

9.1.2 脉冲电路

脉冲电路是用来产生和处理脉冲信号的电路。脉冲电路可以用分立晶体管、场效应管作为开关和 RC 或 RL 电路构成,也可以由集成门电路或集成运算放大器和 RC 充、放电电路构成。常用的有脉冲波形的产生、变换、整形等电路,如双稳态触发器、单稳态触发器、自激多谐振荡器、射极耦合双稳态触发器(施密特电路)及锯齿波电路。

9.2 集成门构成的脉冲单元电路

脉冲单元电路可由集成逻辑门(反相器及**与非门**等)构成。本节介绍由集成逻辑门构成的脉冲单元电路基本原理及主要参数计算。

9.2.1 施密特触发器

1. 用两级 CMOS 反相器构成的施密特触发器

图 9-2-1 所示为用两级 CMOS 反相器构成的施密特触发器电路。图中 v_1 通过 R_1、R_2 的分压来控制门的状态。

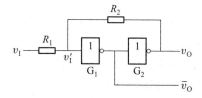

图 9-2-1 两级 CMOS 反相器构成施密特触发器

由图可知,当输入 $v_I = 0$ 时,门 G_1 截止,$\bar{v}_0 = V_{DD}$,门 G_2 导通,输出 $v_0 = 0$。这是施密特触发器的第一种稳定状态。

当输入 v_I 逐步上升时,$v_I' = \dfrac{R_2}{R_1 + R_2} v_I$ 也逐步升高,只要 $v_I' < V_{GS(th)}$(CMOS 反相器的阈值电压),电路保持在 $v_0 = 0$ 的稳定状态。

当输入 v_I 上升,使 $v_I' \geqslant V_{GS(th)}$ 时,则门 G_1 导通,$\bar{v}_0 = 0$,门 G_2 截止,输出 $v_0 = V_{DD}$,这时触发器状态发生了翻转,施密特触发器进入第二种稳定状态。此时,v_I 值称为施密特触发器的上限触发电平

$$V_{T+} = \frac{R_1 + R_2}{R_2} V_{GS(th)} = \left(1 + \frac{R_1}{R_2}\right) V_{GS(th)} \tag{9-2-1}$$

只要满足 $v_I' > V_{GS(th)}$,电路就保证稳定在 $v_0 = V_{DD}$ 的稳定状态。此后若 v_I 由最大值逐步下降时,则

$$v_I' = (V_{DD} - v_I) \frac{R_1}{R_1 + R_2} + v_I \tag{9-2-2}$$

随 v_I 下降而减小。

当 v_I 继续下降,使 $v_I' \leqslant V_{GS(th)}$ 时,则门 G_1 截止,门 G_2 导通,输出 $v_0 = 0$,电路再次发生翻转,施密特触发器又进入第一种稳定状态。此时的 v_I' 称为施密特触发器的下限触发电平 V_{T-}。由式(9-2-2)可知,只需满足

$$(V_{DD} - v_I) \frac{R_1}{R_1 + R_2} + v_I \leqslant V_{GS(th)}$$

可求得施密特触发器下限触发电平为

$$V_{T-} = \frac{R_1 + R_2}{R_2} V_{GS(th)} - \frac{R_1}{R_2} V_{DD} \tag{9-2-3}$$

若 $V_{GS(th)} = \dfrac{1}{2} V_{DD}$,则

$$V_{T-} = \left(1 - \frac{R_1}{R_2}\right) V_{GS(th)} \tag{9-2-4}$$

只要满足 $v_I < V_{T-}$,触发器电路就稳定在 $v_0 = 0$ 的状态。

根据式(9-2-1)和式(9-2-4)可以画出电压传输特性,如图 9-2-2 所示。

施密特触发器是脉冲波形变换中经常使用的一种电路。它有两种稳定工作状态,触发器处于哪一种工作状态,取决于输入信号电平的高低。

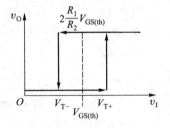

图 9-2-2 施密特触发器电压传输特性

当输入信号由低电平逐步上升到某一电平(V_{T+})时,电路状态发生一次转换;当输入信号由高电平逐步下降到某一电平(V_{T-})时,电路状态又会发生转换。两次状态转换时对应的输入电平值是不同的。

施密特触发器的上限触发电平 V_{T+} 和下限触发电平 V_{T-} 的差值称为施密特触发器的回差电压(滞迟特性)ΔV_T,ΔV_T 为

$$\Delta V_T = V_{T+} - V_{T-} = 2\frac{R_1}{R_2}V_{GS(th)} \tag{9-2-5}$$

由式(9-2-5)可见,回差电压 ΔV_T 与 $\dfrac{R_1}{R_2}$ 成正比,改变 R_1 和 R_2 的大小,可以调整回差电压值的大小。

2. 用 TTL 门构成的施密特触发器

图 9-2-3 所示为用两个 TTL 门构成的施密特触发器电路。图中门 G_1 为与非门,G_2 为反相器,v_I 通过电阻 R_1 和 R_2 来控制门的状态。

当输入 $v_I = 0$ 时,门 G_1 截止,$\bar{v}_0 = V_{OH}$;门 G_2 导通,输出 $v_0 = V_{OL}$。当 v_I 逐步上升,使二极管 D 导通,则

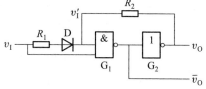

图 9-2-3　两级 TTL 门构成的
施密特触发器

$$v_I' = \frac{v_I - V_D}{R_1 + R_2}R_2 + V_{OL} \tag{9-2-6}$$

式中,V_D 为二极管 D 导通压降,$V_{OL} \approx 0.3$ V ≈ 0 V。当 v_I 逐步上升,使 $v_I' \geqslant V_{th}$(V_{th} 为 TTL 门阈值电平)时,门 G_1 将由截止转为导通;门 G_2 由导通转为截止,$v_0 = V_{OH}$,触发器发生一次翻转。此时 v_I 为上限触发电平

$$V_{T+} = \frac{R_1 + R_2}{R_2}V_{th} + V_D \tag{9-2-7}$$

只要输入 $v_I > V_{T+}$,触发器就处于输出 $v_0 = V_{OH}$ 的稳定状态。

当输入 v_I 逐步下降时,只要 $v_I \leqslant V_{th}$,门 G_1 将由导通转为截止,$\bar{v}_0 = V_{OH}$;门 G_2 由截止转为导通,$v_0 = V_{OL}$,触发器再次发生翻转,此时 v_I 为下限触发电平

$$V_{T-} = V_{th} \tag{9-2-8}$$

因此,电路的回差为

$$\Delta V_T = V_{T+} - V_{T-} = \frac{R_1}{R_2}V_{th} + V_D \tag{9-2-9}$$

调整电阻 R_1 和 R_2 的分压值,可以改变回差大小。

3. 集成施密特触发器

在集成门电路中有带施密特触发器输入的反相器和与非门,如 CMOS 六反相器 CC40106,施密特 2 输入与非门 CC14093 等,TTL 六反相器 CT5414/CT7414、CT54LS14/CT74LS14,四 2 输入与非门 CT54132/CT74132、CT54S132/CT74S132,双 4 输入与非门 CT5413/CT7413、CT54LS13/CT74LS13 等。

图 9-2-4(a)所示为 CMOS 集成施密特触发器 C40106 的电路图,图(b)所示为其逻辑符号。电路由三部分组成,T_{P1}、T_{P2}、T_{P3} 及 T_{N1}、T_{N2}、T_{N3} 构成施密特触发器,T_{P4}、T_{P5} 及 T_{N4}、T_{N5} 构成两个首尾相连的反相器,用来改善输出波形(整形);T_{P6} 和 T_{N6} 组成输出缓冲级,以提高电路的带负载能力,同时起隔离作用。

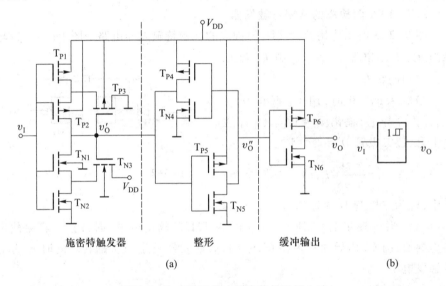

图 9-2-4　CMOS 集成施密特触发器电路

当输入 $v_I = 0$ V 时,T_{P1}、T_{P2} 导通,T_{N1}、T_{N2} 截止,输出 v_O' 为高电平,经 T_{P5}、T_{N5} 反相,v_O'' 为低电平,v_O'' 经 T_{P6}、T_{N6} 反相,使输出 $v_O = V_{OH} = V_{DD}$。v_O'' 又作为 T_{P4}、T_{N4} 的输入,维持 v_O' 为高电平。当 v_O' 为高电平时,T_{P3} 截止,T_{N3} 导通,并工作于源级跟随器状态,使 T_{N1} 的源极(T_{N2} 的漏极)电位约为 $(V_{DD} - V_{GS(th)N3})$。

v_I 逐步上升,当上升至 $V_{GS(th)N2}$ 以上时,T_{N2} 开始导通,这时 T_{N2} 和 T_{N3} 均处于导通状态,使 T_{N2} 的漏极电位约为 T_{N3} 和 T_{N2} 对 V_{DD} 的分压,近似认为是 $\frac{1}{2}V_{DD}$,因此 T_{N1} 此时仍截止。当输入电压 v_I 继续上升,T_{P1}、T_{P2} 导通减弱,内阻增大,使得输出 v_O' 下降(即 T_{N1} 的源极电位下降),当达到 $v_{GSN1} > V_{GS(th)N1}$ 时,T_{N1} 开始导通,使

得 v_O' 急剧下降。v_O' 的下降，使 T_{N1} 导通增强，形成正反馈，进而使 T_{P1}、T_{P2} 趋于截止，T_{N1}、T_{N2} 导通，使 v_O' 输出低电平，触发器发生翻转。

v_O' 为低电平时，T_{P3} 导通，T_{N3} 截止。T_{P3} 导通工作于源极输出跟随器状态。v_O' 输出低电平，经反相器 T_{P5}、T_{N5} 反相输出，v_O'' 为高电平，经 T_{P6}、T_{N6} 反相，使输出 $v_O = V_{OL} = 0$ V。v_O'' 又作为 T_{P4}、T_{N4} 的输入，维持 v_O' 为低电平。

当 v_I 逐步下降时，其工作过程与 v_I 逐步上升相类似，请读者自己分析。

图 9-2-5 所示为 4 输入与非门（TTL）施密特电路。图中 $D_1 \sim D_4$ 构成 4 输入二极管**与门**，T_1、T_2 构成射极耦合双稳态触发器（施密特触发器）电路形式，T_3、D_5 是射极跟随器，完成电平转移，T_4、T_5、T_6 构成推拉式输出电路。请读者自己分析其工作原理。

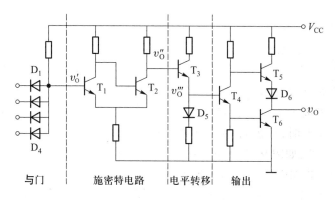

图 9-2-5　4 输入与非门施密特电路

集成施密特触发器上、下限触发电平 V_{T+} 及 V_{T-} 典型数值如表 9-2-1、表 9-2-2 所示。

表 9-2-1　CC40106 阈值数值

参数名称	V_{DD}/V	最小值/V	最大值/V
V_{T+}	5	2.2	3.6
	10	4.6	7.1
	15	6.8	10.8
V_{T-}	5	0.3	1.6
	10	1.2	3.4
	15	1.6	5.0

表 9-2-2　TTL 施密特触发器阈值数值

参数	CT5413/CT7413		CT5414/CT7414		CT54LS132/CT74LS132	
	最小值/V	最大值/V	最小值/V	最大值/V	最小值/V	最大值/V
V_{T+}	1.5	2	1.5	2	1.4	2
V_{T-}	0.6	1.1	0.6	1.1	0.5	1

4. 施密特触发器的应用

施密特触发器可以用来将正弦波形或三角波形变换为矩形波,也可将矩形波整形,并能有效地清除掉叠加在矩形脉冲高、低电平上的噪声等。在脉冲与数字技术中,施密特触发器常用于波形变换,脉冲整形及脉冲幅度鉴别等。

（1）波形变换

施密特触发器可以将输入三角波、正弦波、锯齿波等变换成矩形脉冲。如图 9-2-6 所示,将正弦波变换成矩形波。

（2）脉冲整形

在数字系统中,矩形脉冲经过传输后往往发生波形畸变。例如,当传输线上电容较大时,使波形的上升和下降沿明显变坏,如图 9-2-7(a)所示 v_I;或者由于接收端阻抗与传输线阻抗不匹配时,在波形的上升沿和下降沿将产生振荡,如图 9-2-7(b)所示 v_I;或者在传输过程中接收干扰,在脉冲

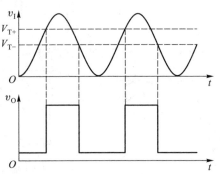

图 9-2-6　用施密特触发器实现波形变换

信号上叠加有噪声,如图 9-2-7(c)所示 v_I。不论哪一种情况,均使矩形脉冲经传输而发生波形畸变,都可以通过施密特触发器的整形而获得满意的矩形脉冲波,如图 9-2-7 所示的 v_0 波形。

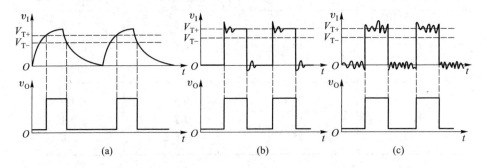

图 9-2-7　用施密特触发器实现脉冲整形

（3）脉冲鉴幅

若将一系列幅度各异的脉冲信号加到施密特触发器输入端,只有那些幅度大于上限触发电平 V_{T+} 的脉冲才在输出端产生输出信号,因此可以选出幅度大于 V_{T+} 的脉冲,如图 9-2-8 所示,具有幅度鉴别能力。

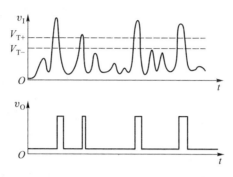

图 9-2-8　用施密特触发器实现脉冲鉴幅

施密特触发器还可以构成多谐振荡器等,是应用较广泛的脉冲电路。

9.2.2　单稳态触发器

单稳态触发器是广泛应用于脉冲整形、延时和定时的常用电路,它有稳态和暂稳态两个不同的工作状态。在外界触发脉冲的作用下,能从稳定状态翻转到暂稳态,暂稳态维持一段时间后,电路又自动地翻转到稳态。暂稳态维持时间的长短取决于电路本身的参数,与外界触发脉冲无关。

1. 集成门构成的单稳态触发器

用集成门电路构成的单稳态触发器根据维持暂态的 RC 定时电路的不同接法大致分为两大类,一类称为微分型,一类称为积分型。

（1）微分型单稳态触发器

微分型单稳态触发器电路如图9-2-9（a）所示。触发器由两个 TTL 与非门组成。其中 R_i、C_i 构成输入端微分电路,R、C 构成微分型定时电路,两个与非门的输出端作为触发器的输出端 v_{O1} 和 v_{O2}。

触发器工作波形如图9-2-9（b）所示。下面讨论其工作过程。

① $0 \sim t_1$ 稳定状态。这时输入端无输入信号触发,或触发输入 v_I 为高电平。当选取 R_i 大于 3.2 kΩ 时,使 v_I 高于开门电平,与非门 G_1 输出低电平 $v_{O1} = 0.3$ V;选取 R 小于 0.91 kΩ,使 v_2 低于关门电平,与非门 G_2 输出高电平 $v_{O2} = 3.6$ V。触发器处于稳定状态（$v_{O1} = V_{OL}$;$v_{O2} = V_{OH}$）。

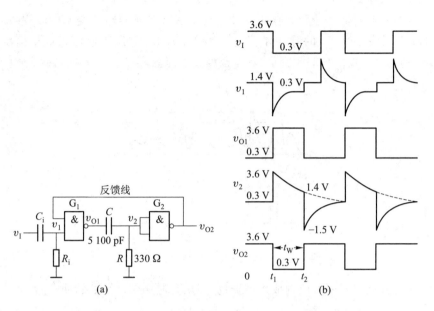

(a)　　　　　　　　(b)

图 9-2-9　微分型单稳态触发器及其工作波形

当 $t=t_1$ 时,输入端 v_I 下跳变,经 R_iC_i 微分输入电路后,v_1 产生一个负尖峰脉冲,使与非门 G_1 关闭,v_{O1} 上跳至高电平。由于电容 C 端电压不能突变,v_2 随 v_{O1} 的上跳变为高电平,与非门 G_2 打开,使输出 v_{O2} 为低电平,触发器受触发发生一次翻转,从而进入暂稳态($v_{O1}=V_{OH}$;$v_{O2}=V_{OL}$)。

② $t_1 \sim t_2$ 暂稳态。当 $t=t_1$ 使 v_{O2} 下跳至低电平后,通过反馈线维持门 G_1 继续关闭,触发器处于暂时稳定状态。

在 $t=t_1$ 时,v_I 的下跳变使门 G_1 转变为关态。这时电容 C 充电,充电等效电路如图 9-2-10 所示。R_o 为门 G_1 的输出电阻,约为 $100\ \Omega$。随着电容 C 的充电,$v_2(t)$ 电压呈指数下降。当 $t=t_2$ 时,v_2 下降至阈值电平 $V_{th}(1.4\ \mathrm{V})$,与非门 G_2 关闭,输出 v_{O2} 上跳至高电平。由于与非门 G_1 输入端电阻 $R_i>3.2\ \mathrm{k\Omega}$,当 v_{O2} 为高电平时,使与非门 G_1 由关态翻转至开态,触发器自动翻转一次,回到初始稳定状态 ($v_{O1}=V_{OL}$;$v_{O2}=V_{OH}$)。

t_1 至 t_2 的时间称为暂稳态持续时间,其长短取决于 $v_2(t)$ 在充电时指数下降至 v_2 $(t)=V_{th}$ 的时间,即

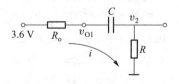

图 9-2-10　电容充电等效电路

$$t_{\mathrm{W}} = \tau \ln \left[\frac{v_2(\infty) - v_2(0^+)}{v_2(\infty) - v_2(t_{\mathrm{W}})} \right] \qquad (9\text{-}2\text{-}10)$$

其中：$\tau = (R_o + R)C, v_2(\infty) = V_{\mathrm{OL}} \approx 0\ \mathrm{V}, v_2(0^+) \approx v_2(0^-) \approx V_{\mathrm{OH}}, v_2(t_{\mathrm{W}}) = V_{\mathrm{th}}$，则

$$t_{\mathrm{W}} = (R_o + R)C\ln\left(\frac{0 - V_{\mathrm{OH}}}{0 - V_{\mathrm{th}}}\right) = (R_o + R)C\ln\left(\frac{V_{\mathrm{OH}}}{V_{\mathrm{th}}}\right) \qquad (9\text{-}2\text{-}11)$$

通常可以用下式近似估算

$$t_{\mathrm{W}} \approx 0.7(R_o + R)C \qquad (9\text{-}2\text{-}12)$$

由上述讨论可知，暂稳态持续时间取决于 RC 的充电速度，因此 RC 称为定时电路，由它决定输出脉冲 v_{O1} 和 v_{O2} 的宽度。

③ $t \geqslant t_2$ 电路的恢复过程。当 $v_2(t) = V_{\mathrm{th}}$ 时自动翻转后，v_{O1} 下跳到 $0.3\ \mathrm{V}$，v_{O2} 上跳至 $3.6\ \mathrm{V}$，v_2 由 V_{th} 也随 v_{O1} 的下跳而下跳，以后进入恢复阶段。电容 C 放电时等效电路如图 9-2-11 所示。放电时间常数 $\tau = (R_1 /\!/ R)C \approx RC$。因此恢复时间

$$t_{\mathrm{re}} \approx (3\sim5)RC \qquad (9\text{-}2\text{-}13)$$

最后必须指出，为了保证稳态时与非门 G_2 可靠截止，R 的数值必须小于 $0.91\ \mathrm{k\Omega}$，但 R 也不能任意减小，因为在受外界触发时，要使门 G_2 能够可靠翻转，v_2 必须满足

$$v_2 = \frac{3.6\ \mathrm{V} - v_C}{R_o + R} \qquad R \geqslant V_{\mathrm{th}}$$

否则不能翻转，因此 $R > 64\ \Omega$。这样在定时电路中，R 值选取应在 $64\ \Omega < R < 0.91\ \mathrm{k\Omega}$ 之间。

在定时电路中，为了调整 t_{W}，通常以改变 C 作为粗调，改变 R 作为细调。为了使调节范围加宽，可在定时电路和与非门 G_2 之间加射极跟随器，如图 9-2-12 所示。一般 R_{E} 应满足 $64\ \Omega < R_{\mathrm{E}} < 0.91\ \mathrm{k\Omega}$，此时 R 的调整范围可大大增加。

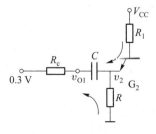

图 9-2-11　电容放电等效电路

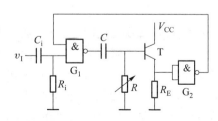

图 9-2-12　带有射极跟随器的单稳态触发器

（2）积分型单稳态触发器

积分型单稳态触发器的电路如图 9-2-13（a）所示。图中 RC 为积分型定时电路。触发器工作波形如图 9-2-13（b）所示。工作原理如下：

① $0 \sim t_1$ 稳定状态。这时输入 v_I 为低电平，两个门的输出 v_{O1} 及 v_{O2} 均为高电平。电容 C 充电结束，触发器处于稳定状态。

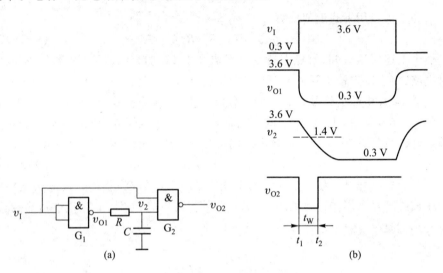

图 9-2-13   积分型单稳态触发器及其工作波形

当 $t = t_1$ 时，触发器输入 v_I 上跳变，同时使两个门状态发生变化，v_{O1} 和 v_{O2} 均下跳为低电平。触发器翻转一次，从而进入暂稳态。

② $t_1 \sim t_2$ 暂稳态。这时输入 v_I 为高电平，v_{O1} 输出为低电平，电容 C 通过 R 及与非门 G_1 输出端放电。随着放电的进行，电压 v_2 呈指数下降。

当 $t = t_2$ 时，v_2 下降至 V_{th}（1.4 V），与非门 G_2 状态发生翻转，v_{O2} 上跳至高电平，触发器自动翻转一次。

当触发输入 v_I 下跳后，电容 C 重新充电完毕以后，触发器才回到初始稳定状态。

应该指出，在暂稳态期间，电容 C 放电未达到阈值电压 V_{th} 之前，触发输入 v_I 不能由高电平下跳，否则与非门 G_2 将因 v_I 的下跳提前翻转，达不到由 RC 电路控制定时的目的。所以要求输入 v_I 比输出 v_{O2} 脉冲宽。

如果要求在输入窄的触发脉冲时能够得到较宽的输出脉冲，可以采用如图 9-2-14 所示的电路。这时输入与输出均为负脉冲。这个电路的工作原理与图 9-2-13（a）所示电路的原理类似，不再重述。

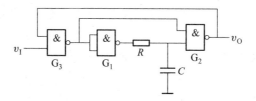

图 9-2-14 宽脉冲输出电路

（3）施密特触发器构成单稳态触发器

利用 CMOS 施密特触发器的回差特性,可以方便地构成单稳态触发器,如图 9-2-15(a)所示,其工作波形如图 9-2-15(b)所示。

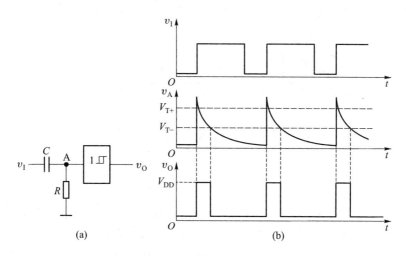

图 9-2-15 施密特触发器构成的单稳态电路及其工作波形

当输入电压 $v_I = 0$ V 时,输出电压 $v_O = V_{OL} = 0$ V,这是稳定状态。

当 v_I 的正触发脉冲加到输入端时,v_A 也随着上跳,只要上跳的幅值大于 V_{T+},则输出 $v_O = V_{DD}$。触发器发生一次翻转,由稳定状态进入到暂稳态。

此后,随着电容 C 充电,v_A 电位指数下降,在达到 V_{T-} 之前,电路维持 $v_O = V_{DD}$ 不变。一旦当 v_A 下降至 V_{T-} 时,施密特触发器电路发生自动翻转,$v_O = V_{OL} = 0$ V,由暂稳态返回至稳定状态。

由图 9-2-15(b)不难求出暂稳态持续时间为

$$t_W = RC\ln\left(\frac{V_{IH}}{V_{T-}}\right) \tag{9-2-14}$$

2. 集成单稳态触发器

由于单稳态触发器应用十分广泛,因此生产了单片集成单稳态触发器。集成单稳态触发器分为非可重触发和可重触发两种类型。单稳态触发器的逻辑符号如图 9-2-16 所示。图(a)所示为非可重触发单稳态触发器通用符号,图(b)所示为可重触发单稳态触发器通用符号。

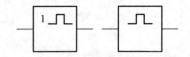

图 9-2-16　单稳态触发器通用逻辑符号

所谓非可重触发单稳态触发器,是指在暂稳态定时时间 t_W 之内,若有新的触发脉冲输入,电路不会产生任何响应。如图 9-2-17 所示,图中 A、B、C、D 为输入触发脉冲。在输入脉冲 A 作用后,电路进入暂稳态,如果在暂稳态持续时间 t_W 内,又有输入脉冲 B、C 来触发,不会引起电路状态的改变,输出信号脉冲的宽度为 t_W。只有在电路返回到稳态后,电路才受输入脉冲信号作用,如输入脉冲 D 的触发。

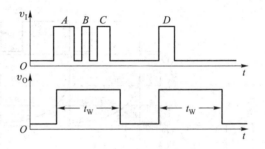

图 9-2-17　非可重触发单稳态触发器波形

所谓可重触发单稳态触发器,是指在暂稳态定时时间 t_W 之内,若有新的触发脉冲输入,可被新的输入脉冲重新触发,如图 9-2-18 所示。电路在受到 A 输入脉冲触发后,电路进入暂稳态。在暂稳态 t_W 期间,经 t_Δ($t_\Delta < t_W$)时间后,又受到 B 输入脉冲的触发,电路的暂稳态时间又将从受 B 脉冲触发开始,因此输出信号的脉冲宽度将为 $t_\Delta + t_W$。采用可重触发单稳态触发器,只要在受触发后输出

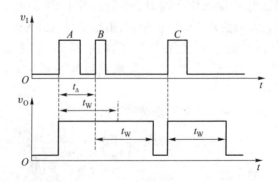

图 9-2-18　可重触发单稳态触发器波形

的暂稳态持续期 t_w 结束前,再输入触发脉冲,就可方便地产生持续时间很长的输出脉冲。

（1）TTL 集成单稳态触发器

常用的 TTL 集成单稳态触发器,有非可重触发单稳态触发器 CT54121/CT74121,CT54221/CT74221,CT54LS221/CT74LS221 及可重触发单稳态触发器 CT54123/CT74123, CT54LS123/CT74LS123, CT54122/CT74122, CT54LS122/CT74LS122 等。

图 9-2-19 为集成单稳态触发器（有施密特触发器）CT54/74121 的逻辑电路图。它是在基本微分型单稳态触发器的基础上附加了输入控制电路和输出缓冲电路。门 G_5、G_6 和 G_7 及外接定时电阻 R、C 构成微分型单稳态触发器。外接电容 C 接在 C_{ext} 与 R_{ext}/C_{ext} 之间。在电路中还有一个内部定时电阻 R_{int},如果工作时采用内部定时电阻 R_{int},则需将接点 R_{int} 接电源 V_{CC}。如果为了改善脉冲宽度,可在接点 R_{ext}/C_{ext} 和电源 V_{CC} 间加外接电阻 R,并且使 R_{int} 端点开路。门 $G_1 \sim$ 门 G_4 构成输入控制电路,受输入信号 TR_+ 及 TR_{-A}、TR_{-B} 触发。门 G_8 和 G_9 组成输出缓冲电路,Q 和 $\overline{Q}$ 为两输出端。

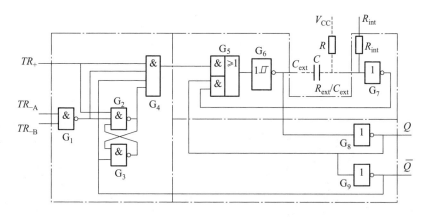

图 9-2-19　CT54121/74121 单稳态触发器逻辑图

其功能表如表 9-2-3 所示。由表 9-2-3 可知,TR_+ 为正跳沿触发,TR_{-A}、TR_{-B} 为负向跳变沿触发,电路处于稳定状态,输出 $Q=0$,$\overline{Q}=1$。在 TR_+ 为高电平,TR_{-A} 或 TR_{-B} 中有一个输入下跳沿触发时,电路进入到暂稳态,输出 $Q=1$,$\overline{Q}=0$,经历暂稳态持续时间 t_w 后恢复到稳态。在 TR_{-A} 或 TR_{-B} 中有一个为低电平时,TR_+ 输入的上升沿触发,电路也进入暂稳态,输出 $Q=1$,$\overline{Q}=0$,经历 t_w 后恢复到稳定状态。图 9-2-20 为其工作波形示例。

表 9-2-3　CT54121/74121 功能表

输　入			输　出	
TR_{-A}	TR_{-B}	TR_+	Q	$\overline{Q}$
0	×	1	0	1
×	0	1	0	1
×	×	0	0	1
1	1	×	0	1
1	⌐⌐	1	⊓	⊔
⌐⌐	1	1	⊓	⊔
⌐⌐	⌐⌐	1	⊓	⊔
0	×	⌐	⊓	⊔
×	0	⌐	⊓	⊔

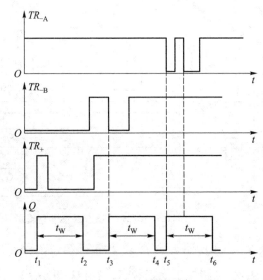

图 9-2-20　CT54121/74121 工作波形

暂稳态的持续时间 t_W 为

$$t_W = 0.7RC \qquad\qquad (9-2-15)$$

式中,R 为外接定时电阻,一般取值范围在 1.4～40 kΩ,C 为外接定时电容,一般取值在 10 pF~10 μF 之间,因此可知 t_W 在 10 ns~300 ms 之间变化。如果不外接电阻 R,利用内部电阻 R_{int} 作为定时电阻,R_{int} 在 2 kΩ 左右,输出脉冲宽度较窄,为了得到较宽输出脉冲,需外接电阻 R。该电路为非可重触发单稳态触发器。

CT54121/CT74121 的逻辑符号如图9-2-21所示。

(2) CMOS 集成单稳态触发器

常用的 CMOS 集成单稳态触发器有可重触发单稳态触发器 CC14528、CC14538 及非可重触发单稳态触发器 CC74HC123 等。

图 9-2-22 所示为 CC14528 可重触发单稳态触发器逻辑电路图。由图可见,除外接电阻 R、C 外,CC14528 由三部分组成,门 G_1~门 G_9 组成输入控制电路;门 G_{10}~门 G_{12} 及 T_P、T_N 组成三态门;门 G_{13}~门 G_{16} 组成输出缓冲电路。该电路是由积分电路 RC、三态门及控制三态门的门 G_3 和门 G_4 组成基本 R-S 触发器构成积分型单稳态触发器,并带有异步清 0 端 $\overline{R}$。其功能表如表 9-2-4 所示。当异步清 0 端 $\overline{R} = 0$ 时,触发器输出 $Q = 0, \overline{Q} = 1$,为稳定状态,TR_+ 为

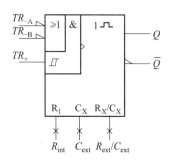

图 9-2-21 CT54/74121 逻辑符号

正跳变脉冲上升沿触发,TR_- 为负跳变下降沿触发。受到 TR_+ 或 TR_- 触发后,触发器进入暂稳态,暂稳态持续时间

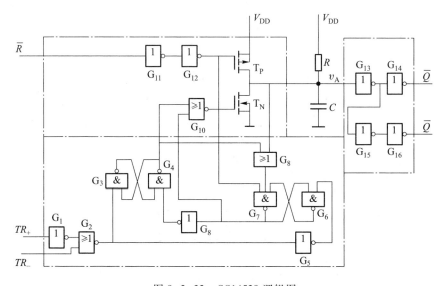

图 9-2-22 CC14528 逻辑图

$$t_{\mathrm{W}} \approx RC\ln\left(\frac{V_{\mathrm{DD}}-V_{\mathrm{th9}}}{V_{\mathrm{DD}}-V_{\mathrm{th13}}}\right) \tag{9-2-16}$$

其中 V_{th9} 和 V_{th13} 分别为门 G_9 和 G_{13} 的阈值电压。该电路为可重触发单稳态触发器。如果在受第一次触发后经历 t_Δ 时间再次受触发,电路又重新开始进入暂稳态,则其暂稳态持续时间为

$$t'_{\mathrm{W}} = t_\Delta + t_{\mathrm{W}} \tag{9-2-17}$$

表 9-2-4   CC14528 功能表

输 入			输 出	
$\overline{R}$	TR_+	TR_-	Q	$\overline{Q}$
0	×	×	0	1
×	1	×	0	1
×	×	0	0	1
1	1	⌐	⊓	⊔
1	⌐	0	⊓	⊔

图 9-2-23 所示为 CC14528 可重触发单稳态触发器工作波形。

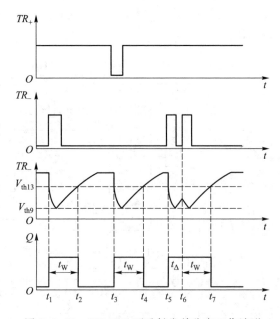

图 9-2-23   CC14528 可重触发单稳态工作波形

由上述可见,对于可重触发单稳态触发器,在暂稳态持续期 t_W 结束前,再来触发脉冲,就可以方便地使输出脉冲宽度加大。

9.2.3 多谐振荡器

多谐振荡器是一种自激振荡器,在接通电源后,不需要外加触发信号,能自动地产生矩形脉冲。由于矩形波形中含有丰富的高次谐波,故习惯称为多谐振荡器。它是常用的矩形脉冲产生电路。

1. 电容正反馈多谐振荡器

电容正反馈多谐振荡器基本电路如图 9-2-24(a) 所示。它是两级 TTL 与非门,由电容 C 构成正反馈。

(1) 基本工作原理

在多谐振荡器工作过程中,主要依靠电容 C 的充、放电,引起 d 点电位 v_d 的变化,当 v_d 达到 TTL 门的阈值电压 V_{th} 时,引起与非门状态的翻转。假设某时刻由于电容 C 的充电,使 v_d 逐渐上升,当 v_d 上升至 $v_d \geq V_{th}$ 时,与非门 G_1 将由关态变为开态,使输出 v_a 由高电平下跳至低电平,与非门 G_2 由开态变为关态,输出 v_b 由低电平上跳至高电平。由于电容 C 端电压不能突变,使 d 点电位 v_d 也随 v_b 的上跳而上跳,维持与非门 G_1 处于开态,与非门 G_2 处于关态,如图 9-2-24(b) 中 t_1 时刻所示。

以后电容 C 放电,放电的等效电路如图 9-2-25(a) 所示。随着电容 C 的放电,v_d 电位逐渐下降。在 v_d 下降至 V_{th} 之前,这段时间称为暂稳态 I,其工作波形如图 9-2-24(b) 中 $t_1 \sim t_2$ 期间的波形所示。

当 v_d 随 C 放电下降至阈值电压 V_{th} 时,即 $v_d \leq V_{th}$ 时,与非门 G_1 由开态变为关态,输出 v_a 由低电平上跳至高电平,使与非门 G_2 由关态变为开态,输出 v_b 由高电平下跳至低电平。电路又一次自动翻转,如图 9-2-24(b) 中 t_2 时刻所示。由于有电容 C,v_d 随 v_b 的下跳而下跳,维持与非门 G_1 关态,与非门 G_2 开态。

当与非门 G_1 处于关态,与非门 G_2 处于开态后,电容 C 充电,其等效电路如图 9-2-25(b) 所示。随着 C 充电,v_d 点电位逐渐上升,在 v_d 上升至 V_{th} 之前,这段时间称为暂稳态 II,其波形如图 9-2-24(b) 中 $t_2 \sim t_3$ 期间的波形所示。

当 v_d 上升至 V_{th} 时,与非门 G_1 又由关态变为开态,与非门 G_2 由开态变为关态,进入暂稳态 I。以后不断重上述过程,从而形成周期振荡,在输出端就获得矩形波 v_b。

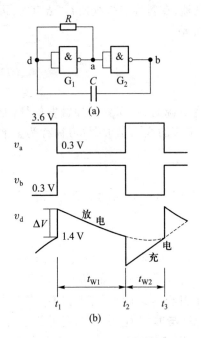

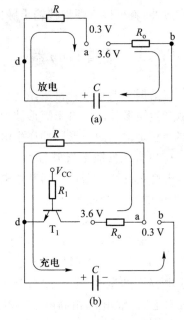

图9-2-24　电容正反馈多谐振荡器　　图9-2-25　电容 C 充、放电等效电路

（2）振荡周期的计算

① 暂稳态 I 持续时间 t_{W1} 的计算

由图9-2-24(b)可见，在 t_1^- 时刻，与非门 G_1 处于关闭，与非门 G_2 处于开态，以后电路发生翻转，在 t_1^+ 时刻，与非门 G_1 处于开态，与非门 G_2 处于关态，进入暂稳态 I。电容 C 放电，等效电路如图9-2-25(a)所示。由图9-2-24(b)和图9-2-25(a)可得暂稳态 I 的持续时间为

$$t_{W1} = t_2 - t_1 = \tau_1 \ln\left[\frac{v_d(\infty) - v_d(t_1^+)}{v_d(\infty) - v_d(t_2^-)}\right] \qquad (9\text{-}2\text{-}18)$$

其中

$$\tau_1 = (R_o + R)C$$
$$v_d(\infty) = v_a = 0.3 \text{ V} \approx 0 \text{ V}$$
$$v_d(t_2^-) = V_{th} = 1.4 \text{ V}$$
$$v_d(t_1^+) = V_{th} + \Delta V$$
$$\Delta V = \Delta V_b \approx V_{OH} - V_{OL} \approx V_{OH}$$

将上述结果代入式（9-2-18），得到

$$t_{W1} = (R_o + R)C\ln\left(\frac{V_{th} - V_{OH}}{V_{th}}\right) = (R_o + R)C\ln\left(1 + \frac{V_{OH}}{V_{th}}\right) \qquad (9-2-19)$$

② 暂稳态 II 持续时间 t_{W2} 的计算

在 t_2^- 时刻，与非门 G_1 处于开态，与非门 G_2 处于关态，在 t_2^+ 时刻，电路发生了翻转，与非门 G_1 处于关态，与非门 G_2 处于开态，进入暂稳态 II。电容 C 充电，等效电路如图 9-2-25(b) 所示。由图 9-2-24(b) 和图 9-2-25(b)，可得暂稳态 II 持续时间

$$t_{W2} = t_3 - t_2 = \tau_2 \ln\left[\frac{v_d(\infty) - v_d(t_2^+)}{v_d(\infty) - v_d(t_3^-)}\right] \qquad (9-2-20)$$

其中

$$\tau_2 = \left[(R + R_o)\,/\!/\,R_1\right]C$$

$$v_d(\infty) = v_a = V_{OH} = 3.6 \text{ V}$$

$$v_d(t_3^-) = V_{th} = 1.4 \text{ V}$$

$$v_d(t_2^+) = V_{th} + \Delta V$$

$$\Delta V = v_b(t_2^+) - v_b(t_2^-) = V_{OL} - V_{OH} = -V_{OH}$$

将上述结果代入式(9-2-20)，得到

$$t_{W2} = \left[(R_o + R)\,/\!/\,R_1\right]C\,\ln\left(\frac{2V_{OH} - V_{th}}{V_{OH} - V_{th}}\right) \qquad (9-2-21)$$

③ 振荡周期

$$T = t_{W1} + t_{W2} \qquad (9-2-22)$$

假设图 9-2-24(a) 中，$R = 1 \text{ k}\Omega$，$C = 1\,000 \text{ pF}$，则

$$t_{W1} = (R_o + R)C\ln\left(1 + \frac{V_{OH}}{V_{th}}\right) = (100 + 1\,000) \times 1\,000 \times 10^{-12}\ln\left(1 + \frac{3.6}{1.4}\right) \text{ s} =$$

$$1.1 \times 10^{-6} \times 1.27 \text{ s} = 1.4 \text{ μs}$$

$$t_{W2} = \left[(R_o + R)\,/\!/\,R_1\right]C\ln\left(\frac{2V_{OH} - V_{th}}{V_{OH} - V_{th}}\right) =$$

$$\frac{(100 + 1\,000) \times 4\,000}{100 + 1\,000 + 4\,000} \times 1\,000 \times 10^{-12}\ln\left(\frac{2 \times 3.6 - 1.4}{3.6 - 1.4}\right) \text{ s} =$$

$$0.8 \times 10^{-6} \times 0.97 \text{ s} = 0.78 \text{ μs}$$

振荡周期　　　　　$T = t_{W1} + t_{W2} = 2.18 \text{ μs}$

2. 带有 RC 定时电路的环形振荡器

带有 RC 定时电路的环形振荡器电路如图 9-2-26(a) 所示。R_s 为隔离电阻，R、C 为定时元件。其基本工作原理是利用电容 C 的充、放电过程，控制电压

v_3,从而控制**与非门**的自动开闭,形成多谐振荡。其工作波形如图 9-2-26(b)所示。工作过程如下:

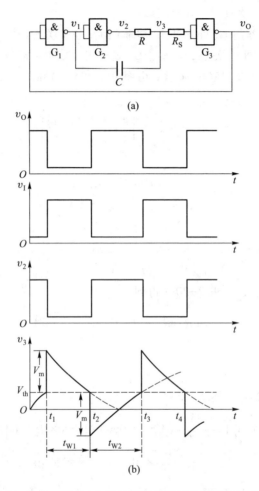

图 9-2-26   带 RC 电路的环形多谐振荡器及工作原理

（1）$t_1 \sim t_2$ 暂稳态

假设在 $t < t_1$ 时,**与非门** G_1 处于开态,**与非门** G_2 和 G_3 处于关态,输出 v_O 为高电平,如图 9-2-26(b)所示。由于 v_2 为高电平,而 v_1 为低电平,电容 C 充电。充电路径为:**与非门** G_2 输出端 $v_2 \rightarrow R \rightarrow C \rightarrow$ **与非门** G_1 输出端。充电回路如图 9-2-27(a)所示。随着 C 的充电,电压 v_3 指数上升。

当 $t = t_1$ 时,v_3 上升到**与非门** G_3 的阈值电平 V_{th},**与非门** G_3 发生翻转,输出 v_O 由高电平下跳至低电平,**与非门** G_1 发生翻转,v_1 输出由低电平上跳至高电平。通过电容 C 的耦合，v_3 也随 v_1 上跳。这样，振荡器自动翻转一次，进入 $t_1 \sim t_2$ 的暂稳态。

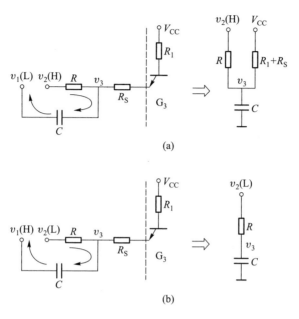

图 9-2-27　电容 C 的充、放电等效电路

当 $t \geqslant t_1$ 时，由于 v_1 为高电平，而 v_2 为低电平，电容 C 开始放电，放电路径为**与非门** G_1 输出端→C→R→**与非门** G_2 输出端。放电回路如图 9-2-27(b)所示。随着 C 的放电，电压 v_3 指数下降。只要电压 v_3 未下降到**与非门**的阈值电平 V_{th}，暂稳态就维持不变。

（2）$t_2 \sim t_3$ 暂稳态

当 $t = t_2$ 时，v_3 下降到**与非门**阈值电平 V_{th}，**与非门** G_3 由开态进入关态，输出 v_0 上跳为高电平，**与非门** G_1 由关态变为开态，其输出由高电平下跳为低电平，**与非门** G_2 由开态进入关态，输出由低电平上跳为高电平。v_1 的下跳经电容 C 耦合，使 v_3 也跟随下跳。这样，振荡器又自动翻转一次，进入 $t_2 \sim t_3$ 的暂稳态。

当 $t > t_2$ 时，与 $t < t_1$ 的状态相同，电容 C 充电，电压 v_3 指数上升，只要电压 v_3 未上升到阈值电平 V_{th}，暂稳态维持不变。

当 $t = t_3$ 时，又重复 $t = t_1$ 时的过程。

上述过程自动周期重复，形成多谐振荡。由图 9-2-26(b)所示波形及图 9-2-27 的充电、放电回路，不难求出

$$t_{W1} = (R_1 /\!/ R) C \ln\left[\frac{2V_{OH} - (V_{th} + V_{OL})}{V_{OH} - V_{th}}\right] \approx 0.98(R_1 /\!/ R)C \quad (9-2-23)$$

$$t_{W2} = RC\ln\left[\frac{V_{OH} + V_{th} - 2V_{OL}}{V_{th} - V_{OL}}\right] \approx 1.26\,RC \quad (9-2-24)$$

在 t_{W1} 和 t_{W2} 的计算公式中忽略了 TTL 门输出电阻 R_o 的影响。

由上述讨论可知,可以通过调节多谐振荡器的频率,一般以电容 C 作为粗调,电阻 R 用电位器细调。

3. 晶体稳频的多谐振荡器

在要求多谐振荡器的频率稳定度较高的情况下,可以采用晶体来稳频。图 9-2-28 给出晶体稳频的多谐振荡器的电路。与非门 G_1 和 G_2 构成多谐振荡器,与非门 G_3 作为整形电路。这个多谐振荡器与一般两级反相器组成的多谐振荡器的主要区别是在一条耦合支路中串入了石英晶体。

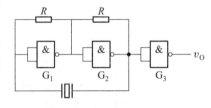

图 9-2-28   晶体稳频的多谐振荡器

石英晶体具有一个极其稳定的串联谐振频率 f_s。在这频率的两侧,晶体的电抗值迅速增大。所以,把晶体串入两级正反馈电路的反馈支路中,则振荡器只有在这个频率 f_s 时满足起振条件而起振。振荡的波形经过与非门 G_3 整形后即输出矩形脉冲波。所以,多谐振荡器的振荡频率决定于晶体的振荡频率,这就是晶体的稳频作用。这种振荡器的频率稳定度极易达到 10^{-7} 左右。

4. 由施密特触发器构成的多谐振荡器

用施密特触发器构成的多谐振荡器电路如图 9-2-29(a)所示,当接通电源时,由于 v_C 电位较低,所以输出 v_0 为高电平。此后 v_0 通过 R 对 C 充电,v_C 电位逐步上升,当 $v_C \geq V_{T+}$ 时,施密特触发器输出由高电平变为低电平。v_C 又经 R 通过 v_0 放电,v_C 电位逐步下降,当 v_C 下降至 $v_C \leq V_{T-}$ 时,施密特触发器状态又发生变化,v_0 由低电平变为高电平。这样 v_0 又通过 R 对 C 充电,使 v_C 又逐步上升,如此反复,形成多谐振荡。工作波形如图 9-2-29(b)所示。

若采用 CMOS 施密特触发器,则

$$t_{W1} = RC\ln\left(\frac{V_{DD} - V_{T-}}{V_{DD} - V_{T+}}\right) \quad (9-2-25)$$

$$t_{W2} = RC\ln\left(\frac{V_{T+}}{V_{T-}}\right) \quad (9-2-26)$$

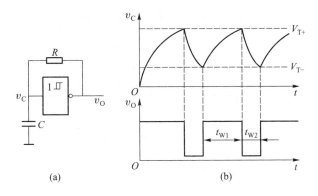

图 9-2-29　施密特触发器构成的多谐振荡器

振荡器的工作周期为

$$T = t_{W1} + t_{W2} \tag{9-2-27}$$

9.3　555 定时器及其应用

　　555 定时器是一种多用途单片集成电路,利用它可以极方便地构成施密特触发器、单稳态触发器和多谐振荡器。555 定时器使用灵活、方便,因而得到广泛应用。

9.3.1　555 定时器的电路结构

　　555 定时器电路如图 9-3-1 所示。C_1 和 C_2 为两个电压比较器,其功能是如果"+"输入端电压 v_+ 大于"−"输入端电压 v_-,即 $v_+ > v_-$ 时,则比较器输出 v_c 为高电平($v_c = 1$),反之输出 v_c 为低电平($v_c = 0$)。比较器 C_1 参考电压 $v_{1+}(V_{REF1}) = \frac{2}{3}V_{CC}$,比较器 C_2 的参考电压 $v_{2-}(V_{REF2}) = \frac{1}{3}V_{CC}$。如果 $v_{1+}(V_{REF1})$ 的外接端 v_{CO} 接固定电压 V_{CO},则 $v_{1+}(V_{REF1}) = V_{CO}$,$v_{2-}(V_{REF2}) = \frac{1}{2}V_{CO}$。与非门 G_1 和 G_2 构成基本触发器。其中输入 $\overline{R}$ 为置 0 端,低电平有效。比较器 C_1 和比较器 C_2 的输出 v_{C1}、v_{C2} 为触发信号。三极管 T_D 是集电极开路输出三极管,为外接电容提供充、放电回路,称为泄放三极管。反相器 G_3 为输出缓冲反相器,起整形和提高带负载能力的作用。

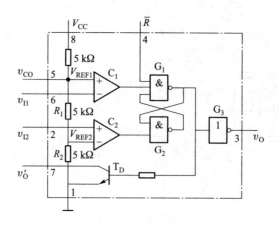

图 9-3-1　555 定时器电路结构

（点画线内的阿拉伯数字为器件外部引出端的编号）

9.3.2　用 555 定时器构成施密特触发器

用 555 定时器构成施密特触发器电路如图 9-3-2 所示。图中 $v_{CO}(5)$ 端接 0.01 μF 电容，起滤波作用，以提高比较器参考电压的稳定性。清 **0** 端 $\overline{R}(4)$ 接高电平 V_{CC}。将两比较器输入端 $v_{I1}(6)$ 和 $v_{I2}(2)$ 连在一起，作为施密特触发器的输入端。其工作波形如图 9-3-3 所示。

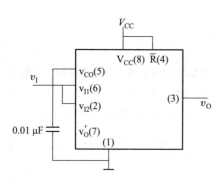

图 9-3-2　用 555 定时器构成
施密特触发器

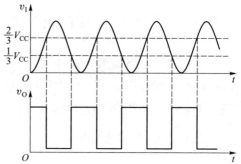

图 9-3-3　图 9-3-2 所示电路
工作波形

当 $v_I < \dfrac{1}{3} V_{CC}$ 时，对于比较器 C_1，由于 $v_{1+}(V_{REF1}) > v_{1-}(v_{I1})$，因此比较器输出 v_{C1} 为高电平；对于比较器 C_2，由于 $v_{2+}(v_{I2}) < v_{2-}(V_{REF2})$，因此，比较器输出 v_{C2} 为低

电平。这样,使基本触发器与非门 G_1 输出为低电平,输出 v_0 为高电平。

当 $\frac{1}{3}V_{CC}<v_I<\frac{2}{3}V_{CC}$ 时,对于比较器 C_1 和 C_2,都存在 $v_+>v_-$ 的关系,所以 v_{C1} 为高电平,v_{C2} 输出为高电平,状态保持不变。

当 $v_I\geqslant\frac{2}{3}V_{CC}$ 时,对于比较器 C_1,由于 $v_{1+}(V_{REF1})<v_{1-}(v_{I1})$,所以输出 v_{C1} 为低电平;对于比较器 C_2,由于 $v_{2+}(v_{I2})>v_{2-}(V_{REF2})$,所以 v_{C2} 输出为高电平。这样,使输出 $v_0=V_{OL}$,状态发生一次翻转。

v_I 由最大值逐步下降,当 v_I 下降至 $v_I\leqslant\frac{1}{3}V_{CC}$ 时,比较器 C_2 输出 v_{C2} 为低电平,使输出 $v_0=V_{OH}$,状态又发生一次翻转。

由图 9-3-2 可见,该电路可以完成波形变换等功能,其上限触发电平为

$$V_{T+}=\frac{2}{3}V_{CC} \tag{9-3-1}$$

下限触发电平为

$$V_{T-}=\frac{1}{3}V_{CC} \tag{9-3-2}$$

回差为

$$\Delta V_T=\frac{1}{3}V_{CC} \tag{9-3-3}$$

9.3.3 用 555 定时器构成单稳态触发器

图 9-3-4 所示为用 555 定时器构成的单稳态触发器的电路。图中 $\bar{R}$ 接高电平 V_{CC}。以 $v_{I2}(2)$ 端作输入触发端,v_I 的下跳沿触发。将 T_D 三极管的集电极输出端 $v_0'(7)$ 通过电阻 R 接 V_{CC},构成反相器。T_D 反相器输出端 $v_0'(7)$ 接电容 C 到地。同时 $v_0'(7)$ 和 $v_{I1}(6)$ 端连接在一起。这样,构成积分型单稳态触发器,其工作波形如图 9-3-5 所示。

开始,输入信号 $v_I=V_{CC}$,因此对比较器 C_2,$v_+>v_-$,所以输出高电平。电源 V_{CC} 通过电阻 R 对 C 充电,使 $v_{I1}(6)$ 电位上升。当 $v_{I1}(6)$ 充电至大于 $\frac{2}{3}V_{CC}$ 时,则对比较器 C_1,就出现 $v_->v_+$,所以比较器 C_1 输出低电平,使与非门 G_1 输出高电平,则输出 v_0 为低电平。同时,与非门 G_1 输出高电平使 T_D 导通,电容 C 通过

T_D 放电,当放电至小于 $\frac{2}{3}V_{CC}$ 时,比较器 C_1 输出为高电平,最后电容 C 放电至 0,这是稳定状态。

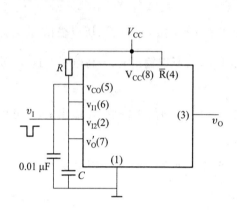

图 9-3-4　用 555 定时器构成单稳态触发器

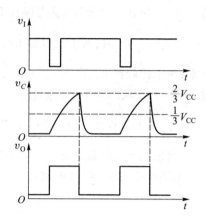

图 9-3-5　单稳态触发器工作波形

当 v_I 输入信号下降沿到达时,$v_I=0$,这样使得比较器 C_2 出现 $v_->v_+$,比较器 C_2 输出低电平,**与非门** G_2 输出高电平,使**与非门** G_1 输出低电平,这样使输出 v_o 为高电平。电路受触发发生一次翻转。

与此同时,由于**与非门** G_1 输出低电平,使 T_D 截止,则 V_{CC} 通过 R 对电容 C 充电,电路进入暂稳态。由于电容 C 的充电,使 $v_C(v_{I1})$ 电位逐步上升。当 $v_C(v_{I1}) \geqslant \frac{2}{3}V_{CC}$ 时,比较器 C_1 出现 $v_->v_+$ 的输入情况,比较器 C_1 输出 v_{C1} 为低电平,这样使**与非门** G_1 输出为高电平,电路输出 v_o 为低电平,又自动发生一次翻转,暂稳态结束。同时,由于**与非门** G_1 输出高电平,使三极管 T_D 导通,电容 C 很快通过 T_D 放电至 0,电路恢复到稳定状态。

由上分析可见,暂稳态的持续时间主要取决于外接电阻 R 和电容 C,不难求出输出脉冲的宽度 t_W 为

$$t_W = RC\ln\left(\frac{V_{CC}}{V_{CC}-\dfrac{2}{3}V_{CC}}\right) = 1.1\,RC \qquad (9\text{-}3\text{-}4)$$

通常电阻 R 取值在几百欧至几兆欧范围内,电容取值在几百皮法至几百微法,所以 t_W 对应范围可在几微秒到几分钟。

9.3.4 用 555 定时器构成多谐振荡器

图 9-3-6(a)所示为用 555 定时器构成多谐振荡器的电路。图中,$\overline{R}(4)$ 接高电平 V_{cc},$v_{co}(5)$ 连接 0.01 μF 电容,起滤波作用。将 $v_{I1}(6)$ 和 $v_{I2}(2)$ 连在一起,作为输入信号的 v_1 输入端,就构成如图 9-3-2 所示的施密特电路形式。将三极管 T_D 输出端(7)通过电阻 R_1 接到电源 V_{cc},T_D 就构成集电极开路门反相器的形式;其输出再通过 R_2C 积分电路反馈至输入 v_1,就构成了自激多谐振荡器,如图 9-3-6(a)所示,其示意图如图 9-3-6(b)所示。

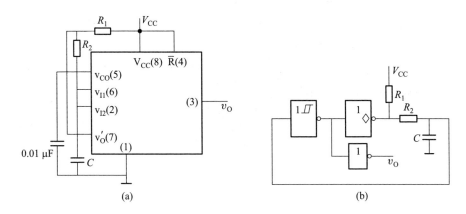

图 9-3-6 用 555 定时器构成自激多谐振荡器

在电路接通电源时,由于电容 C 还未充电,所以 v_c(即 $v_{I1}(6)$ 和 $v_{I2}(2)$)为低电平,比较器 C_1 输出 v_{C1} 为高电平,比较器 C_2 的输出 v_{C2} 为低电平,与非门 G_1 输出为低电平,电路输出 v_0 为高电平。由于与非门 G_1 输出为低电平,使三极管 T_D 截止,V_{cc} 通过电阻(R_1+R_2)对电容 C 充电,电路进入暂稳态。

在暂稳态期间,随着电容 C 的充电,v_c 电位不断升高,当 $v_c \geq \frac{2}{3}V_{cc}$ 时,比较器 C_1 输出 v_{C1} 为低电平,使与非门 G_1 输出高电平,这使电路输出 v_0 翻转为低电平,电路发生一次自动翻转。

与此同时,由于与非门 G_1 输出高电平,使三极管 T_D 导通,电容 C 通过 R_2、T_D 放电,电路进入另一暂稳态。在这一暂稳态期间,随着电容 C 的放电,使 v_c 电位逐步下降。当 v_c 下降至 $v_c \leq \frac{1}{3}V_{cc}$ 时,比较器 C_2 输出 v_{C2} 为低电平,使得与非门 G_1 输出低电平,这使电路输出 v_0 翻转为高电平,电路又一次发生自动翻转。

　　此后,由于**与非门** G_1 输出低电平,三极管 T_D 截止,电源 V_{CC} 又通过 (R_1+R_2) 对电容 C 充电,重上述电容 C 的充电过程,如此反复,形成多谐振荡。其工作波形如图 9-3-7 所示。

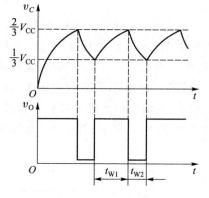

　　由上述分析,在电容充电时,暂稳态持续时间为

$$t_{W1}=0.7(R_1+R_2)C \quad (9-3-5)$$

在电容 C 放电时,暂稳态持续时间为

$$t_{W2}=0.7R_2C \quad (9-3-6)$$

因此,电路输出矩形脉冲的周期为

$$T=t_{W1}+t_{W2}=0.7(R_1+2R_2)C$$
$$(9-3-7)$$

图 9-3-7　自激多谐振荡器工作波形

输出矩形脉冲的占空比为

$$q=\frac{t_{W1}}{T}=\frac{R_1+R_2}{R_1+2R_2} \quad (9-3-8)$$

习　　题

　　9-1　图 P9-1 所示为 TTL 与非门构成的微分型单稳态电路,试画出在输入信号 v_1 作用下,a、b、d、e 各点及 v_0 的波形,求输出 v_0 的脉冲宽度。

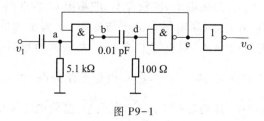

图 P9-1

　　9-2　图 P9-2 所示为 TTL 与非门构成的积分型单稳态电路,若输入 v_1 为宽度 20 μs 的脉冲,画出 a、b、d 各点及 v_0 的波形。请考虑为使积分型单稳态电路能正常工作,对输入脉冲有什么要求。

　　9-3　图 P9-3 所示为 CMOS 或非门构成的单稳态电路,试分析其工作原理,求输出脉冲宽度的公式。

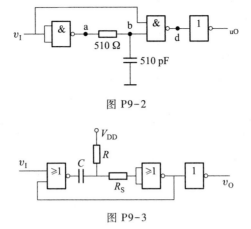

图 P9-2

图 P9-3

9-4　图 P9-4 所示为 CMOS 反相器构成的多谐振荡器,试分析其工作原理,画出 a、b 点及 v_O 的工作波形,求出振荡周期的公式。

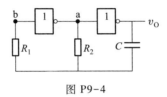

图 P9-4

9-5　图 P9-5 为一窄脉冲输入单稳态电路,试说明其工作原理。

9-6　图 P9-6 所示为一回差可调的射极耦合触发器,请分析其工作原理,并求出回差电压的近似值,说明如何调整回差电压大小。

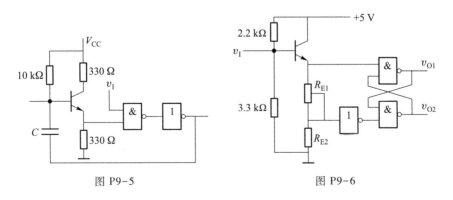

图 P9-5   图 P9-6

9-7　利用图 9-2-19 所示的集成单稳态触发器,要得到输出脉冲宽度等于 3 ms 的脉冲,外接电容 C 应为多少?(假定内部电阻 R_{int}(2 kΩ)为微分电阻。)

9-8　在使用图 9-3-4 所示的单稳态电路时,对输入脉冲的宽度有无限制? 当输入脉冲的低电平持续时间过长时,电路应如何修改?

9-9　用 555 定时器接成的施密特触发器电路如图 9-3-2 所示,试问:

(1) 当 $V_{CC} = 12$ V 而且没有外接控制电压时,V_{T+}、V_{T-} 及 ΔV_T 各为多少伏?

(2) 当 $V_{CC} = 9$ V,控制电压 $V_{CO} = 5$ V 时,V_{T+}、V_{T-} 及 ΔV_T 各为多少伏?

9-10　试用 555 定时器设计一个多谐振荡器,要求输出脉冲的振荡频率为 20 kHz,占空比等于 75%。

第 9 章自我检测题　　　　　　　　第 9 章自我检测题参考答案

第 10 章　模数转换器和数模转换器

数字系统具有很多优点,特别是包含微机的数字系统更具有高度智能化的优点,所以目前先进的信息处理和自动控制设备大都是数字系统,例如数字通信系统、数字电视及广播系统、数控系统、数字仪表等。

数字系统通常主要由三部分组成,即输入/输出接口、控制器和数据处理器,如图 10-0-1 所示。

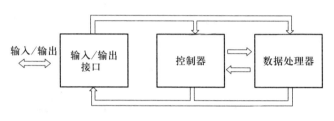

图 10-0-1　数字系统框图

输入/输出接口用于系统与外界交换信息,或用来将模拟量转化为数字量,或将数字量转化为模拟量。

控制器使数字系统内各部分协同工作。

数据处理器主要完成数据采集、存储、运算和传输等。

在数字系统内部,只能对数字信号进行处理,而实际信号大多是连续变化的模拟信号,例如电压、电流、声音、图像、温度、压力、光通量等。因此应把这些模拟量转换成数字量才能进入数字系统内进行处理(在模拟量中,除了电模拟量还有非电模拟量,对于非电模拟量还应先通过变换器或传感器,将其变换成电模拟量),这种将电模拟量转换成数字量的过程称为“模数转换”。完成模数转换的电路称为模数转换器(Analog to Digital Converter,ADC);相反,经数字系统处理后的数字量,有时又要求再转换成模拟量以便实际使用(如用来视、听),这种转换称为“数模转换”。完成数模转换的电路称为数模转换器(Digital to Analog Converter,DAC)。显然 ADC 和 DAC 是数字系统的重要接口部件。

模数转换器(ADC)、数模转换器(DAC)常用于自动检测系统、自动测控系统、数字通信系统当中。

本章将系统介绍模数、数模转换器的基本原理及常见转换电路;介绍模数、数模转换器的主要性能指标;还介绍了常用 ADC、DAC 集成芯片及其使用方法。

10.1　数模转换器(DAC)

10.1.1　数模转换原理和一般组成

1. 数模转换原理

数字系统中的数字量大多采用二进制数码,因此,DAC 输入的数字量多为二进制数。而输出的电压模拟量大小应与输入的数字量大小成正比。假设 DAC 转换比例系数为 k,则有

$$v_O = k \sum_{i=0}^{n-1} (D_i \times 2^i) \tag{10-1-1}$$

其中, $\sum_{i=0}^{n-1} (D_i \times 2^i)$ 为二进制数按位权展开转换成的十进制数值。

图 10-1-1 表示了 4 位二进制数字量与经过数模转换后输出的电压模拟量之间的对应关系。

由图 10-1-1 还可看出,两个相邻数码转换出的电压值是不连续的,两者的电压差值由最低码位所代表的位权值决定。它是信息所能分辨的最小量,用 LSB(Least Significant Bit) 表示。对应于最大输入数字量的最大电压输出值(绝对值),用 FSR(Full Scale Range)表示。图中 $1LSB = 1 \times k$ V;$FSR = 15 \times k$ V(k 为转换比例系数)。

2. DAC 的一般组成

DAC 主要由数字寄存器、模拟电子开关、位权网络、求和运算放大器和基准电压源(或恒流源)组成,如图 10-1-2 所示。

用存于数字寄存器的数字量的各位数码,分别控制对应位的模拟电子开关,使数码为 **1** 的位在位权网络上产生与其位权成正比的电流值,再由运算放大器对各电流值求和,并转换成电压值。

根据位权网络的不同,可以构成不同类型的 DAC,如权电阻网络 DAC、R-$2R$ 倒 T 形电阻网络 DAC 和单值电流型网络 DAC 等。

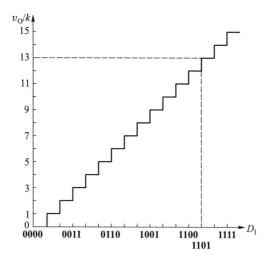

图 10-1-1 DAC 输出特性

(注:k 为转换比例系数)

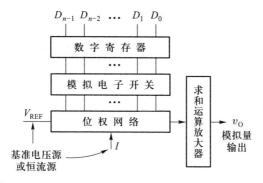

图 10-1-2 DAC 原理方框图

10.1.2 权电阻网络 DAC

1. 电路结构

4 位权电阻网络 DAC 电路如图 10-1-3 所示,由基准电压源提供基准电压 V_{REF}。存于数字寄存器的数码,作为输入数字量 $D_3D_2D_1D_0$,分别控制 4 个模拟电子开关 S_3、S_2、S_1、S_0。例如当 $D_3 = 0$ 时,电子开关 S_3 掷向右边,使电阻 R 接地;$D_3 = 1$ 时,S_3 掷向左边,使 R 与 V_{REF} 接通。构成权电阻网络的 4 个电阻值是 R、$2R$、2^2R、2^3R,称为权电阻。某位权电阻的阻值大小和该位的权值成反比,

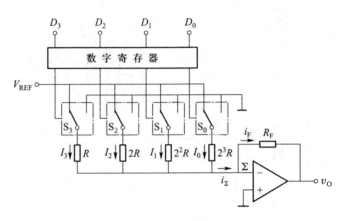

图 10-1-3   权电阻网络 DAC

如 D_2 位的权值是 D_1 的两倍 $\left(\dfrac{2^2}{2^1} = 2\right)$；而 D_2 位所对应的权电阻值是 D_1 位的 $\dfrac{1}{2}\left(\dfrac{2R}{2^2R} = \dfrac{1}{2}\right)$。

通过权电阻的电流由运算放大器求和，并转换成对应的电压值，作为模拟量输出。

2. 工作原理

运算放大器的 $\sum$ 点是虚地，该点电位总是近似为零。假设输入是 n 位二进制数，因此当任一位的 $D_i = \mathbf{0}$，$(i = 0 \sim n-1)$ 经电子开关 S_i 使该位的权电阻 $2^{n-1-i}R$ 接地时，因 $2^{n-1-i}R$ 两端电位相等，故流过该电阻的电流 $I_i = 0$，而当 $D_i = \mathbf{1}$，S_i 使该电阻接 V_{REF} 时，$I_i = \dfrac{V_{\text{REF}}}{2^{n-1-i}R}$。因此，对于受 D_i 位控制的权电阻流过的电流可写成

$$I_i = \frac{V_{\text{REF}}}{2^{n-1}R} \times 2^i \times D_i \qquad (10\text{--}1\text{--}2)$$

当 $D_i = \mathbf{0}$ 时则 $I_i = 0$，$D_i = \mathbf{1}$ 时则 $I_i = \dfrac{V_{\text{REF}}}{2^{n-1}R} \times 2^i$

再根据叠加定理，通过各权电阻的电流之和应为

$$i_{\sum} = \sum_{i=0}^{n-1} I_i = \sum_{i=0}^{n-1} \left(\frac{V_{\text{REF}}}{2^{n-1}R} \times 2^i \times D_i\right) = \frac{V_{\text{REF}}}{2^{n-1}R} \sum_{i=0}^{n-1} \left(D_i \times 2^i\right) \qquad (10\text{--}1\text{--}3)$$

因运算放大器的输入偏置电流近似为 0，故上述流入 $\sum$ 点的 $i_{\sum}$ 应等于流向

反馈电阻 R_F 的电流 i_F, 即

$$i_\Sigma = i_F$$

又因 $i_F = \dfrac{0-v_0}{R_F} = -\dfrac{v_0}{R_F}$ (注意图 10-1-3 中 i_F 的流向), 故得到输出电压

$$v_0 = -i_F R_F = -i_\Sigma R_F =$$
$$-\frac{V_{REF} R_F}{2^{n-1} R} \sum_{i=0}^{n-1} (D_i \times 2^i) \qquad (10\text{-}1\text{-}4)$$

与式(10-1-1)相比较转换比例系数 k 为

$$k = -\frac{V_{REF} R_F}{2^{n-1} R} \qquad (10\text{-}1\text{-}5)$$

该式说明输出的电压模拟量 v_0 与输入的二进制数字量 D 成正比, 完成了数模转换。改变 V_{REF} 或 R_F 可以改变输出电压的变化范围。

通常取 $R_F = \dfrac{R}{2}$, 则式(10-1-4)可简化为

$$v_0 = -\frac{V_{REF}}{2^n} \sum_{i=0}^{n-1} (D_i \times 2^i) \qquad (10\text{-}1\text{-}6)$$

权电阻网络 DAC 的转换精度取决于基准电压 V_{REF} 以及模拟电子开关、运算放大器和各权电阻值的精度。它的缺点是各权电阻的阻值都不相同, 位数多时, 其阻值相差甚远, 这给保证精度带来很大困难, 特别是对于集成电路的制作很不利, 因此在集成的 DAC 中很少单独使用该电路。

例 10-1　4 位 DAC 如图 10-1-3 所示, 设基准电压 $V_{REF} = -8$ V, $2R_F = R$, 试求输入二进制数 $D_3 D_2 D_1 D_0 = 1101$ 时, 输出的电压值以及 LSB 和 FSR 的值。

解

将 $D_3 D_2 D_1 D_0 = (1101)_2$ 代入式(10-1-6), 得

$$v_0 = -\frac{V_{REF}}{2^n} \sum_{i=0}^{n-1} (D_i \times 2^i) =$$
$$-\frac{-8}{2^4} \times (1 \times 2^3 + 1 \times 2^2 + 0 \times 2^1 + 1 \times 2^0) \text{ V} =$$
$$\frac{8}{16} \times 13 = 6.5 \text{ V}$$

将 $(0001)_2$ 代入式(10-1-6), 得

$$LSB = \frac{8}{16} \times 1 \text{ V} = 0.5 \text{ V}$$

将 $(1111)_2$ 代入式 $(10-1-6)$，得

$$FSR = \frac{8}{16} \times 15 \text{ V} = 7.5 \text{ V}$$

显然输出电压范围是 $0 \sim 7.5$ V

3. 具有双极性输出的权电阻网络 DAC

有时为了实现双极性输出，可以在图 10-1-3 的基础上，增加由 V_B 和 R_B 组成的偏移电路，通常 $V_B = -V_{REF}$，如图 10-1-4(a) 所示，即为具有双极性输出的 3 位权电阻网络 DAC。

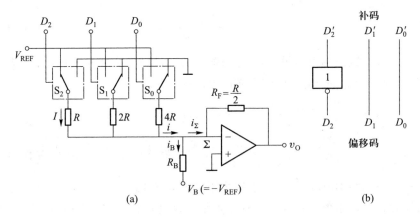

图 10-1-4   具有双极性输出的权电阻网络 DAC

由图可见，$i_\Sigma = i - i_B$，而 Σ 点为虚地，因此 $i_B = -\dfrac{V_B}{R_B}$，所以

$$i_\Sigma = \frac{V_{REF}}{2^{n-1}R} \sum_{i=0}^{n-1} (D_i \times 2^i) - \left(-\frac{V_B}{R_B} \right)$$

输出电压为

$$v_O = -i_\Sigma R_F = -\left[\frac{V_{REF}}{2^{n-1}R} \sum_{i=0}^{n-1} (D_i \times 2^i) - \left(-\frac{V_B}{R_B} \right) \right] \times R_F \qquad (10-1-7)$$

例 10-2   假设图 10-1-4(a) 所示电路中，$V_{REF} = -8$ V，$V_B = -V_{REF} = 8$ V；$R_F = \dfrac{R}{2}$，如果要使当 $D_2 D_1 D_0 = 100$ 时，输出 $v_O = 0$，求 R_B 值，并列出所有输入 3 位二进制数码所对应的输出电压值。

解

为使 $D_2 D_1 D_0 = 100$ 时，$v_O = 0$，即要求 $i = i_B (i_\Sigma = 0)$，所以应有

$$\frac{V_{\text{REF}}}{R} = -\frac{V_{\text{B}}}{R_{\text{B}}} = \frac{V_{\text{REF}}}{R_{\text{B}}}$$

即得 $R_{\text{B}} = R$；将 R_{B}，V_{REF} 及 R_{F} 代入式(10-1-7)得到

$$v_0 = -\left[-\frac{8}{2^3}\sum_{i=0}^{n-1}(D_i \times 2^i) + \frac{8}{2}\right]$$

将 $D_2 D_1 D_0$ 的二进制数代入，即可得到输出与输入的对应关系，如表10-1-1 所示。例如：$D_2 D_1 D_0 = \mathbf{011}$ 时，$v_0 = -(-1\times3+4)$ V $= -1$ V；$D_2 D_1 D_0 = \mathbf{111}$ 时，$v_0 = -(-1\times7+4)$ V $= 3$ V，其余类推。

表 10-1-1 所示 $D_2 D_1 D_0$ 码是对有符号数进行的编码，是偏移码。但在二进制算术运算中经常使用的是大家熟悉的补码。将 3 位补码与表 10-1-1 中的 3 位偏移码比较就会发现，只有补码的符号位与偏移码的对应 D_2 的码值反相(**0**、**1** 颠倒)，其他位均相同，因此只要将补码的符号位反一次相，即可转换成偏移码，将补码转换为偏移码的电路如图 10-1-4(b)所示。

表 10-1-1　图 10-1-4 所示电路的输入与输出

D_2	D_1	D_0	v_0/V
0	**0**	**0**	−4
0	**0**	**1**	−3
0	**1**	**0**	−2
0	**1**	**1**	−1
1	**0**	**0**	0
1	**0**	**1**	1
1	**1**	**0**	2
1	**1**	**1**	3

10.1.3 $R-2R$ 倒 T 形电阻网络 DAC

1. 电路结构

图 10-1-5 是 4 位 $R-2R$ 倒 T 形电阻网络 DAC 的电路原理图，图中的位权网络是 $R-2R$ 倒 T 形电阻网络。它由若干个相同的 R、$2R$ 网络节组成，每节对应于一个输入位。节与节之间串接成倒 T 形网络。

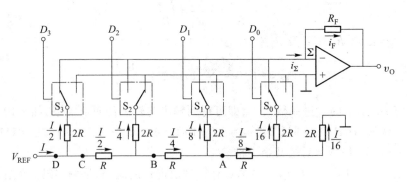

图 10-1-5 4 位 R-$2R$ 倒 T 形电阻网络 DAC

2. 工作原理

因运算放大器的 $\sum$ 点为虚地, 故不论输入数字量 D 为何值, 也就是不论电子开关掷向左边还是右边, 对于 R-$2R$ 电阻网络来说, 各 $2R$ 电阻的上端都相当于接地, 所以从网络的 A、B、C 点分别向右看的对地电阻都为 $2R$, 因此在网络中的电流分配应该如图中的标注, 即由基准电源 V_{REF} 流出的总电流 I, 每经过一个 $2R$ 电阻就被分流一半, 这样流过 4 个 $2R$ 电阻的电流分别是 $\dfrac{I}{2}$、$\dfrac{I}{4}$、$\dfrac{I}{8}$、$\dfrac{I}{16}$。这 4 个电流是流入地, 还是流向运算放大器, 由输入数字量 D 所控制的电子开关 S 决定。故流向运算放大器的总电流是

$$i_{\sum} = \frac{I}{2}D_3 + \frac{I}{4}D_2 + \frac{I}{8}D_1 + \frac{I}{16}D_0 \qquad (10\text{-}1\text{-}8)$$

式中 D_i 为二进制代码, 为 **0** 或为 **1**(以下类同)。

又因为从 D 点向右看的对地电阻为 R, 所以总电流 I 为

$$I = \frac{V_{REF}}{R}$$

代入式(10-1-8)得

$$i_{\sum} = \frac{V_{REF}}{2^4 R}(2^3 D_3 + 2^2 D_2 + 2^1 D_1 + 2^0 D_0)$$

输出电压 v_O 为

$$v_O = -i_F R_F = -i_{\sum} R_F = \qquad (\text{因 } i_F = i_{\sum})$$

$$-\frac{V_{REF} R_F}{2^4 R}(2^3 D_3 + 2^2 D_2 + 2^1 D_1 + 2^0 D_0)$$

DAC 为 n 位时,有

$$v_0 = -\frac{V_{REF}R_F}{2^nR}(2^{n-1}D_{n-1}+2^{n-2}D_{n-2}+\cdots+2^1D_1+2^0D_0) =$$

$$-\frac{V_{REF}R_F}{2^nR}\sum_{i=0}^{n-1}(D_i\times2^i) \qquad (10-1-9)$$

式(10-1-9)表明输出模拟量 v_0 与输入数字量 D 成正比,转换比例系数 $k = -\frac{V_{REF}R_F}{2^nR}$。输出电压的变化范围同样可以用 V_{REF} 和 R_F 来调节。

一般 R-$2R$ 倒 T 形电阻网络 DAC 集成片都使 $R_F=R$,因此式(10-1-9)可简化为

$$v_0 = -\frac{V_{REF}}{2^n}\sum_{i=0}^{n-1}(D_i\times2^i) \quad (R_F=R) \qquad (10-1-10)$$

由于模拟电子开关在状态改变时,都设计成按"先通后断"的顺序工作,使 $2R$ 电阻的上端总是接地或接虚地,而没有悬空的瞬间,即 $2R$ 电阻两端的电压及流过它的电流都不随开关掷向的变化而改变,故不存在对网络中寄生电容的充放电现象,而且流过各 $2R$ 电阻的电流都是直接流入运算放大器输入端的,所以提高了工作速度。和权电阻网络比较,由于它只有 R、$2R$ 两种阻值,从而克服了权电阻阻值多,且阻值差别大的缺点。因而 R-$2R$ 倒 T 形电阻网络 DAC 是工作速度较快、应用较多的一种。

10.1.4　单值电流型网络 DAC

上述两种 DAC 都为电压型,它们都是利用电子开关将基准电压接到电阻网络中去的,由于电子开关存在导通电阻和导通压降,而且各开关的导通电阻和导通压降值也各不相同,不可避免要引起转换误差;而电流型 DAC 则是将恒流源切换到电阻网络中,恒流源内阻极大,相当于开路,所以连同电子开关在内,对它的转换精度影响都比较小,又因电子开关大多采用非饱和型的 ECL 开关电路,使这种 DAC 可以实现高速转换。

4 位单值电流型网络 DAC 的原理电路如图 10-1-6 所示。当数字量中的某一位 $D_i=1$ 时,模拟电子开关 S_i 使恒流源 I 与电阻网络的对应节点接通;$D_i=0$ 时,开关使恒流源接地。各位恒流源的电流相同,都为 I,所以称为单电流型网络。

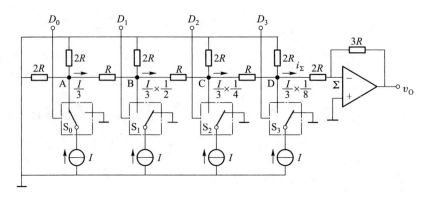

图 10-1-6   单值电流型网络 DAC

电阻网络的任一个节点(A、B、C、D),其三个支路的对地电阻值均为 $2R$,所以某一节点接通恒流源时,电流都会被三个支路三等分,即支路电流为 $\dfrac{I}{3}$,此电流不断向右传递,每经过一个节点又被二等分,所以当只有 S_0 使恒流源与节点 A 接通时,电阻网络的电流分配如图所注,$i_\Sigma = \dfrac{I}{3} \times \dfrac{1}{8}$;同理,当只有 S_1 或 S_2 或 S_3 使恒流源分别与节点 B、C、D 接通时,i_Σ 分别为 $\dfrac{I}{3} \times \dfrac{1}{4}$、$\dfrac{I}{3} \times \dfrac{1}{2}$、$\dfrac{I}{3} \times \dfrac{1}{1}$,利用叠加定理,在输入任意数字量时,$i_\Sigma$ 应为

$$i_\Sigma = \frac{I}{3}\left[D_3 \times \left(\frac{1}{2}\right)^0 + D_2 \times \left(\frac{1}{2}\right)^1 + D_1 \times \left(\frac{1}{2}\right)^2 + D_0 \times \left(\frac{1}{2}\right)^3 \right] =$$

$$\frac{I}{3} \times \frac{1}{2^3}\left(D_3 \times 2^3 + D_2 \times 2^2 + D_1 \times 2^1 + D_0 \times 2^0 \right)$$

$$v_0 = -3Ri_\Sigma = -\frac{2RI}{2^4}\left(D_3 \times 2^3 + D_2 \times 2^2 + D_1 \times 2^1 + D_0 \times 2^0 \right)$$

对于 n 位 DAC 有

$$v_0 = -\frac{2RI}{2^n} \sum_{i=0}^{n-1} \left(D_i \times 2^i \right) \tag{10-1-11}$$

除了单值电流型网络 DAC 外,还有权电流型网络 DAC,它的结构与图 10-1-3 所示的权电阻网络 DAC 基本相同,不同的是权电阻换成了权电流。

10.1.5　集成 DAC 及其应用举例

随着集成芯片制造技术的不断提高,DAC 集成片在集成度上除了增加位数外,还不断将 DAC 的外围器件集成到芯片内部,诸如内设基准电压源、缓冲寄存器、运算放大器等输出电压转换电路及其控制电路,从而提高了 DAC 集成片的性能、丰富了芯片的品种,并且方便了使用。例如:5G7520(无寄存缓冲,10 位,早期产品),AD7524(一级寄存缓冲,8 位),DAC0832(两级寄存缓冲,8 位),AD7546(分段,16 位),AD9768(电流型网络,8 位,内置基准电压源),AD7534(数据串行输入,12 位),DAC MAX548(数据串行输入,8 位、双寄存缓冲、双路 DAC、双路电压输出、内置基准电压源)。

其中,AD7546(16 位)是高精度 DAC 集成片,由于微分线性好,可以在高信噪比下工作,是数字音频系统的常用芯片。而 AD9768 是高速电流型网络 DAC 芯片,常用于需要高反应速度的场合。

1. DAC 集成片 AD7524 简介

AD7524 是采用 R-$2R$ 倒 T 形电阻网络的 8 位 CMOS DAC 集成片,功耗只有 20 mW,供电电压 V_{DD} 可在 +5～+15 V 范围内选择,基准电压可正、可负,该电压的极性改变时,输出电压极性也相应改变。该集成片的转换非线性误差不大于 ±0.05%。

图 10-1-7(a)所示为 AD7524 的内部结构和引脚。片内含有能够寄存数据的 8D 锁存器、8 个模拟电子开关、8 位倒 T 形电阻网络和运算放大器的反馈电阻 R_F,且使 $R_F=R$。图 10-1-7(b)点画线框内所示的电路是一个 CMOS 模拟电子开关(S_i),当输入 D_i 为 **1** 时,NMOS 管 T_1 导通、T_2 截止,使 $2R$ 支路的电流流向 OUT_1 端;D_i 为 **0** 时,T_1 截止、T_2 导通,$2R$ 支路的电流流向 OUT_2 端。

该片的主要引脚有:

V_{DD}(供电电源正端);GND(地端);V_{REF}(基准电源端);R_F(反馈电阻端);D_7～D_0(数据输入端);OUT_1、OUT_2(R-$2R$ 电阻网络的电流输出端);$\overline{CS}$(片选端);$\overline{WR}$(写输入控制端)。

当 $\overline{CS}=\overline{WR}=0$ 时,输入数据 D_7～D_0 可以存入 8D 锁存器;$\overline{CS}$ 和 $\overline{WR}$ 不同时为 **0** 时,不能写入数据,锁存器保持原存数据不变。$2R$ 支路的电流经模拟电子开关流向电流输出端 OUT_1、OUT_2。OUT_1 通常外接运算放大器的负输入端;OUT_2 接地。

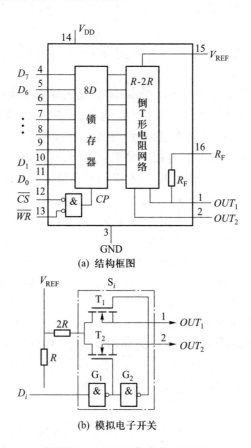

(a) 结构框图

(b) 模拟电子开关

图 10-1-7 DAC 集成片 AD7524

2. AD7524 应用举例

该芯片的应用很广泛,除了用于数模转换(包括微机的数模转换接口)的典型应用外,还可用它构成数控电压或电流源、数字衰减器、数控增益放大器、频率合成器、可编程有源滤波器、数控频率波形发生器等。下面只举两个应用实例。

实例 1 AD7524 用于数模转换。

选用 AD7524 和运算放大器 μA741 接成图 10-1-8 所示的电路,图中电位器 R_{P1}、R_{P2}、R_{P3} 用于电路校准。使 $\overline{CS}$ 和 $\overline{WR}$ 同时为 **0**,即可从 $D_7 \sim D_0$ 端输入数据。

当输入最小数字量 **00000000** 时,输出的电压模拟量应为 0,若不为 0,可调节调零电位器 R_{P3},使输出为 0,这一调节过程称为零点校准。

当输入最大数字量 **11111111** 时,输出电压应为

$$v_{O\max} = -\frac{V_{REF}}{2^n}(2^n-1) = \frac{10}{256} \times 255 \text{ V} = 9.96 \text{ V} (FSR)$$

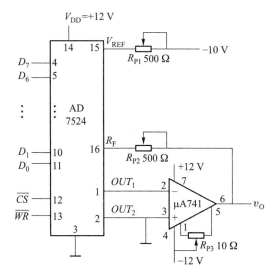

图 10-1-8 用 AD7524 构成 DAC

若实测值小于 9.96 V,可调节 R_{P2},使它的阻值从 0 慢慢加大,以增大反馈电阻(R_F+R_{P2}),提高运算放大器的放大倍数,使 v_{Omax} 上升到 9.96 V;若实测输出值大于 9.96 V,可增大 R_{P1} 的阻值,以降低 V_{REF},使 v_{Omax} 下降。这一调节过程称为增益校准。

该 DAC 的输出电压范围是 0~9.96 V,可输出 $2^n=256$ 个电压值,相邻电压的差值是

$$1\ \text{LSB} = \frac{10}{256} \times 1\ \text{V} = 39.1\ \text{mV}$$

实例 2 用 AD7524 构成数字衰减器。

数字衰减器如图 10-1-9 所示,由于 AD7524 的 V_{REF} 端改接了衰减器的输入电压端 v_I,而且在输出端多加了一个缓冲反相器 A_2,故输出电压为

$$v_O = \frac{v_I}{2^8} \sum_{i=0}^{7} (D_i \times 2^i)$$

衰减器的衰减倍数为

$$\frac{v_I}{v_O} = \frac{2^8}{\displaystyle\sum_{i=0}^{7} (D_i \times 2^i)}$$

可见改变数字量 D 可以改变衰减倍数,例如:输入数字量 **00000100**,则衰减倍数是 64;输入 **00010000**,则衰减倍数是 16。

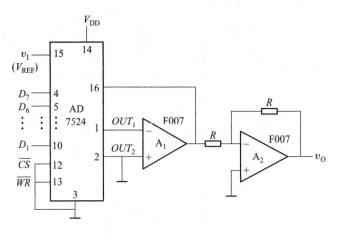

图 10-1-9 数字衰减器

10.1.6 DAC 的转换精度与转换速度

1. 转换精度

在 DAC 中一般用分辨率和转换误差来描述转换精度。

（1）分辨率

一般用 DAC 的位数来衡量分辨率的高低,因为位数越多,其输出电压 v_0 的取值个数就越多（2^n 个）,也就越能反映出输出电压的细微变化,分辨能力就越高。

此外,也可以用 DAC 能分辨出来的最小输出电压 1 LSB 与最大输出电压 FSR 之比定义分辨率。即

$$分辨率 = \frac{1\ \text{LSB}}{\text{FSR}} = \frac{k}{k(2^n-1)} = \frac{1}{2^n-1}$$

该值越小,分辨率越高。例如 AD7524 的分辨率是 8 位,也可以表示为

$$分辨率 = \frac{1}{2^n-1} = \frac{1}{255} \approx 0.004$$

（2）转换误差

DAC 电路各部分的参数不可避免地存在误差,因而引起转换误差,它也必然影响转换精度。

转换误差是指实际输出的模拟电压与理想值之间的最大偏差。常用这个最

大偏差与 FSR 之比的百分数或若干个 LSB 表示。实际它是三种误差的综合指标。

① 非线性误差(非线性度)

图 10-1-10 画出了输入数字量与输出模拟量之间的转换关系。对于理想的 DAC,各数字量与其相应模拟量的交点,应落在图中的理想直线上。但对于实际的 DAC,这些交点会偏离理想直线,产生非线性误差,见图中的实际曲线。在 DAC 的零点和增益均已校准的前提下,实际输出的模拟电压与理论值之间的最大偏差和 FSR 之比的百分数,是 DAC 的非线性误差指标。该值越大,数模转换的非线性误差越大。

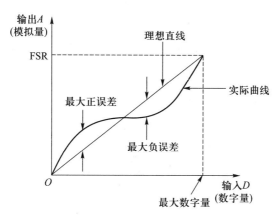

图 10-1-10 非线性误差

非线性误差也可用若干个 LSB 表示,例如 AD7524 的非线性误差为 ±0.05%,所以

$$最大正、负误差 = ±0.05\% \times FSR =$$
$$±0.05\% \times (2^8 - 1) \times LSB =$$
$$±0.127\ 5 \times LSB \approx$$
$$±\frac{1}{8} LSB$$

因此也可以说 AD7524 的非线性误差为 $±\frac{1}{8}$ LSB。一般要求 DAC 的非线性误差要小于 $±\frac{1}{2}$ LSB。

AD7524 产生非线性误差的原因是:模拟电子开关的导通电阻和导通压降以及 R、$2R$ 电阻值的偏差。因这些偏差是随机的,故以非线性误差的形式反映在输出电压上。

② 漂移误差(平移误差)

漂移误差是由运算放大器的零点漂移造成的。若因零点漂移在输出端产生误差电压 Δv_{01},则漂移误差 $= -\dfrac{\Delta v_{01}}{\text{FSR}}\%$,或用若干个 LSB 表示。

误差电压 Δv_{01} 与数字量的大小无关,它只把图 10-1-10 中的理想直线向上或向下平移,并不改变其线性,因此它也称为平移误差。

可用零点校准消除漂移误差,但不能在整个温度范围内都获得校准。

③ 增益误差(比例系数误差)

在零点校准后,求得理论 FSR 与其实测值的偏差 Δv_0,则增益误差 $= \dfrac{\Delta v_0}{\text{FSR}}\%$,或用若干个 LSB 表示。它主要是由基准电压 V_{REF} 和运算放大器增益不稳定造成的。

对于 $R-2R$ 倒 T 形电阻网络 DAC,因 V_{REF} 不稳定产生的误差电压由式 (10-1-10) 可知为

$$\Delta v_{02} = \frac{\Delta V_{\text{REF}}}{2^8} \sum_{i=0}^{n-1} (D_i \times 2^i)$$

因运算放大器增益不稳定引起的误差电压由式(10-1-9)可知为

$$\Delta v_{03} = \frac{V_{\text{REF}}}{2^8} \left(\Delta \frac{R_{\text{F}}}{R} \right) \sum_{i=0}^{n-1} (D_i \times 2^i)$$

$$\Delta v_0 = \Delta v_{02} + \Delta v_{03}$$

Δv_0 与数字量成正比,因此它只改变图 10-1-10 中理想直线的斜率,并不破坏线性。

由于 Δv_0 是由 V_{REF} 和 $\dfrac{R_{\text{F}}}{R}$ 不稳定造成的,所以增益校准只能暂时消除增益误差。

目前 DAC 集成片有两类,一类在片内包含运算放大器和基准电压源产生电路;另一类不包含这些电路。在选用后一类集成片时,应注意合理地确定对基准电压源稳定度和运算放大器零点漂移的要求。

2. 转换速度

转换速度一般由建立时间决定。从输入由全 **0** 突变为全 **1** 时开始,到输出电压稳定在满值(FSR)的规定误差范围$\left(\text{一般为 FSR} \pm \dfrac{1}{2}\text{LSB}\right)$内为止,这段时

间称为建立时间,它是 DAC 的最大响应时间,所以用它衡量转换速度的快慢。例如 10 位 DAC 5G7520 的建立时间不大于 500 ns。

10.2 模数转换器(ADC)

10.2.1 模数转换基本原理

由于模拟信号在时间上和量值上是连续的,而数字信号在时间上和量值上都是离散的,所以进行模数转换时,先要按一定的时间间隔对模拟电压值取样,使它变成时间上离散的信号。然后将取样电压值保持一段时间,在这段时间内,对取样值进行量化,使取样值变成离散的量值,最后通过编码,把量化后的离散量值转换成数字量输出。这样,经量化、编码后的信号就成了时间和量值都离散的数字信号了。显然,模数转换一般要分取样、保持和量化、编码两步进行。

1. 取样、保持

图 10-2-1(b)所示的 v_I 是输入的模拟信号。图(c)所示的 $S(t)$ 是取样脉冲,T_s 是取样脉冲周期,t_W 是取样脉冲持续时间。用 $S(t)$ 控制图(a)所示的模拟开关,在 t_W 时间内,$S(t)$ 使开关接通,输出 $v_s = v_I$;在 $(T_s - t_W)$ 时间,$S(t)$ 使开关断开,$v_s = 0$。v_I 经开关取样后,其输出 v_s 的波形如图(d)所示。

可见取样就是对模拟信号周期性地抽取样值,使模拟信号变成时间上离散的脉冲串,但其取样值仍取决于取样时间内输入模拟信号的大小。

取样脉冲的频率 $f_s \left(\dfrac{1}{T_s} \right)$ 越高,取样越密,取样值就越多,其取样信号 v_s 的包络线也就越接近于输入信号的波形。取样定理指出:当取样频率 f_s 不小于输入模拟信号频谱中最高频率 f_{Imax} 的两倍,即 $f_s \geqslant 2f_{Imax}$ 时,取样信号 v_s 才可以正确地反映输入信号,或者说,在满足上式的条件下,将 v_s 通过低通滤波器,就可以使它无失真地还原成输入模拟信号 v_I。一般取 $f_s = (2.5 \sim 3)f_{Imax}$,例如话音信号的 $f_{Imax} = 3.4$ kHz,一般取 $f_s = 8$ kHz。

对于变化较快的模拟信号,其取样值 v_s 在脉冲持续时间内会有明显变化(如图 10-2-1(d)所示,波形顶部不平),所以不能得到一个固定的取样值进行量化,为此要利用图 10-2-2(a)所示的取样-保持电路对 v_I 进行取样、保持。在 $S(t) = 1$ 的取样时间(t_W)内,使场效应管导通,由于对电容 C 的充电时间常数远远小于 t_W,使 C 上的电压,在 t_W 时间内,能跟随输入信号 v_I 变化,而运算放大器

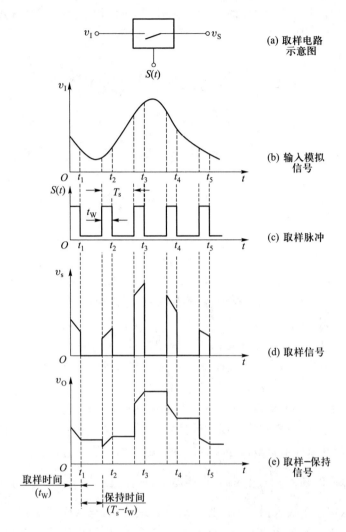

图 10-2-1　取样、保持

A 接成电压跟随器,所以有 $v_O = v_I$；在 $S(t) = 0$ 的保持时间内,场效应管关断,由于电压跟随器的输入阻抗很高,存储在 C 中的电荷很难泄漏,使 C 上的电压保持不变,从而使 v_O 保持取样结束时 v_I 的瞬时值,形成图 10-2-1(e)所示的 v_O 波形。波形中出现的 5 个幅度不等的“平台”,分别等于 $t_1 \sim t_5$ 时刻 v_I 的瞬时值,这 5 个瞬时值才是要转换成数字量的取样值。所以,量化、编码电路也要由取样脉冲 $S(t)$ 控制,使它分别在 t_1、$\cdots$、t_5、$\cdots$ 时刻开始对 v_O 转换,也就是在保持时间 $(T_s - t_W)$ 内完成量化、编码。

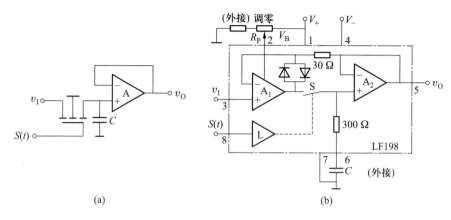

图 10-2-2 取样–保持电路

目前取样–保持电路都已集成化,LF198 就是其中之一,如图 10-2-2(b)所示。图中 S 是模拟电子开关,L 是开关的驱动电路,A_1、A_2 是运算放大器。为提高运算放大器 A_2 的输入阻抗,在其输入级使用了场效应管。

当取样脉冲输入端 $S(t) = 1$ 时,S 接通,A_1、A_2 组成电压跟随器,$v_0 = v_1$;$S(t) = 0$ 时,S 断开,由于 A_2 接成电压跟随器,输入级又有场效应管,输入阻抗极高,使 C 上的电压保持不变,输出电压也不变。

另外,V_B 端是偏置输入端,调整 R_P 可以校准输出电压的零点,使 $v_1 = 0$ 时,$v_0 = 0$。

2. 量化、编码

模拟信号经取样、保持而抽取的取样电压值,就是在 t_1、t_2、$\cdots$、t_5、$\cdots$ 时刻 v_1 的瞬时值,这些值的大小,仍属模拟量范畴,由于任何一个数字量的大小只能是某个最小数量单位(LSB)的整数倍,因此用数字量表示取样电压值时,先要把取样电压化为这个最小单位的整数倍,这一转换过程称为量化,所取的最小单位称为量化单位,用 Δ 表示,$\Delta = 1$ LSB。然后把量化的结果再转化为对应的代码,如二进制码、二–十进制码等,称为编码。

下面具体对 $0 \sim 7.5$ V 的模拟电压 v_1 进行量化编码,将其转换成 3 位二进制数码。因 3 位二进制数有 8 个数值,所以应将 $0 \sim 7.5$ V 的模拟电压分成 8 个量化级,每级规定一个量化值,并对应该值编以二进制码。可规定 $0 \leqslant v_1 < 0.5$ V 为第 0 级,量化值为 0 V,编码 **000**;$0.5 \leqslant v_1 < 1.5$ V 为第 1 级,量化值为 1 V,编码 **001**;最后 $6.5 \leqslant v_1 < 7.5$ V 为第 7 级,编码 **111**,如图 10-2-3 所示。

凡落在某一量化级范围内的模拟电压都取整归并到该级量化值上,例如

4.5 V的输入电压,应量化到量化值 5 V 上,而 4.49 V 则应量化到量化值 4 V 上,即采用四舍五入的方法量化取整。而两个相邻量化值之间的差为量化单位 Δ,$1\Delta = 1\,V = 1\,LSB$。各量化值都为 Δ 的整数倍。然后将这些量化值转换成对应的 3 位二进制数。

v_I 的对应数字量可由下式求出

$$(N)_{10} = \left(\frac{v_I}{\Delta}\right)_{四舍五入} \tag{10-2-1}$$

再将 $(N)_{10}$ 换算成二进制数。

由于量化过程中四舍五入的结果,必然造成实际输入电压值与量化值之间的偏差,如输入 4.5 V 与其量化值 5 V 之间偏差 0.5 V;而输入 4.49 V 与其量化值 4 V 之间差 0.49 V。这种偏差称为量化误差。按上述四舍五入的量化方法,其最大量化误差为 $\dfrac{\Delta}{2}$。另一种量化的方法是舍去小数法,用下式计算:

$$(N)_{10} = \left(\frac{v_I}{\Delta}\right)_{舍去小数} \tag{10-2-2}$$

这种方法的最大量化误差为 Δ。显然这种量化方法的量化误差较前一种要大。例如 $v_I = 0 \sim 8\,V$,按舍去小数法进行量化,如图 10-2-4 所示,图中量化单位 $\Delta = 1\,V$,最大量化误差 $= \Delta = 1\,V$。

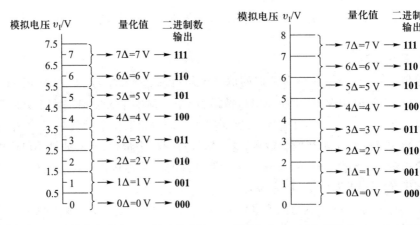

图 10-2-3   量化方法之一   四舍五入法   图 10-2-4   量化方法之二   舍去小数法

完成量化编码工作的电路是 ADC。ADC 种类很多,按工作原理的不同,可分成间接 ADC 和直接 ADC。间接 ADC 是先将输入模拟电压转换成时间或频率,然后再把这些中间量转换成数字量,常用的有中间量是时间的双积分型

ADC;直接 ADC 则直接将输入模拟电压转换成数字量,常用的有并联比较型 ADC 和逐次逼近型 ADC。下面分别介绍。

10.2.2 并联比较型 ADC

1. 电路结构

图 10-2-5 是 3 位并联比较型 ADC 的原理电路图,它由下列四部分组成。

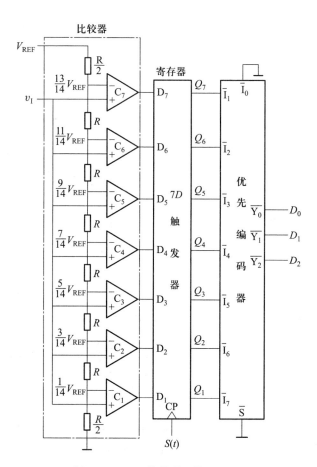

图 10-2-5 3 位并联比较型 ADC

比较器:由 7 个电压比较器组成,各电压比较器的"+"输入端都接输入电压 v_I,而它的"-"输入端接一定值的比较电压 V_R,当 $v_I \geq V_R$ 时,比较器输出 **1**,$v_I < V_R$ 时,输出 **0**。

分压电阻链:由 8 个电阻组成,两端的电阻为 $\dfrac{R}{2}$,中间 6 个电阻都为 R,比较电压 V_R 由基准电压 V_{REF} 经该电阻链分压获得。所分得的 7 个 V_R 分别为 $\dfrac{1}{14}V_{REF}$、$\dfrac{3}{14}V_{REF}$、$\dfrac{5}{14}V_{REF}$、$\dfrac{7}{14}V_{REF}$、$\dfrac{9}{14}V_{REF}$、$\dfrac{11}{14}V_{REF}$、$\dfrac{13}{14}V_{REF}$。

寄存器:由 7 个 D 触发器组成,用取样脉冲 $S(t)$ 的上升沿触发。

优先编码器:为 8 线-3 线优先编码器,其输入、输出端均为低电平有效。

2. 工作原理

当取样脉冲 $S(t)=0$ 时,由取样—保持电路提供一个稳定的取样电压值,作为 v_1 送入比较器,使它在保持时间内进行量化。然后将量化的值,在 $S(t)$ 上升沿来到时送入 D 触发器寄存,并由优先编码器产生相应的二进制数码输出。具体量化、编码过程如下:

由于 v_1 直接送到各比较器的"+"端,所以若 v_1 在 $0 \leqslant v_1 < \dfrac{1}{14}V_{REF}$ 范围内,则所有比较器都输出 **0**,即量化值为 0,在 $S(t)$ 触发后,各触发器的输出 $Q_7 Q_6 \cdots Q_1 =$ **0000000**;若 v_1 在 $\dfrac{1}{14}V_{REF} \leqslant v_1 < \dfrac{3}{14}V_{REF}$ 范围内,则只有比较器 C_1 输出 **1**,即量化值为 $1 \times \dfrac{1}{7}V_{REF}$,待 $S(t)$ 触发后,使 $Q_7 Q_6 \cdots Q_1 =$ **0000001**。依此类推,可以获得 v_1 在 $0 \sim \dfrac{15}{14}V_{REF}$ 范围内变化时,各触发器的状态,如表 10-2-1 所示。各寄存器的输出直接送入优先编码器的 7 个输入端 $\overline{I}_1 \sim \overline{I}_7$($I_0$ 接地)。根据优先编码器的逻辑功能,可得到编码器的对应编码输出 $D_2 D_1 D_0$(见表 10-2-1)。

表 10-2-1 3 位并联 ADC 的量化编码表

v_1 输入范围	$Q_7 \; Q_6 \; Q_5 \; Q_4 \; Q_3 \; Q_2 \; Q_1$	$D_2 \; D_1 \; D_0$	量化值
$0 \leqslant v_1 < \dfrac{1}{14}V_{REF}$	**0 0 0 0 0 0 0**	**0 0 0**	0
$\dfrac{1}{14}V_{REF} \leqslant v_1 < \dfrac{3}{14}V_{REF}$	**0 0 0 0 0 0 1**	**0 0 1**	$\dfrac{1}{7}V_{REF}$
$\dfrac{3}{14}V_{REF} \leqslant v_1 < \dfrac{5}{14}V_{REF}$	**0 0 0 0 0 1 1**	**0 1 0**	$\dfrac{2}{7}V_{REF}$
$\dfrac{5}{14}V_{REF} \leqslant v_1 < \dfrac{7}{14}V_{REF}$	**0 0 0 0 1 1 1**	**0 1 1**	$\dfrac{3}{7}V_{REF}$

v_1 输入范围	Q_7 Q_6 Q_5 Q_4 Q_3 Q_2 Q_1	D_2 D_1 D_0	量化值
$\dfrac{7}{14}V_{REF} \leqslant v_1 < \dfrac{9}{14}V_{REF}$	**0 0 0 1 1 1 1**	**1 0 0**	$\dfrac{4}{7}V_{REF}$
$\dfrac{9}{14}V_{REF} \leqslant v_1 < \dfrac{11}{14}V_{REF}$	**0 0 1 1 1 1 1**	**1 0 1**	$\dfrac{5}{7}V_{REF}$
$\dfrac{11}{14}V_{REF} \leqslant v_1 < \dfrac{13}{14}V_{REF}$	**0 1 1 1 1 1 1**	**1 1 0**	$\dfrac{6}{7}V_{REF}$
$\dfrac{13}{14}V_{REF} \leqslant v_1 < \dfrac{15}{14}V_{REF}$	**1 1 1 1 1 1 1**	**1 1 1**	$\dfrac{7}{7}V_{REF}$

由表看出,比较器将 v_1 划分成 8 个量化级,并以四舍五入法进行量化。其量化单位 $\Delta = \dfrac{1}{7}V_{REF} = \dfrac{1}{2^3-1}V_{REF}$,量化误差 $\dfrac{\Delta}{2} = \dfrac{1}{14}V_{REF}$。

若令 $V_{REF} = 7$ V,则量化的具体值与图 10-2-3 所示完全一样。

注意:如果输入电压范围超出正常范围,即 $v_1 > V_m = \dfrac{15}{14}V_{REF}$,7 个比较器仍然都输出 **1**,ADC 输出 **111** 不变,而进入"饱和"状态,不能正常转换。

该并联比较型 ADC 对应于 v_1 的数字量可由式(10-2-1)求出,式中

$$\Delta = \frac{1}{2^3-1}V_{REF}$$

若输出 n 位数字量,则

$$\Delta = \frac{1}{2^n-1}V_{REF} \tag{10-2-3}$$

由于并联比较型 ADC 采用各量级同时并行比较,各位输出码也是同时并行产生,所以转换速度快是它的突出优点,同时转换速度与输出码位的多少无关。集成片 TDC1007J 型 8 位并联比较型 ADC 的转换速率可达 30 MHz,而 SDA5010 型 6 位超高速并联比较型 ADC 的转换速率高达 100 MHz。

并联比较型 ADC 的缺点是成本高、功耗大。因为 n 位输出的 ADC,需要 2^n 个电阻,(2^n-1)个比较器和 D 触发器,以及复杂的编码网络,其元件数量随位数的增加,以几何级数上升。所以这种 ADC 适用于要求高速、低分辨率的场合。

10.2.3　逐次逼近型 ADC

逐次逼近型 ADC 是另一种直接 ADC,它也产生一系列比较电压 v_R,但与并联比较型 ADC 不同,它是逐个产生比较电压,逐次与输入电压分别比较,以逐渐逼近的方式进行模数转换的。

1. 电路组成及各部分的作用

图 10-2-6 是 3 位逐次逼近型 ADC 的原理方框图。它由五部分组成。

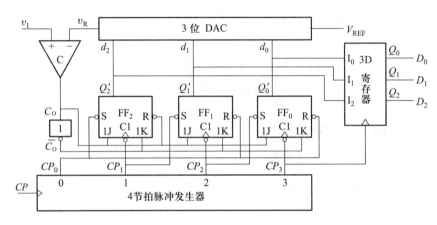

图 10-2-6　3 位逐次逼近型 ADC

DAC:它的作用是按不同的输入数码产生一组相应的比较电压 v_R。它是一个 3 位 R-$2R$ T 形网络,具体电路如习题中图 P10-1 所示。由该网络输出端直接输出比较电压 $v_R = \dfrac{V_{REF}}{2^3}(d_2 \times 2^2 + d_1 \times 2^1 + d_0 \times 2^0)$(参见习题 10-4)。

电压比较器 C:它是将输入信号 v_I 与比较电压 v_R 进行比较,当 $v_I > v_R$ 时,比较器的输出 $C_0 = 1(\overline{C}_0 = 0)$;$v_I < v_R$ 时,$C_0 = 0(\overline{C}_0 = 1)$。注意,$v_I$ 是由取样-保持电路提供的取样电压值。C_0、$\overline{C}_0$ 端分别连接各 J-K 触发器的 J、K 端。

4 节拍脉冲发生器:用它产生 4 个节拍的负向节拍脉冲 $CP_0 \sim CP_3$,如图 10-2-7 所示。由这 4 个节拍脉冲控制其他电路完成逐次比较。该发生器通常由 4 位环形计数器构成。

J-K 触发器:其作用是在节拍脉冲 $CP_0 \sim CP_3$ 的推动下,记忆每次比较的结果,并向 DAC 提供输入数码。

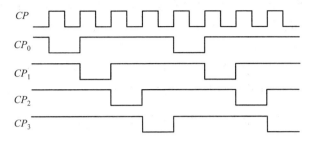

图 10-2-7 4 节拍脉冲发生器输出波形

3D 寄存器:由 3 个上升沿触发的 D 触发器组成,在节拍脉冲的触发下,记忆最后比较结果,并行输出二进制代码。

2. 工作原理

因为图中 DAC 输出的比较电压为

$$v_R = \frac{V_{REF}}{2^3}(d_2 \times 2^2 + d_1 \times 2^1 + d_0 \times 2^0)$$

若 DAC 有 n 位,则

$$v_R = \frac{V_{REF}}{2^n} \sum_{i=0}^{n-1} d_i \times 2^i \qquad (10\text{-}2\text{-}4)$$

若设 $V_{REF} = 8$ V,并把数字量 $d_2 d_1 d_0$ 由 **000** 到 **111** 分别代入上式,求得比较电压 v_R 为 1 V、2 V、…、7 V,与图 10-2-4 完全一样,其量化方法是舍去小数法。现以取样电压值 $v_1 = 5.9$ V 为例,具体说明将它转换成数字量的过程。

首先是节拍脉冲 CP_0 使 J-K 触发器中的 FF_2 直接置 **1**,FF_1、FF_0 直接置 **0**,即 $Q_2'Q_1'Q_0' = d_2 d_1 d_0 = $ **100**,则 DAC 输出的比较电压为 $v_R = 4$ V,由于 $v_1 > v_R$,比较器输出 $C_0 = $ **1**($\overline{C_0} = $ **0**),使各 J-K 触发器的 $J = $ **1**,$K = $ **0**。然后在节拍脉冲 CP_1 下降沿的触发下,使 J-K 触发器 FF_2 的输出 Q_2' 仍然为 **1**,FF_1 被直接置 **1**,这样,在 CP_1 作用后,$Q_2'Q_1'Q_0' = d_2 d_1 d_0 = $ **110**,所以 DAC 输出的比较电压 $v_R = $ 6 V,因 $v_1 < v_R$,比较器输出 $\overline{C_0} = $ **0**($\overline{C_0} = $ **1**),使各触发器的 $J = $ **0**,$K = $ **1**。然后在节拍脉冲 CP_2 下降沿的触发下,使 FF_1 的输出 Q_1' 翻成 **0**,FF_0 被直接置 **1**,这样在 CP_2 的作用后,$Q_2'Q_1'Q_0' = d_2 d_1 d_0 = $ **101**,DAC 输出的 $v_R = 5$ V,因 $v_1 > v_R$,比较器输出 $C_0 = $ **1**($\overline{C_0} = $ **0**),使各触发器的 $J = $ **1**,$K = $ **0**。然后,节拍脉冲 CP_3 的下降沿触发 FF_0 使它仍输出 $Q_0 = $ **1**,这时 J-K 触发器的输出 $Q_2 Q_1 Q_0 = $ **101**,这就是转换的结果,最后在 CP_3 上升沿的触发下,将数字量 **101** 存入 3D 寄存器,由 $D_2 D_1 D_0$ 输出。

由以上分析可知,这种舍去小数的量化方法,其量化单位和最大量化误差都为 $\Delta = 1$ V,本例转换的结果是 $D_2 D_1 D_0 =$ **101**,其量化值为 $5\Delta = 5$ V,与实际值 $v_1 = 5.9$ V 相比,偏差为 0.9 V,小于最大量化误差 1 V。

为了减小量化误差,在 ADC 集成片中,大多采用四舍五入的量化方法,例如 8 位 ADC 集成片 ADC0801,它的内部电路也以图 10-2-6 所示电路为基础,但稍有改动,就是在 DAC 的输出端串接一个数值为 $-\dfrac{\Delta}{2}$ 的偏移电压,使比较电压都向下偏移 $\dfrac{\Delta}{2}$,这时,式(10-2-4)应改为

$$v_R = \left(\frac{V_{REF}}{2^n} \right) \sum_{i=0}^{n-1} d_i \times 2^i - \frac{\Delta}{2} \qquad (10\text{-}2\text{-}5)$$

$$\Delta = \frac{V_{REF}}{2^n} \quad (n \text{ 为数字量位数})$$

这时若设 $V_{REF} = 8$ V,并把数字量 $d_2 d_1 d_0$ 由 **000** 到 **111** 分别代入式(10-2-5),求得比较电压为 0.5 V、1.5 V、…、6.5 V,与图 10-2-3 所示完全一样。

逐次逼近型 ADC 每次转换都要逐位比较,需要 $(n+1)$ 个节拍脉冲才能完成,所以它比并联比较型 ADC 的转换速度慢,但比下面要讲述的双分积型 ADC 要快得多,属于中速 ADC 器件。另外位数多时,它需用的元器件比并联比较型少得多,所以它是集成 ADC 中应用较广的一种。例如,ADC0801、AD0809 等都是 8 位通用型 ADC,AD571(10 位)、AD574(12 位)都是高速双极型 ADC,MN5280 是 16 位高精度 ADC。

10.2.4 双积分型 ADC

双积分型 ADC 属于间接型 ADC,它先对输入取样电压和基准电压进行两次积分,以获得与取样电压平均值成正比的时间间隔,同时在这个时间间隔内,用计数器对标准时钟脉冲(CP)计数,计数器输出的计数结果就是对应的数字量。

1. 电路结构

图 10-2-8 所示为双积分型 ADC 的简化电路。它包括四部分。

积分器:由 R、C 和运算放大器 A 组成,它是电路的核心。

检零比较器:"−"端接积分器的输出 v_0;"+"端接地。当 $v_0 < 0$ 时,输出 $C = 1$;$v_0 \geqslant 0$ 时,$C = \mathbf{0}$。

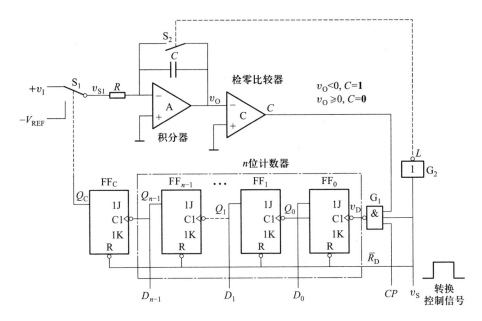

图 10-2-8　双积分型 ADC 简化电路

n 位计数器和辅助触发器:由 n 个 $J-K$ 触发器接成 n 位二进制异步加计数器,并用 Q_{n-1} 的下降沿触发辅助触发器 FF$_C$。

开关 S$_1$ 和 S$_2$:S$_1$ 由 FF$_C$ 的输出 Q_C 驱动,$Q_C = 0$ 时,S$_1$ 掷向输入电压 v_1;$Q_C = 1$ 时,S$_1$ 掷向 $-V_{REF}$。S$_2$ 由门 G$_2$ 的输出驱动,门 G$_2$ 的输出 $L = 1$ 时,S$_2$ 闭合,使电容 C 短路放电;$L = 0$ 时,S$_2$ 断开。

2. 工作原理

首先设定输入电压 v_1 为正压;基准电压 $-V_{REF}$ 为负压。

该电路对电压的转换分三个阶段进行。

(1) 初始准备(休止阶段):这时转换控制信号 $v_S = 0$,将计数器和 FF$_C$ 清 **0**;并通过门 G$_2$,使 $L = 1$,开关 S$_2$ 闭合,电容 C 充分放电;又因 $Q_C = 0$,使开关 S$_1$ 掷向 v_1。

(2) 第一次积分(取样阶段):请参看图 10-2-9。

在 $t = 0$ 时,v_S 上升为高电平,断开开关 S$_2$,积分器开始对 v_1 积分,积分器的输出电压

$$v_0(t) = -\frac{1}{RC}\int_0^t v_1 \mathrm{d}t$$

如图 10-2-9 中 v_O 的①线所示,因给定 $v_I>0$,所以 $v_O(t)<0$,使检零比较器输出 $C=1$,将门 G_1 打开,因此积分一开始,计数器就从 0 开始计数,当计满 2^n,计数器返回 0 时,使 FF_C 置 1,驱动 S_1 掷向 $-V_{REF}$。到此时,对 v_I 的第一次积分结束。积分时间为 $T_1=2^nT_C$,T_C 为时钟脉冲 CP 的周期,n 为计数器的位数,故 T_1 为定值。T_1 时刻的积分器输出为

$$V_{O1}=-\frac{1}{RC}\int_0^{T_1}v_I\mathrm{d}t=-\frac{T_1}{RC}V_I=-\frac{2^nT_C}{RC}V_I \tag{10-2-6}$$

式中 V_I 为取样时间(T_1)内输入电压的平均值。

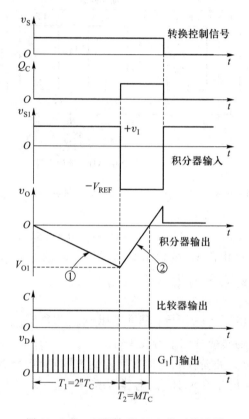

图 10-2-9　双积分型 ADC 的工作波形

上式说明积分器输出的电压 V_{O1} 与输入模拟电压的取样平均值 V_I 成正比。

（3）第二次积分（比较阶段）：将 V_{O1} 转换成与之成正比的时间间隔 T_2,并用计数器以时钟周期 T_C 进行量度。

S_1 接向 $-V_{REF}$ 后,积分器又从 T_1 时刻开始反向积分,这时积分器的输出

$$v_0(t) = V_{O1} - \frac{1}{RC}\int_{T_1}^{t}(-V_{REF})\,dt = -\frac{2^n T_C}{RC}V_1 - \frac{1}{RC}\int_{T_1}^{t}(-V_{REF})\,dt \quad (10\text{-}2\text{-}7)$$

如图 10-2-9 中 v_0 的②线所示。与此同时,计数器又从 0 开始计数。经 T_2 时间,积分器的输出电压回升到 0,检零比较器输出 $C = 0$,将门 G_1 封锁,使计数器停止计数。假设计数器所计的时钟脉冲个数为 M,则这段积分时间为 $T_2 = MT_C$。此时计数器的 $Q_{n-1}Q_{n-2}\cdots Q_0$ 输出的状态即为 M 相应的二进制代码。

在 $t = T_1 + T_2$ 时刻,积分器的输出为

$$v_0(t) = 0 = -\frac{T_1}{RC}V_1 - \frac{1}{RC}\int_{T_1}^{T_1+T_2}(-V_{REF})\,dt =$$

$$-\frac{T_1}{RC}V_1 + \frac{T_2}{RC}V_{REF} \quad (10\text{-}2\text{-}8)$$

由(10-2-8)得到

$$V_1 = \frac{V_{REF}}{T_1}T_2 = \frac{V_{REF}}{2^n T_C}MT_C = \frac{V_{REF}}{2^n}M \quad (10\text{-}2\text{-}9)$$

由式(10-2-9)看出,V_1 与第二次积分时间 T_2 成正比,用时钟周期量度 T_2 所得到的计数脉冲 M,也必然与 V_1 成正比。所以与计数脉冲个数相对应的计数器输出状态 $Q_{n-1}Q_{n-2}\cdots Q_0$ 即为转换的二进制数 $D_{n-1}D_{n-2}\cdots D_0$,就是转换的结果。

将式(10-2-9)变换一下,得

$$M = \left(\frac{V_1}{\frac{V_{REF}}{2^n}}\right)_{舍去小数} \quad (V_{REF}\text{为正值}) \quad (10\text{-}2\text{-}10)$$

由 CP 对计数器触发计数的机理可以推知,该 ADC 采用"舍去小数"的量化方法,故最大量化误差等于量化单位 $\Delta = \frac{V_{REF}}{2^n}$。输入电压变化范围是 $0 \sim V_{REF}$,若 $V_1 > V_{REF}$,对应的数字量将超出计数器所能计数的范围。

3. 双积分型 ADC 的优缺点

优点之一是抗干扰能力强:因电路的输入端使用了积分器进行取样,使取样电压值 V_1 是取样时间(T_1)内 v_1 的平均值,所以理论上,它可以平均掉输入信号所带有的所有周期为 $\frac{T_1}{n}$($n = 1, 2, 3, \cdots$)的对称干扰。若选取样时间 T_1 为 20 ms 的整数倍,则可有效地滤除工频干扰。

优点之二是稳定性好,可实现高精度模数转换:因它通过两次积分把 V_1 与 V_{REF} 之比变成了两次计数值之比,由式(10-2-8)可推得

$$\frac{V_\mathrm{I}}{V_\mathrm{REF}} = \frac{\left(\dfrac{MT_\mathrm{C}}{RC}\right)_{第二次积分}}{\left(\dfrac{2^n T_\mathrm{C}}{RC}\right)_{第一次积分}}$$

只要两次积分时的 RC 和 T_C 不变,就可从上式把它们消去,而不要求 RC 和时钟脉冲周期 T_C 的长期稳定性。

另外由于转换结果与积分时间常数 RC 无关,因而消除了由于积分非线性带来的误差。

主要缺点是转换速度低:转换一次最少也需要 $2T_1 = 2^{n+1}T_\mathrm{C}$ 时间。考虑到对运算放大器和比较器的自动调零时间,实际转换时间比 $2T_1$ 还要长得多。

因此这种转换器大多应用于要求精度较高而转换速度要求不高的仪器仪表中,例如用于多位高精度数字直流电压表中。

10.3　集成 ADC 及其应用举例

集成 ADC 的种类很多,应用较广的主要有双积分型集成 ADC 和逐次逼近型集成 ADC 两种。

10.3.1　双积分型集成 ADC

双积分型集成 ADC 也有多种类型,现仅以 CC14433 为例,简述它的逻辑结构、引出端排列和应用。

CC14433 型双积分型 ADC 是采用 CMOS 工艺制作的大规模集成电路。它将线性放大器等模拟电路和数字电路集成在同一芯片上,使用时只需外接两个电阻和两个电容,即可组成具有自动调零和自动极性切换功能的 $3\frac{1}{2}$ 位模数转换系统。

1. 逻辑框图

CC14433 的逻辑框图如图 10-3-1(a)所示。它主要由六部分组成。

模拟电路:包括构成积分器的运算放大器和检零比较器。

4 位十进制计数器:个位、十位、百位都为 8421 BCD 编码,千位只有 0、1 这两个数码,所以它的最大计数值为 1999。故称它为十进制数的 $3\frac{1}{2}$ 位。

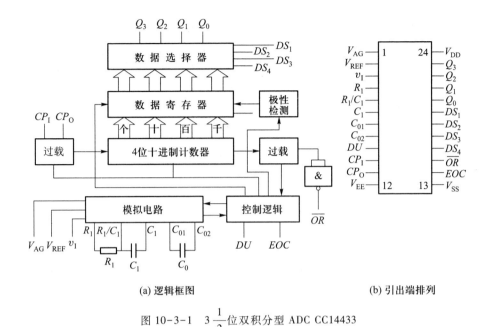

(a) 逻辑框图   (b) 引出端排列

图 10-3-1 $3\frac{1}{2}$ 位双积分型 ADC CC14433

数据寄存器:存放由计数器输出的转换结果。

数据选择器:在控制逻辑的作用下,逐位(十进制数的位)输出在数据寄存器中存储的 8421 BCD 码。

控制逻辑:产生一系列控制信号以协调各部分的工作,例如:极性判别控制、数据寄存控制等。

时钟电路:产生计数脉冲。

2. 引出端功能

CC14433 的外部引出端排列如图 10-3-1(b)所示。共有 24 个引出端,其中:

v_I 为模拟电压输入端;V_{REF} 为基准电压输入端;V_{AG} 为模拟地,作为输入模拟电压和基准电压接地端的接地参考点。

R_1、R_1/C_1、C_1 为积分电阻(R_1)、积分电容(C_1)的接线端;C_{01}、C_{02} 为失调电压补偿电容(C_0)的接线端(自动调零时,测出运算放大器的失调电压存于 C_0 内,以抵消失调电压的影响)。

DU 为实时输出控制端。若在 DU 端输入一个正脉冲,则将模数转换结果送入数据寄存器;EOC 为模数转换结束信号输出端(输出正脉冲)。将 DU 和 EOC 端短接,也就是把转换结束信号送入 DU 端,那么每次转换后的结果就可以立刻存入数据寄存器了。

CP_I、CP_O 为时钟输入、输出端。可由 CP_I 端输入外部时钟脉冲；也可在 CP_I 和 CP_O 端接一电阻 R_C，由片内产生时钟脉冲。

$Q_3 \sim Q_0$ 为数据选择器输出的 8421 BCD 码的输出端，Q_3 是最高位，用这 4 个端子连接显示译码器；$DS_1 \sim DS_4$ 为位选通脉冲输出端。

$\overline{OR}$ 为溢出信号输出端。

V_{DD} 为正电源输入端；V_{EE} 为负电源输入端；V_{SS} 为电源公共端。

3. 应用举例

CC14433 具有功耗低、抗干扰能力强、稳定度高、功能齐全、使用灵活、转换速度低（每秒 3~4 次）等特点。所以在数字电压表、数字温度测量计等数字仪表中得到广泛应用。下面仅举一个实例。

图 10-3-2 是 $3\frac{1}{2}$ 位数字电压表的电路原理图。图中共用了 4 块集成片和一块由七段数码管组成的 LED 显示器，其中：

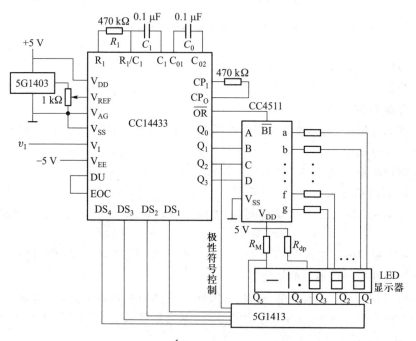

图 10-3-2　$3\frac{1}{2}$ 位数字电压表电路原理图

CC14433 用作模数转换器;5G1403 作为基准电压源电路,为基准电压提供稳定的基础电源,调节 1 kΩ 电阻可以获得所需的基准电压值,本例 $V_{REF} = 2$ V。

CC4511 用作译码驱动。它可将 1 位 8421 BCD 码($Q_3Q_2Q_1Q_0$)译码后,由 a、b、…f、g 端输出。再经外接限流电阻去分别驱动七段显示管的 7 个字段。

5G1413 为位驱动器。用它分别驱动各七段管的公共阴极及符号位,各路的输入是位选通信号($DS_1 \sim DS_4$)以及 Q_2 等控制信号。

下面简述该 $3\frac{1}{2}$ 位数字电压表的工作过程:参看图 10-3-1 和图 10-3-2。当转换结束时,EOC 端输出正脉冲,推动 DU 端将计数器的计数结果存入数据寄存器,接着数据选择器输出千位数据,这时 Q_3 代表千位数,$Q_3 = 0$ 表示千位数为 1;$Q_3 = 1$,千位数为 0。Q_2 代表被测电压的极性,正压时,$Q_2 = 1$;负压时,$Q_2 = 0$。数据选择器还同时输出千位选通信号 DS_1,推动 5G1413 的输出端 Q_3,使千位显示管发亮,即 $Q_3 = 0$ 时,显示 1,其他三个管都不亮,同时由 Q_2 经 5G1413 的输出端 Q_5 驱动符号位,使 $Q_2 = 0$ 时,符号"-"亮;$Q_2 = 1$ 时,"-"不亮。

然后,数据选择器输出百位 8421 BCD 码,同时输出百位选通信号 DS_2,去驱动百位七段管发亮,接着是十位、个位分别发亮,如此使 4 个显示管不断快速循环发亮,利用人眼的视觉暂留效应,即可看到完整的测量结果。一般称这种显示方法为动态显示。

在基准电压 $V_{REF} = 2$ V 时,测量范围是 $-1.999 \sim 1.999$ V,输入电压超出这个范围时,由 $\overline{OR}$ 端的溢出信号控制 CC4511 的 $\overline{BI}$ 端,使显示数字熄灭。

另外,小数点是用 V_{DD} 经电阻 R_{dp} 点亮。

还应说明:在这次转换结束、EOC 输出正脉冲后,CC14433 立即自动开始下一次模数转换,首先是对运算放大器自动调零,然后进行两次积分和计数。

10.3.2　逐次逼近型集成 ADC

逐次逼近型集成 ADC 的种类很多,应用广泛。现只以 ADC0801 为例,来说明集成 ADC 的引出端功能、工作过程以及调测和应用。

ADC0801 是 CMOS 8 位逐次逼近型 ADC,该片内部电路的主要结构与图 10-2-6 基本相同,只是位数加到 8 位,并且增加了串接在 DAC 输出端的电压偏移电路和某些控制端子的逻辑电路,以便采用四舍五入的量化方法和实现这些端子的控制功能。

1. 引出端

引出端符号可参阅图 10-3-3。图中：

模拟信号可以从 $V_{IN(+)}$ 和 $V_{IN(-)}$ 端平衡输入，也可从 $V_{IN(+)}$ 单端输入（$V_{IN(-)}$ 接地）。该图所示为单端输入。

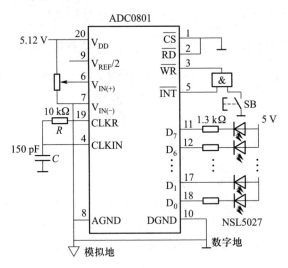

图 10-3-3 ADC0801 引出端及实验连接图

基准电压 V_{REF} 可以由内部提供，这时 $\dfrac{V_{REF}}{2}$ 端悬空，$V_{REF} = V_{DD}$，也可由外部电源送入 $\dfrac{V_{REF}}{2}$ 端，例如送入 2 V 电压，则 $V_{REF} = 2 \times 2\ V = 4\ V$。该图所示的基准电压由集成片内部提供，故 $V_{REF} = V_{DD} = 5.12\ V$。

时钟脉冲 CP 可由 $CLKIN$ 端直接送入，也可由片内产生，但这时应外接 R、C，$R = 10\ k\Omega$ 固定，C 按 $f_{CP} = \dfrac{1}{1.1RC}$ 选择，该图的时钟脉冲由片内产生。该片允许的时钟频率范围是 $f_{CP} = 100 \sim 800\ kHz$，典型值 640 kHz。

当片选 $\overline{CS}$ 和写 $\overline{WR}$ 端都为低电平时，启动转换；约经 110 μs（$f_{CP} = 640\ kHz$ 时）的转换时间，$\overline{INT}$ 端输出低电平，表示转换结束；当片选 $\overline{CS}$ 和读 $\overline{RD}$ 端都为低电平时，打开三态缓冲器，8 位二进制码从寄存器经三态缓冲器由 $D_7 \sim D_0$ 端输出。

2. 电路连接与应用实验

将 ADC0801 用作模数转换的实验电路如图 10-3-3 所示。图中电源电压 $V_{DD} = 5.12$ V，$\dfrac{V_{REF}}{2}$ 端悬空，故基准电压由内部提供 $V_{REF} = V_{DD} = 5.12$ V，输入模拟电压 v_I 是 V_{DD} 经电位器分压后的直流电压。

数字量输出端 $D_7 \sim D_0$ 分别经 1.3 kΩ 电阻接 8 个发光二极管（NSL5027），用其亮暗指示输出量。

时钟脉冲由片内产生，时钟频率为

$$f_{CP} = \frac{1}{1.1RC} = \frac{1}{1.1 \times 10 \times 10^3 \times 150 \times 10^{-12}} \text{ Hz} = 606 \text{ kHz}$$

电路的工作过程为：

启动转换：按一下按键开关 SB，使 $\overline{WR}$ 端获得一个负脉冲来启动转换。

进行转换：片内电路以逐次逼近方式进行转换，转换时间为一百多微秒。

转换结束：完成一次转换后，由片内自动产生转换结束信号，$\overline{INT} = 0$ 有效。

输出数据：因 $\overline{CS}$、$\overline{RD}$ 端都已接地而信号有效，三态输出缓冲器一直开通，所以 $D_7 \sim D_0$ 端立即有转换后的数据输出，并推动发光二极管，$D_i = 0$ 时亮；$D_i = 1$ 时暗。

连续转换：转换结束时 $\overline{INT} = 0$，这个 **0** 又经与门反馈给 $\overline{WR}$ 端，再次启动转换，因此该电路可使 ADC 连续进行模数转换。

量化单位为

$$\Delta = \frac{V_{REF}}{2^n} = \frac{5.12}{256} \text{ V} = 20 \text{ mV}$$

最大量化误差为

$$\frac{\Delta}{2} = 10 \text{ mV}$$

输出最小数码（全 **0**）时，对应的理论输入电压范围是

$$0 \leqslant v_I < \frac{\Delta}{2} = 10 \text{ mV}$$

输出最大数码（全 **1**）时对应的理论输入电压范围：因 $\Delta (D_{max})_{10} \pm \dfrac{\Delta}{2} = 20 \times 255 \pm 10$ mV $= 5.09 \sim 5.11$ V，所以该范围应为

$$5.09 \text{ V} \leqslant v_I < 5.11 \text{ V}$$

测量校准方法：使 $v_I = 0$，按一下开关 SB 启动转换，输出 $D_7 \sim D_0 = $ **0000 0000**，

发光管全亮。然后慢慢增加 v_1，记下 0 位发光管变暗时的 v_{11}，实测的输出全 **0** 时的输入电压范围应是 $0 \leqslant v_1 < v_{11}$；使 $v_1 = V_{DD}$，发光管全暗，慢慢减小 v_1，记下 0 位发光管变亮时的 v_{12}，该 v_{12} 应为 5.09 V，若这时的 v_{12} 不是 5.09 V，应微调电源电压 $V_{DD}(=V_{REF})$。这就是该 ADC 的满刻度校准方法。校准后，输出全 **1** 时的输入电压范围应与理论值相同。

v_1 大于 5.11 V 以后，ADC 进入饱和状态，输出恒为全 **1**。这时的 v_1 已经超出了输入电压范围。

$v_1 = 4.625$ V 时，其对应的输出数字量，可用下式进行理论计算

$$(D)_{10} = \left(\frac{v_1}{\Delta}\right)_{四舍五入} = \left(\frac{4\ 625}{20}\right)_{四舍五入} = (231.25)_{四舍五入} = (231)_{10} = (\mathbf{11100111})_2$$

它的量化误差为

$$v_1 - 231\Delta = 4\ 625 - 231 \times 20\ \text{mV} = 5\ \text{mV}$$

实测方法：输入 $v_1 = 4.625$ V，按开关 SB 启动转换，然后观察各发光管的亮暗，以确定输出的数字量，并与计算的理论值比较。

10.3.3　ADC 的转换精度和转换速度

1. 转换精度

一般用分辨率和转换误差来描述 ADC 的转换精度。

（1）分辨率

通常以输出二进制或十进制数字的位数表示分辨率的高低，因为位数越多，量化单位越小，对输入信号的分辨能力就越高。

（2）转换误差

它是指：在零点和满度（不能调零的 ADC，可以不调。满度校准可参考 10.4.2 节中对 ADC0801 的校准方法）都校准以后，在整个转换范围内，分别测量各个数字量所对应的模拟输入电压实测范围与理论范围之间的偏差，取其中的最大偏差作为转换误差的指标。通常以相对误差的形式出现，并以 LSB 为单位表示。例如 ADC0801 的相对转换误差为 $\pm\frac{1}{4}LSB$。

2. 转换速度

常用转换时间或转换速率来描述转换速度。完成一次模数转换所需要的时间称为转换时间。大多数情况下，转换速率是转换时间的倒数。例如 TDC1007J 的转换速率为 30 MHz，转换时间相应为 33.3 ns。

ADC 的转换速度主要取决于转换电路的类型，并联比较型 ADC 的转换速

度最高(转换时间可小于 50 ns),逐次逼近型 ADC 次之(转换时间在 10 ~ 100 μs 之间),双积分型 ADC 转换速度最低(转换时间在几十毫秒至数百毫秒之间)。

习　题

10-1　数字量和模拟量有什么区别?

10-2　在图 10-1-3 所示的权电阻网络 DAC 中,设 $R = 10$ kΩ, $R_F = 5$ kΩ。试求其他权电阻的阻值。若 $V_{REF} = 5$ V,输入的二进制数码 $D_3 D_2 D_1 D_0 = \mathbf{1001}$,求输出电压 v_O。

10-3　在图 10-1-5 的倒 T 形电阻网络 DAC 中,设 $V_{REF} = 5$ V, $R_F = R = 10$ kΩ,求对应于输入 4 位二进制数码为 **0101**、**0110**、**1101** 时的输出电压 v_O。

10-4　将倒 T 形电阻网络的电流输出端 OUT_1 改接基准电压 V_{REF}, OUT_2 接地,而原基准电压端改作电压输出端 v_O,则改成了图 P10-1 所示的 T 形电阻网络,试推导 v_O 的表达式。

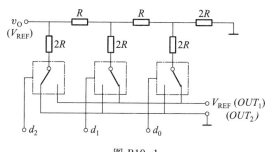

图 P10-1

10-5　DAC 如图 10-1-8 所示,现用它作轻载数控电压源用。要求输出电压变化范围不小于 0 ~ 5 V,且每隔 20 mV 输出一个电压值,设 $V_{DD} = 6$ V。试求: V_{REF} ;输出电压 v_O 的变化范围;输入数码 **0110 0100** 时的 v_O。若 $v_O = 2.56$ V,则应输入什么数码?

10-6　何谓量化、量化值、量化单位及量化误差?

10-7　在图 10-2-5 的电阻链中,把最上端和最下端的电阻分别改成 $\frac{3}{2}R$ 和 $\frac{1}{2}R$,试求其量化单位、量化级、量化值、最大量化误差和输入电压变化范围,并写出模数转换公式。

10-8　根据图 10-3-3,试求输入电压 $v_I = 3.645$ V 时输出的数字量及输出数字量为 **1000 0001** 时,输入电压 v_I 的理论范围。

10-9　将图 10-2-8 中的 n 位计数器改成 3 位 8421 BCD 码的十进制计数器。试计算第一次积分时间 T_1 ;输入电压 v_I 的变化范围为 0 ~ 5 V 时,积分器的最大输出电压 $|V_{Omax}|$;计数器输出的数据为 **100100000111** 时,取样电压平均值应为多大? (设 $R = 100$ kΩ, $C = 1$ μF,

$f_{CP} = 25$ kHz, $-V_{REF} = -10$ V。)

10-10 在图 10-2-8 所示的双积分型 ADC 中,若输入信号 $|v_I| > |V_{REF}|$,则会出现什么现象?

第 10 章自我检测题

第 10 章自我检测题参考答案

附录一 半导体集成电路型号命名方法

1. 型号组成

器件的型号由五部分组成,其五个组成部分的符号及意义如下:

第0部分		第Ⅰ部分		第Ⅱ部分	第Ⅲ部分		第Ⅳ部分	
用字母表示器件符合国家标准		用字母表示器件类型		用字母、阿拉伯数字表示器件系列和品种代号	用字母表示器件的工作温度范围		用字母表示器件封装	
符号	意义	符号	意义		符号	意义	符号	意义
C	中国制造	T	TTL		C	0℃~70℃	W	陶瓷扁平
		H	HTL		E	−40℃~85℃	B	塑料扁平
		E	ECL		R	−55℃~85℃	F	全密封扁平
		C	CMOS		M	−55℃~125℃	D	陶瓷直插
		F	线性放大器				P	塑料直插
		D	音响、电视电路				J	黑陶瓷直插
		W	稳压器				K	金属菱形
		J	接口电路				J	金属圆形
		B	非线性电路					
		M	存储器					
		μ	微型机电路					

2. 示例

肖特基 TTL 双输入与非门

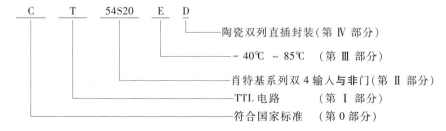

CMOS 8 选 1 数据选择器(3 S)

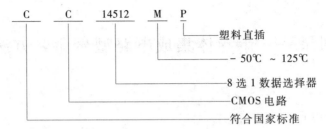

| C | C | 14512 | M | P |

- 塑料直插
- − 50℃ ~ 125℃
- 8 选 1 数据选择器
- CMOS 电路
- 符合国家标准

附录二 集成电路主要性能参数

1. TTL 与非门的主要性能参数

参数名称	单位	测 试 条 件		CT54/74	CT54H/74H	CT54S/74S	CT54LS/74LS
输入高电平 $V_{IH(min)}$	V			2	2	2	2
输入低电平 $V_{IL(max)}$	V			0.8	0.8	0.8	0.8
输出高电平 $V_{OH(min)}$	V	$V_{CC(max)}$ $I_{OH(max)}$		2.4	2.4	2.7	2.7
输出低电平 $V_{OL(max)}$	V	$V_{CC(min)}$ $I_{OL(max)}$		0.4	0.4	0.5	0.5
输入高电平电流 $I_{IH(max)}$	μA	$V_{CC(max)}$	$V_{IH}=2.4$ V	40	50		
			$V_{IH}=2.7$ V			50	20
输入低电平电流 $I_{IL(max)}$	mA		$V_{IL}=0.4$ V	−1.6			−0.4
			$V_{IL}=0.5$ V		−2	−2	
输出高电平电流 $I_{OH(max)}$	mA			0.4	0.5	1.0	0.4
输出低电平电流 $I_{OL(max)}$	mA			−16	−20	−20	−4
电源电流 $I_{CCH(max)}$	mA			8	16.8	16	1.6
电源电流 $I_{CCL(max)}$	mA			22	40	36	4.4
传输延迟 $t_{PLH(max)}$	ns			22	10	4.5	15
传输延迟 $t_{PHL(max)}$	ns			15	10	5	15

注:① 均为四 2 输入与非门;

② 未注明测试条件者,均为 $V_{CC}=5$ V 下的测量结果;

③ 环境温度均为 $T_A=25℃$;

④ 该表数据取自《中国集成电路大全——TTL 电路》。

2. CMOS 或非门 CC4001 的主要性能参数

参数名称	单位	测试条件			参数	
		V_O/V	V_I/V	V_{DD}/V	最大	最小
静态电源电流 I_{DD}	μA		0/5	5		0.25
			0/10	10		0.50
			0/15	15		1.00
输出低电平电流 I_{OL}	mA	0.4	5	5	−0.51	
		0.5	10	10	−1.30	
		1.5	15	15	−3.40	
输出高电平电流 I_{OH}	mA	4.6	0	5	0.5	
		9.5	0	10	1.3	
		13.5	0	15	3.4	
输入电流 I_I	μA		0/18	18		±0.1
输出低电平 V_{OL}	V		5	5		0.05
			10	10		0.05
			15	15		0.05
输出高电平 V_{OH}	V		0	5	4.95	
			0	10	9.95	
			0	15	14.95	
输入低电平 V_{IL}	V	4.5		5		1.5
		9		10		3
		13.5		15		4
输入高电平 V_{IH}	V	0.5		5	3.5	
		1		10	7	
		1.5		15	11	
传输延迟时间 t_{PHL}, t_{PLH}	ns			5		250
				10		120
				15		90
输入电容 C_I	pF					7.5

注:① CC4001 为四 2 输入或非门;

② t_{PHL}, t_{PLH} 在 $C_L = 50$ pF, $R_L = 200$ kΩ 下测得;

③ 环境温度均为 $T_A = 25$℃;

④ 该表数据选自《中国集成电路大全——CMOS 集成电路》。

3. TTL 集成触发器 CT5474/7474 等的主要性能参数

参数名称	单位	测试条件	CT5474/7474		CT54H74/74H74		CT54S74/74S74		CT54LS74/74LS74	
			最小	最大	最小	最大	最小	最大	最小	最大
输入高电平 V_{IH}	V		2		2		2		2	
输入低电平 V_{IL}	V			0.8		0.8		0.8		0.8
输入钳位电压 V_{IK}	V	$V_{CC}=min$ $I_{IK}=max$		-1.5		-1.5		-1.2		-1.5
输出高电平 V_{OH}	V	$V_{CC}=min$ $V_{IL}=max$ $I_{OH}=max$	2.4		2.4		2.5		2.5	
输出低电平 V_{OL}	V	$V_{CC}=min$ $V_{IH}=2\,V$ $I_{OL}=max$		0.4		0.4		0.5		0.5
输出高电平 电流 I_{OH}	mA			0.4		1		1		0.4
输出低电平 电流 I_{OL}	mA			-16		-20		-20		-4
高电平输入 电流 I_{IH} · D	μA	$V_{CC}=max$ $V_{IH}=2.4\,V$		40		50		50		20
$\overline{R}_D$				120		150		150		40
$\overline{S}_D$				80		100		100		40
CP				80		100		100		20
低电平输入 电流 I_{IL} · D	mA	$V_{CC}=max$ $V_{IL}=0.4\,V$		-1.6		-2		-2		-0.4
$\overline{R}_D$				-3.2		-4		-6		-0.8
$\overline{S}_D$				-1.6		-2		-4		-0.8
CP				-3.2		-4		-4		-0.4
输出短路电流 I_{OS}	mA	$V_{CC}=max$	13	57	40	100	40	100	20	100
每个触发器 电源电流 I_{CC}	mA	$V_{CC}=max$		15		25		25		4
最高时钟频率 f_{max}	MHz		15		35		75		25	
传输延迟 时间 t_{PLH}	ns	$CP{\rightarrow}Q,\overline{Q}$		25		15		9		25
t_{PHL}				40		20		9		40

注：① CT5474/7474，CT54H74/74H74，CT54S74/74S74，CT54LS74/74LS74 均为双 D 触发器；

② 本表数据选自《中国集成电路大全——TTL 集成电路》。

4. MOS 集成触发器 CC4027 的主要性能参数

参数名称	单位	测试条件			参数	
		V_O/V	V_I/V	V_{DD}/V	最小	最大
静态电流 I_{DD}	μA		0/5 0/10 0/15	5 10 15		1 2 4
输出低电平电流 I_{OL}	mA	0.4 0.5 1.5	0/5 0/10 0/15	5 10 15	-0.51 -1.30 -3.40	
输出高电平电流 I_{OH}	mA	4.6 9.5 13.5	0/5 0/10 0/15	5 10 15	0.51 1.30 3.40	
输入电流 I_I	μA		0/18	18		±0.1
输出低电平 V_{OL}	V		0/5 0/10 0/15	5 10 15		0.05 0.05 0.05
输出高电平 V_{OH}	V		0/5 0/10 0/15	5 10 15	4.95 9.95 14.95	
输入低电平 V_{IL}	V	0.5/4.5 1/9 1.5/13.5		5 10 15		1.5 3 4
输入高电平 V_{IH}	V	0.5/4.5 1/9 1.5/13.5		5 10 15	3.5 7 11	
传输延迟 t_{PHL}, t_{PLH}	ns	$CP \rightarrow Q, \overline{Q}$		5 10 15		300 130 90
最高输入时钟频率 f_{max}	MHz	$C_L = 50$ pF $R_L = 200$ kΩ		5 10 15	3.5 8 12	
脉冲宽度 t_W	ns	CP		5 10 15		140 60 40
输入电容 C_I	pF					7.5

注:① CC4027 为双 JK 触发器;
　　② 环境温度均为 $T_A = 25℃$;
　　③ 本表数据选自《中国集成电路大全——CMOS 集成电路》。

5. 555 定时器 CC7555 的主要性能参数

参数名称		单位	测试条件	参数
电源电压 V_{DD}		V	$-40\text{℃} \leqslant T_A \leqslant +80\text{℃}$	3~18
电源电流 I_{DD}		μA	$V_{DD} = 3 \text{ V}$	60
			$V_{DD} = 18 \text{ V}$	120
时间误差	初始精度	%	R_1, R_2 为 1 kΩ~100 kΩ	$\leqslant 5$
	温漂	ppm/℃	$C = 0.1 \text{ μF}$	50
	随电压漂移	%V	$5 \text{ V} \leqslant V_{DD} \leqslant 15 \text{ V}$	1.0
阈值电压 V_{TH}		V	$5 \text{ V} \leqslant V_{DD} \leqslant 15 \text{ V}$	$\dfrac{2}{3}V_{DD}$
触发电压 V_{TR}		V	$5 \text{ V} \leqslant V_{DD} \leqslant 15 \text{ V}$	$\dfrac{1}{3}V_{DD}$
触发电流 I_{TR}		pA	$V_{DD} = 15 \text{ V}$	50
复位电流 I_R		pA	$V_{DD} = 15 \text{ V}$	100
复位电压 V_R		V	$5 \text{ V} \leqslant V_{DD} \leqslant 15 \text{ V}$	0.7
控制电压 V_{CO}		V	$5 \text{ V} \leqslant V_{DD} \leqslant 15 \text{ V}$	$\dfrac{2}{3}V_{DD}$
输出低电平 V_{OL}		V	$V_{DD} = 15 \text{ V}, I_{OL} = -3.2 \text{ mA}$	0.1
输出高电平 V_{OH}		V	$V_{DD} = 15 \text{ V}, I_{OH} = 1 \text{ mA}$	14.8
输出上升时间 t_r		ns	$R_L = 10 \text{ MΩ}, C_L = 10 \text{ pF}$	40
输出下降时间 t_f		ns	$R_L = 10 \text{ MΩ}, C_L = 10 \text{ pF}$	40
最高振荡频率 f_{max}		MHz	自激多谐振荡	$\geqslant 500$

注:本表参数选自《中国集成电路大全——CMOS 集成电路》。

附录三　二进制逻辑单元图形符号说明

1. 引言

集成电路的图形符号是根据国家标准 GB 4728·12—85《电气图用图形符号二进制逻辑单元》所规定的原则绘制而成。该标准与国际电工委员会标准 IEC 617—12(1983) 等效,同现行美国国家标准 ANSI/IEEEStd 91—1984 也是一致的。运用该标准规定的国际符号语言,有可能做到少用或不用别的参考文件就能确定所描述的逻辑电路的功能性质,并且可以根据特定情况的需要用不同方法来表达某一种概念。也就是说,对一个实体器件而言,可以针对它在不同的应用中所表达的不同逻辑功能而给出不同的逻辑符号。这是二进制逻辑单元图形符号与其他元器件图形符号的不同之处。

2. 符号结构

符号由方框或方框的组合和一个或多个定性符号一起组成。共有三种方框。

单元框	公共控制框	公共输出单元框

单元框是基本方框。公共控制框和公共输出单元框是在此基础上扩展而来的,用于缩小某些符号所占面积,增强表达能力。

当电路有一根或多根输入[输出]是电路一个以上单元所共有,则该电路的图形符号可使用公共控制框表示。当公共控制框的输入[输出]没有关联标注的标记时,则该输入[输出]为所有单元所共有的输入[输出];当公共控制框的输入[输出]有关联标注的标记时,则该输入[输出]为单元阵列中具有关联标注标记的输入[输出]所共有,见附图1。

与阵列所有单元有关的公共输出能表示为公共输出单元的输出,见附图2。如果阵列单元有一个以上输出,只有在这些输出具有相同的内部逻辑状态时,才可采用公共输出单元框。公共输出单元还可以有别的输入。

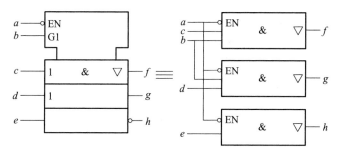

附图 1　公共控制框的图解说明

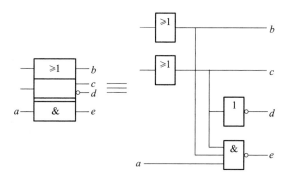

附图 2　公共输出单元框的图解说明

　　为了缩小一组相邻单元图形符号所需幅面,三种单元方框可以邻接或镶嵌。在有邻接单元或镶嵌单元的符号中,如果单元框之间的公共线是沿着信息流方向,就表明这些单元之间无逻辑连接;如果单元框之间的公共线是垂直于信息流方向,则表明单元之间至少有一种逻辑连接。单元之间的逻辑连接不论多寡,可以在公共线一侧或两侧标注定性符号来注明。如果只标定性符号会引起逻辑连接数目混乱时,还可以使用内部连接符号。

3. 总定性符号

常用总定性符号见下表:

符　号	说　明	符　号	说　明
&	与	2k	偶数(偶数校验)
≥1	或		
≥m	逻辑门槛	2k+1	奇数(奇数校验)
= 1	异或	▷	放大、驱动
=m	等于 m		

符　号	说　明	符　号	说　明
1	缓冲	✳ ◇	分布连接、点功能、线功能
=	恒等	✳ ⎡	具有磁滞特性
>n/2	多数	X/Y	转换
		MUX	多路选择
DX 或 DMUX	多路分配		
$\sum$	加法运算	⎍$^{!G}$⎍	非稳态,同步启动
P-Q	减法运算		
CPG	先行进位	⎍$^{G!}$⎍	非稳态,完成最后一个脉冲后停止输出
$\prod$	乘法运算		
COMP	数值比较	⎍$^{!G!}$⎍	非稳态,同步启动,完成最后一个脉冲后停止输出
ALU	算术逻辑		
⊢—⊣	二进制延迟	SRGm	移位寄存
I = 0	初始 0 状态		
I = 1	初始 1 状态	CTRm	循环长度为 2^m 的计数
⎍	单稳,可重复触发	CTRDIVm	循环长度为 m 的计数
		ROMm	只读存储
1⎍	单稳,不可重复触发	PROMm	可编程只读存储
		RAM$^{\triangle}$	随机存储
		CAM$^{\triangle}$	内容可寻址寄存
⎍^{G}⎍	非稳态		

注：✳ 号表明单元逻辑功能的总定性符号代替。△ 号用地址和位数的适当符号来代替。

4. 与输入、输出和其他连接有关的定性符号

（1）逻辑非、逻辑极性和动态输入符号

符　号	说　明	符　号	说　明
	逻辑非,在输入端		逻辑极性 极性指示符 } 信息流从右到左输出
	逻辑非,在输出端		动态输入
	逻辑极性 极性指示符 } 在输入端		带逻辑非的动态输入
	逻辑极性 极性指示符 } 在输出端		带极性指示符的动态输入
	逻辑极性 极性指示符 } 信息流从右到左输入		

（2）内部连接符号

符　号	说　明	符　号	说　明
	内部连接		具有逻辑非和动态特性的内部连接
	具有逻辑非的内部连接		内部输入（虚拟输入）
	具有动态特性的内部连接		内部输出（虚拟输出）

（3）方框内符号

符　号	说　明	符　号	说　明
	延迟输出		L 型开路输出
	双向门槛输入 具有磁滞现象的输入		无源下拉输出
	开路输出		无源上拉输出
	H 型开路输出		三态输出

续表

符　号	说　明	符　号	说　明
—[E	扩展输入	—[S	S 输入
[E]—	扩展输出	—[T	T 输入
—["1"	固定方式输入	—[Pm	操作数输入
"1"]—	固定状态输出	—[>	数值比较"大于"输入
—[CT=m	内容输入	—[<	数值比较"小于"输入
CT*]—	内容输出	—[=	数值比较"等于"输入
—[→ m	移位输入,从左到右	* > *	数值比较"大于"输出
—[← m	移位输入,从右到左	* < *	数值比较"小于"输出
—[+m	正计数输入	* = *	数值比较"等于"输出
—[−m	逆计数输入	m_1 m_2 ⋮ m_k }*	多位输入位组合
—[?	联想存储器询问输入 联想存储器疑问输入		
[!]—	联想存储器比较输出 联想存储器匹配输出	*{ m_1 m_2 ⋮ m_k	多位输出位组合
—[EN	使能输入		
—[D	D 输入		在输出边的线组合
—[J	J 输入		
—[K	K 输入		在输入边的线组合
—[R	R 输入		

（4）非逻辑连接和信息流指示符

符 号	说 明
→×⌐	**非逻辑连接**,示在左边
←→	双向信息流

5. 关联标注法
5.1 概述

运用关联标注法的目的是为了使二进制逻辑单元的图形符号更紧凑和更贴切地表达逻辑单元的内部连接关系。运用这种标注法不需要具体画出所有单元及所包括的内部连接,就能表明输入之间、输出之间、输入和输出之间的关系。由关联标记所提供的信息补充了单元功能定性符号所提供的信息。

在关联标注法的约定中,采用"影响的"和"受影响的"两个术语来描述相关的输入或输出。按标准规定,在不能明显地肯定认为输入是"影响的"或"受影响的"的情况下,可以按任何方便的方法选择。

5.2 约定

关联标注法是人们引入符号语言中的一种概念,也有一些需要共同遵守的约定:

用一个表达某输入［输出］与其他输入［输出］之间内在关系的特定字母后跟标识序号来标记影响其他输入或输出的输入［输出］（称之为"影响输入［输出］"）;用与"影响输入［输出］"相同的标识序号来标记受"影响输入［输出］"影响的输入或输出（称之为"受影响输入［输出］"）。

如果以"影响输入［输出］"内部逻辑状态的补状态作为影响条件,则在"受影响输入［输出］"的标识序号上画一横线,见附图3。

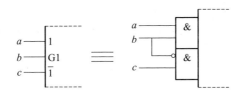

附图 3　输入 c 与输入 b 内部状态的补状态相**与**

如果两个影响输入［输出］有相同的字母和相同的标识序号,则它们之间彼此处在相**或**关系中,见附图4。

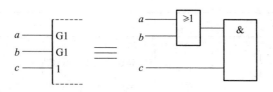

附图 4   影响输入相或

如果需要用一个标记来说明受影响输入[输出]对单元的影响,则应在该标记前面加上"影响输入[输出]"的标识序号作为前缀,见附图 11。

如果一个输入[输出]受一个以上"影响输入[输出]"的影响,则"影响输入[输出]"的各个标识序号均应在"受影响输入[输出]"的标记中列出,并以逗号隔开。这些标识序号从左到右的排列次序与影响关系的顺序相同,见附图 11。

如果说明受影响输入或输出功能的标记必须是数字时(例如编码器的输出),为了避免混淆,既与"影响输入"有关又与"受影响输入[输出]"有关的标识序号应选择其他的标记来代替,例如希腊字母,见附图 5。

附图 5   以希腊字母作为标识序号

在一般情况下,关联标注法只确定内部逻辑状态之间的关系。但对于三态输出、无源下拉输出、无源上拉输出和开路输出来说,关联标注法中的使能关联规定了影响输入的内部逻辑状态和受影响输出的外部状态之间的关系。

5.3   关联类型及用途

"与"关联、"**或**"关联和"非"关联是用来注明输入和/或输出之间的布尔关系。

"互连"关联是用来表明一个输入或输出把其逻辑状态强加到另一个或多个输入和/或输出上。

"控制"关联是用来标识时序单元的定时输入或时钟输入,并指出受它控制的输入。

"置位"关联和"复位"关联是用来规定当 R 输入和 S 输入均处在它们的内

部 **1** 状态时,*RS* 双稳单元的内部逻辑状态。

"使能"关联是用来标识使能输入,并指出由它控制的输入和/或输出(例如哪些输出呈现高阻抗状态)。

"方式"关联是用来标识选择单元操作方式的输入,并指出取决于该方式的输入和/或输出。

"地址"关联是用来标识存储器的地址输入。

5.4 与关联(Gm)

表示与关联的符号是字母 G。

受 Gm 输入或 Gm 输出影响的每一个输入或输出与该 Gm 输入或 Gm 输出处在相**与**的关系中。

符　号	说　明	符　号	说　明
Gm	与关联输入	Gm	与关联输出 (m 为数字)

当 Gm 输入(或输出)处在其内部 **1** 状态时,受 Gm 输入(或输出)影响的所有输入和输出处在其通常规定的内部逻辑状态。当 Gm 输入(或输出)处在其内部 **0** 状态时,受 Gm 输入(或输出)影响的所有输入和输出均处在其内部 **0** 状态。

附图 6(a)中示出了输出 b 以与关系影响输入 a。附图 6(b)中示出了输出 b 的内部逻辑状态以与关系影响输入 a,也就是说否定符号(小圆)对 G 关联无影响。

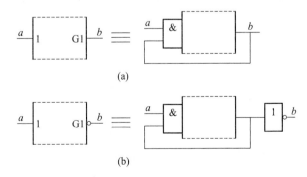

(a)

(b)

附图 6　输入和输出之间的**与**关联

附图 7 中示出了输入 a 与输入 b 的动态输入相与。

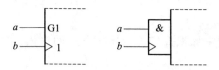

附图 7   动态输入间的与关联

5.5   或关联(Vm)

表示**或**关联的符号是字母 V。

符　号	说　明	符　号	说　明
Vm	**或**关联输入	Vm	**或**关联输出

当 Vm 输入(或输出)处在其内部 **1** 状态时,受 Vm 输入(或输出)影响的所有输入或输出处在它们内部 **1** 状态。

当 Vm 输入(或输出)处在其内部 **0** 状态时,受 Vm 输入(或输出)影响的所有输入或输出处在它们通常规定的内部逻辑状态。

附图 8 所示为**或**关联。

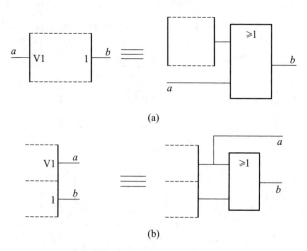

附图 8   或关联(V 关联)

5.6 非关联(Nm)

表示非关联的符号是字母 N。

符　号	说　明	符　号	说　明
—[Nm	非关联输入	Nm]—	非关联输出

受 Nm 输入(或输出)影响的每一个输入或输出与该 Nm 输入(或输出)处在相**异或**关系中。

当 Nm 输入(或输出)处在其内部 **1** 状态时,受该 Nm 输入(或输出)影响的每个输入和输出的内部逻辑状态是该输入或输出通常规定的内部逻辑状态的补状态。

当 Nm 输入(或输出)处在其内部 **0** 状态时,受该 Nm 输入(或输出)影响的每个输入和输出处在它们通常规定的内部逻辑状态。

附图 9 所示为非关联。

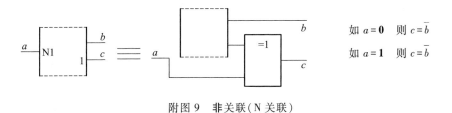

附图 9　非关联(N 关联)

5.7 互连关联(Zm)

表示互连关联的符号是字母 Z。

符　号	说　明	符　号	说　明
—[Zm	互连关联输入	Zm]—	互连关联输出

互连关联用以表明输入、输出、内部输入和内部输出之间存在的内部逻辑连接,如附图 10 所示。

除非受另外的关联符号修饰,受 Zm 输入(或输出)影响的输入或输出的内部逻辑状态应与该 Zm 输入(或输出)的内部逻辑状态相同。

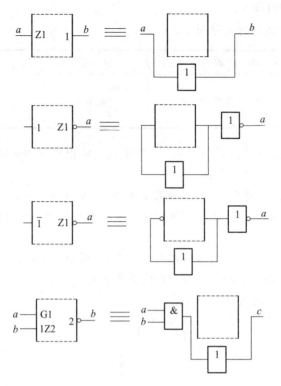

附图 10   互连关联(Z 关联)

5.8 控制关联(Cm)

表示控制关联的符号是字母 C。

符　号	说　明	符　号	说　明
Cm	控制关联输入	Cm	控制关联输出

控制关联仅适用于时序单元。一般用于定时输入或时钟输入。它可能隐含一个以上单纯的与关系。

当 Cm 输入(或输出)处在其内部 **1** 状态时,受该 Cm 输入(或输出)影响的输入对单元功能的作用按常规进行。

当 Cm 输入(或输出)处在其内部 **0** 状态时,受该 Cm 输入(或输出)影响的输入对单元功能不起作用。

附图 11 所示为控制关联。

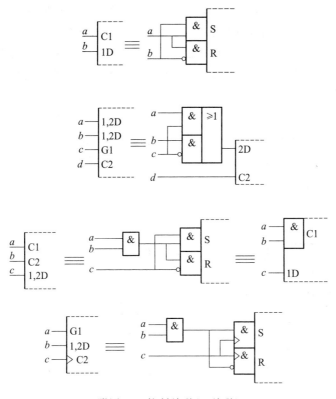

附图 11 控制关联(C 关联)

5.9 置位关联和复位关联(Sm 和 Rm)

表示置位关联的符号是字母 S,表示复位关联的符号是字母 R。

符 号	说 明	符 号	说 明
─|Sm	置位关联输入	─|Rm	复位关联输入

如果需要表明 R = S = 1 组合对双稳单元的作用,就采用置位关联和复位关联。

"影响的"置位关联输入和"影响的"复位关联输入只对输出有影响。

不论 R 输入状态如何,只要 Sm 输入处在其内部 1 状态,则受该 Sm 输入影响的输出将呈现的内部逻辑状态是 S = 1、R = 0 时它们通常呈现的内部逻辑状态;而 Sm 输入处在其内部 0 状态时,它对受影响输出不起作用。

不论 R 输入状态如何,只要 Rm 输入处在其内部 **1** 状态,则受该 Rm 输入影响的输出将呈现的内部逻辑状态是 S = **0**、R = **1** 时它们通常呈现的内部逻辑状态;而 Rm 输入处在其内部 **0** 状态时,它对受影响输出不起作用。

应该注意,Rm 输入和 Sm 输入是关联输入,它们与通常所说的 R 输入和 S 输入对双稳单元输出的内部逻辑状态影响不同。附图 12 基本上反映出这两类输入的差别。

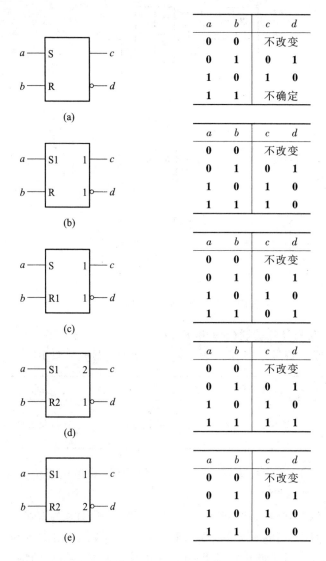

附图 12 置位关联和复位关联

只在需要注明 R＝S＝1 对双稳作用的情况下才采用 S 关联和 R 关联,因此在图 12(a)的情况不采用 S 关联和 R 关联。

不管 R 输入状态如何,当 Sm 输入处在其 **1** 状态时,受 Sm 输入影响的输出必定呈 S＝1、R＝0 时的常规内部逻辑状态,见附图 12(b)、(d)、(e)。

不管 S 输入状态如何,当 Rm 输入处在其 **1** 状态时,受 Rm 输入影响的输出必定呈 R＝1、S＝0 时的常规内部逻辑状态,见附图 12(c)、(d)、(e)。

当 Rm 或 Sm 输入处在其 **0** 状态时,不起作用。

注意:在附图 12(d)、(e)表中最后一行的非互补输出模式仅是伪稳态。当输入同时返回 **0** 时产生一种不可预测的稳态和互补输出形式。

5.10 使能关联(ENm)

表示使能关联的符号是字母组合 EN。

符　号	说　明
⊣[ENm	使能关联输入

ENm 输入对输出的影响与 EN 输入相同,但 ENm 输入只影响那些标有标识序号 m 的输出和输入,而 EN 输入影响所有的输出,但不影响输入。ENm 输入对受影响输入的影响与 Cm 输入对受影响输入的影响相同。

当 ENm 输入处在其内部 **0** 状态时,受 ENm 输入影响的输入被封锁并对单元功能无作用;受 ENm 输入影响的输出也被封锁,在这种情况下,开集电极输出断开、三态输出处在其常规的内部逻辑状态且外部呈高阻抗,所有其他输出均处在其内部 **0** 状态。

当 ENm 输入处在其内部 **1** 状态时,受 ENm 输入影响的输入对单元功能有其常规的作用,而受该 ENm 输入影响的输出处在其常规的内部逻辑状态,也就是这些输入和输出被使能。

附图 13 所示为使能关联。

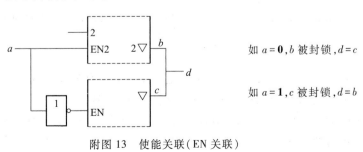

如 $a=0$, b 被封锁, $d=c$

如 $a=1$, c 被封锁, $d=b$

附图 13　使能关联(EN 关联)

5.11   方式关联(Mm)

表示方式关联的符号是字母 M。

方式关联用来指出单元的某些特定输入和输出所起的作用取决于该单元的操作方式。

如果某个输入或输出在不同的操作方式上有相同的作用,则在这个受影响输入或输出的标记中加上与几个影响 Mm 输入对应的标识序号,各标识序号之间用斜线隔开并加括号,见附图 18。

符　号	说　明	符　号	说　明
Mm	方式关联输入	Mm	方式关联输出

5.11.1   方式关联影响输入

方式关联影响输入的情况与控制关联相同。当 Mm 输入(或输出)处在其内部 **1** 状态时,受 Mm 输入(或输出)影响的输入对单元功能按常规起作用,也就是说输入被使能。

当 Mm 输入(或输出)处在其内部 **0** 状态时,受该 Mm 输入(或输出)影响的输入对单元功能不起作用,并且,如果受影响输入有几组被斜线隔开的标记(例如 C4/2→/3+),凡出现该 Mm 输入(或输出)标识序号的组均不起作用。换言之,多功能输入的某些功能被封锁了。

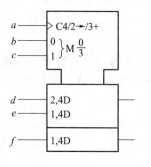

注意:所有操作是同步的。

在方式 0($b=\mathbf{0},c=\mathbf{0}$)时,因为没有一个输入起作用,输出维持其原有状态。

在方式 1($b=\mathbf{1},e=\mathbf{0}$)时,通过输入 e 和 f 发生并行置入。

在方式 2($b=\mathbf{0},c=\mathbf{1}$)时,通过输入 d 发生右移和串行置入。

在方式 3($b=c=\mathbf{1}$)时,按每时钟脉冲加 1 的加计数。

附图 14   方式关联影响输入

在附图 14 中,单元输入 b 和 c 决定该单元有 4 种操作方式(0、1、2 或 3),在任何一个时刻,4 种方式中只有一种方式起作用。输入 a 有 3 个功能:输入数据的时钟(动态);按方式 2 时,该输入引起数据右移;按方式 3 时,该输入每次引起存储器内容增加 1。输入 d、e、f 是 D 输入,受输入 a 的动态控制(时钟)。标识序号 1、2 表示方式种类,输入 d 仅在方式 2 使能(串行置入),输入 e、f 在方式 1 使能(并行置入)。

5.11.2　方式关联影响输出

当 Mm 输入(或输出)处在其内部 **1** 状态时,受 Mm 输入(或输出)影响的输出处在其常规的内部逻辑状态,也就是说输出被使能。

当 Mm 输入(或输出)处在其内部 **0** 状态时,受该 Mm 输入(或输出)影响的每个输出上,任何一组包括该 Mm 输入(或输出)标识序号的标记不起作用且被忽略。当输出有几组用斜线隔开的不同标记组时(例如 2,4/3,5),仅那些出现该 Mm 输入(或输出)标识序号的标记组被忽略。这表示多功能输出的某些功能被封锁或选择,或修改了某些特性或输出的依赖关系。

在附图 15 中,当输入 a 处在其内部 **1** 状态时,方式 1 建立。延迟输出符号仅在方式 1(当输入 $a=1$)时有效,此时器件功能同脉冲触发双稳。当输入 $a=\mathbf{0}$ 时,器件不处在方式 1,所以延迟输出符号不起作用,此时器件功能同透明锁存器。

在附图 16 中,如果输入 a 处在建立方式 1 的内部 **1** 状态时,只要寄存器内容等于 9 时,输出 b 就处在其内部 **1** 状态。因为输出 b 位于除方式 1 以外没有别的确定功能的公共控制框处,除方式 1 以外,这个输出的状态不由符号决定。

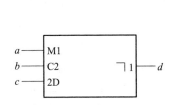

附图 15　由方式决定双稳类型

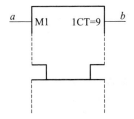

附图 16　封锁公共控制框的输出

在附图 17 中,如果输入 a 处在建立方式 1 的内部 **1** 状态,则只要寄存器内容等于 15,输出 b 就处在其内部 **1** 状态。如果输入 a 处在其内部 **0** 状态,则只要寄存器内容等于 0,输出 b 就处在其内部 **1** 状态。

在附图 18 中,在输出 e 端,引起否定的标记组仅在方式 2 和 3 起作用(如 $c=1$)。在方式 0 和 1 上该输出处在其通常规定的状态,就像它没有标记。

在输出 f 端,标记组在非 0 方式即方式 1、2 和 3 时起作用,输出 f 被否定(如 $c=1$)。在方式 0 标记组不起作用,所以输出处在其通常规定状态。在本示例中,$\bar{0},4$ 等效于 $(1/2/3)4$。

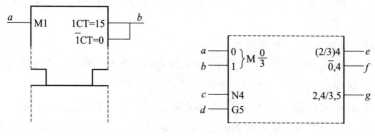

附图 17 决定输出的功能   附图 18 由方式决定依赖关系

在输出 g 端有两组标记,引起否定(如 $c=1$)的第一组仅在方式 2 有效。使输出 g 端和输入 d 端有与关系的第二组仅在方式 3 起作用。

注意,在方式 0 没有一个关联符号对输出起作用,所以输出 e、f、g 都处在相同的状态。

5.12 地址关联(Am)

表示地址关联的符号是字母 A。

符 号	说 明
─┤Am	地址关联输入

存储器是一种特殊的逻辑单元。从逻辑上看,处理存储器的逻辑问题其实就是如何选择其中某个或某些指定区域的问题。那么,如何用符号来反映这种逻辑功能呢? 采用关联标注法是较好的一种。地址关联为那些采用地址控制输入来选择多维阵列中指定区域的单元,特别是为存储器提供一种清晰的表示方法。如果存储器阵列中这样一个区域算是数据处理中的一个字,那么,按照地址关联标注法,只需用符号表示阵列的一个一般性区域,而不需要用符号表示整个序列。换句话说,通过表示一个字来代表整个存储器。示在这个一般性区域的特定单元上的阵列输入是该阵列所有被选区域相应单元所共有的。示在这个一般性区域的特定单元上的阵列输出是所选各区域相应单元各输出相**或**的结果。如果执行除**或**以外任何别的功能,则应在总定性符号下面附加适当的定性符号来表明,例如$\underset{\&\diamond}{\text{RAM}}$。

如果在这种一般性区域特定单元上标注了一个阵列输出标记,用以表明该输出是开路输出或三态输出,则这标记是阵列的输出而不是阵列区域的输出。

不受任何"影响地址输入"影响的输入对阵列所有区域按其常规起作用。受地址输入影响的输入只对被那个地址输入所选区域按常规起作用。

"影响地址输入"用字母 A 后面加上与被该输入所选阵列特定区域地址相对应的标识序号来标注。在以符号表示的一般性区域中,受 Am 输入影响的输入和输出以字母 A 标注,字母 A 代表特定区域的标识序号,即地址。

附图 19 示出每一字有独立地址线的 3 字 2 位存储器,并用使能关联来说明其工作情况。为了选字 1,输入 a 处在建立方式 1 的内部 **1** 状态。这时,数据可以记录在标有"1,4D"的输入上。数据不可能被记录在标有"2,4D"和"3,4D"的输入上,除非第 2 字、第 3 字也被选。输出将是所选输出的**或**功能,也就是只有被有效 EN 功能使能的那些输出的**或**功能。

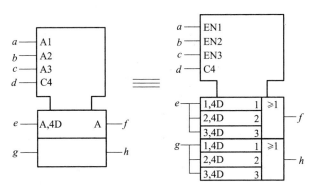

附图 19　地址关联(A 关联)

影响地址输入的标识序号与被这些输入所选区域的地址相对应。标识序号无须与其他影响关联输入(例如 G、V、N…)的标识序号相区别,因为在以符号表示的这个一般性区域中,标识序号被字母 A 代替了。

如果为了能单独和同时访问阵列各区域,而且有几组影响 Am 输入,则字母 A 改为 1A、2A…;因为它们可以访问阵列相同区域,故 Am 输入可以有相同的标识序号。

附图 20 是另一个概念图解。

6. 双稳单元

双稳单元有四种主要类型,运用动态输入符、延迟输出符和关联标注法可以清晰地把它们区分开,并且还易于辨别同步输入和非同步输入,见附图 21。在附图 21 中示出基本识别特征,并给出示例。

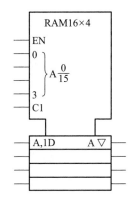

附图 20　由具有三态输出的四透明锁存器的 16 区域的阵列组成 16 字×4 位 RAM 存储器

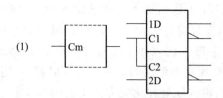

表示透明锁存器 CT74LS375的一部分

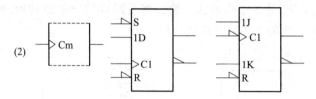

表示边沿触发双稳 CT7474的一部分   CT74LS107的一部分

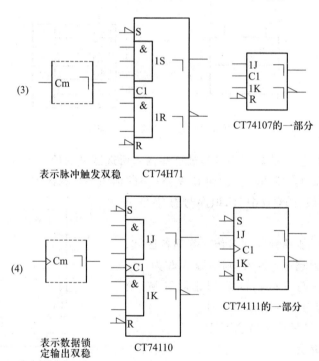

附图21   双稳电路的四种类型

　　透明锁存器有一个电平触发控制输入。只要 Cm 输入处在其内部 **1** 状态, D 输入就起作用, 输出立即响应。边沿触发单元是在 Cm 处于转换期间, 从起作用的 D、J、K、R 或 S 输入端接收数据。脉冲触发单元要求在控制脉冲开始之前建立数据,Cm 输入是静态的,于是在 Cm 输入处在其内部 **1** 状态期间,数据必须维持,直到 Cm 输入返回到其 **0** 状态时才产生数据输出。在数据锁定输出单元中, Cm 输入是动态的,除此之外,数据锁定输出单元与脉冲触发单元相似,经过 Cm 输入短时间的有效过渡过程之后,数据输入就被封锁,并且数据无须保持。不过,输出仍被延迟到 Cm 输入返回到它起始的外部电平才产生。

注意:同异步输入(指与 Cm 输入无关的输入,如 R、S 输入)比较而言,根据关联标记能很快地认出同步输入。

7. 编码器

编码器或代码转换器的通用符号如附图 22 所示。图中 X 和 Y 可以分别用表示输入端和输出端信息代码的适当标记代替。

代码转换的标记遵循下述规则:

输入端的内部逻辑状态确定什么样的数值取决于输入代码。这个内部数在输出端内部逻辑状态的重现情况取决于输出代码。

附图 22　编码器
通用符号

输入端的内部逻辑状态和内部数值之间关系的标记按下述方法标注:

1)以数字标输入。在这种情况下,内部数等于呈现内部 **1** 状态输入的权之和。

2)用输入代码的适当标记代替 **X**,并以与这个码相应的字符标记输入端。

内部数值与输出端的内部逻辑状态之间关系由下述方法表示:

1)用一串数码标记输出端;这些数码代表那些导致输出呈现内部 **1** 状态的内部数值,这些数码应以斜线隔开,如附图 23 所示。这种标记法也适用于以说明关联类型字母代替 Y 的情况(见第 8 节)。如果在某个连续范围内的各个数值都使输出呈现内部 **1** 状态,则这种情况可用这范围首末两个数值,中间以三个点隔开的方式来表示,例如:4…9=4/5/6/7/8/9。

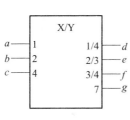

附图 23　X/Y 代码转换器

真值表

c b a	g f e d
0 0 0	**0 0 0 0**
0 0 1	**0 0 0 1**
0 1 0	**0 0 1 0**
0 1 1	**0 1 1 0**
1 0 0	**0 1 0 1**
1 0 1	**0 0 0 0**
1 1 0	**0 0 0 0**
1 1 1	**1 0 0 0**

2）用输出代码的适当标记来代替 Y,并以代表这种代码的字符标记输出,如附图 24 所示。

此外,通用符号可以与适当的参考表连用,在参考表中指出输入与输出之间的关系。如果要用符号来表示编完程序的 PROM,建议用这种方法。

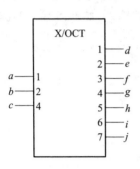

附图 24   X/八进制代码转换器

真值表

c b a	j i h g f e d
0 0 0	0 0 0 0 0 0 0
0 0 1	0 0 0 0 0 0 1
0 1 0	0 0 0 0 0 1 0
0 1 1	0 0 0 0 1 0 0
1 0 0	0 0 0 1 0 0 0
1 0 1	0 0 1 0 0 0 0
1 1 0	0 1 0 0 0 0 0
1 1 1	1 0 0 0 0 0 0

8. 编码器产生影响输入的用法

实践中,往往是由单元某些输入端的解码信号产生一组关联标注的影响输入。此时,可以把编码器符号作为镶嵌符号,见附图 25。

如果由某个编码器产生的所有影响输入是相同类型的,并且它们的标识序号与编码器输出端所示数字相吻合,则定性符号 X/Y 中的 Y 可以用说明关联类型的字母代替,而影响输入的标记则可以省略,见附图 26。

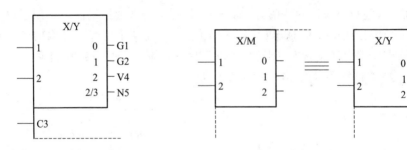

附图 25   产生多种关联类型   附图 26   产生一种关联类型

9. 位组合产生影响输入的用法

如果由编码器产生的所有影响输入是相同类型的,且有连续的标识序号(这些标识序号不必与编码器各输出端所标序号一致),则此时可采用位组合符号。k 根外部线产生 2^k 根内部输入。位组合符号是一个括号后跟说明关联类

型的字母和 m_1/m_2。m_1 以最小标识序号代替，m_2 以最大标识序号代替，如附图 27 所示。

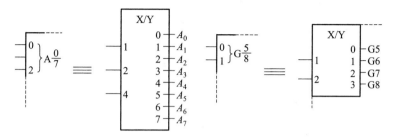

附图 27　位组合符号的用法

10. 输入标记的顺序

如果具有单一功能作用的输入受其他输入的影响，则该功能作用的定性符号应以与影响输入对应的标记领先，这些领先标记的从左到右的顺序是按它起作用或修改的次序。不管其他影响输入的逻辑状态如何，只要任何一个影响输入的逻辑状态使受影响输入不起作用，则受影响输入对单元无功能作用。

如果一输入具有几个不同的功能作用或有几组不同的影响（取决于作用模式），则这些不同功能和不同影响的标记可以示在不同的输入线上，这些输入线必须在方框外连在一起。不过，在某些情况下用的是另一种表示形式，即在一根输入线上采用以斜线隔开的不同标记组来表示，这些标记组的次序无含义，见图 28。如果输入的若干功能作用中有一个是该单元的一个无标记输入功能作用，则应在所示第 1 组标记前加斜线，见附图 28。

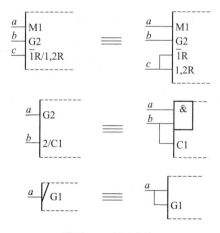

附图 28　输入标记

如果组合单元的所有输入被封锁(对单元功能无作用),则单元各输出的内部逻辑状态不由符号决定。如果时序单元的所有输入被封锁,则该单元内容不改变,并且各输出维持其现有的内部逻辑状态。

对于标记组合可以运用代数技术提公因子,如附图 29。

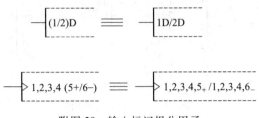

附图 29   输入标记提公因子

11. 输出标记的顺序

如果输出有许多不同的标记,不论它们是否影响输入(或输出)的标识序号,这些标记应按下列顺序标注:

1) 如必须示出延迟输出符号,它应放在首位,必要时,以必须用到的输入指示符领先。

2) 其次标注表示修饰输出内部逻辑状态的标记,这些标记从左到右的次序也就是它们起作用的次序。

3) 然后标注表示该输出对单元输入和其他输出影响的标记。

开路或三态输出符号应放在符号边框内紧挨输出线处,见附图 30。

如果输出需要几组不同的标记组表示可供选择的功能(例如,随动作方式而异的功能),则这些标记组可以示在不同输出线上,这些输出线在框外必须连接在一起。不过,在某些情况下采用由斜线隔开的不同标记组来表示这种输出,如附图 31。

在标记组中,两个相邻的未经非数字符号隔开的影响输入的标识序号,应以逗号隔开。

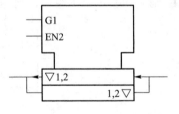

附图 30   三态符号的位置

如果某个输出端的一组不含斜线的标记中包含处在内部 **0** 状态的影响 Mm 输入的标识序号,则这组标记对该输出无影响。

标记也可以使用代数技术提公因子,如附图 32。

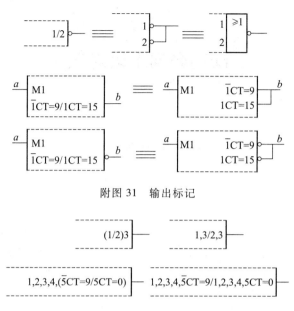

附图 31 输出标记

附图 32 输出标记提公因子

汉英名词术语对照

（以汉字笔画为序）

双向传输门　Bilateral Transmission Gate

双向移位寄存器　Bidirectional Shift Register

双稳态多谐振荡器　Bistable Multivibrator

双斜率转换器　Dual-Slope Converter

方格　Square

方波　Square Wave

少数载流子　Minority Carrier

互补 MOS　Complementary MOS(CMOS)

无稳态多谐振荡器　Astable Multivibrator

冗余状态　Redundant State

冗余故障　Redundant Fault

中规模集成　Medium Scale Integration
　　　　(MSI)

不允许状态　Unallowed State

五　画

电子　Electron

电子设计自动化　Electronic Design Automa-
　　　　tion(EDA)

电压比较器　Voltage Comparator

电改写 ROM　Electrically Alterable
　　　　ROM(EAROM)

电平敏感扫描设计　Level Sensitive Scan
　　　　Design(LSSD)

布尔代数　Boolean Algebra

布尔函数　Boolean Function

代码变换器　Code Converter

加/减计数器　Up-Down Counter

可擦 ROM　Erasable ROM(EROM)

可编程 ROM　Programmable ROM
　　　　(PROM)

可编程逻辑阵列　Programmable Logic Array
　　　　(PLA)

可编程阵列逻辑　Programmable Array
　　　　Logic(PAL)

可编程逻辑器件　Programmable Logic
　　　　Device(PLD)

可测性设计　Design For Test(DFT)

可观性　Observability

可测性　Testability

可见性　Visibility

只读存储器　Read Only Memory(ROM)

主从触发器　Master-Slave Flip-Flop

边沿触发器　Edge-Triggered Flip-Flop

半加器　Half Adder

半导体存储器　Semiconductor Memory

发射极耦合逻辑　Emitter Coupled Logic
　　　　(ECL)

发射极耦合双稳态　Emitter Coupled
　　　　Bistable(Schmitt)

功能表　Function Table

功能方框图　Function Block Diagram

功能组件　Function Block

本原蕴涵项　Prime Implicant

左移　Shift-Left

右移　Shift-Right

对偶　Duality

正逻辑　Positive Logic

写操作　WRITE Operation

六　画

尖脉冲　Spike Pulse

尖峰　Spike

有权码　Weighted Code

有源下拉电阻　Active Pull-down Resistance

有源提升负载　Active Pull-up Load

全加器　Full Adder

全状态　Total State

全隐含图　Universal Implication Graph

权电阻　Weighted Resistance

多发射极晶体管　Multiemitter Transistor

多输出　Multiple Output

同步脉冲　Synchronous Pulse

同步清 **0**　Synchronous Clear

组合逻辑电路　Combinational Logic Circuit

放电　Discharge

拉电流　Draw-off Current

取数时间　Access Time

取样-保持电路　Sampling-Hold Circuit

单位间距码　Unit Distance Code

单稳态多谐振荡器　Monostable Multivibrator

饱和　Saturation

实质本原蕴涵项　Essential Prime Implicant

使能输入端　Enable Input

直接预置　Direct Preset

直接复位　Direct Reset

直接置位　Direct Set

直接清 0　Direct Clear

直接连接线　Direct Interconnect

奇偶校验　Parity Check

转移线　Branch

转移特性　Transfer Characteristic

金属-氧化物-半导体　Metal-Oxide-Semi-
conductor(MOS)

刷新　Refresh

波形变换　Wave Conversion

限幅器　Amplitude Limiter

现场可编程门阵列　Field Programmable
Gate Array(FPGA)

现在状态　Present State

线性反馈移位寄存器　Linear Feed Back
Shift Register
(LFSR)

线与　Wired-AND

线或　Wired-OR

固定型故障　Stuck Fault

固定 1 故障　Stuck-at-1 Fault

固定 0 故障　Stuck-at-0 Fault

九　画

脉冲技术　Pulse Technique

脉冲波形　Pulse Wave

脉冲宽度　Pulse Width

脉冲发生器　Pulse Generator

矩形脉冲　Rectangular Pulse

前沿　Leading Edge

选择器　Selector

选通脉冲　Gate Pulse

按内容寻址存储器　Content-Addressable
Memory(CAM)

按行寻址随机存储器　Line-Addressable
RAM(LARAM)

点阵　Dot-Matrix

相邻项　Adjacency

栅极　Gate

冒险　Hazard

标准形式　Standard Form

标准积的和　Standard Sum of Product

标准和的积　Standard Product of Sum

保持时间　Hold Time

恢复时间　Recovery Time

封锁　Lockout

降维图　Reduced-Dimension Map(RDM)

奎恩-麦克拉斯基法　Quine-McClusky
Procedure

显示器件　Display Device

钟控触发器　Clocked Flip-Flop

复杂可编程逻辑器件　Complex Programmable
Logic Device(CPLD)

故障　Fault

故障检测　Fault Detection

故障诊断　Fault Diagnosis

故障定位　Fault Location

故障模型　Fault Model

故障模拟　Fault Simulation

测试生成算法　Test Generation Algorithm

测试码自动生成　Automatic Test Pattern
Generation(ATPG)

主要参考文献

［1］［美］韦克利. 数字设计原理与实践［M］.林生,译. 4 版. 北京:机械工业出版社,2007.

［2］杨辉,张凤言. 大规模可编程逻辑器件与数字系统设计［M］. 北京:北京航空航天大学出版社,1998.

［3］侯伯亨,周端,张惠娟,等. 数字系统设计基础［M］. 西安:西安电子科技大学出版社,2005.

［4］侯伯亨,顾新.VHDL 硬件描述语言与数字逻辑电路设计［M］. 4 版. 西安:西安电子科技大学出版社,2014.

［5］薛宏熙,边计年,苏明,等. 数字系统设计自动化［M］. 北京:清华大学出版社,1996.

［6］侯建军. 数字电子技术基础. 3 版. 北京:高等教育出版社,2006.

［7］龙忠琪,龙胜春. 数字电路考研试题精选［M］. 北京:科学出版社,2003.

［8］沈嗣昌. 数字设计引论［M］. 北京:高等教育出版社,2010.